BIONIK
Neue Technologien
nach dem Vorbild der Natur

Das große Buch der
BIONIK

**Neue Technologien
nach dem Vorbild der Natur**

Prof. Dr. Werner Nachtigall
Kurt G. Blüchel

Deutsche Verlags-Anstalt
Stuttgart München

Inhalt

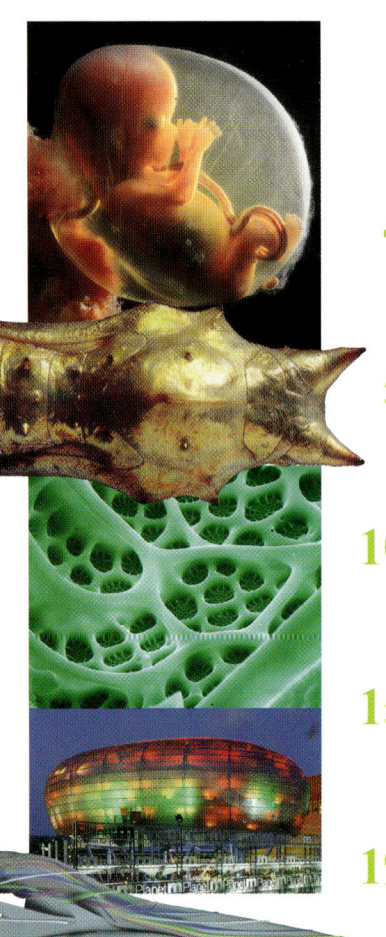

6 Eine phantastische Entdeckungsreise
durch die technologische Wunderwelt der Natur

48 Alles Leben ist Problemlösen
Eine kleine Einführung in die Bionik

54 Wie die Vögel fliegen – fliegen wie die Vögel?
Die Erben der Saurier standen Pate

104 Die Natur inspiriert Architekten
Seit Urzeiten sind Organismen perfekte Baumeister

154 Gutes Design ist der erste Prüfstein
Bionik-Design und die Technik

190 Der verflixte Strömungswiderstand
Lebende Vorbilder mit geringstem »Sprit«-Verbrauch

202 Präziser geht's nicht
Die wunderbare Welt der Sinne

212 Winzig klein und doch ganz groß
Geniestreiche der Schöpfung im Mikrobereich

232 Wie von einem anderen Stern
Werkstoff-Innovationen und phantastische Leichtbauweisen

288 Nie mehr putzen?
Der Lotus-Effekt macht's möglich

300 Der Pakt mit der Sonne
Von Eisbären, Schmetterlingen und Wasserstoff-Farmen

326 Die Rückkehr der Heinzelmännchen
Das 21. Jahrhundert gehört den Robotern

354 Evolutionsstrategien setzen auf's Zufallsprinzip
Die Natur bietet effiziente Optimierungs-Methoden

368 Das Erfolgssystem der Natur
Biostrategien und Wirtschaftssysteme

380 Symbiose von Natur und Technik
Was Biologen und Ingenieure voneinander lernen können

390 Ein Werkzeug und eine Lebenshaltung
Bionik arbeitet mit umweltverträglichen Höchsttechnologien

396 Literatur
398 Bildnachweis
400 Impressum

Eine phantastische Entdeckungsreise

durch die technologische Wunderwelt der Natur

In den Forschungsstätten aller Kontinente ist Bionik inzwischen zum Dechiffrierschlüssel für die großen Innovationsgeheimnisse der Natur geworden. Wissenschaftler und Ingenieure entdecken im Riesenreich biologischer Systeme lebende Prototypen als Vorbilder für neue, umweltverträgliche Produkte, Prozesse und Strategien. Vor allem technisch orientierte Biologen stoßen fast täglich auf unglaubliche »Erfindungen«, verblüffende Fakten und Phänomene der Natur, in der das Unmögliche möglich und das Unwirkliche wirklich erscheint.

Die Sonne bringt es an den Tag

Ursache allen Lebens auf unserer Erde ist die Sonne. Mit Hilfe einer raffiniert erscheinenden Technologie, der Photosynthese, nutzen die grünen Pflanzen die Sonne als exklusiven Energielieferanten. Unsere Nahrung, unsere Wirtschaft, unsere gesamte Kultur verdanken wir diesem Zusammenspiel von Sonnenlicht und Grün. Dennoch schauen wir mit erstaunlicher Gelassenheit zu, wie unvorstellbare Energiemengen aus dem Sonnenreaktor ungenutzt vergeudet werden. Immerhin läßt der Lichtgigant soviel Energie auf die Erde einstrahlen, daß die Gesamtenergie bereits nach zwei Monaten den Brennwert

aller Ölvorräte der Welt übertreffen würde. Wie lange können wir uns den Luxus noch leisten, kostbares Erdöl zu verheizen, statt völlig kostenlose Sonnenenergie zu verwenden? Was daher dringend not tut, ist die detaillierte Erforschung der ausgeklügelten Techniken der Solarnutzung durch biologische Systeme. Wissenschaftler und Ingenieure sind aber bereits auf dem richtigen Weg, den Energie-Code der Pflanzen technisch nutzbar zu machen. Allerdings dauert dies mangels massiver Unterstützung der Forschungsvorhaben viel zu lange.

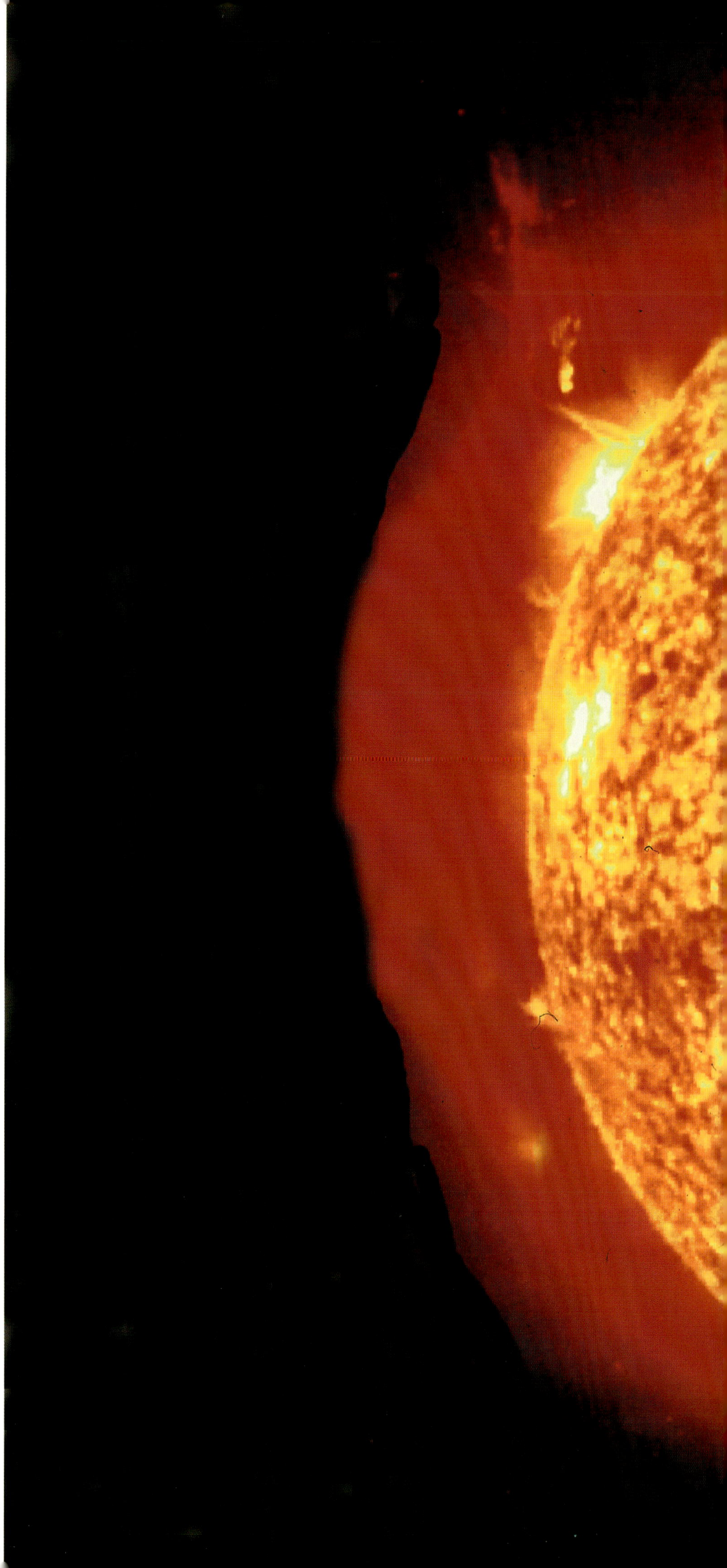

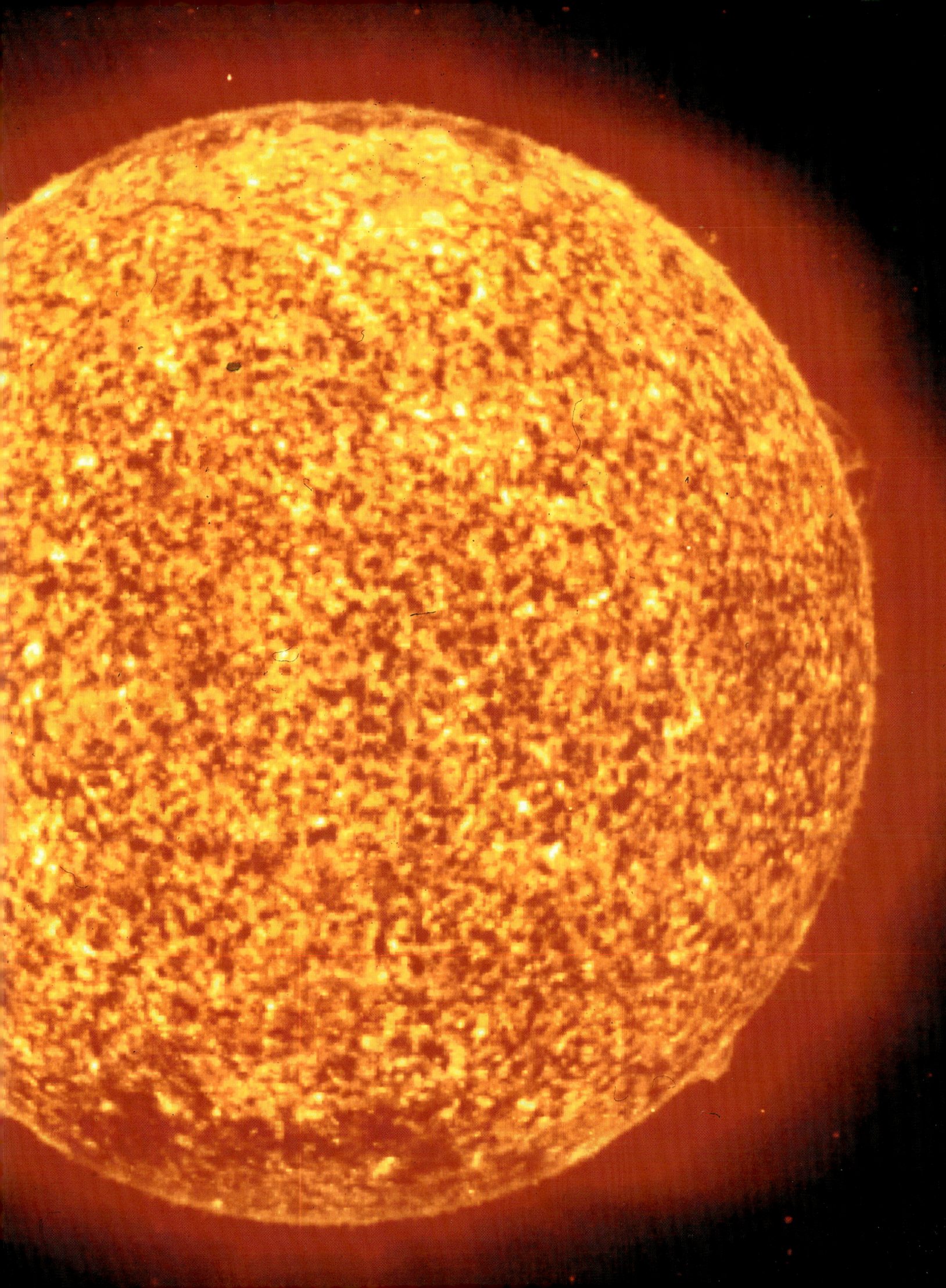

Aus Protein geschmiedet: Elastischer »Biostahl«

Die Fäden eines Spinnennetzes besitzen größere Festigkeit und sind gleichzeitig elastischer als ein vergleichbar dickes Gespinst aus Edelstahl. Selbst synthetische Fasern aus Kevlar, einem beispielsweise in schußsicheren Westen oder zur Absicherung von Astronauten bei Weltraumspaziergängen verwendeten High-Tech-Material, kann mit den Biofäden der Spinne nicht mithalten. »Biostahl« aus Kohlenstoff und Wasserstoff übertrifft auch die Festigkeit der Holzsubstanz von Bäumen: Die Druckfestigkeit von Eichenholz beträgt rund 50 Newton pro Qua-

dratmillimeter, die Zugfestigkeit von Spinnenseide liegt bei rund 150 Einheiten. Naturmaterial hat noch einen anderen Vorteil, der Textil-Ingenieuren als Anregung für Innovationen dienen könnte: Synthetische Fasern sind biologisch nicht abbaubar, das Naturmaterial ist es. Spinnenseide ist dagegen »lebensmittelecht« – jedenfalls für Spinnen, die nicht selten ein Netz wieder auffressen, um es andernorts innerhalb einer Stunde wieder aufzubauen.

Schmetterlinge sehen ganz andere Welten

Eine Entwicklung von unabsehbarer Tragweite beginnt sich in unseren Tagen abzuzeichnen: Bioniker, Biologen und Techniker erforschen die Möglichkeiten, neue Technologien nach dem Vorbild der Natur zu entwickeln. Denn vieles, was Ingenieure noch bis vor kurzem für utopisch hielten, hat die Natur in ihrem Jahrmillionen alten Testlabor in Form genialer Konstruktionen – das große Bild zeigt die Struktur der Schuppen eines Tagfalters –, und in Form von Sinnesorganen und neuronalen Systemen längst schon verwirklicht.

Wenn es gelingt, vor allem im Bereich des Allerkleinsten – also auf molekularer und atomarer Ebene – die sensorischen Prinzipien und Verfahrensweisen der Natur zu erkennen und bis zu einem gewissen Grade nachzuahmen, wird sich das Gesicht unserer Welt ganz wesentlich verändern. Denn Ameisen und Delphine, Schlangen und Schmetterlinge leben in ganz anderen Sinneswelten, Welten, die unserem Vorstellungsvermögen bis dato verschlossen sind.

Wo Werkspionage mit Patenten belohnt wird

Die Natur hat die Technik »erfunden«. Das klingt seltsam, ist aber so. Technik ist nicht erst eine Errungenschaft des Menschen. Ja, oft scheint es so, als hätten wir unsere Erfindungen unmittelbar der Natur abgeschaut. Und heute wissen wir, daß die Technik sich vermutlich manche Umwege hätte ersparen können, wenn sie zunächst bei der Natur nachgeschaut hätte. Alles Leben ist denselben Naturgesetzen unterworfen wie die Konstruktionen des Menschen. Daher ist es durchaus berechtigt, auch in der belebten Natur von »Technik« zu sprechen.

Es ist verblüffend, wie viele technische Aspekte in den biologischen Systemen zu entdecken sind. So begegnen uns technische Konstruktionen mannigfaltiger Art in den Festigungs- und Stützgerüsten tierischer und pflanzlicher Körper. Spirale und Schraube, Kuppel und Gewölbe, die sich durch besonders hohe Belastbarkeit auszeichnen, gibt es sowohl bei den Gehäusen von Schnecken und Muscheln wie auch bei vielen Pflanzenarten. Sie erscheinen oft in unglaublich perfekter Weise optimiert und durchgestylt.

Architektur und Design aus einer fernen Welt?

Es klingt in der Tat etwas verrückt: Tiere und Pflanzen als Designer, die dem Maschinenbauer und Architekten etwas zeigen können! Und dennoch: Kein Konstrukteur ist bis heute in der Lage, auf herkömmliche Weise ein Kriterienpaar biologischen Designs – ultraleicht und zugleich hochfest – ähnlich gut in den Griff zu bekommen. Auch im Hinblick darauf will die Querschnittstechnologie Bionik helfen, Lücken zu schließen, die zwischen Technik und Natur noch immer klaffen. Sie will einen Weg weisen zur Integration von Technik und Natur, die beispielsweise auch die Möglichkeit der Energie- und Materialeinsparung durch Leichtbau berücksichtigt. Ein ökologisches Design technischer Bauteile, die nach

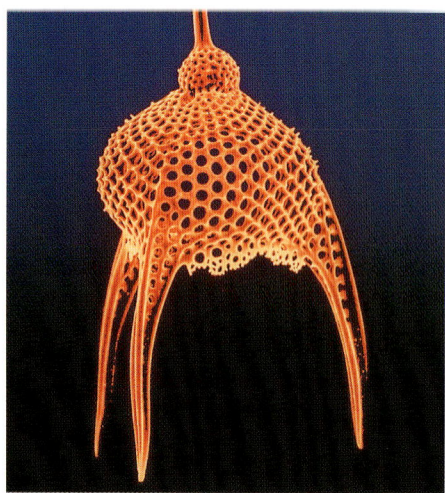

den Wachstumskriterien der Natur angelegt sind, ist keine Utopie mehr. Die hier abgebildeten filigranen Skelette von den im Meer lebenden Strahlentierchen – aneinandergereiht gehen zehn bis zwanzig von ihnen auf einen Millimeter – erfüllen durchaus funktionelle Anforderungen.

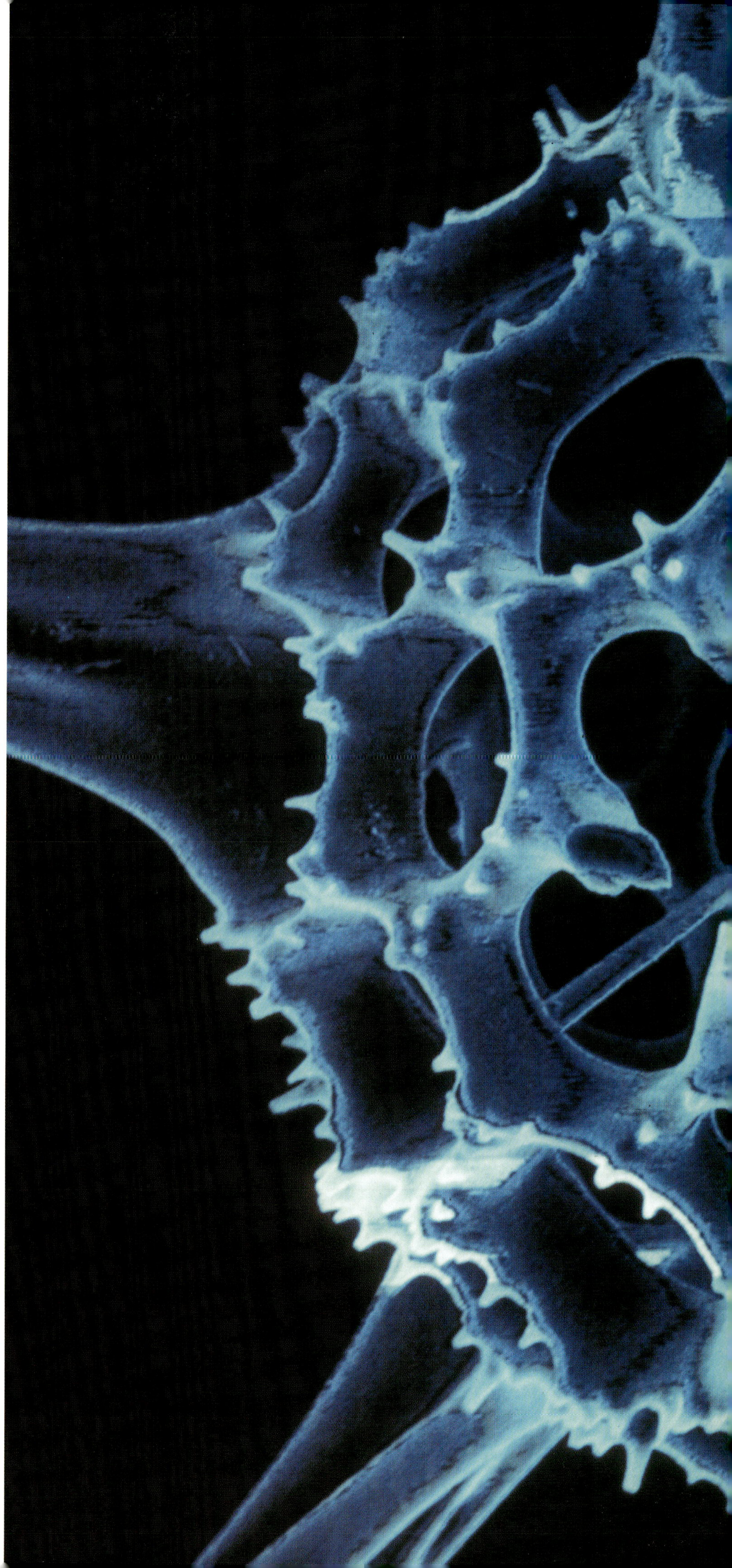

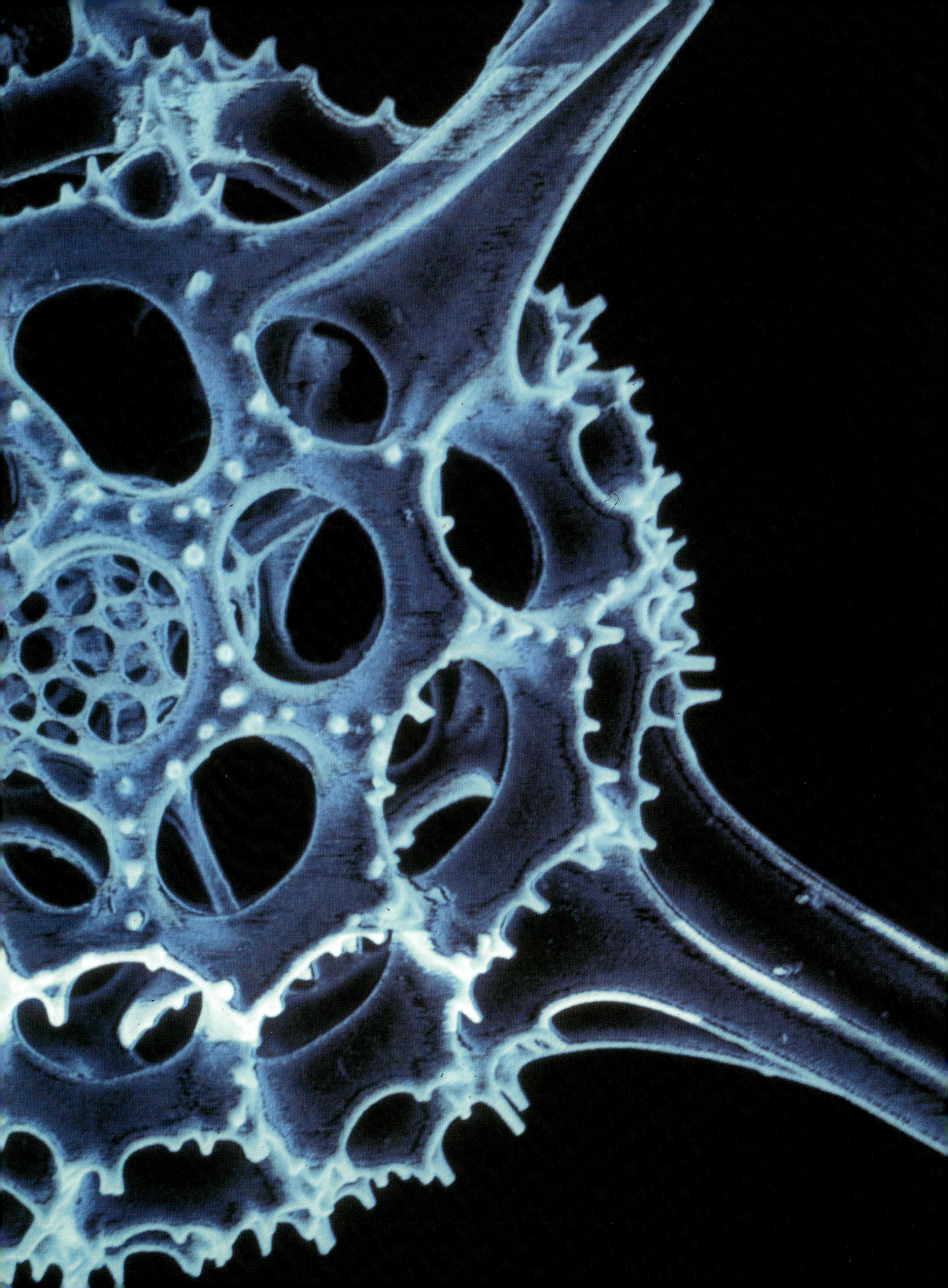

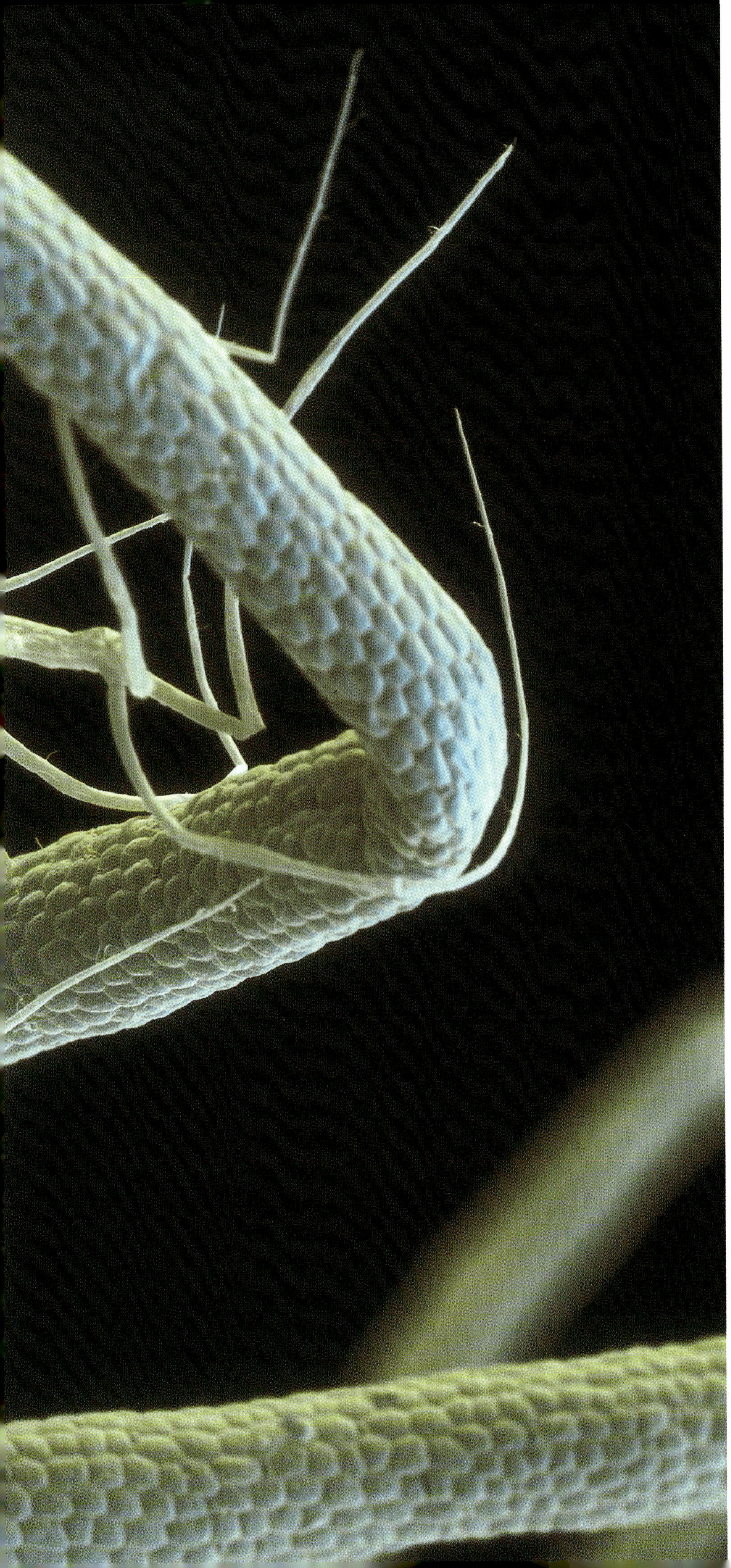

High-Tech-Systeme, die heute kein Ingenieur der Welt bauen könnte

Die Natur bietet keine Blaupausen für die Technik. Natur ist aber eine hochkreative Ideenschmiede, ein Innovationspool der Extraklasse. Manche Erfindung der Schöpfung, die »real existiert«, könnte ebensogut aus der Welt eines Zukunftsromans stammen. Zahlreiche biologische Systeme stellen alles in den Schatten, was in den technischen Disziplinen bislang als machbar galt. Das gilt bereits für die Fliege (kleines Foto), die Sie vielleicht gerade eben mit der flachen Hand erschlagen haben. Sie war ein High-Tech-Produkt! Allein das Auge – der Superlativ einer Miniatur-Kamera mit

schier unvorstellbaren Eigenschaften: Mechanische, optische und elektronische Komponenten sind dreidimensional auf allerkleinstem Raum integriert. Eintreffende Signale werden im Echtzeitmodus verarbeitet. Und dabei besteht das komplette System – ähnlich wie der mit Sensoren bestückte, fleischfressende Wasserschlauch (großes Foto) – aus Baustoffen, die man auf jedem Misthaufen finden kann.

Lockvogelangebote sind für die Natur ein alter Hut

Das Prinzip eines ästhetisch ansprechenden wie funktionell zweckmäßigen Designs ist für Pflanzen und Tiere bewährte Praxis. Konsumenten werden durch leuchtende Farben und attraktive Gestaltung der Verpackungen angelockt: Bienen und Hummeln durch den Reiz von Blüten, Vögel durch signalrote Samenstände vieler Beeren und Früchte. Aber die farbenprächtige Verpackung von Samen dient auch noch anderen Zwecken, etwa dem Schutz vor keimschädigender UV-Strahlung, der Tarnung vor dem Gefressenwerden, der Speicherung von energiereichen Wertstoffen.

Die Natur hat es aber auch geschafft, Biomaterialien für Verpackungen zu entwickeln, die widrigsten Umständen gewachsen sind: Säuren und anderen Chemikalien, ständiger Nässe, extremen Temperaturunterschieden. Selbst feuerfestes Verpackungsmaterial gibt es in der Natur. Es versetzt Designer und Verpackungstechniker in Wirtschaft und Industrie in Entzücken und hält für weiterführende Ideen eine Menge pfiffiger Anregungen bereit.

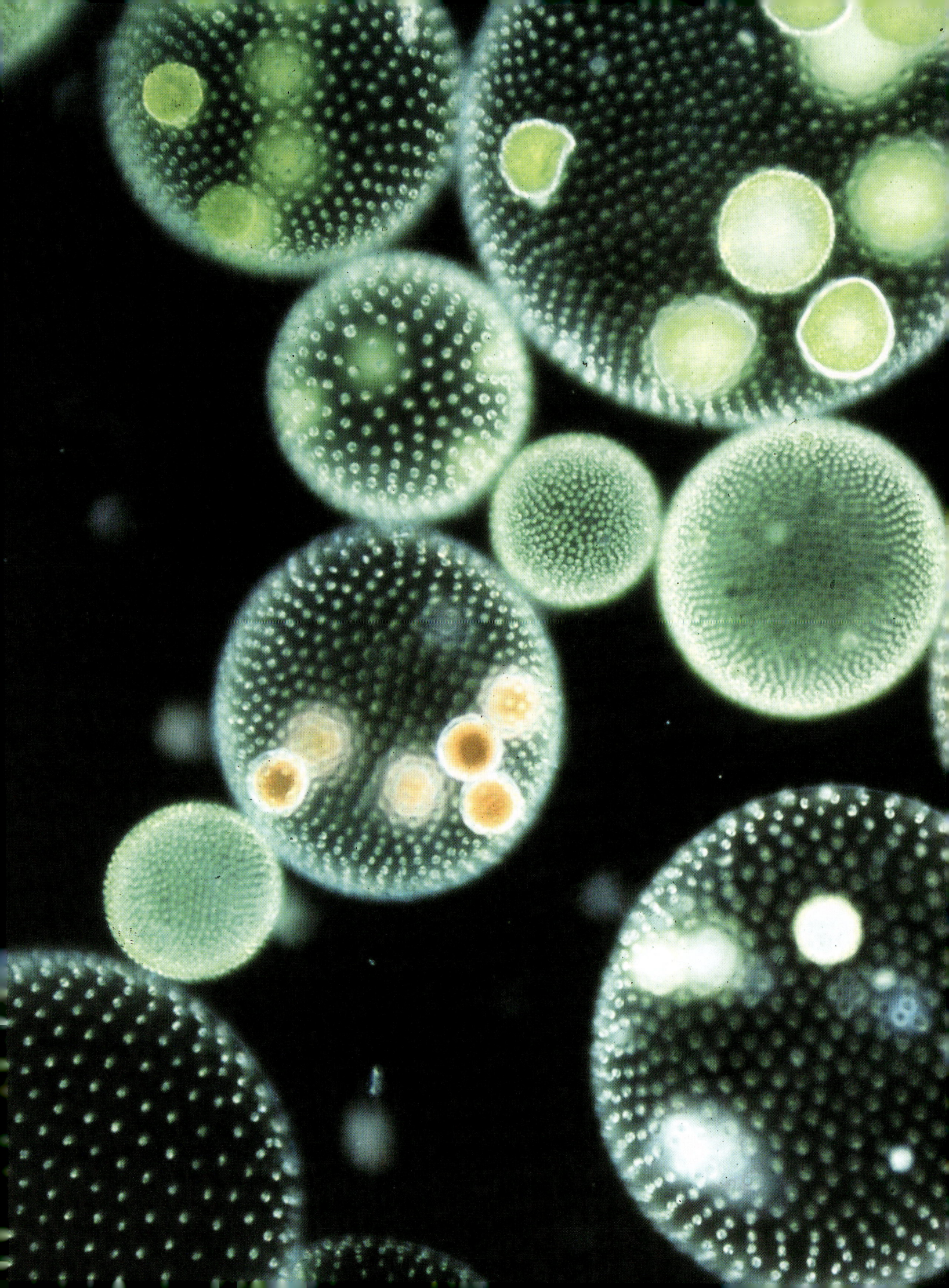

Auf dem Weg ins Zwergenreich der Mikro- und Nanowelt

Die Natur zeigt uns, daß man in den kleinsten Dimensionen »Maschinen« ganz anders bauen muß: aus organischen Molekülen. In der Bakteriengeißel übernehmen Molekülringe die Aufgaben von Kugellagern. Es ist deshalb zu erwarten, daß die sich bereits mit Macht ankündigende Nanotechnik das Fundament der klassischen Bauweise molekularer Baumethoden der Chemie und der Biologie sein wird. Wenn wir nicht auf dem Stand der heutigen Technik stehenbleiben wollen, dann muß mit dem Übergang in die Mikro- und Nanowelt ein »bautechnischer Paradigmenwechsel«

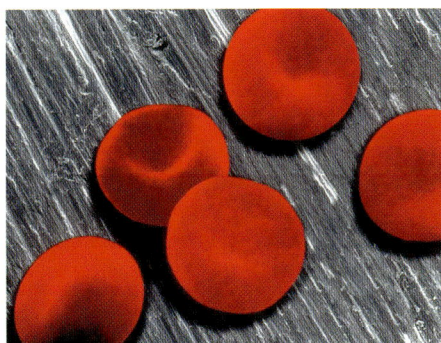

einhergehen. Dadurch würde vor allem für die Medizin eine völlig neue Basis gewonnen werden, und zwar mit Nano-Automaten, die durch das weitverzweigte Adernsystem patrouillieren und Krankheitserreger bekämpfen. Diese Mikroroboter sind kleiner als einzellige Algen (großes Bild), aber nur wenig größer als rote Blutkörperchen (kleines Bild).

Entwickeln und Konstruieren nach biologischen Vorbildern

Millionen Jahre evolutionärer Naturprozesse brachten biologische Strukturen in überströmender Fülle und Vielfalt hervor. Als der menschliche Erfindergeist Prinzipien des Leichtbaus entwickelte, existierten sie schon seit Jahrmillionen – beispielsweise in Form von riesenhaften und dabei sehr leichten Vogelschnäbeln (großes Bild: Tukan), leichtgewichtigen Pflanzenstengeln (kleines Bild: Querschnitt durch einen Kalmus-Stengel), Halmkonstruktionen und Röhrenknochen. Auch Echolot und

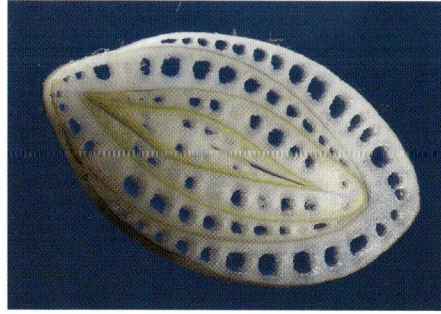

Radar gibt es bei Fledermäusen und Delphinen schon lange, aber erst seit ein paar Jahrzehnten in der menschlichen Technik. Konstrukteure, Ingenieure oder Designer sollten deshalb von vornherein Lösungen der Natur mitbetrachten, wenn es um die Bearbeitung eines vergleichbaren technischen Problems geht. Aus einem ursprünglichen »Ideenplan« könnten so durch verschiedenartige Abwandlungen und ingenieurmäßig eigenständige Weiterentwicklungen der einzelnen Elemente völlig neue Strukturen und Verfahrensweisen erwachsen.

Der Londoner Kristallpalast und die Seerose vom Amazonas

Die belebte Natur ist eine bedeutende Innovationsquelle für den Ingenieur, eine Quelle der Inspiration, die zum Problemerkennen anregt und vielen Problemlösungen dienen kann. Dieses Abklopfen biologischer Systeme nach Anregungen für Produktentwicklungen sollte daher als methodische Möglichkeit sowohl in der Ingenieurausbildung als auch in den Konstruktionsbüros von Industrie und Wirtschaft mit herangezogen werden. Entsprechend vorbereitete Exkursionen an Bildungseinrichtungen könnten schon bei Schülern und Studenten die Lust am Entdecken verborgener Konstruktionsprinzipien und Verfahrensweisen bei Tieren und Pflanzen wecken. Der englische Gartenbauarchitekt Sir Josef Paxton

entwickelte bereits anläßlich der ersten Weltausstellung 1851 in London ein neuartiges Rippendach für den 563 Meter langen Kristallpalast – sein Vorbild: die südamerikanische Riesenseerose *Victoria amazonica* mit einem Blattdurchmesser von zwei Metern (kleines Foto). Das große Bild zeigt ein leichtgebautes Röhrensystem im Zentrum einer Pflanzenwurzel.

Als das Leben fliegen lernte

In der Eingangshalle eines großen US-Flugzeugkonzerns prangt folgender Spruch an der Wand: »Berechnungen unserer Ingenieure haben ergeben, daß die Hummel nicht fliegen kann. Sie weiß es nicht und fliegt doch.« Bis die Geheimnisse der Natur Allgemeingut werden können, müssen Wissenschaftler und Techniker vermutlich noch einige eingefahrene Sichtweisen beiseite räumen. Aber das Erkennen darf ruhig einige Zeit brauchen. Die Entwicklungen des Lebens sind auch nicht von heute auf morgen von statten gegangen. Die Nachfahren der Saurier konnten nicht plötzlich fliegen wie unsere Schwalben (kleines Bild).

Anfangs gab es nur ein paar zaghafte Hüpfer, später etwas kühnere Gleiter, am Ende waren durch ständige Anpassung mit Hilfe des Versuch-Irrtum-Verfahrens aus einer Linie ehemals schwerfälliger Echsen die elegantesten Vögel von heute geworden. Wenn Termitenköniginnen nach ihrem Hochzeitsflug für immer in ihren klimatisierten Burgen verschwinden, legen sie vorher ihre Flügel ab (großes Bild), die im Inneren der Erdbehausung völlig funktionslos wären.

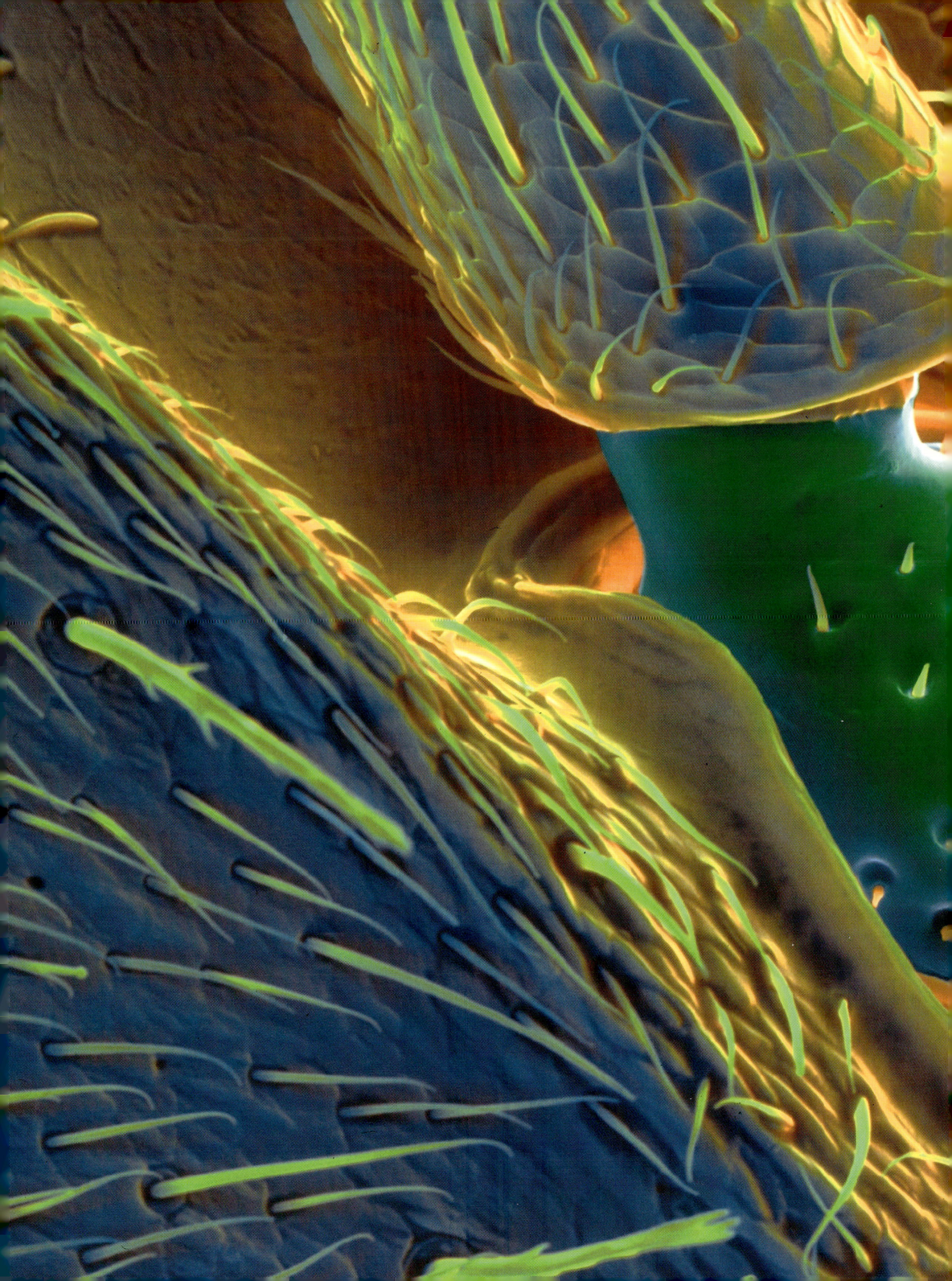

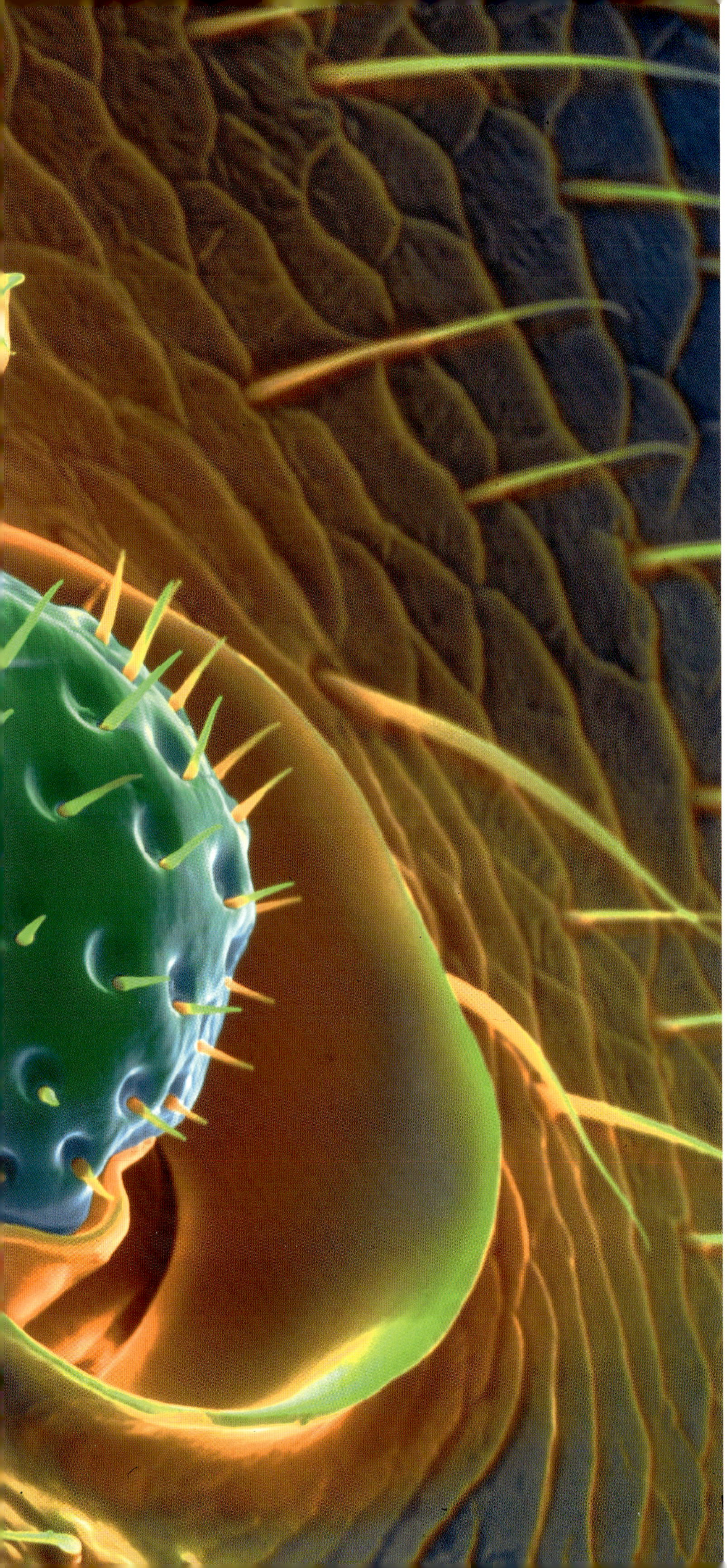

Der Marktführer Natur bestimmt den Stand der Technik

Immer häufiger tritt die Technik in die Fußstapfen der Evolution. Inzwischen ist auch in vielen technischen Bereichen an die Stelle eines »Was-können-wir-denn-da-schon-lernen« Bescheidenheit, Staunen und ehrliche Bewunderung getreten. Überall stößt man auf die gleiche Frage: Wie macht die Natur das alles? Wie ist es technisch möglich, Sonarsysteme bei Delphinen und Fledermäusen, Sprung- und Kugelgelenke bei winzig kleinen Insekten (großes Bild: Ameisenbein, kleines Bild: Bein eines Gelbrandkäfers), Elefantenzähne und Hummerscheren, Schildkrötenpanzer und

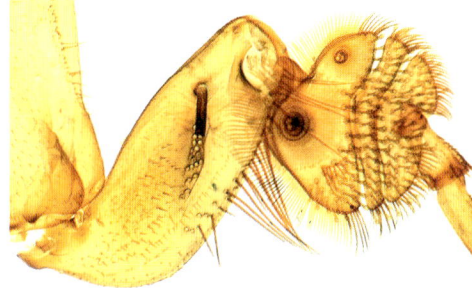

Holzwespenbohrer oder die zahllosen Pipelines, Ventile, Hebel und Pumpen in unserem eigenen Körper allesamt bei Temperaturen von maximal 38 °C »umweltneutral« herzustellen? Darüber hinaus sind all diese Werkzeuge voll rezyklierbar und erfordern nur minimalen Rohstoff- und Energieeinsatz. Dagegen muß die Technik von heute allein schon den Stahl für eine simple Zange bei über 1000 °C schmelzen und sie muß sich außerdem – wie etwa beim späteren Gießen, Härten und Schweißen – mit umweltbelastender Abwärme und giftigen Abgasen herumschlagen.

Was wir so oft mit Füßen treten

Fliegende und kriechende Verpackungen, gewebte und geklebte Hüllen, reflektierende Gefäße und organische »Kettenhemden«, chemische Spezialbehälter und transparente Gespinste, unscheinbare Eier-Becher (kleines Bild) und attraktive Konstruktionen zum Beutefang (großes Bild) – die »technische Kreativität« in der Natur ist grenzenlos. Sie liefert für unsere Bedürfnisse Anregungen in Hülle und Fülle, Anregungen, die sich auf ihre technische Übertragbarkeit hin untersuchen lassen. Die Materialien und Werkstoffe tierischer und pflanzlicher Verpackungen – von der sich selbst regelnden, über die vor UV-Licht

schützenden bis zur genießbaren Version – zeigen unübersehbare Möglichkeiten, wie wir einer drohenden Müllflut entrinnen können. Am biologischen Vorbild orientierte Materialien und Herstellungsprozesse nehmen ökologisch wie ökonomisch eine Spitzenstellung ein. Noch aber stolpern die meisten Menschen achtlos über die High-Tech-Konstruktionen in der Natur – gleichgültig, ob es sich um stoß- und biegefeste, mit Wachsschichten oder besonderem Flüssigkeiten-Mix haltbar gemachte Innovationen handelt.

Ein Wettlauf zwischen Erziehung und Katastrophe?

Ob und in welcher Weise wir uns von den »real existierenden« Vorbildern biologischer Systeme inspirieren lassen, ist letztlich auch eine Bildungsfrage. »Die menschliche Geschichte«, das wußte schon H. G. Wells vor hundert Jahren, »wird immer mehr ein Wettlauf zwischen Erziehung und Katastrophe!« Die Maya-Kultur ging unter, weil die Gelehrten dieses Volkes wohl die Gestirne beobachteten, kaum jedoch ihre biologische Umwelt. Sie vernachlässigten das Erdenleben, weil ihnen winzige Insekten, die ihnen im Regenwald das tödliche Fieber brachten, nicht der Beobachtung wert schienen. Die Vorfahren der Roten Khmer rodeten die üppigen Regenwälder (großes Bild: Eukalyptus, kleines Bild: Blütenquerschnitt)

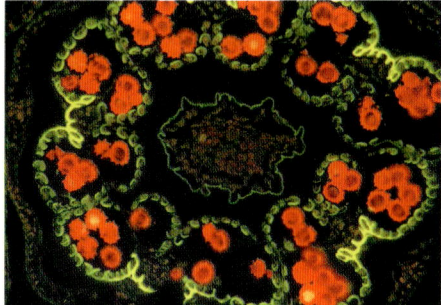

und ließen ihren architektonischen Ambitionen freien Lauf. Die prächtigen Städte und Tempel von Angkor Wat in Kambodscha, welche die Khmer vor etwa 800 Jahren errichteten, waren aus Sandstein und Laterit erbaut. Doch gerade dasjenige Material, dem ihre Kultur ein architektonisches Denkmal verdankt, war vermutlich auch die Begleitmelodie für ihren Untergang. Denn aufgrund rigoroser Rodungsmaßnahmen hat sich der einst fruchtbare Boden in unfruchtbares Laterit verwandelt.

Bauprinzip des Lebens ist der Pneu

Alle Lebewesen, auch der Mensch, werden in einem Pneu geboren. Im täglichen Sprachgebrauch ist der Pneu nur ein luftgefüllter Gummireifen am Auto. Im technischen Vokabular von Ingenieuren und Architekten ist dieser Begriff schon allgemeiner gefaßt: »Pneu« kennzeichnet hier eine flexible und dennoch stabile Verpackung, bestehend aus einer Hülle, die ein fließfähiges Medium wie Luft, Wasser oder Granulat enthält und die meist vom Innendruck aufgepumpt wird. Doch hinter dieser ausschließlich technisch klingenden Bezeichnung steckt weit mehr: Der Pneu ist »das« universale Konstruktionsprinzip der belebten Natur, das formgebende

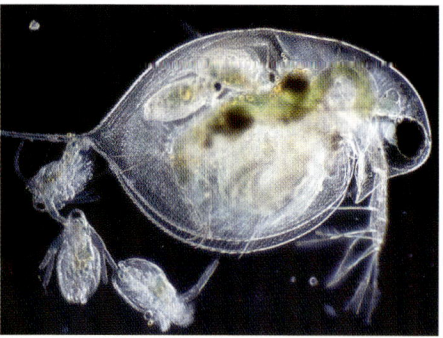

Bauelement von lebenden Organismen überhaupt – vom Wasserfloh (kleines Bild) bis zum Menschen (großes Bild). Erst die fachübergreifende, interdisziplinäre Zusammenarbeit zwischen Biologen, Architekten und Ingenieuren führte zu der Erkenntnis, daß es nicht nur in der technischen, sondern auch in der lebenden Welt von Pneus unterschiedlichster Ausformungen nur so wimmelt.

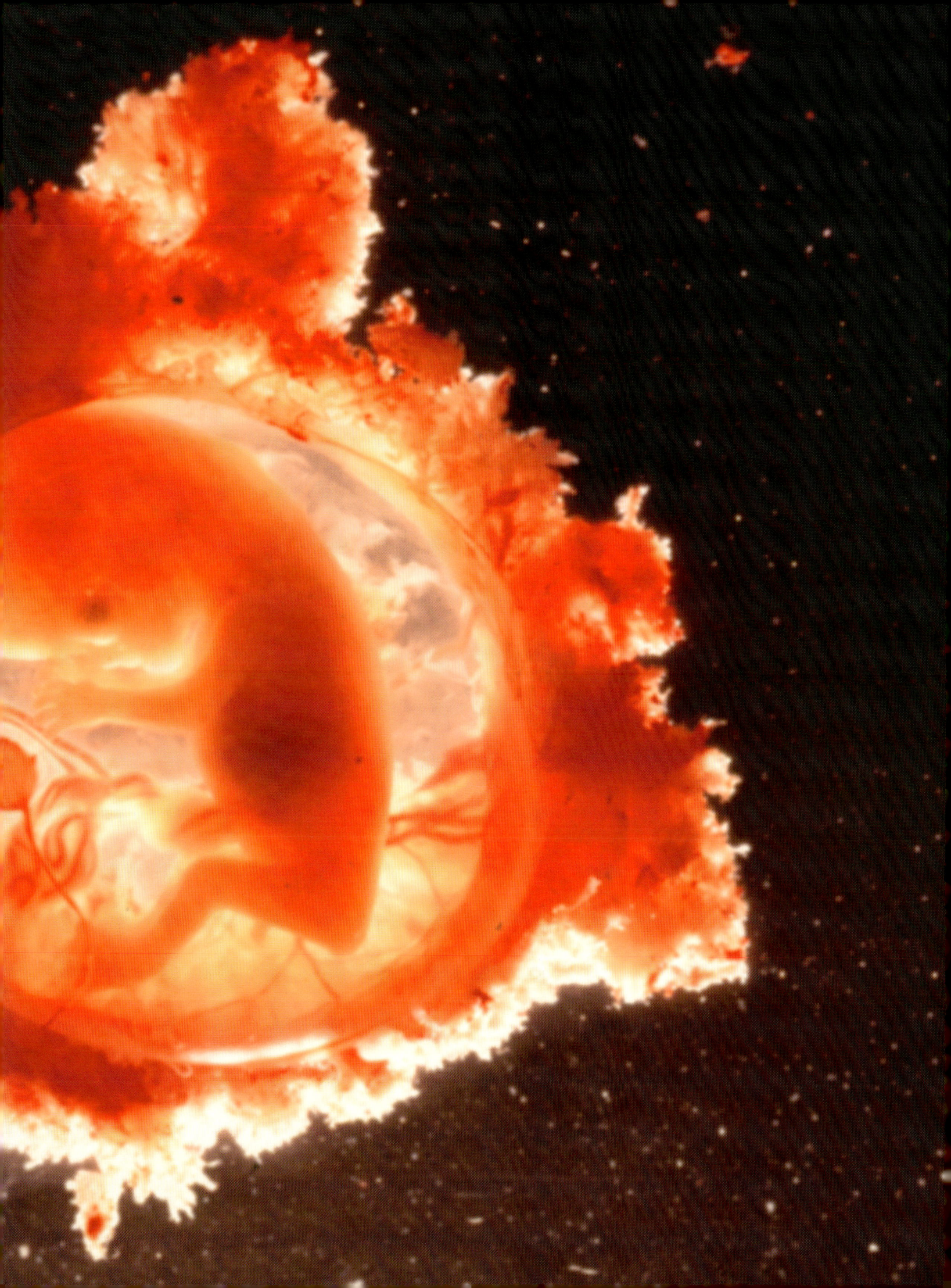

Die neue Wirklichkeit: Kooperation mit der Natur

Es wird erzählt, Buddha habe einmal eine Predigt gehalten, ohne dabei ein einziges Wort zu sagen. Statt dessen hat er seinem Publikum eine Lotusblume gezeigt (großes Bild). Dies war die berühmte »Blumenpredigt«, eine Predigt in der stummen Sprache der Blumen. Ob der heilige Mann schon etwas vom »Lotus-Effekt« geahnt hat? Vielleicht, denn nicht umsonst gilt die Lotusblume im Buddhismus als Symbol der Reinheit. Doch blieb es unserer Zeit vorbehalten, diesen Effekt zu klären und technisch umzusetzen. Manches allerdings deutet darauf hin, daß wir auch 2500 Jahre nach Buddha bei der Schatzsuche nach verwertbaren Naturpatenten trotz einiger Erfolge noch ziemlich am Anfang stehen.

Aber immer mehr Ingenieure und Techniker, Designer und Physiker, Architekten und Ärzte entdecken im Reich der Pflanzen und Tiere lebende Prototypen als Vorbilder für neue, umweltverträgliche Produkte und Verfahrenstechniken. Vor allem technisch orientierte Biologen stoßen immer häufiger auf unglaubliche »Erfindungen«, verblüffende Fakten und Phänomene der Natur, in der das Unmögliche möglich und das Unwirkliche wirklich scheint.

Auf dem Prüfstand der Evolution

Auf der Suche nach ökonomischen Vorbildern und technologischen Spitzenleistungen neigen mittlerweile immer mehr Informatiker und Ingenieure, Physiker, Biologen und Ökonomen zu der Auffassung, daß die Palette der biologischen Konstruktionsprinzipien und Verfahrensweisen die vernünftigste und vermutlich auch sicherste Grundlage für das Überleben auch unserer Spezies bietet. Denn was sich in der Natur über außerordentlich lange Zeiträume hinweg bis heute entwickelt hat, das dürfte auf dem Prüfstand der Evolution die denkbar härtesten Qualitätstests durchlaufen haben.

Und lange bevor wir unsere Techniken und Werkzeuge entwickelt haben, hatten die lebenden Systeme der Natur ihre eigenen Techniken und Werkzeuge zu Idealformen ausreifen lassen. Das filigrane Netzwerk eines Insektenflügels (großes Bild) stellt vermutlich eine der effizientesten Tragekonstruktionen dar, die für die vorgegebenen Bedingungen beim heutigen Stand der Technik überhaupt vorstellbar ist – Vergleichsbasis und Herausforderung zugleich für unser eigenes technisches Gestalten.

Vor dem Sturm auf die Trickkiste der Natur

Von selbstreinigenden Fassaden und Fenstern, über perlmuttglänzende, wetterfeste Oberflächen nach Muschelmuster (großes Bild: Seeohrmuschel, kleines Bild: Mördermuschel) bis zu biologischen Superrechnern – zahlreiche Patente aus der technologischen Trickkiste der Natur versprechen vor allem Industrie und Wirtschaft im Bereich der Zukunftstechnologien einen strahlenden Börsenauftritt. In den Forschungsstätten aller Kontinente ist Bionik inzwischen zum Dechiffrierschlüssel für die großen Innovationsgeheimnisse der Natur avanciert. Sie wird zum Impulsgeber für völlig neue Produkte und Verfahren. Es gibt kaum eine Branche, die von den in Jahrmillionen ausgereiften Ideen der Natur nicht profitieren könnte.

Das Spektrum der natürlichen Vorbilder für Konstruktionen, Verfahren und Prozesse ist sehr breit gestreut. Es reicht von Architektur und Bauwesen über die Energie- und Oberflächentechnik bis hin zum Verkehrswesen, zu Sensoriksystemen und Informatikprozessen sowie zu neuartigen Werkstoffen und Verbundmaterialien.

Hang zur Schönheit – ein Naturgesetz?

Je tiefer wir in die Natur hineinschauen, um so reizvoller und aufregender erscheint sie uns. Wer beispielsweise das Innere einer Rose betrachtet (kleines Bild) oder den gefalteten Windungen von Pilzlamellen folgt (großes Bild), wer die klassische Form einer attischen Amphore bewundert oder die Umrisse einer griechischen Tempelanlage auf sich wirken läßt, dem fällt auf, daß sich bestimmte Proportionen in Natur und Kultur immer wiederholen und daß alle zusammen einer harmonischen Ordnung zu unterliegen scheinen. Blume und Boeing, Tonleiter und Tempel, Mensch und Makrele – Resultate

verwandter mathematischer Beziehungen? Schwarzer Elch, der berühmte Häuptling der Oglala-Sioux, drückte diese Ahnung großartig aus: »Wir wissen, daß wir verwandt und eins sind mit allen Dingen des Himmels und der Erde ... mit den Morgensternen und der Morgendämmerung, mit dem Mond, der Nacht und den Sternen des Himmels. Nur der Unwissende sieht lauter Verschiedenheiten, wo doch nur Eins ist.«

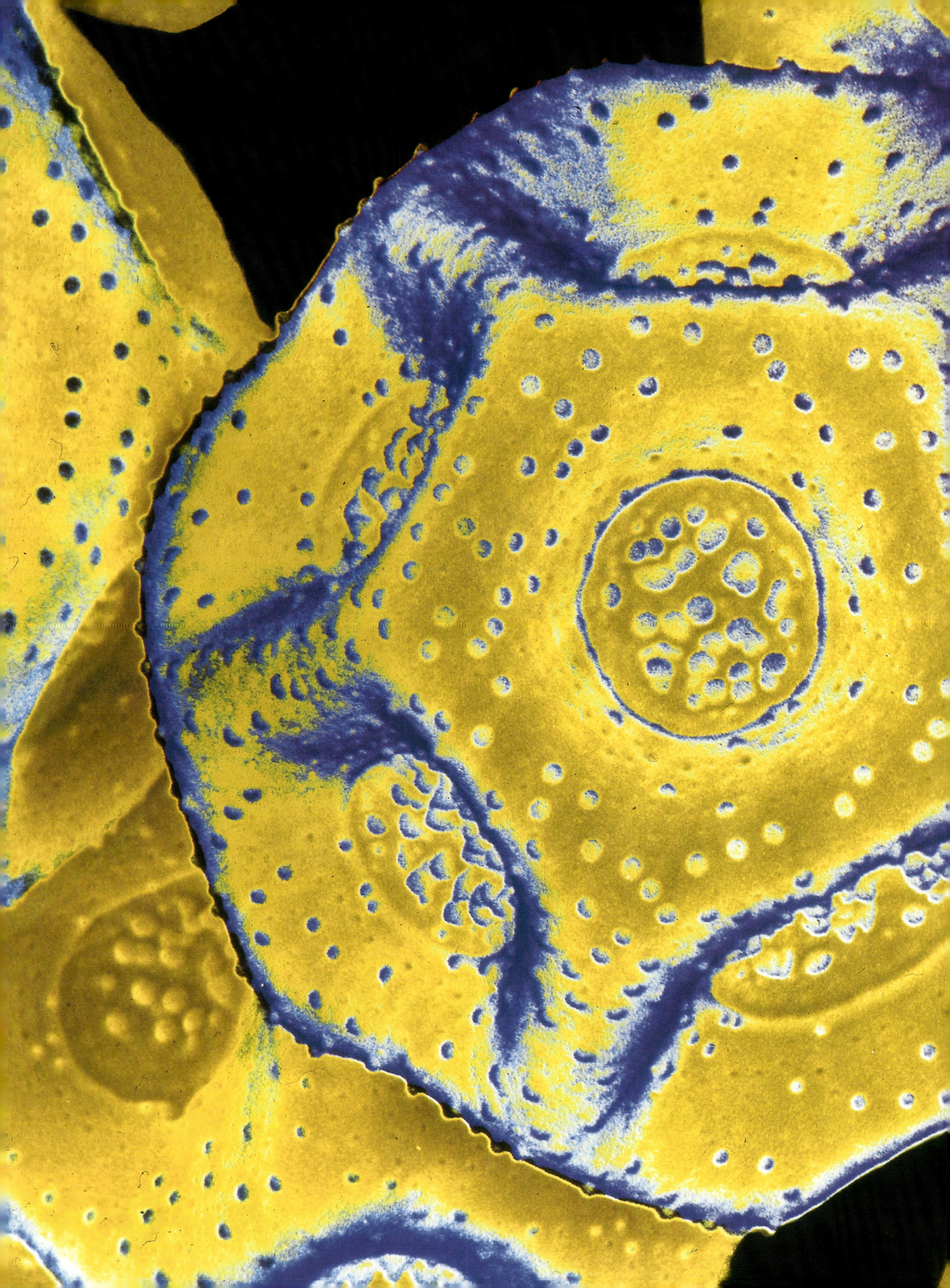

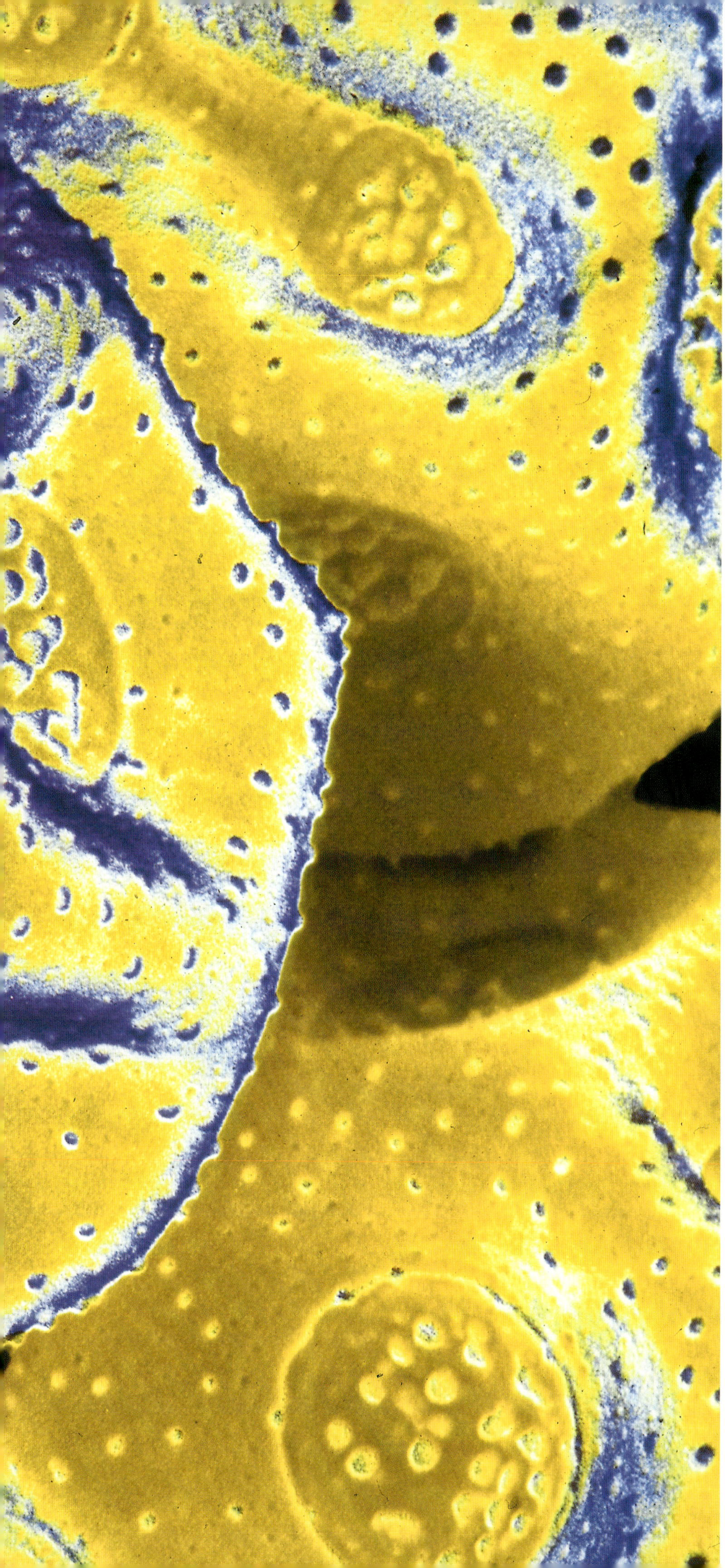

Die Einheit in der grenzenlosen Vielfalt

Bei allen Formen der Natur und den klassisch schönen Formen, die der Mensch geschaffen hat, stößt man fortwährend auf die gleichen geometrischen Grundstrukturen. Eine Entdeckung, die darauf schließen lassen könnte, daß alle Produkte der Natur – und auch wir selbst sind ja ein solches Naturprodukt – miteinander irgendwie verwandt sind. Denn so verschiedenartig einzelne Lebens- und Kulturformen auch sein mögen, allen gemeinsam ist eine Tendenz zu harmonischen Proportionen, wie sie sich beispielsweise im Goldenen Schnitt oder in einem pythagoräischen Dreieck manifestieren.

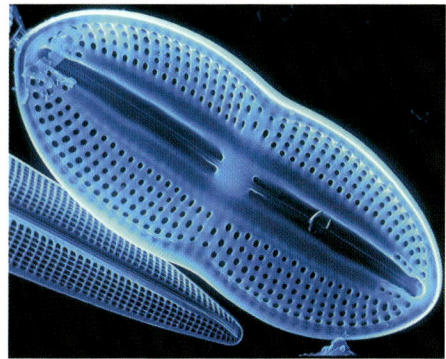

Dies trifft auf mikroskopisch kleine Pollenkörner (großes Bild) und die glasartigen Kunstformen einzelliger Diatomeen (kleines Bild) ebenso zu wie auf die anmutige Form einer blaßgrünen Lung-Chuan-Vase aus der Zeit der chinesischen Sung-Dynastie. Die zu erwartende Mega-Fusion von Natur und Technik wird uns Resultate bescheren, die noch viel phantastischer sind als alles, was wir uns derzeit vorstellen können.

Alles Leben ist Problemlösen

Eine kleine Einführung in die Bionik

In Technik und Wissenschaft ist eine Revolution im Gange. Es setzt sich allmählich die Erkenntnis durch, daß die Natur weit mehr kann, als noch vor kurzem angenommen wurde. Ihr unglaublicher Reichtum an »genialen« Konstruktionen wird bisher viel zuwenig für die Technik genutzt. Obwohl solche Konstruktionen Vorbilder für technologische Spitzenleistungen sein könnten. Vor allem Wissenschaftler der neuen Forschungsrichtung Bionik – einer Kombination aus Biologie und Technik – überraschen die staunende Fachwelt fast täglich mit spektakulären Ergebnissen: Selbst manche komplizierte Sachverhalte und Fragestellungen in Wirtschaft und Industrie könnten durch die Erforschung biologischer Strategien und Systeme künftig effektiver und nachhaltiger, vor allem aber auch rascher und billiger erklärt und gelöst werden. Wir können die Natur nicht eins zu eins kopieren, aber viele ihrer Grundprinzipien könnten in eine zukunftsweisende Technik einfließen.

Man wundert sich, warum der fast unerschöpfliche Ideen-Pool der Natur nicht schon viel früher systematisch genutzt wurde. High-Tech des Menschen ist eine große Leistung – aber was ist sie schon gegenüber der in Jahrmillionen ausgereiften High-Tech der Natur? Um eines aber auch ganz deutlich zu sagen: Die Natur stellt dem Ingenieur keine Blaupausen zur Verfügung. Was sie ihm liefern kann – das aber in einer großen Fülle –, sind »nur« unkonventionelle Anregungen und strategische Peilmarken. Die aber können und sollten wir anvisieren. Vermutlich wird solches »grenzüberschreitendes Lernen« zukünftig Erfolge zeigen, die man heute kaum für möglich hält. Die Analogien zu unseren Problemen und Parallelen zu unserer technischen wie ökonomischen Entwicklung, liegen bei näherem Hinsehen in großer Vielzahl vor. In diesem Buch werden wir einige davon aufzeigen.

Eines der Erfolgskonzepte von Lebewesen: Sie geizen mit der Energie und erzielen mit möglichst wenig Energie einen möglichst großen Erfolg. Womit sie nicht geizen, das ist die Regelungstechnik. Da leisten sie sich aufwendige Sensoren und Schaltungen. Sie haben den Trick der »maximalen Energieeffizienz« bestens im Griff. Dazu gehören auch Sensoren und Regler.

Das »Wie« aller Sensoren und allen Steuerns und Regelns kennen wir inzwischen in groben Zügen, und manches davon auch schon im Detail. Unsere Überlegungen hierzu führen sehr rasch zu den Lösungsstrategien der Miniaturisie-

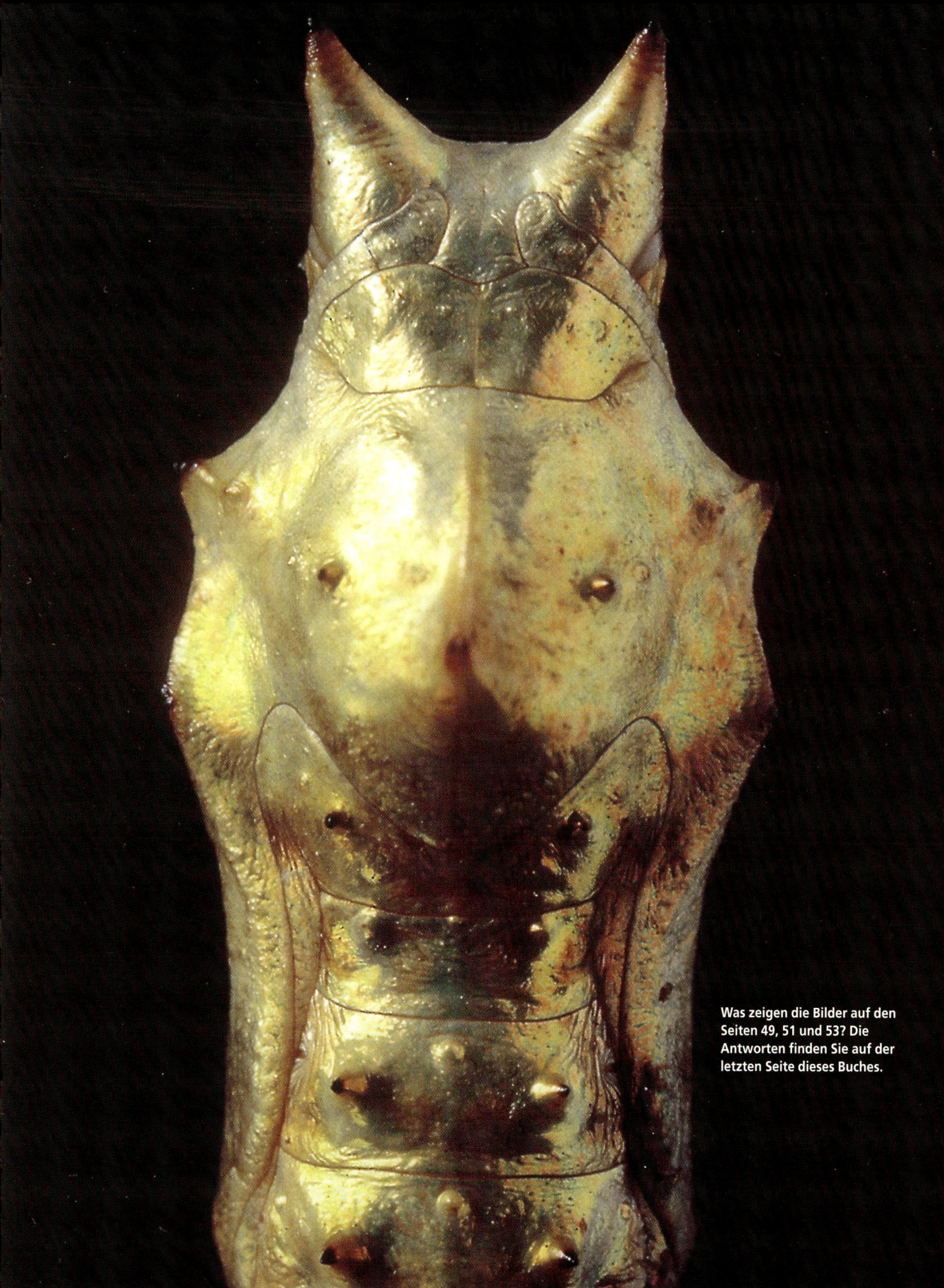

Was zeigen die Bilder auf den Seiten 49, 51 und 53? Die Antworten finden Sie auf der letzten Seite dieses Buches.

rung, bis hinein in den molekularen Bereich. Wir finden molekulare Sensoren, Datenspeicher, Schalter, Regler. Technische Elektronik hat noch niemand in Lebewesen entdeckt, auch keine Knopfzellen, die die Energie liefern. Das Leben geht von den Molekülen aus und löst von dort die Probleme.

Wir bewundern unsere Technik, die auch immer kompakter und leistungsfähiger wird, aber stehen staunend da, wenn wir sehen, was Lebewesen leisten und wie sie es leisten: Technik und Biologie sind ganz unterschiedlich in der Vorgehensweise, aber doch auch »analog«. Die Naturgesetze gelten für beide in gleicher Form. Da dem so ist, können Technik und Biologie voneinander lernen. Dem Biologen hilft die Technik, seine Untersuchungsobjekte besser zu verstehen. Und für den Ingenieur hält die Biologie eine immense Fülle an Anregungen parat. Kein Grund also, die Grenzen zwischen diesen Disziplinen nicht bewußt und planmäßig zu überschreiten! Wir sind sicher, daß Sie am Ende dieses Buchs zu einer ganz ähnlichen Bewertung kommen werden.

Der Motor allen Lebens ist das Sonnenlicht. Die Energiequelle des Lebens ist überwiegend die Solarenergie. Das Sonnenlicht ist dank der Photosynthese, die die grünen Pflanzen betreiben, zur Basis für alle energetischen Umsetzungen zwischen und innerhalb von Lebewesen geworden. Es gibt nur wenige Ausnahmen. An der Quelle sitzen zunächst die Pflanzen.

Anders ist die Lage bei den Tieren. Der anfänglich breite Strom der pflanzlich eingefangenen Solarenergie kommt bei ihnen sozusagen nur als Rinnsal an, in Gestalt ihrer Nahrung. Und die müssen sie oft mit großem Aufwand suchen, sei es pflanzliche Nahrung bei den Pflanzenfressern, sei es bereits »transformierte« bei den Fleischfressern. Das erzwingt Innovationen, und diese äußern sich in einer Vielzahl von Formen und Anpassungserscheinungen, die man auf ihre Verwertung hin untersuchen kann.

In der Technik streben wir nach Präzision und absolut fehlerfreier Fertigung. Lebewesen streben nach dem Gegenteil, das ist gewissermaßen programmbedingt. Sie machen immer wieder »Fehler« (Mutationen), meist zwar ganz kleine, aber gelegentlich auch recht große. Sie haben die Sexualität und molekulare Vielfaltsgeneratoren entwickelt. Damit können sie sich neuen Situationen anpassen. Die Strategie der großen Vielfalt meistert langsame Veränderungen der »Marktbedingungen«, plötzliche Krisen und sogar katastrophale Einbrüche. Dabei ist es aber nicht so, daß Lebewesen gezielt für veränderte Lebensumstände vorsorgen. Aufgrund der genetischen Vielfalt gibt es aber immer ein paar, die irgendwelchen Veränderungen besonders gut gewachsen sind und sich dann durchsetzen. Diese Evolutionsprinzipien wurden mittlerweile technisch nachgeahmt. Über die Evolutionsstrategie berichten wir in einem eigenen Kapitel.

Voraussetzung für evolutive Entwicklung sind geeignete Datenspeicher. Bei den Lebewesen sitzen diese im Zellkern. Sie sind äußerst winzig. So wiegt der gesamte Datenspeicher für das Programm »Dackel« ganze 3,4 Pikogramm. Das sind 0,000 000 000 034 Gramm. Ein solcher biologischer Super-Speicher braucht nicht viel Platz und erlaubt in der Regel Tausende von »Sicherungskopien« (Allelen). Der Stand der molekularen Technik biologischer Systeme hat einen Vorsprung vor den Spitzentechnologien des Menschen, den man kaum in Worte fassen kann. Und gerade deshalb lohnt es sich, bei der Natur in die Schule zu gehen. Die Überraschungen sind ohne Zahl.

Jahresringe im Holz sind der schönste Beweis für Wachstum. Wachstum gibt es, solange es Leben gibt. Wachstum ist damit ein weiteres Merkmal von Lebewesen auf unserem Planeten; ohne Wachstum hätten sie keinen Erfolg gehabt. Man kann sich allerdings auch zu Tode wachsen. Der Mensch ist mit seinen Technologien auf dem besten Weg. Aber nur er. Bäume beispielsweise tun das nicht.

Bäume wachsen zum Himmel, aber sie wachsen nicht in den Himmel. Sie hören vorher auf. Sie haben sozusagen begriffen, daß man in einem begrenzten System, wie es der Planet Erde ist, zwar wachsen kann, aber eben nicht unbegrenzt. So ging und geht das über Tausende von Generationen. Dabei werden die Bäume immer »besser«, aber nicht immer mehr. Eine Buche aus unserer Zeit und ein Siegelbaum aus der Steinkohlenzeit haben etwa dieselbe Biomasse. Aber von der Stoffumsatz-Leistung her ist die Buche überlegen.

Die Bäume haben ganz offensichtlich eine »systemerhaltende« Kombination von begrenztem quantitativem und qualitativem Wachstum gefunden. Und andere Lebewesen und Ökosysteme auch. Begrenztes Mengenwachstum, kombiniert mit unbegrenztem Qualitätswachstum gehört zur Erfolgsstrategie aller Lebewesen. »Immer mehr« geht eben auf Dauer nicht. »Immer besser« geht immer.

Längst ist klar, daß auch uns auf Dauer nur dieser Weg bleibt. Die Vorbilder dafür liegen allesamt in der Natur. In einem begrenzten System, auf einer begrenzten Fläche, wie sie unsere alte Erde zur Verfügung stellt, kann man mengenmäßig nicht unbegrenzt wachsen. Qualitatives Wachstum, auch im Bereich der Wirtschaft und der Industrie, müßte daher belohnt werden. Wir werden in diesem Buch zeigen, daß so etwas sinnvoll ist.

Die Natur erzeugt eine gigantische »Müllflut«. Jährlich sind es 150 Milliarden Tonnen an trockener Biomasse. Frisch wiegt sie noch zehnmal mehr. Es sieht so aus, als hätte sich die Natur für die totale Wegwerfgesellschaft entschieden.

Eigentlich müßten wir dann ja längst in Laub und Leichen, Kot und Knochen elendiglich versunken sein. Aber wie von Zauberhand verschwindet der furchterregende Biomüllhaufen, immer wieder ganz von allein, kostenlos, lautlos, restlos – seit Urzeiten. Heerscharen von Fressern und Zersetzern machen sich über ihn her und leben davon. Sie nutzen alle Wertstoffe und die Energie, die im Müll steckt. Sie rezyklieren ihn stofflich und energetisch.

Die Effizienz einer solchen Abfallwirtschaft ist im Wortsinn weltbewegend. Wenn bei uns auf der Nordhalbkugel im Herbst die Blätter zu Boden fallen, rückt dadurch die Laubmasse einige Meter näher an die Drehachse der Erdkugel heran. Die wenigen Wälder auf der Südhalbkugel können das nicht kompensieren. Es tritt ein, was wir auch bei bei einer Eiskunstläuferin bewundern, die – sobald sie ihre Arme eng an den Körper legt – eine Pirouette dreht. Die Erde dreht sich unmerklich – aber immerhin meßbar – schneller. Im Frühjahr sprießen neue Blätter an den Bäumen, mit der Folge, daß die Erdrotation wieder etwas abgebremst wird.

Ist das noch High-Tech? Eher schon High-Nature! Mit dieser Überlegung möchten wir Sie ein bißchen einstimmen auf die bisweilen verblüffenden Entdeckungen der Technischen Biologie und Bionik.

Und damit wünschen wir Ihnen viel Vergnügen bei der Lektüre unseres Buches!

Wie die Vögel fliegen – fliegen wie die Vögel?

Die Erben der Saurier standen Pate

»Ein Vogel ist ein Instrument, das nach mathematischen Gesetzen funktioniert, die ... nachzuahmen im Bereich der menschlichen Fähigkeiten liegt.« Diese kühne These ist nahezu 500 Jahre alt und stammt von dem Universalgenie Leonardo da Vinci. Orville Wright, der jüngere der beiden Wright-Brüder, sah das vor hundert Jahren etwas differenzierter: »Das Fliegen von einem Vogel zu lernen ist etwa so, wie wenn man hinter die magischen Geheimnisse eines Zauberers kommen will. Wenn man den Trick erst einmal kennt und weiß, worauf man achten muß, sieht man Dinge, die man vorher nicht bemerkt hat.«

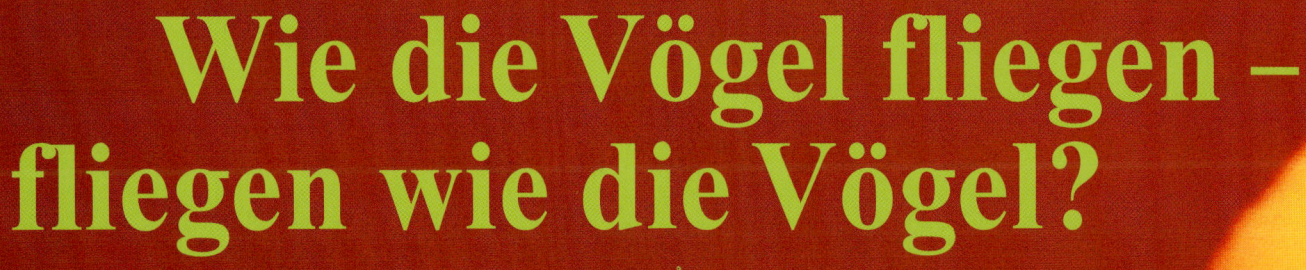

Wohl nichts hat die Menschheit über die Jahrhunderte mehr fasziniert als die Idee, vogelgleich fliegen zu können. Doch das Geheimnis des Vogelfluges zu lüften, Werkzeuge für eine eigene »Fliegekunst« zu ersinnen, war ungleich schwerer als beispielsweise das Schiff oder das Rad zu erfinden.

Die phantastisch segelnde Frucht der tropischen Zanonia fliegt aufgrund ihrer nach hinten gezogenen Flügelenden, der schwerpunktsmäßig günstigen Lage des Nüßchens und anderer Eigenschaften »autostabil«. Für einen »Nurflügler« ist eine solche Stabilität schwierig zu erreichen.

Igo Etrich in Österreich hat sich zu Beginn unseres Jahrhunderts den Zanonia-Segler als Vorbild für seine ersten Gleitapparate (links unten) genommen. Auch Otto Lilienthals Doppeldecker-Gleiter sieht ähnlich aus.

Wenn wir heute das »Lernen von der Natur« in den Vordergrund stellen und von der Technik der Zukunft fordern, daß sie besser im Einklang mit Mensch und Umwelt steht als die heutige, wenn wir also technisch-biologisches und bionisches Denken einfordern, sollten wir uns über eines im klaren sein: Diese Denkweise beginnt sich zwar in unserer Zeit durchzusetzen und sie wird zweifellos die Zukunft mitbestimmen – aber so ganz neu ist sie nicht.

Leonardo da Vinci – der erste Bioniker

Gehen wir in die Vergangenheit zurück, so werden wir bei Leonardo da Vinci fündig, dem Genie der Renaissance. Er war zum einen ein ganz ausgezeichneter Naturbeobachter und hat auch das technische Wissen seiner Zeit genutzt, die Natur zu verstehen. Wir würden heute sagen: Er hat Technische Biologie betrieben. Zum anderen hat er versucht, seine Entdeckungen in die Technik umzusetzen und zumindest Gedankenkonstruktionen entworfen, die auf die Naturbeobachtung zurückgehen: Bionik im präzisen heutigen Sinne. Leonardo da Vinci war zweifellos der erste oder einer der ersten »Technischen Biologen und Bioniker«. Etwa im Jahr 1505 hat er in Florenz den *Codice sul volo degli uccelli* (Codex über den Vogelflug) verfaßt. Darin beschreibt er zum Beispiel, wie die Vögel ihre Flügel abwärts und aufwärts schlagen. Beim Abwärtsschlagen verbinden sich die Federn zu einer geschlossenen Fläche die sich »von der Luft abdrückt« (wir wissen heute, daß das etwas anders abläuft, aber so war eben das technische Wissen der damaligen Zeit).

Leonardo hat auch präzise herausgefunden, warum das so ist: Weil die Federfahnen asymmetrisch sind und sich überlappen. Seine Zeichnung erklärt das. Beim Aufschlag nun sollten sich die Federn aufgrund des anders wirkenden Luftdrucks öffnen. Die Luft streicht dazwischen durch und behindert den Aufschlag nicht. In analoger Übertragung hat er sich ein Schlagflügelsystem ausgedacht, bestehend aus einem Weidenrutenwerk und Klappen aus Leinen, das in Öl getränkt war. Sie sollten sich beim Abschlag schließen und beim Aufschlag öffnen,

56

genau wie er sich das beim Vogelflügel vorgestellt hatte.

Leonardos Ansatz konnte sowohl vom theoretischen Konzept wie von der praktischen Durchführung nicht funktionieren. Das schmälert aber nicht seine gedankliche Leistung. Und vielen Nachahmern, die mit Schlagflügeln fliegen wollten wie die Vögel, erging es in der Folge ebenso. Das Schlagflügelprinzip vereinigt Auftrieb und Vortrieb, hebt den Vogel hoch und schiebt ihn vorwärts. Wir verstehen heute, welch komplizierte Mechanismen dafür nötig sind, auch Aspekte des Steuerns und Regelns, an die man früher gar nicht gedacht hat. Allmählich entwickelt die Technik die leichten und gleichzeitig extrem widerstandsfähigen Materialien, mit denen manntragende Schlagflügelapparate gebaut werden könnten, und sie werden sicher auch eines Tages gebaut – schon aus purer Neugier.

Es mag in diesem Zusammenhang seltsam klingen: Die Flugtechnik des Menschen hatte erst Erfolg, als man gelernt hatte, sich vom natürlichen Vorbild zu lösen, das so leicht nicht nachzuahmen ist. Erst als man darauf verzichtete, mit Schlagflügeln Vortrieb und Auftrieb zu erzeugen und diese Aufgaben trennte (Vortrieb: Propeller oder Schubtriebwerk, Auftrieb: Tragflügel), hatte man Erfolg. Doch beginnt sich der Bogen, wie gesagt, zu schließen: Erst mit den

Zwei Originalzeichnungen von George Cayley: eine Skizze des Wiesenbocksbarts mit seinen »Fallschirmfrüchtchen« und die Seitenansicht des ersten von Cayley entwickelten autostabilen Fallschirms. Der tiefliegende Schwerpunkt und die schrägliegende Widerstandsfläche wurden direkt vom Vorbild Natur übernommen.

Die berühmte »Taube« von Etrich und später auch von Rumpler zeigt die gleichen nach hinten gezogenen Flügelenden wie der Zanoniasamen oder wie eine Haustaube im Gleitflug. Auch der Schwanz ist »vogelähnlich«. Die Piloten wundern sich über die Flugstabilität dieses Flugzeugs, wenngleich die Erbauer manche Vogel-Eigentümlichkeit mühsam nacherproben müssen.

Manntragende Schlagflug-Apparate scheiterten allesamt. Wer die Sache sportlich sieht, hätte mit den heutigen Kenntnissen und Materialien durchaus gute Chancen. Eine breite Anwendungsmöglichkeit wird diese »Direktübertragung aus der Natur« allerdings wohl nie erreichen.

technisch-biologischen Kenntnissen und den flugtechnischen Erfahrungen unserer Zeit kann man daran denken, das Schlagflügelprinzip sozusagen wiedereinzuführen.

Begonnen hat man in Amerika und England mit kleinen Schlagflügelapparaten, die vergleichbar den Vögeln oder großen Insekten fliegen. Man will sie zu Miniatur-Spionage-Flugzeugen entwickeln, die in großer Zahl herumschwirren und den Gegner ausspionieren. Für diese Entwicklung sind Millionen Dollar bewilligt worden. Wie immer – und die Luftfahrttechnik zeigt dies ja geradezu beispielhaft – beflügelt die Militärforschung die technische Entwicklung. Auch wenn der Bioniker etwas anderes im Kopf hat: Über seine Ergebnisse wird genauso verfügt wie über alle anderen.

Vögel, Forellen und Delphine als Vorbilder

Der Blick zurück in die Forschungsgeschichte der Luftfahrt fördert manchen bewundernswerten Ansatz zutage. So hat Giovanni Alfonso Borelli (1608–1679), Professor in Florenz und Pisa, in den Jahren 1680/81 ein zweibändiges Werk geschaffen: *De motu animalium* (Über die Fortbewegung der Tiere). Als einer der ersten hat Borelli Modellbetrachtungen angestellt. Den Vogel hat er abstrahiert durch ein schlichtes Schwimmersystem. Was passiert mit dem Vogel, wenn er den Schwanz hebt? Wenn man den Schwimmer, dem hinten ein schräg nach oben gerichtetes Papierblättchen als »Schwanz« angeklebt worden ist, nach rechts bewegt, kippt er vorne hoch. Der Vogel benutzt den Schwanz

also als Höhensteuer. Will er eine Kurve nach oben ziehen, hebt er ihn an. Dinge dieser Art mußte man erst einmal lernen, bevor man an den Bau lenkbarer Flugapparate denken konnte.

Das erste stabil fliegende Flugmodell stammt mit größter Wahrscheinlichkeit von Sir George Cayley, einem englischen Landedelmann, dessen Werke zwischen 1796 und 1855 erschienen sind. Wie Borelli ging er von Beobachtungen und Messungen aus und ergänzte sie durch technische Experimente. Er verwendete dazu aerodynamische Rundläufe – Vorläufer unserer heutigen Windkanäle – und bastelte eine Reihe flugfähiger Modelle.

Auf Cayley gehen zahlreiche technische Grundkenntnisse zurück. Das ist zum einen die Trennung von Auftriebs- und Vortriebserzeugung in funktionell selbständige Systeme: Tragflügel und zusätzliche Schlagflügel oder Luftschrauben. Zum anderen ist es die Flugstabilisierung durch den Einfluß von Leitwerken.

Cayley hat sich stets für Konstruktionen der Natur interessiert und sich davon inspirieren lassen. Er deutete als erster die Rotationsbewegung der Ahornfrucht als Mechanismus zur Fallverzögerung: Durch einen Seitenwind kann die

Libellen sind die Flugkünstler unter den Insekten. Ihre Flügel werden von mehreren Muskelpaketen »direkt« angetrieben – eine altertümliche, aber sehr effektive Methode. Sie erlaubte eine außerordentlich gute Steuerbarkeit und Wendigkeit.

Heuschrecken tragen breite, fächerförmig spreizbare Hinterflügel und schmale, sich kaum verwindende Vorderflügel. Diese beiden so unterschiedlichen Flügelpaare beeinflussen sich beim Flug gegenseitig. Das macht die Untersuchung kompliziert und schwer verständlich. Wanderheuschrecken können damit mindestens 24 Stunden, wahrscheinlich länger, in der Luft bleiben – solange der »Treibstoff« reicht. Offensichtlich ist diese Flugeinrichtung energiesparend und effizient. Die Bildserie aus dem Windkanal zeigt Aufnahmen des »Flugkünstlers Libelle«.

61

Wanderfalken erreichen bei ihren Beute-Sturzflügen die höchsten Geschwindigkeiten im gesamten Tierreich. Sicher gemessen sind 180 km/h. Manche Forscher vermuten über 300 km/h, aber diese Geschwindigkeit hält die »Konstruktion Wanderfalke« sicher nicht aus. Der Aufprallschock allein tötet im allgemeinen schon das Beutetier.

langsam herunterwirbelnde Frucht weiter vom Baum weggetragen werden und damit die Art besser verbreiten (1808). Er untersuchte den Rumpf der Forelle durch Zerlegen gefrorener Exemplare. Aus einer Serie von Querschnitten konstruierte er einen technischen Ersatzkörper minimalen Widerstands (1809). Mit der gleichen Absicht untersuchte er den Delphin. Einem Ballonentwurf gab er im Jahr 1816 die widerstandsarme Konfiguration eines Spechtrumpfes, und zwar ganz so, wie dieser im Flug erscheint.

Der Entwicklungsweg Cayleys ist symptomatisch für die technisch orientierten Forschungstendenzen der Frühzeit. Das Schlagflügelprinzip der Natur war immer wieder das Vorbild, das es zu studieren und zu übernehmen galt. Aber erst als man sich von diesem Vorbild löste und technologisch sinnvolle Eigenentwicklungen ausführte, gelangte man zu Erfolgen im technischen Luftfahrzeugbau. Das widerspricht im übrigen nicht dem Bionik-Begriff. »Bionik« heißt eben gerade nicht Naturkopie.

Dies lernten auch die beiden Pioniere der Luftfahrtforschung, der Biologie Jules Etienne Marey (1830–1904) und, natürlich, der Deutsche Otto Lilienthal (1848–1896). Es ist wenig bekannt, daß Otto Lilienthal eigentlich manntragende Schwingenflugzeuge bauen wollte. Erst als er eingesehen hatte, daß dies nicht so leicht durchzuführen war, ging er sozusagen einen Schritt zurück und begann mit manntragenden Gleitfliegern. Dazu studierte er den Weißstorch, von dem er die Flügelprofilierung und eine Reihe anderer Merkmale übernahm. Wieder ist es ein epochemachendes Buch, das das Wissen seiner Zeit zusammenfaßt: *Der Vogelflug als Grundlage der Fliegekunst* (1889).

Den Wright-Brüdern gelang am 17.12.1903 in Kitty Hawk der erste, noch kurze Motorflug, jedenfalls der erste wirklich dokumentierte. Wie erreichten sie die Steuerbarkeit ihrer Doppeldecker? Die Grundidee bekamen sie von der Beobachtung des Möwenflugs, und Möwen gab es ja zuhauf an den Dünenstränden ihrer Heimat. Wenn der Vogel eine Kurve einleitet, verwindet er den linken und rechten Flügel gegenläufig. Damit werden die Luftkräfte asymmetrisch, und sie drehen das Fluggebilde in die gewünschte Richtung. Genau diesen Mechanismus haben die Wright-Brüder nachgebaut, relativ kompliziert noch, die Verwindung geschieht über Bowdenzüge und eine Art Steuerknüppel. Später hat man dazu Klappen und Ruder verwendet, die aber einen Nachteil haben: Sie erzeugen größeren Widerstand als die leicht verwundenen Flügel. Ganz langsam kommt man heute wieder auf das Vogelprinzip zurück. Die Entwürfe für die nächste (wahrscheinlich aber erst übernächste) Generation von Tragflügeln arbeiten nicht mehr mit Klappen und Rudern, sondern mit kontrollierten Verwindungen des Flügels »in sich«.

Vielleicht kann man auf diese Weise eines Tages sogar die großen Leitwerke mit ihrem riesigen Zusatzwiderstand einsparen, der bei den Flugzeugen so immens viel Treibstoff frißt – mindestens 25 Prozent. Eine Grundvoraussetzung beherrscht man schon: die Technik des Steuerns und Regelns. Diese Flugzeuge würden nicht mehr »autostabil« fliegen wie heutige Flugzeuge (oder wie die ersten Wurfmodelle, die Sir George in England gebastelt hat), sondern man muß dann von Tausendstelsekunde zu Tausendstelsekunde nachregulieren. Ein Vogel tut das gleiche. Die wenigsten Flugzustände von Vögeln sind wirklich autostabil, etwa Gleitflüge von großen Geiern. Bereits im langsamen Schlagflug müssen die Vögel mit hochkomplizierten neuralen Systemen von Sensoren, Nerven und Effektoren (Muskeln) in jedem Moment Hunderte von Steuer- und Regeloperationen durchführen. Den Flugzeugen der Zukunft wird es ähnlich gehen, wenn sie so energiearm und »elegant« fliegen wollen wie Vögel.

Pflanzensamen als Idealsegler und die Etrich-Taube

Auch die Botanik hat in der Frühzeit der Flugforschung – an die in heutiger Zeit mit modernster Technologie so überraschend wieder angeschlossen wird – ihren Beitrag geleistet. Als Jahrmarktsbelustigung gab es schon in der Frühzeit der Ballonfahrt Fallschirmabsprünge. Interessanterweise waren die ersten Springer Springerinnen: Frauen waren wohl immer schon etwas mutiger als Männer. Nicht selten haben sie sich zu Tode gesprungen, weil sich ihre Fallschirme nicht öffneten oder in Pendelschwingungen kamen und sich überschlugen. Sir George Cayley hat studiert, warum die Löwenzahnfrucht autostabil fliegt. Danach hat er den ersten wirklich autostabilen Fallschirm der Luftfahrt entworfen. Die zwei Grundprinzipien, die übertragen worden sind: tiefliegender Schwerpunkt und eine Schräganstellung der Schirmfläche, die dafür sorgt, daß sich der Fallschirm nach Luftböen immer wieder automatisch in die stabile Lage zurückdreht.

In den Tropen gibt es eine Liane, die sich Dutzende von Metern in die Baumwipfel hochschraubt. Dort bilden sich kürbisähnliche Vermehrungskörper, und wenn diese aufplatzen, entlassen sie eine große Menge ungemein leichter und autostabil gleitender Früchte. Die Pflanzengattung heißt Zanonia.

»Südlich des Riesengebirges«, so beginnt der Flugpionier Igo Etrich seine Memoiren, »liegt im Bezirk Trautenau die kleine Stadt Freiheit, in der mehrere Familien namens Etrich wohnten«. Sie betrieben Bäckereien und Weizenmühlen, arbeiteten hart und hatten samt und sonders ein Gespür für technische Dinge. Ignaz Etrich wurde mit Flachsspinnereien und Zwirnereien ein reicher Mann. Stets hatten neue technische Errun-

Dieser anfliegende Papageientaucher zeigt als kleine Aufwölbungen in der Mitte der Flügelvorderkanten die Daumenfittiche, deren Wirkung auf Seite 73 beschrieben ist.

Frühe Ballonentwürfe waren ellipsoidsymmetrisch. Der Vorteil: Sie konnten in beide Richtungen bewegt werden. Der Nachteil: Sie entwickelten einen relativ großen Widerstand. Angetrieben wurden sie – zumindest im Gedankenmodell – durch Propeller oder durch Schlagflügel. Sir Cayley wollte statt dessen die widerstandsarme Konfiguration eines Spechtrumpfs einführen.

Aktiv fliegen können oder konnten nur die Vögel, Fledermäuse und Insekten sowie die ausgestorbenen Flugsaurier. Zum passiven Flug – Gleitflug – sind aber auch Vertreter anderer Tiergruppen befähigt, beispielsweise »fliegende« Gleitbeutler oder Gleithörnchen, Reptilien mit Flugflächen zwischen abgespreizten Rippenfortsätzen oder Frösche mit Flugflächen zwischen den Fingern und Zehen.

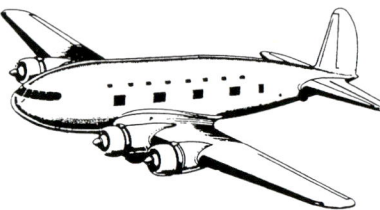
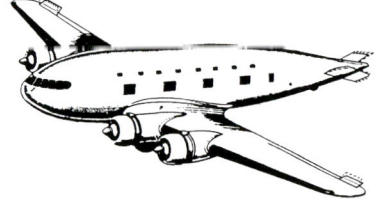

Flugzeuge ohne Leitwerke – ist das jemals vorstellbar?

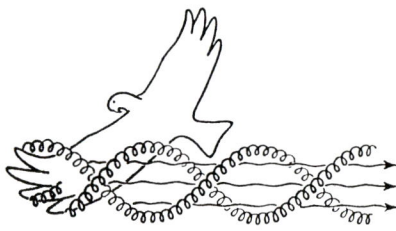
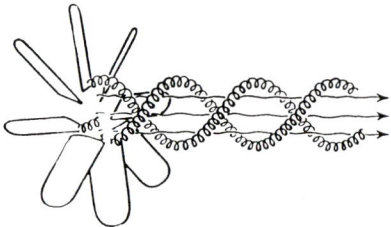

Die aufgefingerten Flügelenden von Großvögeln erzeugen eine »Wirbelspule«. Dieses Prinzip wurde mit der Windturbine »Berwian« nachgeahmt, wie auf S. 94 beschrieben.

Gleitbeutler und Gleithörnchen haben eine fein bepelzte Flughaut zwischen den Extremitäten ausgespannt. Der feine Pelzbesatz verhindert das rasche Abreißen der Strömung bei großen Anstellwinkeln. Diese Tiere klettern einen Baum hoch, gleiten bis zur Basis des nächsten, klettern ihn wieder hoch und so fort. Somit kommen sie rasch durch den Urwald. Das Affentandem versucht es ihnen gleichzutun

genschaften sein Interesse erweckt. So traf ihn die Nachricht vom tödlichen Absturz des Flugpioniers Otto Lilienthal wie ein persönlicher Verlust. Er schickte seinen Sohn Igo nach Berlin; dieser sollte die zurückgelassenen Gleitflugzeuge zu Studienzwecken kaufen.

Die Lilienthalschen Apparate fanden die Etrichs aber dann doch noch zu labil; vor allem die Steuerung war kritisch. Windböen konnten die Apparate aufbäumen. Nach einem Beinaheabsturz fand Igo, daß ein eigenstabiler, flugtechnisch ungefährlicher Tragflügel für den Flugapparat gefunden werden mußte, der selbständig ins Gleichgewicht zurückkehrte, wenn ihn ein Windstoß getroffen hatte. Beim Durchstöbern aller nur erhältlicher Literatur über Flugprobleme stießen die Etrichs auf grundlegende Arbeiten des Hamburger Professors Ahlborn, der die Flugeigenschaften der Samen eines javanischen Kürbisgewächses (Macrozanonia macrocarpa) ausführlich beschrieb. Diese flogen absolut autostabil, und die Etrichs erkannten, daß Schwerpunkt des Nüßchens und Auftriebsmittelpunkt in etwa zusammenfielen. Danach konstruierten sie ein »Nurflügelflugzeug« mit ähnlichem Flügelumriß. Nach dem Vorbild des Zanoniasamens bauten die Etrichs dann Gleitflugzeuge, zuerst kleine Modelle, schließlich große. 1905 entwarfen sie einen Gleitflieger von 10 m Spannweite und 38 m² Tragfläche. Er wog 164 kg und trug einen 70 kg schweren Sandsack über 300 m. Franz Wels, ein Mitarbeiter der Etrichs, wagte das entscheidende Experiment. Er baute den Sandsack ab und setzte sich selbst hinein. »Wels landete stets glatt ohne Unfall.«

Igo Etrich ging nach Wien und setzte seine Experimente mit Unterstützung österreicher Stellen fort. Bald sah er ein, daß der Gleitsamen nur eine erste Näherung sein konnte. Etrich behielt typische Eigenschaften des Zanoniaflügels bei, entwickelte nun aber ein richtiges Flugzeug mit Rumpf und Schwanz: »Seine Spannweite betrug 12 m. Die Maschine war mit einem taubenschwanzförmigen Höhensteuer versehen. Ich entwarf im Winter 1909/1910 den Apparat rein empirisch und intuitiv nach dem Vorbild eines Vogels in Gleitflugstellung.« Der Apparat erhielt später im Volksmund den Namen »Taube«.

Mit einem 40-PS-Motor war er das stabilste Flugzeug der damaligen Zeit. Die »Taube« gewann einen Preis nach dem anderen. Infolge ihrer den Pflanzen und Tieren abgeschauten,

Der berühmte Schneider von Ulm – ein zeitgenössischer Stich. Neuerdings hat man sich seine Konstruktionen etwas näher angesehen und war erstaunt, wie durchdacht sie waren. Natürlich konnte er nicht schlagfliegen. Bei günstigeren Startbedingungen hätte er mit seinem Flugapparat wahrscheinlich aber über eine gute Strecke gleiten können.

formbedingt automatischen Stabilität kam es zu keinem einzigen Todessturz mit diesem Modell, ganz im Gegensatz zu jedem anderen der zahlreichen damals erprobten Flugzeugtypen. Einmal kam ein Arbeiter aus Versehen an den Gashebel. Das Flugzeug rollte an, der Arbeiter konnte gerade noch abspringen. Die Maschine erhob sich führerlos, flog selbständig 200 km und landete unversehrt auf einer Wiese.

Etrich vergab die Herstellung in Lizenz an den Berlin-Lichtenfelder Fabrikanten Rumpler. Als »Etrich-Rumpler-Taube« wurde das Flugzeug in Deutschland sehr populär. Es gewann einen

Vom Insektenflug kann man wenig für den Menschenflug lernen, so unendlich anders sind die Flugprinzipien dieser sehr leichten und bei kleinen Reynoldszahlen fliegenden Tiere. Kleinste Insekten können ihre Flügel mindestens tausendmal in der Sekunde auf und ab schlagen lassen! Technisches Fluggerät hat sein Eigenleben entwickelt. Hohe Geschwindigkeiten sind Trumpf.

Horizontal-Stabilisatoren von Abfangjägern werden aus Gewichtsgründen mit Epoxydharz verklebt; verklebt sind auch die beiden Spreiten des Flügelblatts eines Insekts.

Beim Anlanden strecken Vögel den Kopf weit nach vorn und unten – aus Sichtgründen senkt auch die Concorde ihre Nase.

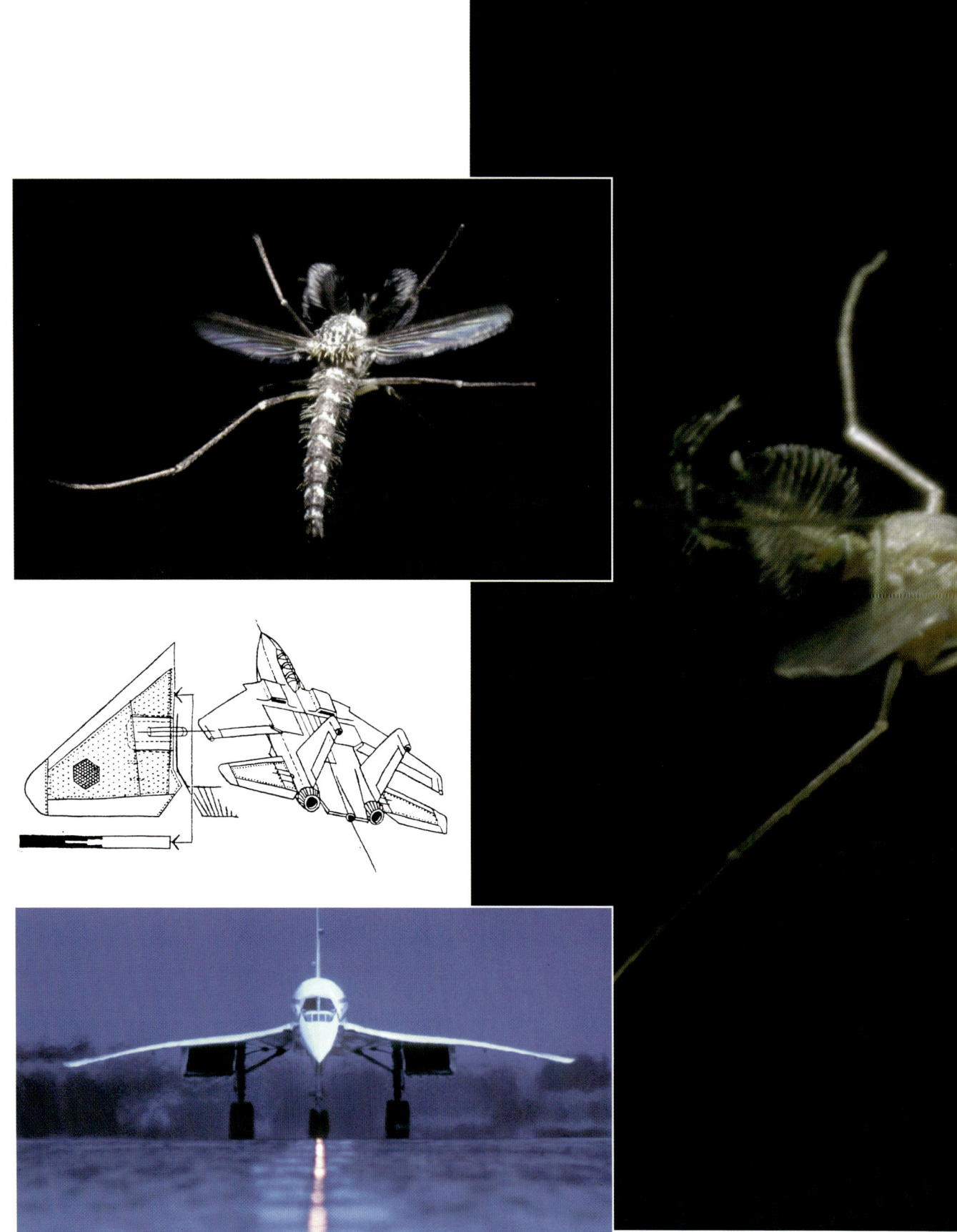

68

Im Schwirrflug – mit den höchsten bei Vögeln beobachteten Flügelschlagfrequenzen – können Kolibris sicher vor Blüten in der Luft stehen bleiben und Nektar saugen.

Ein Kolibri geht gerade vom Abschlag zum Aufschlag über; die vorne fast zusammengeklatschten Flügel haben sich bereits getrennt. Der maximal gespreizte Schwanz zeigt, daß sich der Vogel im Bremsanflug befindet.

von der Kaffeefirma Kathreiner ausgesetzten Preis von 50 000 Goldmark für den ersten Flug München-Berlin mit einem Passagier. Mit größerem wirtschaftlichem Erfolg wurde der Name Etrich von Rumpler bewußt verdrängt, und man kannte das Flugzeug später nur noch als »Rumpler-Taube«.

Paul Lincke schrieb einen damals sehr bekannten Schlager: »Ich glaube, da oben fliegt 'ne Taube, sie kommt aus einem deutschen Nest, wenn sie nur nichts fallen läßt ...«. Im deutschen Nest aber lag ein österreichisches Ei.

Von Daumenfittichen und Vorflügeln

In der weiteren Entwicklung der Flugtechnik gibt es immer wieder essentielle Erneuerungen, die ihr Vorbild in der Natur haben. Die Kurvensteuerung durch Verwindung der Flügelenden bei den Flugzeugen der Wright-Brüder wurde schon genannt. Leonardo da Vinci hat eine im Anflug befindliche Taube skizziert, die ihre Daumenfittiche abspreizt. In den zwanziger Jahren haben deutsche und englische Forscher unabhängig voneinander erkannt, daß sie die Strömung auf der Flügeloberseite positiv beeinflussen. Daraus haben sich die berühmten Vorflügel entwickelt, ohne die heute keine Flugzeug mehr auskommt. Die Erfinder waren auf der einen Seite Lachmann auf der anderen Seite Handley-Page. Die Abbildung zeigt eine historische Darstellung im Vergleich. Die Übertragung erfolgte aber nur mit wenigen Messungen, mehr intuitiv. Wir haben die Vorflügelwirkung der Daumenfittiche verschiedener Vögel einmal im Windkanal getestet und festgestellt, daß beispielsweise ein Starenflügel mit abgespreiztem Daumenfittich 15% mehr Auftrieb macht. Spreizt der Vogel seinen Daumenfittich nur rechts ab, dreht er sich in eine Linkskurve ein. Damit kann er mit kleinstem Aufwand Steuerbewegungen einleiten, er muß nicht seinen ganzen, vergleichsweise schweren Flügel verwinden. Ähnliches macht

Ohne einen perfekten Faltmechanismus würden die meisten Käfer Gefahr laufen, ihre hauchzarten Flügelmembranen irreparabel zu beschädigen. Daher werden sie, ähnlich wie bei einem Knirps-Regenschirm unter den dicken Chitindecken zusammengefaltet. Bei Nichtgebrauch werden die häutigen Flügel unter den schalenartigen Flügeldecken zusammengelegt.

Technisch haben wir das Fliegen realisiert. Die Vorstufe jeder Wissenschaft und jeder technischen Lösung ist aber die Phantasie. Hier hat sie sich an Ballonentwürfen ausgetobt. Es wäre vollkommen verkehrt, würden wir unseren jungen Ingenieuren das Träumen verbieten. Es ist alles andere als Zeitverschwendung.
Die kleinen Bilder von oben nach unten zeigen Fluggeräte im Anflug: eines der ersten deutschen Stauflügelboote, die X-114, einen Baumweißling und einen Jumbojet.

Die Vogelfeder – ein phantastisches System von Trägerstrahlen, die sich mit Haken-Ösen-Mechanismen zusammenkoppeln. Mit einem Schnabelstrich kann eine Störstelle in einer Feder wieder gerichtet werden. Nicht alle Federn sind so dicht »verwoben« wie beispielsweise die Schwungfeder eines Schwans. Zarter Federflaum (kleines Bild) auf der Flügeloberseite von Eulen reduziert das Geräusch. Das große Bild zeigt die Federstruktur stark vergrößert.

die Flugzeugtechnik mit Klappen, die weit außen am Tragflügel sitzen. Wer als Flugpassagier darauf achtet, sieht, wie diese Klappen ganz leicht auf und ab tanzen, wenn das Flugzeug Rollschwingungen ausgleicht.

Und der Vorflügeleffekt? Beim Start und bei der Landung werden die Vorflügel abgesenkt. Es entsteht ein Schlitz zwischen Vor- und Hauptflügel. Das Flugzeug kann nun mit großen Anstellwinkeln fliegen, ohne daß die Strömung auf der Oberseite abreißt, weil immer wieder energiereiche Luft durch den Schlitz auf die Oberseite strömt. Wie wichtig diese auf Naturprinzipien basierende Einrichtung ist, das zeigt sich, wenn sie durch einen technischen Defekt oder aufgrund menschlichen Versagens einmal ausfällt. Der spektakuläre Flugzeugabsturz von Nairobi mit vielen Toten war auf einen versehentlich nicht ausgefahrenen Vorflügel zurückzuführen.

Die Handschwingen und der Schleifenflügel

Wie bereits erwähnt, zeigt bionisches Arbeiten oft Effekte und Erfolge an Stellen, an die man bei der Erforschung gar nicht gedacht hat.

So war lange unklar, warum die großen Landsegler unter den Vögeln – etwa Störche und Geier – ihre Handschwingen am Flügelende auffächern. Kleinere Vögel tun das zwar auch, aber nicht so augenfällig. Ein Geier, der sich in einem Thermikschlauch (letztlich also mit Hilfe der Sonnenenergie!) hochgeschraubt hat, will von dort aus möglichst weit über Land gleiten, bis er wieder einen Thermikschlauch gefunden hat und sich aufs neue hochtragen läßt. So kommt er ohne große Eigenleistung – er hält die Flügel ja nur gespreizt – schnell und weit über den Boden auf der Suche nach Aas. Flugtechnisch gesprochen sollte der Geier also einen möglichst kleinen Gleitwinkel erreichen, dann kommt er aus gegebener Höhe möglichst weit. Wie jeder Flügel erzeugt aber auch der Geierflügel Widerstände, und je größer diese Widerstände sind, desto steiler wird die Gleitbahn und um so größer – also damit auch schlechter – wird der Gleitwinkel.

Einer der bedeutendsten Widerstandsanteile ist der sogenannte induzierte Widerstand. Er entsteht dadurch, daß an der Flügelspitze eine Ausgleichsströmung von der Unter- auf die Oberseite erfolgt, die sich als Spiralwirbel von der Flügelspitze ablöst. Dies gilt für Technik und Natur in genau gleicher Weise. Untersuchungen des Berliner Bionik-Pioniers Ingo Rechenberg und seiner Mitarbeiter haben gezeigt, daß die aufgefingerten Flügelenden der Störche, Geier und anderer Großvögel – mit anderen Worten, deren gestaffelt abgespreizte Handschwingen – den induzierten Widerstand sehr deutlich verringern. Das ist für die Flugphysik der Geier – und letztlich auch, wenn man ihre Rolle in der afrikanischen Steppe betrachtet, für die Gesamtökologie dieser Region – von außerordentlich großer Bedeutung. Der Airbus und andere Flugzeuge tragen heute kleine Winglets, kleine Flügelchen am Ende, dort, wo bei Störchen und Geiern die freien Handschwingen sitzen. Auch sie beeinflussen den induzierten Widerstand po-

sitiv. Sie sorgen aber auch für ein günstigeres Stabilitätsverhalten, wenn sich ein Flügel hebt oder senkt.

Es gibt viele Versuche, mit aufgefingerten Tragflügeln Treibstoff einzusparen. Das Problem liegt nicht so sehr am Prinzip – das funktioniert – als in der Durchführung. Es ist technologisch außerordentlich schwierig, die Flügelenden so zu gestalten, daß sie wirklich positiv wirken; jede kleinste Abweichung vom Optimum schadet mehr, als sie nützt. Auch das ist typisch biologisch. Der Vogel kann ja dauernd nachregulieren, bis er merkt, daß er die optimale Konfiguration hat. Am Flugzeug müßte sie eingestellt werden, und würde auch nur für einen bestimmten Flugzustand gelten. Betrachtet man die aufgefingerten Handschwingen von hinten, so kann man ihre Spitzen durch eine Art Schleife verbinden. Wie wäre es, wenn man auf die Flügelchen ganz verzichtet und den Tragflügel dafür am Ende in eine Schleife legt? Auch das ist in Berlin, insbesondere von dem Bioniker R. Bannasch, durchdacht worden – aber die Boeing-Leute in Seattle waren schneller. Sie haben sich einen solchen Schleifenflügel patentieren lassen, der in Zukunft wahrscheinlich mithelfen wird, den Treibstoffverbrauch von Großflugzeugen zu reduzieren – eine ökologisch wichtige Neuerung.

An eines haben die Boeing-Leute aber nicht gedacht: Auch Propellerblätter stellen eine Art Flügel dar, und an ihren Spitzen spielt sich das gleiche ab. Ein Ringwirbel läuft spiralförmig nach hinten und zieht viel Energie ab. Bannasch hat sich nun die Schleifenform der Enden von Propellerblättern patentieren lassen. In Zukunft kann man damit Propeller erwarten, die nicht nur höhere Schubkraft bei gegebener Motorenleistung liefern,

Die Schleiereule im Landeanflug hat Flügel und Schwanz maximal gespreizt, um mit hohem Anstellwinkel großen Widerstand zu erzeugen. Die Handfittiche sind gegen die Armfittiche abgeknickt. An der Knickstelle sieht man die beiden Daumenfittiche herauslugen. Sie zögern den in dieser Bremsstellung gefährlichen Strömungsabriß hinaus. In dieser Stellung läßt sich die Eule auf eine Maus fallen.

Kleine Eulenvögel, wie beispielsweise der Steinkauz oder der Sperlingskauz, fliegen im Prinzip ähnlich.

Die Zeppelin-Ära scheint eine Renaissance zu erleben. Pralle Luftschiffe, die – im Gegensatz zu den Zeppelinen – kein Innenskelett haben, sind als Werbeträger allgemein bekannt. Zeppeline der neuen Generation, wie sie zur Zeit in Friedrichshafen und bei Berlin (Cargo-Lifter) gebaut werden, sind ein High-Tech-Produkt, das nur noch entfernt an die alten Klassiker erinnert.

Bei modernen Luftschiffen kann die Gesamtform nicht mehr verbessert werden. Damit entsprechen sie im Prinzip Pinguinformen, an denen die Evolution auch kaum mehr »drehen« kann. Sie haben schon das Optimum an Widerstandsanpassung erreicht.

Technische und biologische Fallschirme arbeiten nach dem gleichen Prinzip. Natürlich sind die Flächenbelastungen nicht vergleichbar, doch gelten Stabilitätskriterien wie beispielsweise der tiefliegende Schwerpunkt für beide.

sondern, was vielleicht ebenso wichtig ist, auch leiser laufen.

Die Spiralwirbel, die mit dafür verantwortlich sind, daß die großen Propeller so laut sind, werden ja sozusagen von einer unendlichen Menge immer kleiner werdender Flügelchen (das ist der Trick des Schleifenflügels) überlagert, so daß zumindest die tieferen Frequenzen weggedämpft werden. Dies könnte sich auch bei den Flügelchen, die als Lüfterblätter verwendet werden, bemerkbar machen.

Wir haben in Saarbrücken einen anderen Weg gewählt, um Lüfterblätter leiser zu machen und damit das lästige Surren und Sirren beispielsweise von Computerlüftern zu reduzieren oder ganz zu vermeiden.

Untersuchungen von Gleitbeutlern, die ja ein ganz feines, weiches Fell besitzen, haben erbracht, daß sich die Strömung von Lüfterblättern, die man mit einem entsprechenden Kunststoff-Fell überzieht, nicht so leicht ablöst. Damit ist auch die Geräuschentwicklung reduziert. Genau den gleichen Trick verwenden Eulen, beispielsweise die Schleiereule oder die Waldohreule, in weniger ausgeprägtem Maße auch der Waldkauz. Die Federchen auf der Flügeloberseite sehen »zerschlissen« aus, tragen viele feine Fortsätze, die hin und her schwingen wie die Haare eines Gleitbeutler-Fells. Sie dämpfen damit Grenzschichtschwingungen ab, erreichen günstigeres Ablöseverhalten und damit eine enorme Geräuschdämpfung. Eulen besitzen zudem weit ausgezogene, ganz weiche Hinterkanten an den Flügeln. Eine weitere Geräuschquelle sitzt an der Vorderkante der Flügel, am Flügelbug. Hier könnten sich größere Wirbelballen ablösen. Eulen haben aber an den vorderen Federn eine Art Kamm, in den sich die Vorderkante der Bugfedern aufspaltet. Auch dieser Kamm wirkt geräuschdämpfend.

Amerikanische Forscher haben diesen Trick der Natur schon vor längerer Zeit in die Technik übertragen. Sie brachten auf Propellerflügeln in

Insektenflügel sind grazile Spreiten-Spanten-Konstruktionen. Das große Photo zeigt den »Doppelflügel« einer blauschimmernden Holzbiene. Der große Vorderflügel und der kleine Hinterflügel sind über einen Haken-Ösen-Mechanismus verkoppelt. Erkennbar sind gerade an den Flügelaußenseiten und -hinterkanten feine Noppungen und Haare. Sie verringern an diesen besonders gefährdeten Stellen die Tendenz zur Strömungsablösung.

Einer von den vorgestellten vier »Flügeln« paßt nicht in das Schema des Insektenflügels – richtig geraten, die Abbildung auf dieserSeite rechts unten. Es ist das Ende eines »Nasenzwickers«, einer herabtrudelnden Ahornfrucht. Aber auch hier findet sich eine Spanten-Spreiten-Konstruktion, ausgeführt als leichtes Flächentragwerk.

Durch unsere flugtechnischen Kenntnisse – die im Zeitalter der Düsenflugzeuge sehr weit entwickelt sind – kommen wir erst in die Lage, die Flugleistungen unserer Zugvögel – hier zwei Rauchschwalben – richtig einschätzen zu können. Dabei geht es nicht so sehr um absolute Fluggeschwindigkeiten, als vielmehr um günstige Energiebilanzen, adaptive Flügel und unvergleichliche Wendigkeit.

Größere Vögel wie etwa der Weißkopfseeadler (großes Bild) bewegen ihre Schwingen realtiv langsam, etwa so, wie auch ein Mensch seine Arme bewegen könnte. Viele kleinere Vögel, wie beispielsweise Singvögel, haben wesentlich höhere Flügelschlagfrequenzen.

der Bugregion ähnliche Kämme an, die sie als LEBS (Leading Edge Barbs) bezeichnet haben. Es heißt, daß damit das Propellergeräusch deutlich reduziert werden kann. Außerdem steigt der Wirkungsgrad – wegen einer Auftriebserhöhung – an. Wir haben das beispielsweise auch an Flügeln gemessen, die nach Art der Starenflügel profiliert waren und unterschiedliche Rauhigkeiten trugen. Diese kann man im Windkanalexperiment durch Sandpapierrauhigkeiten nachahmen. Das wird in der Technik seit eh und je so gemacht. Wir haben mit Sandpapieren aber immer nur negative Effekte bemerkt. Erst als wir die »statistische Federrauhigkeit« (durch Abguß und Aufkleben der Aufgußfolie) angewandt haben, waren plötzlich positive Effekte zu finden. In günstigen Fällen haben wir fast eine Verdopplung des Auftriebs erreicht! Es lohnt sich also, solche Effekte zu studieren und in technisch analoger Art zu übertragen.

Deckgefieder-Klappen verhindern den Strömungsabriß

Der Vogelflügel hat es tatsächlich in sich. Neben dem Daumenfittich und den freien Handschwingen wäre da noch das Deckgefieder auf der Flügeloberseite zu nennen. Wenn ein Flügel bei Start und Landung sehr schräg gegen die Strömung steht – die Aerodynamiker sprechen von einem großen Anstellwinkel –, besteht die Gefahr, daß die Strömung auf der Flügeloberseite abreißt und damit der Auftrieb zusammenbricht. Auch Vögel arbeiten oft mit hohem Anstellwinkel, gerade im Landeanflug, wenn sie stark abbremsen müssen. Der Strömungsabriß beginnt immer an der Flügelhinterseite und wandert nach vorne. Wenn man die Vorwärtswanderung verzögern könnte, wäre die Sache nicht so gefährlich. Tatsächlich stellt sich aufgrund der Druckverteilung ein Teil des Deckgefieders auf. Die nach vorne wandernde Ablösung verfängt sich sozusagen in den Gefieder-

Das Wort »Jäger« hat sich für Luftkampfflugzeuge eingebürgert, und große Raubvögel sind seit jeher auf schnelle Jagd spezialisiert. Man nennt sie heute »Greifvögel«. Eine der vielen Umbenennungen, die dem Zeitgeist folgen. Katzen und Hunde hat man ja auch nicht in »Greiftiere« umbenannt; sie heißen nach wie vor Raubtiere.

Haischuppen, in der Draufsicht fotografiert – das gesamte Bild ist kaum größer als die Seitenzahl auf dieser Seite. Erkennbar sind die feinen Riefen. Sie verlaufen von Schuppe zu Schuppe und streichen so über den gesamten Haikörper (Bild oben), von der Schnauzenspitze bis zur Schwanzwurzel. Die Skizzen auf der gegenüberliegenden Seite zeigen das Beklebungsschema eines Airbus mit der haianalogen Riefenfolie.

taschen, und die Strömung reißt nicht vollständig oder nicht so rasch ab. Diesen Trick kann man an Aufnahmen von landenden Möwen immer wieder studieren. Das Deckgefieder stellt sich hoch, als ob man von hinten gegen das Gefieder blasen würde. Bereits in den vierziger Jahren hat ein damals junger Berliner Strömungsmechaniker, F. Liebe, so etwas nachgeahmt. Auf dem rechten Tragflügel des Jagdflugzeugs Me 109 hat er Klappen aus Leder aufkleben lassen. Der Pilot hat in großer Höhe »Landeversuche« gemacht. Wenn die Strömung am linken Flügel durch Überziehen des Flugzeugs abgerissen war, blieb sie am rechten dank der sich vollautomatisch anhebenden Lederklappe noch erhalten. In der Folge vollführte das Flugzeug, wie zu erwarten, eine halbe Rolle nach links. Was als Test für die Einrichtung gedacht war, erwies sich problematisch bei der Landung. Der Pilot mußte alle Kunst aufwenden um nicht auf den Kopf gestellt zu werden – und hat den jungen Doktor hinterher auch weidlich beschimpft. Der war aber hochzufrieden mit seinen Vogelflügel-analogen Klappen. In unserer Zeit haben andere Berliner Forscher um Rechenberg, Bannasch und Bechert diesen Effekt aufgegriffen, und Bechert hat ihn bereits zu einer gewissen technologischen Reife gebracht. Vor allem an Segelflugzeugen beginnt man, solche sich automatisch steuernde Klappen zu untersuchen. Sie wirken als Sicherheitselement gegen »Überziehen«.

So finden sich überraschend viele Übertragungsmöglichkeiten aus der Natur, die an Flügeln und Propellern positiv wirken und die, in der Summe genommen, die Flugzeuge der Zukunft beeinflussen werden. Sie werden sie leiser, effizienter und damit ökologisch weniger schädlich und möglicherweise auch sicherer machen. Erstaunlich ist, daß gerade Rauhigkeiten, wie man sie auf den Flügeloberflächen findet, eine wichtige Rolle spielen. Bisher war man ja der Meinung, daß Flügel ganz glatt sein müßten. Gezielte Rauhigkeiten, wie sie die Vögel vorführen, können aber überraschende Effekte haben. Die Techniker sind da vorsichtig, sie beziehen Reynoldszahl-Effekte mit ein und stellen fest, daß man nicht kleine, langsam bewegte und große, schnell bewegte Flügel oder Propellerblätter vergleichen kann. Das ist richtig, doch gibt es gute Beispiele dafür, daß Tiere sich bei so hohen Reynoldszahlen bewegen wie Flugzeuge oder Schiffe und damit durchaus vergleichbar werden. Das spektakulärste Beispiel ist der Haifisch- oder Ribleteffekt. Er wird die Oberfläche der zukünftigen Flugzeuge und damit auch ihre widerstandserzeugenden Eigenschaften verändern. Wir kommen am Ende dieses Kapitels darauf zurück.

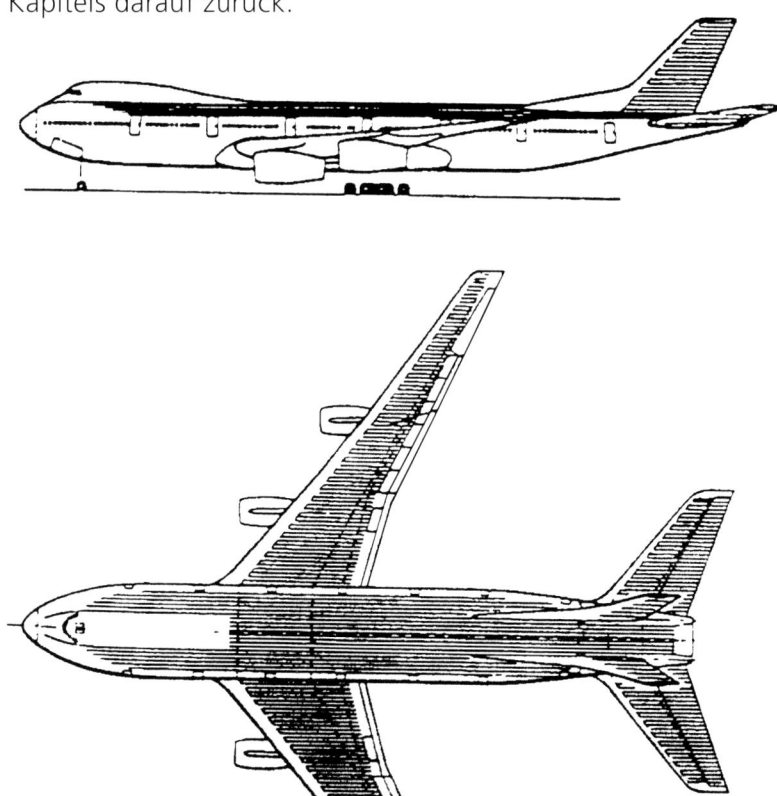

Der »Berwian« – ein Produkt der Vogelflugforschung

Doch zunächst zurück zu den aufgefingerten Handschwingen der großen Vögel: Bionisches Arbeiten kommt, ganz häufig, an Stellen zum Tragen, die man anfangs gar nicht sieht.

Rechenberg, der den Handschwingeneffekt erforschte, ist einen entscheidenden Schritt weitergegangen. Wenn die aufgefingerten Handschwingen die Strömung beeinflussen, tun sie das so, also ob jede Handschwinge ein kleiner Flügel wäre. An jedem Flügelchen löst sich also an der Spitze ein Wirbelzöpfchen ab, wie an einem »richtigen«, großen Flügel ein Wirbelzopf. Diese Zöpfchen schlingen sich umeinander und ergeben eine Wirbelröhre. In einer solchen Wirbelröhre ist die Strömungsgeschwindigkeit höher als außerhalb davon: Die Handfittiche wirken wie ein »Strömungskonzentrator«. Kann man das nicht auch technisch nutzen?

Wenn man aus einer kleinen Windturbine eine größere Leistung ziehen will, muß man sie nur schneller laufen lassen. Das könnte doch am einfachsten durch eine Art Nürnberger Trichter geschehen, einen großen Blechtrichter, den man vor der Turbine in den Wind stellt. Der Wind strömt hindurch, am Ausgang des Trichters schneller, und wenn man die Turbine dahinein plaziert, leistet sie mehr. Man hätte die Rechnung aber ohne die »Stromverzweigungsgesetze« gemacht. Der Wind denkt gar nicht daran, da hindurch zu strömen. Weil der Widerstand innen größer ist als außen, strömt er statt dessen um den Trichter herum. So geht es also nicht. Ein Trichter ist kein »Windkonzentrator«. Aber die freien Handschwingen wirken eben genau als solcher!

Man muß ja die Handschwingen nicht so anordnen wie ein Vogel, sondern kann sie radiär anordnen. Im Zentrum entsteht dann eine Wirbelspule. Und wenn man dort eine kleine schnellaufende Turbine hineinsetzt, kann sie aus dem Wind bis etwa 10 mal mehr Leistung ziehen als ohne diesen Windkonzentrator, der im übrigen wie ein Windrad aussieht, sich aber im Gegensatz dazu nicht dreht. Man spricht dann besser von einem Stator.

Im Gegensatz zum »Growian« der 80er Jahre, die »Große Windanlage«, die nie so recht funktioniert hat, hat Rechenberg seine kleine Windanlage »Berwian« genannt, die »Berliner Windanlage«. Den Stator kann man zum Beispiel durch gespannte Segeltücher ersetzen, so könnte man das Prinzip auch in Entwicklungsländern einsetzen. Die technische Umsetzung im Sinne eines Serienbaus ist nur deshalb noch nicht geglückt, weil sie teuer ist. Wenn im Laufe der mittleren Lebenszeit einer Windanlage unter dem Strich kein finanzieller Gewinn herauskommt, setzt sich eine noch so gute technische Idee eben nicht durch.

Vom Hai-Effekt zur Ribletfolie

Anders wird das wohl sein bei dem berühmt gewordenen Hai-Effekt. Man stelle sich vor, daß es eine Art Anstrich gibt, mit dem man ein Flug-

Rechenberg's »Berwian«. Die acht Leitschaufeln stehen fest. Im Zentrum ist die Gondel einer kleinen Windturbine zu sehen. Ihre Flügelblätter sind wegen der schnellen Drehzahl nur als Wischer zu sehen. Der polygonale Ring dient zur Verspannung der Leitschaufeln.

zeug lackieren kann. Der Anstrich kann durchaus teuer sein, wenn er nur merklich Treibstoffkosten spart. Falls nämlich in derjenigen Zeit, in der eine Flugverkehrsgesellschaft das Flugzeug betreibt, die Einsparung größer ist als der Kostenaufwand, wird sie ihre Flugzeuge in jedem Fall mit diesem Anstrich versehen. Wenn nicht, dann nicht. Kaufmännische Aspekte beherrschen immer technologische Umsetzungen. Alles spricht aber dafür, daß sich das Haifischprinzip in Zukunft allgemein durchsetzt. Wie ist es dazu gekommen?

In den frühen 80er Jahren hat sich in Tübingen ein Paläontologe, Ernst Reif, mit der Beschreibung fossiler Haie befaßt. Die meisten Haie tragen bekanntlich Schuppen, und Reif hat festgestellt, daß diejenigen, die – nach modernen Verwandten zu urteilen – besonders schnell geschwommen sind, besonders fein und tief geriefte Schuppen tragen. Dies war an sich längst bekannt, doch hat sich kaum jemand etwas dabei gedacht. Da sich die Riefen der einzelnen Schuppen zu Linien ergänzen, die sich wie Stromlinien – oder besser Streichlinien – um den Hai herumziehen, müßte durch die Riefung doch eigentlich die Feinumströmung beeinflußt werden, mit anderen Worten: die Grenzschicht des Wassers, die direkt am Hai entlang streicht. Dort entstehen ja die großen Reibungswiderstände, für deren Überwindung ein solch schneller Hochseeschwimmer einen großen Teil der zur Vorwärtsbewegung nötigen Energie aufbringen muß. Dämpfung des Reibungswiderstands wäre ein wunderbares Mittel, mit gegebener Energie entweder schneller zu schwimmen oder bei gegebener Reisegeschwindigkeit Energie einzusparen: Beides wäre ökologisch günstig.

Der Berliner Strömungsmechaniker D. Bechert hat nun in Strömungskanaluntersuchungen herausgefunden, was passiert, wenn man eine Fläche mit einer Folie beklebt, in die feine Riefen eingewalzt sind, die das geriefte Schup-

Riefen finden sich auch auf Schmetterlingsschuppen, allerdings in viel feinerer Ausführung. Beide dienen aber der Grenzschichtbeeinflussung; bei den Schuppen haben wir durch die Riefung höheren Auftrieb festgestellt. Ein interessantes Beispiel von »Analogie in der Natur«: Haifische und Schmetterlinge sind nicht näher miteinander verwandt. Auch ihre Schuppen haben nichts miteinander zu tun, und trotzdem benutzen beide jeweils geeignete Methoden zur Strömungsbeeinflussung. Bild links zeigt die Innenkonstruktion einer am Computer entwickelten Boeing-Passagiermaschine.

penkleid eines Haies technologisch adäquat nachahmen. Diese Untersuchungen sind aus Gründen der Reynold'schen Ähnlichkeit nicht in Wasser durchgeführt worden, sondern in Öl. Man kann dann mit größeren Riefen arbeiten, die leichter zu fertigen und leichter zu handhaben sind. Dietrich Bechert erzählt denn auch genüßlich, daß sein Berliner Strömungskanal mit »10 Tonnen feinstem Babyöl gefüllt ist«. (Die Deutsche Forschungsgemeinschaft wird wohl vor Bewilligung der Fördermittel nachgefragt haben, wie viele Kinder der Antragsteller hat). Jedenfalls ist dabei herausgekommen, daß der Überzug mit der gerieften Folie bis an die 10 Prozent Reibungswiderstand spart. Da der Reibungswiderstand, den die Folie beeinflussen kann, nur einer von mehreren möglichen Widerstandserzeugern am Flugzeug ist, kann der Effekt in der Praxis nicht so groß sein. Ein Airbus A 320, den die Lufthansa zur Verfügung gestellt hat und der an allen zugänglichen Stellen mit dieser Folie beklebt worden ist, hat insgesamt etwa 2 Prozent weniger Treibstoff verbraucht. Das ist aber letztendlich eine Riesenmenge! Wenn so ein Flugzeug von Frankfurt nach New York fliegt, verbraucht es mehr als 10 Kubikmeter bestes Flugbenzin, das einerseits Geld kostet, andererseits natürlich Abgase in der

Ähnlich wie die Natur arbeitet auch die Technik mit unterschiedlichen Fallschirmen, Gleitschirmen und ähnlichen Konstruktionen. In der Biologie würden wir von einer »adaptiven Radiation« sprechen. Die Natur wandelt ein Prinzip unaufhörlich soweit ab, daß es in immer wieder neue »ökologische Nischen« paßt. Im Grunde tut die Technik nichts anderes.

Atmosphäre hinterläßt. Jede noch so geringe Reduzierung wäre also aus finanziellen und ökologischen Gründen sinnvoll.

Wenn man nun weiß, daß die Gesamtnettoerlöse der Luftverkehrsgesellschaften im Bereich ganz weniger Prozent liegen – sagen wir einmal, grob gesprochen, 4% –, dann wäre eine Kosteneinsparung von 2% eine 50-prozentige Gewinnsteigerung! Bechert hat die folgende Rechnung aufgemacht: Ein Langstrecken-Airbus A 340–300 besitzt ein maximales Startgewicht von 254 Tonnen (t); davon 126 t Leergewicht und 80 t Treibstoffgewicht. 295 Passagiere wiegen insgesamt 48 t. Rechnet man für eine Lang-

Der Blick auf die Natur soll nicht den Respekt vor den technischen Leistungen des Menschen verstellen. Der Biologe hat eine fast »natürliche Hochachtung« vor dem Ingenieur. Wie schön wäre es aber, wenn sich die Überzeugung durchsetzen würde, daß es dem menschlichen Geist eher angemessen wäre, Großraumflugzeuge treibstoffsparender zu machen als Stealth-Bomber schneller!

strecke ein Drittel der Betriebskosten als Treibstoffkosten, so bedeuten zum Beispiel maximal erreichbare 4% weniger Treibstoff insgesamt 1,3% weniger Betriebskosten, formal umgerechnet 3,2 t weniger Masse. Dafür könnte man 6,4% mehr Zuladung vorsehen, das sind etwa 20 Passagiere, die durch Sitzplatzänderungen untergebracht werden könnten. Der »Gesamtgewinn« betrüge dann 6,7% + 1,3% = 8%. Diese Größen sind sowohl kommerziell als auch ökologisch außerordentlich bedeutsam.

Ist das nun Öko-Technik?

Es gibt zur Zeit keine Fluggesellschaft auf der Welt, die sich nicht für diesen Haifisch-Effekt interessiert. Man muß die Flugzeuge ja nicht mit Folien bekleben – ein Verfahren, das auch Nachteile hat. Lange Standzeiten für die Klebung (wenn ein Flugzeug nicht fliegt, kann es keinen Gewinn bringen), Ablösungsgefahr der Folien, Verschmutzungsgefahr der Rillen etc. Man könnte die Rillen beispielsweise auch über die gesamte Flugzeughaut einkratzen oder einfräsen. Man könnte sie auch ersetzen durch kleine Punktnoppen, die Hochenergielaser einbrennen, oder was auch immer. Das ist typisch für bionisches Arbeiten: Die Grundidee geht von einer Naturbeobachtung aus, die technologische Umsetzung läuft aber immer ihre ingenieurmäßig eigenständigen Wege.

Der Biologe und Bioniker kann und will ja den Ingenieur nicht ersetzen; er kann und will ihm Wege weisen, die er allein nicht findet. Ich wage eine Wette: In 10 bis 20 Jahren gibt es kein Hochleistungs-Langstreckenflugzeug mehr, das nicht treibstoffsparende Oberflächeneffekte benutzt. Aber wie immer diese letztlich aussehen werden: Die Grundidee geht auf den Hai zurück, und das Konzept hat sich entwickelt aus der Zusammenarbeit eines Biologen und Paläontologen mit einem Strömungsmechaniker und Flugzeugbauer. Und genau das ist es, was

Manche Vergleiche sind müßig – das »Nurflügel-Überschallflugzeug« und der Manta-Rochen sind hier auch nur abgebildet, weil sie beide schön sind. Mit hoher Unterschallgeschwindigkeit betreibt die Natur kein Fluggerät. Natürlich führt die fortschreitende »technische Neugierde« des Menschen in immer wieder neue Regionen – vom Langsamflug zum Überschallflug und hinein in den Weltraum. Und dagegen sollten wir uns auch nicht sträuben mit einem zu wörtlich genommenen »Zurück zur Natur«. Die Problematik ist eben: Die »adaptive Radiation« des menschlichen Geistes wird nichts und niemand auf dieser Welt abblocken. Das untere Bild zeigt ein Experimental-Fluggerät der Firma Festo und eines schweizer Unternehmens.

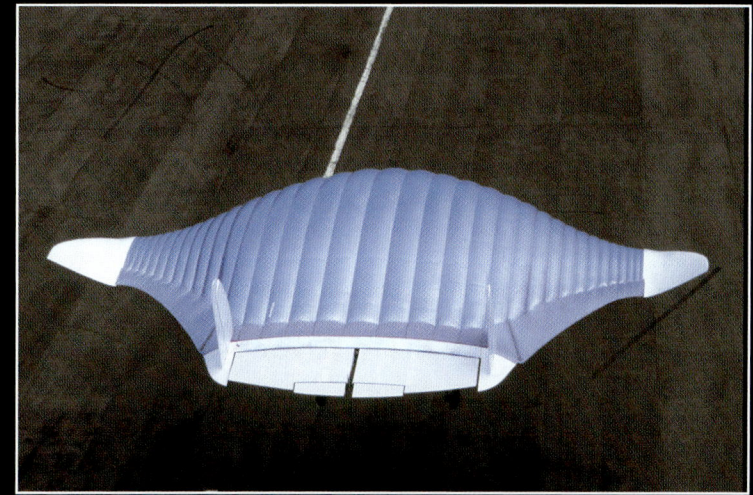

Formationsflug: Durch positive gegenseitige Beeinflussung verbraucht der gesamte Verband von 5 Flugzeugen weniger Energie, als wenn die 5 Maschinen in größerem Abstand flögen. Vögel nutzen dieses Prinzip bei Langstreckenflügen zur Energieersparnis. Starenmodell im Saarbrücker Uni-Windkanal (kleines Bild).

wir anstreben sollten: Bionik verbindet die Extreme »Biologie« und »Technik«.

Vertreter der Partei der Grünen haben mir anläßlich eines Vortrages einmal gesagt, das wäre doch nur Augenwischerei. Ich denke, das ist mehr. Natürlich ist das beste Flugzeug und das beste Auto eines, das die Umwelt nicht negativ beeinflußt. Das beste Flugzeug und Auto ist also kein Flugzeug und kein Auto. Wenn wir aber realistisch sind in unserer Einschätzung, ist das beste Flugzeug und das beste Auto eines, das die unvermeidbaren Umwelteffekte so gering hält wie nur irgend möglich.

Was gerade beschrieben worden ist, ist ja nur eine von vielen Facetten. Sowohl Autos wie Flugzeuge werden sich in Zukunft – auch und gerade unter Nutzung bionischer Ansätze – weiterentwickeln, und zwar in allen nur denkbaren Details. Bei einem Auto sind das etwa 4000, bei einem Flugzeug etwa 10 000 Aspekte und Teile, an denen gedreht und geändert werden kann. Die Summe des Ganzen wird dann zu prinzipiell andersartigen Konstruktionen führen, die zwar äußerlich noch so aussehen mögen wie ein Auto oder ein Flugzeug unserer Zeit – vielleicht auch nur ungefähr so aussehen –, sich »als Gesamtkonstruktion« aber in so vielen aufeinander bezogenen Details weiterentwickelt haben, daß sie mit den vorsintflutlichen Gefährten unserer Jahrtausendwende, auf die wir im Augenblick doch so stolz sind, nur wenig zu tun haben. Bionik wird sich dann gerade für solche Entwicklungen als machtvolles Werkzeug erwiesen haben.

Die Natur inspiriert Architekten

Seit Urzeiten sind Organismen perfekte Baumeister

Die bautechnische Kreativität der Natur ist offenbar grenzenlos. Architekten beginnen erst, Konstruktionen vom Reißbrett der Natur zur Kenntnis zu nehmen. Dabei dienten die »technischen Besonderheiten« biologischer Systeme schon in der Frühzeit des Menschen als Vorbild für architektonische Entwürfe. Denn die Natur hat schon zu einer Zeit materialsparend gebaut, als von Rohstoffmangel noch keine Rede war. Insbesondere die grazilen Formen von Spinnennetzen und die Formenvielfalt winziger Strahlentierchen bieten Architekten eine Fülle von Anregungen für eigenes Gestalten.

Der Londoner Millennium-Dome wurde nach dem Prinzip der geodätischen Kuppeln Richard Buckminster Fullers errichtet (rechts). Lediglich die Außenmaße und der Verlauf der Krümmung wurden verändert. So entstand die Form eines riesigen, etwas abgeplatteten Wassertropfens. Das kleine Foto zeigt die US-Forschungsstation Biosphäre II in Arizona.

Tropfen- und Kristall-Formen, also Kuben und Kugelkalotten, standen beim Bau der Urwaldhauptstadt Brasiliens, Brasilia, im Mittelpunkt. Geometrisch einfache Formen haben stets die beste Signalwirkung (oben).

Der Pavillon Venezuelas auf der EXPO 2000 in Hannover hatte ein segmentiertes Dach (rechts). Es kann sich öffnen, wie eine Blüte ihre Blütenblätter entfaltet. Bei Regen formt es eine dichtschließende Hülle, wieder nach dem Vorbild mancher Blüten.

Groß wie ein Fußballfeld, und doch komplett aus Papier: Der japanische Pavillon auf der EXPO 2000 in Hannover. Shigeru Ban, der japanische Architekt, hat damit das größte jemals aus Papier gebaute Gebäude der Welt konstruiert. Die sich sich unter rechten Winkeln kreuzenden Innenträger waren aus Papierrollen geformt. Insgesamt ergibt sich eine sehr stabile, äußerst grazil und großzügig wirkende und dabei total rezyklierbare Architektur (aus dem Papier wird wieder Papier gemacht). Der Eingang besteht aus einer verrippten Konstruktion aus Papprollen, die sich jeweils unter 90°-Winkeln überschneiden. Geschickt angelegt, ist diese Konstruktion selbsttragend. Die zusätzlichen halbrunden Bögen sind Sicherheitskonstruktionen, die der deutschen Bauvorschrift entsprechend ausgeführt werden mussten.

Für die Architektur des Menschen und die der Natur gilt im Prinzip das gleiche: Gebäude und Hüllen müssen Räume funktionell umschließen. Sie stehen unter Eigenlasten und müssen diese abfangen. Dazu kommen Fremdlasten wie Wind und Wellenschlag, Erdanwehung oder Schnee.

Moderne Bauverfahren, insbesondere der Stahlbeton, erlauben jede nur vorstellbare Form. Es gab auch einmal eine Mode, »organisch« zu bauen. In den frühen 60er Jahren hat der amerikanische Architekt Frederick Kiesler ein Opernhaus entworfen, dessen Bühnentrakt die Form eines Darms, dessen Zuschauerhaus die Form eines Magens hatte. Gott sei Dank, möchte man fast sagen, wurde das Gebilde nie gebaut.

Formenübernahme – oder Funktion?

Die reine Formenübernahme mag witzig erscheinen, einen funktionellen Aspekt kann man bei einem »Magen-Haus« aber nicht entdecken. Funktioneller sieht da schon die Übernahme der Spiralstruktur von Tiervorbildern aus. Röntgenaufnahmen einer Nautilus-Schale zeigen die spiralige Anordnung von Räumen; der größte liegt

mern; in der Mitte öffnet sich ein Zentralraum mit Sitzgruppen, Podium und Kleinbühne. Hier ist eine funktionelle Formgestaltung erkennbar.

Russische Architekten haben sich in erstaunlich vielfältiger Form mit natürlichen Vorbildern befaßt, als in den 20er Jahren die »Architektur für die Massen« einen ungeahnten Aufschwung genommen hat – bevor sie dann im Stalinschen Einheitsbrei zerfloß. Das hat lange nachgewirkt. So gibt es einen Stadionentwurf von Mutjankowitsch aus dem Jahre 1960, der Strukturen ähnlich wie Blütenblätter vorsieht, mit denen ein Stadion teilweise beschattet werden kann.

Bei Besonnung öffnet sich eine Phloxblüte durch Turgoreffekte (Innendruck pflanzlicher Zellen) spiralförmig. In einem Bionikentwurf hat Wartanjan eine Analogie versucht. Über eine solarausgelöste Mechanik wird bei Besonnung durch Veränderung eines zentralen Achtecks um 60° eine Dachfläche zur Raumbelüftung

 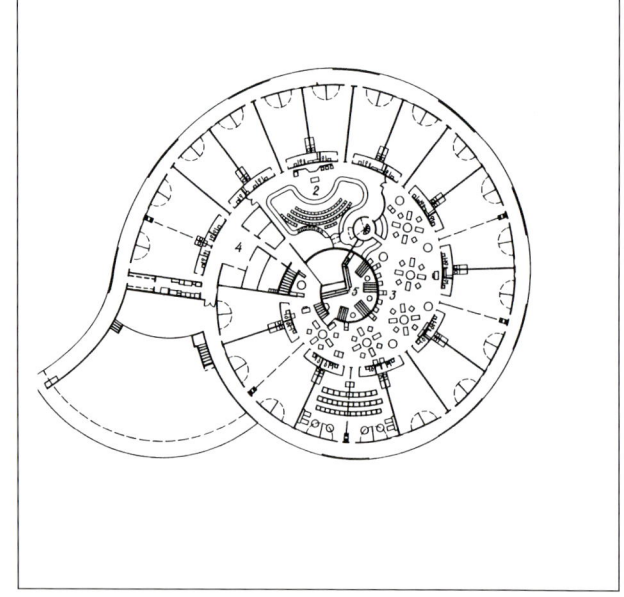

Die Natur begegnet diesen Lasten stets mit geringstmöglichem Materialaufwand.

am weitesten außen (Bild oben links). Die Elementarschule Valley Wind in Missouri, USA, wurde dieser Spiralform nachempfunden (Bild oben rechts). Man geht zunächst durch einen Gang mit peripher angeordneten Klassenzim-

und Raumbelichtung geöffnet. Mit diesem kleinen Dreh gelingt also ein großer Effekt.

Die italienischen Architekten Paolo Portoghesi und Vittorio Gigliotti haben im Wohngebiet für San Marinella bei Rom ein 13-geschossiges

Trotz seiner 2 m Durchmesser ist das Blatt der Riesenseerose lediglich 2 mm dick und kann einen 50–60 kg schweren Menschen tragen (großes Bild). Das Bauprinzip dieses Seerosenblattes benutzte der Engländer Paxton als Vorlage für den von ihm konstruierten Crystal Palace zur ersten Weltausstellung 1851 in London.

Stadionentwurf des russischen Architekten Mutjankowitsch aus dem Jahre 1960, der blütenblattähnliche Strukturen vorsieht (Zeichnungen rechts).

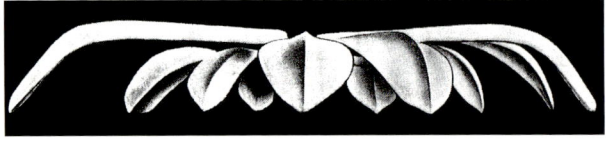

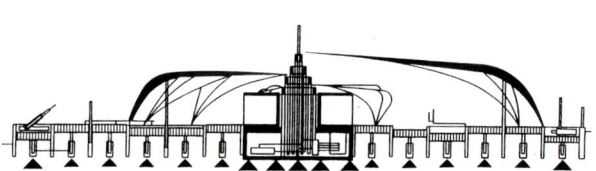

Riesenseerosen *Victoria amazonica* und Blattunterseite im Querschnitt (Zeichnung unten rechts und Bild rechte Seite).

Für ein Hochhaus in San Marinella bei Rom stand der Breitwegerich Pate (Zeichnung unten links).

Wohngebäude mit Optimalbesonnung der einzelnen Wohneinheiten entworfen, das sie nach den Prinzipien ausgerichtet haben, wie der Breitwegerich seine Blätter anordnet. Beim Breitwegerich geht es um eine ideale Besonnung jedes Einzelblattes. Beim Wohnturm ging es dagegen um zwei andere Aspekte: eine ideale Beschattung jedes Wohnelements durch das nächste und gleichzeitig einen idealen Sichtschutz. Das natürliche Vorbild wurde als Basis genommen und soweit variiert, daß die geforderten technischen Bedingungen erfüllt wurden.

Bei uns hat es lange gedauert, bis sich Architekten mit Solararchitektur angefreundet haben; erst in den 60er Jahren begann man die Solarenergie bewußter zu nutzen. Der Arbeitskreis DGS (Deutsche Gesellschaft für Sonnenenergie) in Ebersberg hat in den 60er Jahren einen Hausentwurf vorgelegt der dem Ameisenhaufen im Prinzip entsprach. Neigung und Fensteransichten waren so ausgerichtet, daß die tiefstehende Wintersonne optimal bis an die Gegenwände durchstrahlen konnte, die hoch-

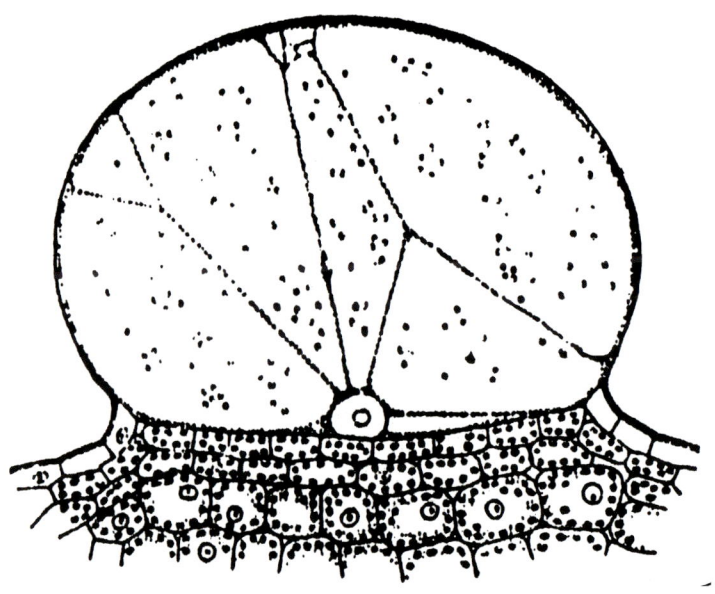

Zellulärer Pneu aus einem Zellverband: Kristallzelle von Mesembryanthemum crystallinum.

stehende Sommersonne dagegen abgefangen wurde. So hat man langsam begonnen, funktionelle Naturprinzipien zu übernehmen, natürlich nicht, um sie zu kopieren, sondern vielmehr als Anregungen für den architektonischen Entwurfsprozeß. Ein klassisches Beispiel dafür ist das Seerosenblatt.

Architekturbionik hat bereits eine lange Geschichte

Die architektonische Nutzung von biologischen Vorbildern geht aber viel weiter zurück. In der Mitte des 19. Jahrhunderts hat der englische Architekt Sir Joseph Paxton anläßlich der ersten Weltausstellung in London den berühmten Crystal Palace gebaut. Vorbild für die laterale Verrippung des gläsernen Riesendachs war die Riesenseerose *Victoria amazonica*. In unserem Jahrhundert hat man Diatomeenschalen (Schalen der Kieselalgen) studiert, die sich meist aus sechseckigen Siliziumdioxidelementen zusammensetzen, aber in einem einzigen »Gußvorgang« geformt werden. Von dem amerikanischen Architekten Buckminster Fuller, der 1959 das berühmte Climatron – ein Riesengewächshaus für den Botanischen Garten in St. Louis, USA – gebaut hat, weiß man, daß er sich solche Schalen nicht als Vorbild genommen hat, obwohl die realisierten Bauten ihnen sehr ähnlich sehen. Erst im nachhinein hat sich diese Analogie ergeben.

Auf der anderen Seite gab es vielerlei Studien, die die Architektur der Kieselalgen (*Diatomeen*) und Strahlentierchen (*Radiolarien*) in ihren Prinzipien übertragen wollten. Vorläufer fanden sich in den 60er Jahren in Berlin. Architekten wie Mahnleitner und Frei Otto haben sich mit Naturformen befaßt, und der Biologe G. Helmcke war als Diatomeenkundler der ideale Konzeptpartner. Sein Doktorand H. Noser hat 1982 eine Doktorarbeit geschrieben, in der er das Diatomeenbauprinzip technisch nachgeahmt hat. Begonnen hat er mit luftgefüllten Fußballblasen, die zwischen Brettern plattgedrückt wurden. Sie haben sich gegenseitig hexagonal, also sechseckig, abgeplattet. Die Zwischenräume wurden mit einem Kunstharz ausgegossen, die Blasen wurden entlüftet und herausgezogen, und übrig blieb ein leichtes Flächentragwerk, das erstaunlich hohen Flächendruck abfangen konnte. Man hat damit vielfach weiterexperimentiert.

Pneumatische Traglufthallen, die nach dem Prinzip bestimmter Pflanzenzellen arbeiten, sind ja Legion geworden. Bei den Pflanzen gibt es beispielsweise die sogenannten epidermalen Wasserblasen des Stengels der Kristallpflanze (*Mesembryanthemum crystallinum*). Geradezu riesenhafte Zellen sind das (für eine Zelle ist ein 3-mm-Gebilde schon riesenhaft), die unter hohem Innendruck stehen und so ihre Form stabilisieren.

Architektur, die ihre Muskeln spielen läßt

Auch Industrie-Designer sind von technischpneumatischen Membrankonstruktionen begeistert. Führend auf diesem Sektor ist der HighTech-Hersteller Festo, dessen Kernkompetenz gewissermaßen Luft ist, und der damit die Automatisierungs-Industrie auf allen Kontinenten unserer Erde beliefert.

Bereits seit Jahrzehnten greifen die cleveren Schwaben auf diesen ultraleichten »Werkstoff« zurück, der alles Denken und Handeln des Familienunternehmens vor den Toren Stuttgarts bestimmt. Von pneumatischen Uhren und Heißluftballons, über experimentelle Flugzeugkonstruktionen, mehrfach verwendbare Werks- und Ausstellungshallen sowie nahezu gewichtslose Notzelte für Extremsituationen bis zu Hirschkäfer-Robotern mit Muskel-Antrieb, aufblasbaren Ballonkörbchen und ebenso praktischen wie lustigen Büroschlaf-Kissen reicht die Palette zukunftsweisender Pneu-Produkte.

Ein neuzeitlicher geodätischer Dom aus Dreieckselementen in einem französischen Vergnügungspark.

In gewissem Sinne intelligent sind manche Häuser schon seit längerem. Sie reagieren auf Sonneneinstrahlung, regeln die Frischluftzufuhr, schalten Heizung und Licht, Fernseher und Alarmanlage ein. Inzwischen wurde in Esslingen ein Gebäude eingeweiht, das sich – je nach Wetterlage – recken und strecken kann (unten). Mit dieser pneumatischen Konstruktion präsentiert das Automatisierungs-Unternehmen Festo eine architektonische Innovation mit fraglos futuristischem Charakter. Nun ja – Visionen muß man haben!

Die neueste Erfindung, der »Fluidic Muscle«, ist ein Muskel-Motor, der bereits aus dem Stillstand heraus seine volle Kraft entwickelt und der den Markt für Zylinder und Kolben vermutlich revolutionieren wird. Das flexible Gebilde ist um ein Vielfaches leichter, schneller und kräftiger als sämtliche Konkurrenten aus Metall und könnte unter Umständen auch in der Robotik sowie in der minimalinvasiven Chirurgie und Prothetik eingesetzt werden.

Daß relativ profane Industrieprodukte auch besonders formschön und ästhetisch ansprechend sein können, beweist der in über 180 Ländern tätige Konzern ebenfalls. Mit seinem Chef-Designer Axel Thallemer heimst das expandierende Unternehmen weltweit Preise wie am Fließband ein. Soeben wurde dem Esslinger Corporate-Design-Thinktank vom Bundesministerium für Wirtschaft und Technologie der »Bundespreis Produktdesign 2000/2001« für einen pneumatischen, also aufblasbaren, Ballonkorb und den Mini-Muskelmotor »Fluidic Muscle« verliehen.

Aber nicht nur pneumatische Strukturen spielen eine immer größere Rolle, auch nach dem Vorbild der Bienenwaben sind inzwischen zahlreiche Konstruktionen entwickelt worden.

Etwa 1960 hat die Quelle AG das Trelementhaus vertrieben, ein hexagonales Raumtragwerk, das vielfältig variierbar war. Danach wurden seinerzeit Kindergärten und Schulgebäude gebaut. Sein Vorteil: auf geringen Fundamentmassen leicht auf- und wieder abbaubar und – da Aluminium als Trägermaterial verwendet wurde – vollständig rezyklierbar. Frei Otto, einer der bekanntesten Architekten unserer Zeit und Mitgestalter des Zeltdachs über dem Olympiastadion in München, hat seine Zeltstrukturen

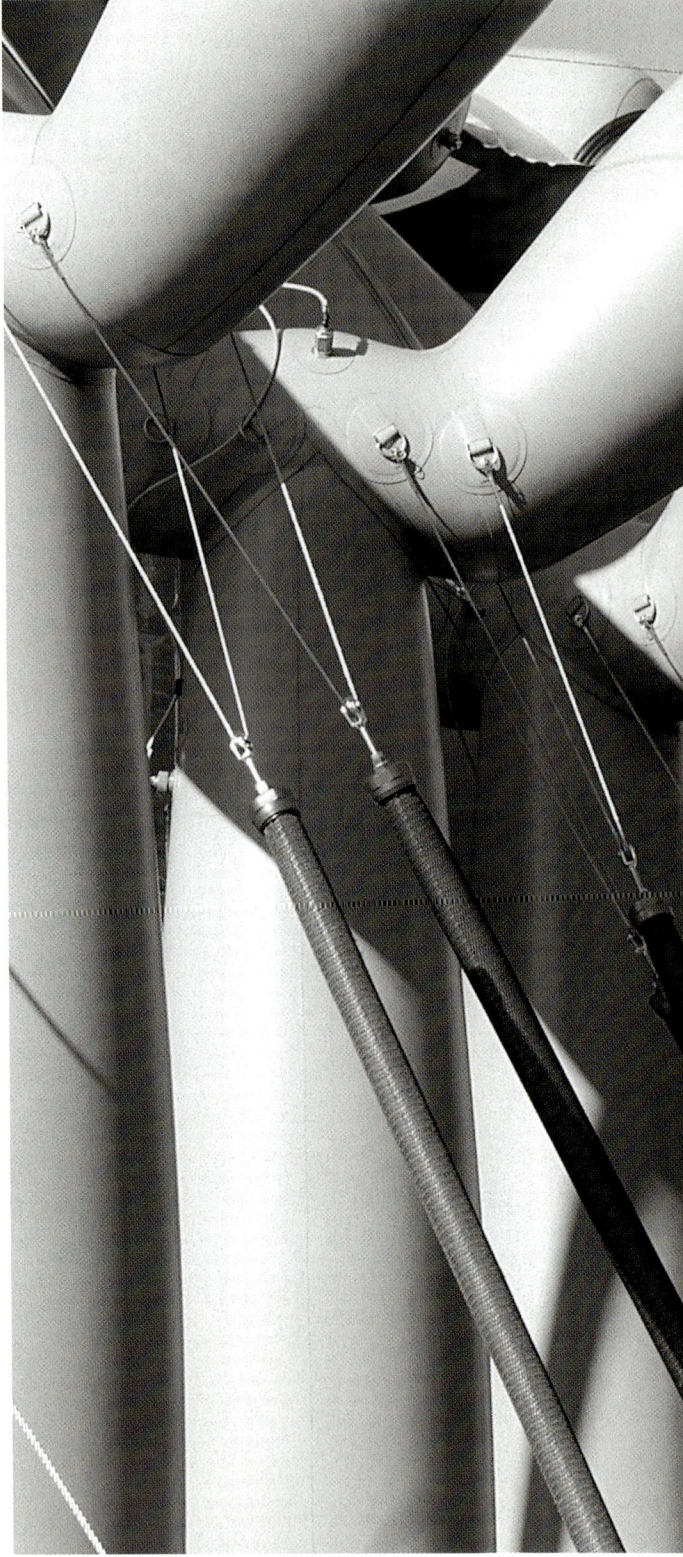

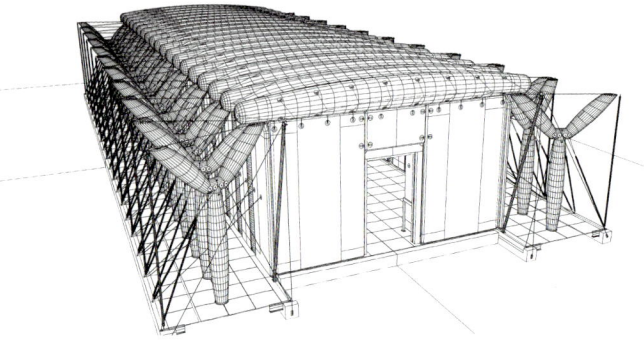

Durch ihre aufgeblasene Optik und pralle Ästhetik lebt die Mehrzweckhalle förmlich (links, unten). Sie läßt sich bei Bedarf in einen Container verstauen und an jedem dafür vorbereiteten Ort auf der Welt in kürzester Zeit wieder aufbauen. Das Airtecture-Bauwerk ließe sich aber ebensogut auf einem fernen Planeten mit schwierigen Witterungs- und Windverhältnissen verankern, um Astronauten und künftigen Weltraum-Touristen einen sicheren und behaglichen Unterschlupf zu bieten. Transparente Elemente in Decke und Wänden sorgen tagsüber für eine angenehme Innenbeleuchtung – oder geben vom Mond den Blick auf unsere Erde frei.

Der Pneu ist das universale Konstruktionsprinzip der belebten Natur und mittlerweile auch ein immer beliebter werdendes Bauelement unserer technischen Welt. Leichte Schlauch- und Kuppelelemente statt schwerem Stahl, Glas oder massivem Aluminium – das könnte die Zukunft des Werkstoffes Luft sein. »Pneumatische Muskeln« besitzen gegenüber der traditionellen Bauweise eine Reihe hoch interessanter Vorteile: Leichter, weniger Material, weniger Energie, kürzere Bauzeiten.

Grundgedanke Schaum: Verhärteter Schaum ist eine optimale Leichtbaustruktur, die sich selbständig gebildet hat. Die zu hoher Eigenstabilität führenden Optimalwinkel haben sich von alleine eingestellt.

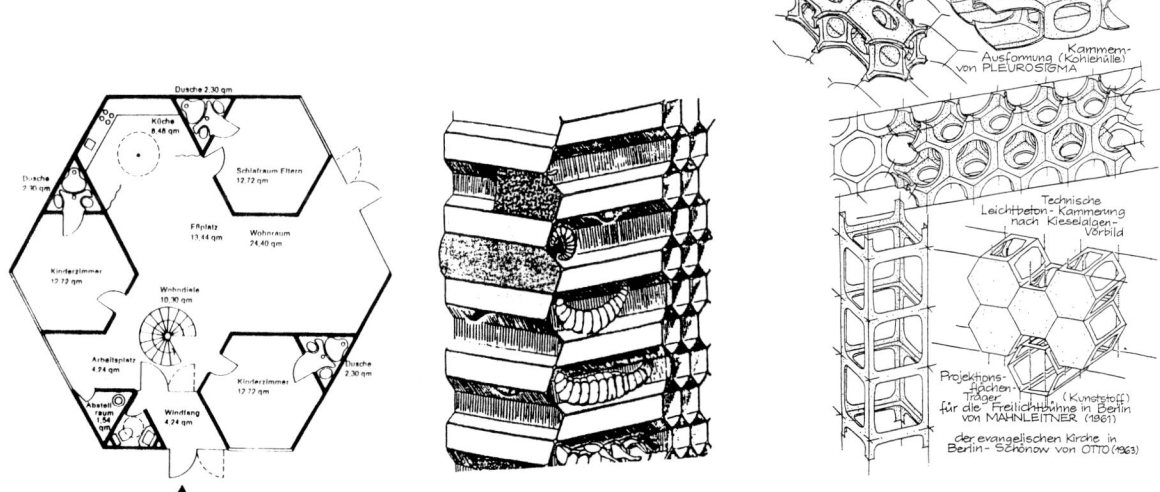

Hexagonalstrukturen können sich räumlich oder flächig geben. Das in der Draufsicht sechseckige Trelementhaus läßt jede Raumgliederung zu; sie muß sich aber dem vorgegebenen Raster anpassen (links). Die Bienenwaben, Vorbilder für diesen Haustyp, erreichen eine gegebene Stabilität mit geringstmöglichem Materialaufwand – fast jedenfalls (Mitte). Mathematiker haben eine Abweichung von knapp 1% von der Idealform nachgewiesen. Wenn sich blasenartige Gebilde Raumkonkurrenz machen, platten sie sich gegenseitig an jeder Seite sechseckig ab. Ausgüsse solcher Strukturen spiegeln das wider. Man hat dieses »Diatomeen-Prinzip« vor allen in den sechziger und siebziger Jahren ausführlich studiert und versuchsweise in der Bautechnik angewandt (rechts).

zwar nicht Spinnen abgeschaut, sich aber doch vielfach mit Spinnennetzen und Seilkonstruktionen in Biologie und Technik befaßt, ebenso wie mit Membrankonstruktionen. Ein Sonderforschungsbereich, der SFB 231 der Deutschen Forschungsgemeinschaft – in dem ich Mitglied war – hat sich mit der Herausarbeitung von Analogien zwischen Natur und Technik im Baubereich befaßt. Es haben sich viele Anregungen ergeben, und ganze Architektengenerationen sind dadurch beeinflußt worden.

Frei Otto hat auch Bäume studiert und eine Art Baumstützen-Architektur entwickelt, die analog zu Bäumen eine gegebene Flächenlast mit geringstmöglichem Materialaufwand abfangen kann. Solche Baumstützen wurden vielfach bei Flughafengebäuden eingesetzt, beispielsweise in Dschidda/Saudi-Arabien. Aber auch der neue Flughafen in Stuttgart enthält als Tragkonstruktion solche grazil und schön anzuschauenden »Baumtragwerke«. Auch Schalen haben Pate gestanden für die Entwicklung von Tragwerken. So ist die berühmte Riesenmuschel *Tridacna* vielfach als Vorbild betrachtet worden. Sie wird bis über 1 m lang und kann tonnenschwer werden. Die beiden Schalen verfalzen sich mit paraboloidartigen Ausläufern. Torro und andere haben 1959 das Restaurant San Juan in Porto Rico nach diesem Prinzip gebaut.

Auch der Stadtzirkus in Bukarest/Rumänien, von Porumbesku und anderen 1960 errichtet, folgt diesen Prinzipien sowie die Markthalle in Royan/Frankreich, die Simon und Partner 1955 gebaut haben.

Natur – »naturnahe« Architektur?

Im weiteren Verlauf hat sich diese Architektur aber vom biologischen Vorbild gelöst und es in bezug auf statische Raffinesse weit übertroffen. Das Ganze ist auch nicht so einfach zu vergleichen, weil Ähnlichkeitsgesetze zu beachten sind, die für ein größeres Bauwerk andere Dimensionen vorschreiben als für ein kleineres. Doch allein schon die Form kann, von jeder Funktion abgesehen, ein interessantes Vorbild sein, und so muß man auch viele Bauwerke sehen. Sie sind keine Naturnachahmungen, aber in der Formgestaltung auf Naturvorbilder zurückzuführen. Renzo Piano gehört zu den Architekten, die beispielsweise Knochen studiert und intuitiv in Bauwerken umgesetzt haben. In besonderem Maße aber gilt das für den spanischen Bauingenieur und Architekten Santiago Calatrava. Man kann seine häufig von Naturvorbildern abstrahierte Architektur unterschiedlich beurteilen, als oberflächlich organisch, als aufregend und dynamisch, als begehbar und erleb-

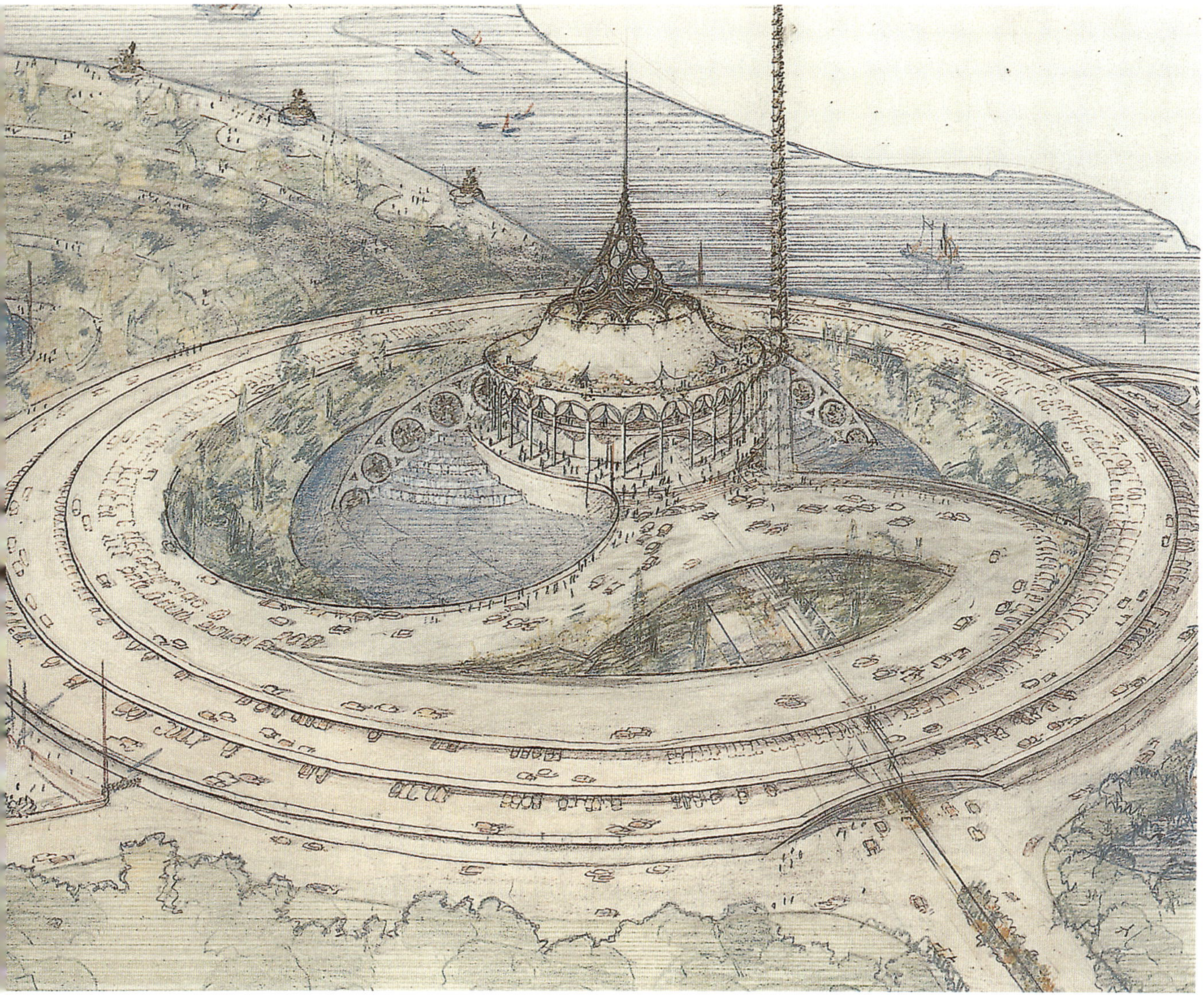

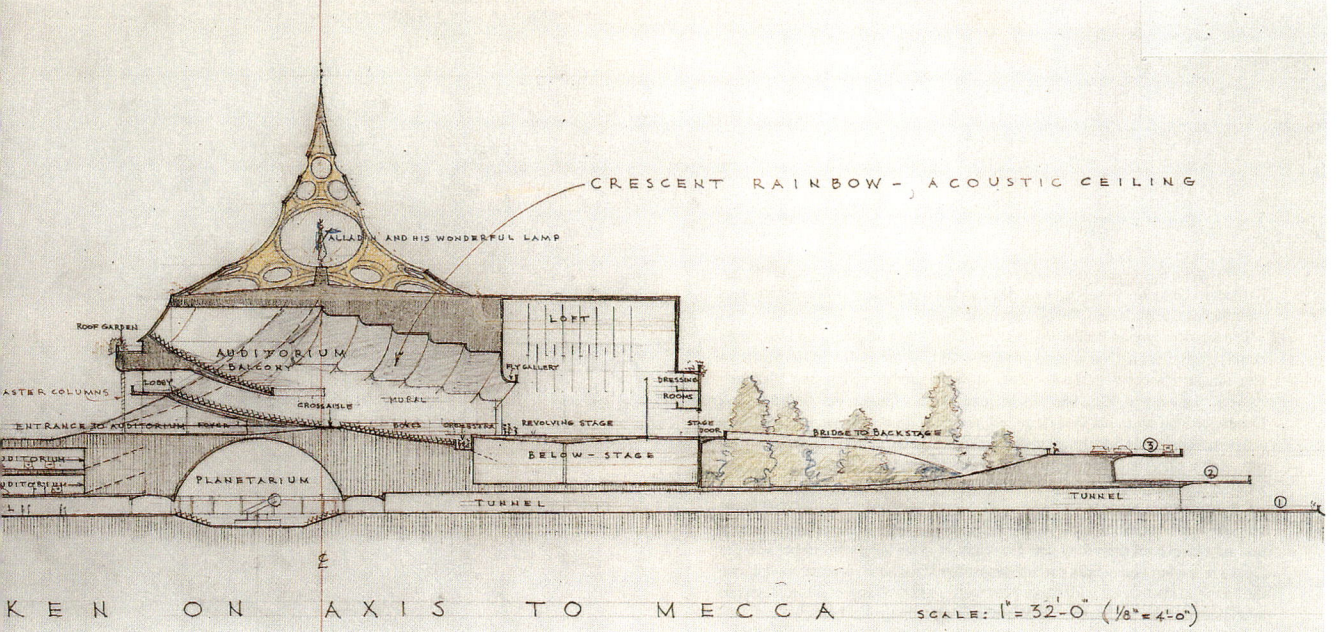

Frank Lloyd Wrights (1869 bis 1959) Entwürfe für ein Kulturzentrum Bagdads im Jahre 1957. Die beiden Hauptkomplexe (oben, unten) – Opernhaus und Planetarium – waren als Denkmal von Harun al Rashid, dem legendären Kalifen des Vorderen Orients, geplant, der die erste Stadt in Kreisform anlegte und im Jahre 798 aufgrund seiner Freundschaft mit Karl dem Großen erstmals Botschafter mit Aachen austauschte. Die Projekte Wrights, der von seinem fast 30 Jahre jüngeren Kollegen Richard Buckminster Fuller und dessen geodätischen Kuppeln begeistert war, erinnern an eines der vielen Radiolarien-Skelette. Andere Wright-Entwürfe – wie etwa ein kalifornischer Industriekomplex aus dem Jahre 1955 – ähneln eher »Spinnennetz«-Konstruktionen.

Futuristischer Klangtherapie-Tempel in Bad Salza. Die Liquid-Sound-Anlage nahe Weimar, die Baden in Barockmusik und ein grandioses Hörerlebnis bietet, wie man es zuweilen Walen nachsagt, erinnert in ihrem äußeren Erscheinungsbild an die grazilen Schalenbauten winziger Strahlentierchen und Kieselalgen.

Es muß nicht immer ein Unterwasserkonzert dabei herauskommen, aber es wäre gerade unseren jüngeren Architekten zu wünschen, evolutionäre Leichtigkeit künftig häufiger in ihren Werken realisieren zu können.

Ein Palmenblatt wird zusammengelegt ausgeformt und kann sich so leicht aus seiner Tragestruktur schieben. Anschließend entfaltet es sich zu einem großen Wedel (links). Durch die radiale Rippung ist es – wie beim Fächer der exotischen Schönheit (unten) – sehr biegestabil. Die Enden sind aufgefasert und können im Wind schwingen (geringere Einreißgefahr). Insgesamt bietet es der Sonne eine große, sich selbst tragende Fläche für die Photosynthese.

Wenn Bauwerken Flügel wachsen, dann sagen die Menschen, wie jüngst bei einer Brücke in Berlin: Calatrava hat gebaut. Der spanische Architekt Santiago Calatrava setzt wie kein anderer zeitgenössischer Baumeister kompromißlos auf biomorphe Formen. Über die erfolgreichste Sonderschau des Deutschen Museums in München schrieb die »Süddeutsche Zeitung« vor einiger Zeit: »Wer die Architektur als Kunstform schon abgeschrieben hat, der kann bei Santiago Calatrava den Glauben an das Schöne wiederfinden.« Und »Reader's Digest«, das große internationale Monatsmagazin, brachte es auf den Punkt: »Die futuristischen Funktionen dieses jungen spanischen Architekten scheinen die Schöpfung selbst zu verkörpern.«

Am Anfang all seiner ebenso komplizierten wie verspielten Museumskomplexe, Bahnhöfe und Flughäfen stehen bei Calatrava Bleistiftkritzeleien, oft mit kleinen Skizzen von Naturformen. Sie inspirieren seine Arbeit, die Fische in Brücken, Augen in Torbögen, heranpreschende Stiere in Fassaden verwandeln. Besonders interessierte sich der 1951 geborene Künstler und Ingenieur für Anatomie und alles Organische: »Ich nahm mir immer gern die Tiergerippe vor, die mein Bruder vom Medizinstudium mitbrachte, sogar die Leichenbilder in seinen Büchern malte ich ab.«

bar. Auf jeden Fall ist sie ungewöhnlich. Seine biogenen Konzepte wurden oft von Bäumen und von Tierschädeln inspiriert. Im Bahnhof und im Übergangsbereich zu den Expogebäuden von 1998 in Lissabon kann man immer wieder sehen, wie Calatrava Anregungen aus der Natur hat einfließen lassen, seien es Skelettelemente im Brustkorb von Vögeln, seien es baumstützenartige Verzweigungen, seien es leichte Flächentragwerke oder zugverspannte Konstruktionen. Zur Zeit entsteht ein riesiger neuer Stadtteil in Valencia, den Calatrava – in Valencia geboren – konzipiert hat, mit Kunsthallen, Riesenkinos, Wissenschaftsmuseen und Aquarien. Die Formensprache auch dieser Bauten ist sehr eigenständig und trotzdem in seltsamer Weise ver-

Der Eiffelturm, das Wahrzeichen von Paris, sollte eigentlich nur während der Weltausstellung 1889 stehen und dann wieder abgerissen werden. Der Turm ist nicht nur ein Beispiel für materialarme, spannungsarme Ausformung. Wenig bekannt ist, daß er auch ein frühes Beispiel für präzise Vorformung ist. Die einzelnen Teile, oft mehrere Meter lang, sind mit hoher Präzision geformt und verbohrt; die Toleranz der Bohrlöcher lag stellenweise nur bei einem Zehntelmillimeter! Dadurch war es möglich, den zusammengenieteten Turm exakt symmetrisch aufzubauen. Auch kleinste Fehler hätten sich so aufsummiert, daß die Spitze schräg stünde.

traut, auch wenn sie manchem Betrachter etwas aufgesetzt erscheint.

Selten allerdings weisen die Architekten auf das »Vorbild Natur« selbst hin – das ist eher die Ausnahme. Scheuen sie sich davor, die Natur als Ideengeber zu akzeptieren? Zu den Ausnahmen gehört der berühmt gewordene italienische Architekt Pier Luigi Nervi, von dem zahlreiche kühne Gebäudekomplexe stammen, beispielsweise der Hauptbahnhof oder der Sportpalast in Rom. Begonnen hatte Nervi mit Fabrikhallen, Ständerbauweisen mit leichten Unterzügen, die entsprechend dem Kraftfluß der Spannungtrajektorien ausgerichtet waren, das heißt, er hat sein Betonnetzwerk so ausgeführt, daß die einzelnen Züge entweder nur druck- oder nur zugbelastet waren und sich stets unter rechten Winkeln schnitten. Ein Vorbild dafür hat er in der »Spongiosa-Architektur« des Oberschenkels beim Menschen gefunden. Dieser wurde schon im 19. Jahrhundert studiert aber noch nicht vollständig erkannt. Der Züricher Statiker Karl Culmann – auch den heutigen Bauingenieuren noch gut bekannt als Entwickler der graphischen Statik – hat sich den Oberschenkelknochen genau angesehen und danach einen hochbelastbaren Kran sehr geringer Eigenmasse konstruiert. In einer seiner Patentschriften geht Nervi darauf zurück: »Und die Knochenarchitektur, die Culmann beschrieben und verwendet hat, ist sehr bekannt geworden.« Die Architekten haben die Decke des »alten« Hörsaals Biologie der Universität Freiburg in gleicher Weise konzipiert, und auch sie weisen in ihrer Festschrift auf das »Vorbild Knochen« hin.

Auch reine Formvorbilder, die wenig mit Funktion zu tun haben, gibt es im architektonischen Bereich. So wurden die Eingänge der Pariser Metro in der ersten Bauphase der Form einer Radiolarie nachempfunden. Das findet der Bioniker weniger aufregend als beispielsweise den Eiffelturm. Gustave Eiffel und die Mitarbeiter seines Büros haben sich ebenfalls mit Knochen-

konstruktionen befaßt und sehr darauf geachtet, daß die Einzelelemente ihrer Bauwerke entsprechend dem Kraftfluß der Spannungtrajektorien angeordnet sind. Sie kamen deshalb mit einer geringstmöglichen Masse aus. Die Bauten wurden damit nicht nur billiger, sondern wirkten auch optisch graziler. Der Eiffelturm in Paris ist ein gutes Beispiel dafür. Aus dem Eiffelschen Konstruktionsbüro stammt auch die Eisenbahnbrücke über den Douro in Porto/Portugal. Heute ist sie zwar durch eine benachbarte – ebenfalls kühne – Betonbrücke ersetzt und funktionslos, man will sie aber als Beispiel für eine klassische, naturinspirierte Industriearchitektur erhalten.

Schachtelhalme – insbesondere die hier gezeigten Winterschachtelhalme – sehen aus wie orientalische Hochbaukonstruktionen. Vermutlich haben sich die frühen arabischen Baumeister für Moscheen und Minarette solche Pflanzen zum Vorbild genommen. Ihre tragenden Strukturen sind weit nach außen gelagert, formen also ein Gebilde hohen Flächenträgheitsmoments. Auf diese Weise kann materialsparend konstruiert werden. Auch die Kannelierung dient der Steifigkeitserhöhung. Der Innenraum ist spannungsarm bis spannungsfrei.

Brettwurzeln eines Urwaldriesen

Das Zeltdach des Münchner Olympiastadions war zu seiner Zeit ein äußerst mutiges Bauwerk. Dem grazilen Dach sieht man nicht an, welche gewaltigen Kräfte abzuspannen sind. Man beachte die massiven Pylone und die äußerst dicken Haupt-Zugseile. Entsprechend mußten auf der anderen Seite außerordentlich massive Beton-Verankerungen vorgesehen werden. Das Dach war ein Versuchsbau. Heute gehört es zum Kulturerbe der Menschheit. Es wurde oft gesagt, daß Spinnennetze die natürlichen Vorbilder für diese Zeltbauten darstellen. Architekten, allen voran Frei Otto, verneinen das. Doch haben sich diese Architekten sehr vielseitig mit Spinnennetzen auseinandergesetzt und ein gewisses Anregungspotential war wohl gegeben.

Das Institut für leichte Flächentragwerke an der Universität Stuttgart, kurz IL genannt, hat zu Zeiten seines damaligen Leiters Frei Otto, zusammen mit engagierten Mitarbeitern wie W. Burkhardt, E. Schaur, G. Graefe, H. Hennicke und vielen anderen, die bisher interessantesten Gegenüberstellungen von Natur und Technik herausgebracht. Ein Ausschnitt aus einer Doppelseite eines IL-Berichts (rechts): zahlreiche Skizzen von Seilnetzkonstruktionen, teils mit pneumatischen Elementen, wie sie sich in Analogie zu Spinnennetzen, Pflanzenzellen und anderen natürlichen Elementen ergeben haben. Zwischen Architekten und Baustatikern auf der einen Seite, Botanikern und Zoologen auf der anderen, hat sich im Sonderforschungsbereich 230 viele Jahre lang ein intensiver Gedankenaustausch entwickelt.

Mit futuristischen Bullaugen aus dem Untergrund will sich der Stuttgarter Hauptbahnhof bis zum Jahre 2008 den Reisenden präsentieren (oben). Mit dem Gewinn des damit verbundenen Wettbewerbs für das künftige Aushängeschild der schwäbischen Landeshauptstadt ging für den Düsseldorfer Architekten Christoph Ingenhoven und seine Partner ein Traum in Erfüllung. Beraten von dem Stuttgarter Frei Otto, der maßgeblich am deutschen Pavillon zur Weltausstellung 1967 in Montreal und an den olympischen Sportstätten in München beteiligt war, hat der 1960 geborene Sproß einer niederrheinischen Architektendynastie schon früh den Weg zu einem »evolutionären Bauen« gefunden. Eine Architektur, die im Einklang mit natürlichen und kulturellen Voraussetzungen steht, ist deshalb oberste Maxime des von Ingenhoven bereits mit 26 Jahren gegründeten Unternehmens in der nordrhein-westfälischen Metropole.

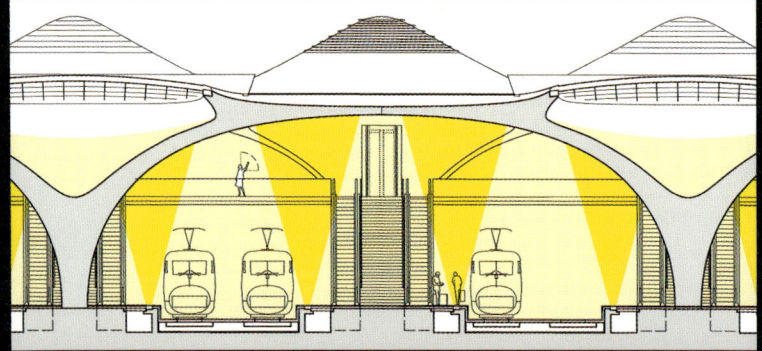

Die Ausstrahlung der elegant gewölbten Stützpfeiler und die Aufhellung der Bahnsteige ergeben auch bei Nacht ähnliche Lichtkontraste wie während des Tages (links).

Eine Annäherung an die Grundprinzipien biologischer Systeme ist für den Architekten Ingenhoven die größte Herausforderung: nicht unbedingt aus dem vollen zu schöpfen, sondern »hart am Wind der Notwendigkeit« zu segeln. Der junge Architekt, dem so komplexe Aufgaben wie der Bau von »ökologischen Hochhäusern«, wie etwa die RWE-Zentrale in Essen, am Münchner Olympiapark oder im internationalen Geschäftszentrum von Schanghai, anvertraut wurden, will mit einem Minimum an Material und Energie ein Maximum an Effizienz bei der Umsetzung des weitgehend unterirdisch konzipierten Hauptstadtterminals erreichen: Das Ziel ist, erstmals aus einem Kopfbahnhof einen Durchgangsbahnhof zu machen.

Die kelchförmigen Stützpfeiler, die Riesenpilzen mit Zyklopenaugen ähneln, geben der gesamten Bahnhofshalle einen unverwechselbaren futuristischen Charakter. Im Atelier von Frei Otto entstanden mehr als 40 Arbeitsmodelle, die konstruktive Evolutionskriterien lebender Systeme mit technischen Gegebenheiten und Erfordernissen auf ästhetische Weise miteinander verbinden.

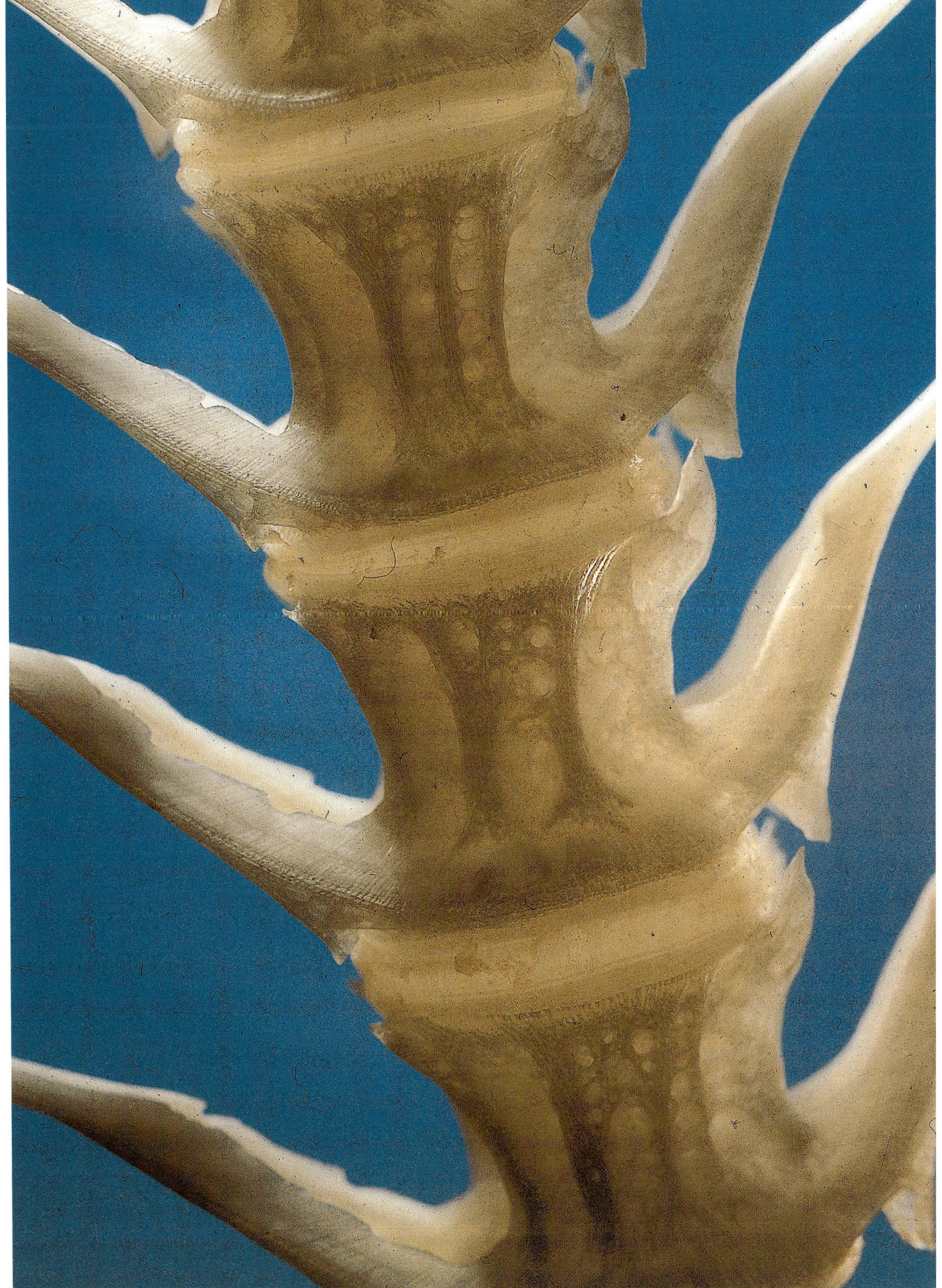

Bei natürlichen Konstruktionen, hier den Wirbeln einer Forelle, erkennt man die funktionelle Ausformung oft nicht auf den ersten Blick. Viel Meßarbeit ist zum Verständnis nötig. Doch wirken die Strukturen auf Anhieb »schön«.

Durch Wachstumsvorgänge tendiert der Baum zu einer statischen Optimalausformung, wie C. Mattheck gezeigt hat. Das hat vielerlei technische Anregungen gegeben und zu zahlreichen Patenten geführt. Das kleine Bild unten zeigt keinen Schachtelhalm, wie man auf den ersten Blick meinen könnte, sondern den Schwanzteil einer Smaragdeidechse. Nachdem die Schwanzspitze vermutlich abgepickt worden war, ist das obere Drittel nachgewachsen.

Konzept der Abstützung einer Deckenfläche mit baumstützenartigen Trägern. Modell aus dem IL Stuttgart (oben).

Derartige Trägerstrukturen, die in ein quadratisches Raster der abzustützenden Decke eingreifen, wirken nicht nur grazil; sie sind auch Systeme, die mit geringstmöglichem Massenaufwand arbeiten – in etwa entsprechend den Bäumen. Die Analogie darf man allerdings nicht zu weit treiben (Mitte).

Der Rohbau des alten Hörsaals Biologie in Freiburg wurde als an wenigen Punkten abgestützte freitragende Schale konzipiert, deren Unterzüge – wie die Knochenbälkchen in unserem Oberschenkel – möglichst nur auf Druck oder Zug belastet werden (unten).

Formen, wie sie das Guggenheim-Museum in Bilbao zeigt, sind heute »in«; sie gelten als organisch. Eine starke Tendenz in der experimentellen Architektur geht in diese Richtung. Der Bioniker würde eher von »pseudo-organischen Bauten« sprechen. Es sind keine funktionellen Aspekte aus der Natur eingeflossen, und reine Formähnlichkeit ist eben nicht Bionik.

Man muß die Natur nicht immer nur unter dem schwärmerischen Aspekt des Naturfreundes oder mit den Augen des Naturwissenschaftlers betrachten; sie hält auch die kritische Analyse mit dem nüchternen Blick des Technikers aus. Der Schleier des Geheimnisvollen und Wunderbaren bleibt und damit die Achtung vor einer Schöpfung, die auch im kleinsten Detail technische Überaschungen offenbart – wie etwa die Blattspreite rechts.

Wird die Architektur der Zukunft sich mehr und mehr an der Natur orientieren? Zweifellos ist gute Architektur stets ebenso eigenständig wie funktionell orientiert; gute Architektur aber hat schon bisher, halbintuitiv oder bewußt, Naturprinzipien aufgenommen, und sie wird es in Zukunft in verstärktem Maße tun.

Architektur der Zukunft ist nicht »biomorph«

Damit ist aber nicht gesagt, daß die Architektur der Zukunft »biologisch« oder »biomorph« aussehen wird oder gar sollte. Man kann im Gegenteil nur hoffen, daß die Einbeziehung der Natur in die Formensprache der Architektur nicht als ein Weg »zurück zur Natur« mißverstanden wird, bis hin zu einer naturtümelnden Formenanpassung. Dem muß nicht so sein, das zeigen zukunftsweisende Architekturentwürfe beispielsweise von Thomas Herzog. Seine Konzepte zeichnen sich gerade dadurch aus, daß sie nicht an allen Ecken und Enden nach Natur riechen, dabei aber effizient typische Kennzeichen an der Natur orientierter Bauten mit einbeziehen. Es sind dies unter anderem:

➤ Konsequenter Leichtbau
➤ Ausrichtung zur Sonne
➤ Jahreszeitliche Lichtnutzung
➤ Jahreszeitliche Abschattung
➤ Anordnung der Räume nach Temperaturgradienten
➤ Ausgeglichener Wärmehaushalt
➤ Erdwärmenutzung
➤ Erdkühlungsnutzung
➤ Passive Lüftung

Brückenkonstruktionen werden von alters her als Fachwerkkonstruktionen oder als Hängebrücken ausgeführt. Die Ausformung erfolgt so, daß einzelne Teile möglichst nur auf Druck beansprucht werden, andere möglichst nur auf Zug. Bei der Hängebrücke ist das besonders deutlich: Bogen Druck, Spannseile Zug, Fahrbahn Zug. Auch komplexe Tragwerke der Natur – die Schwammsubstanz in Knochen beispielsweise – sind so ausgelegt, daß die Einzelelemente möglichst nur auf Druck und Zug, nicht auf Biegung belastet werden.

Der Architekt Renzo Piano ist nicht nur durch seine unkonventionellen Entwürfe bekannt, sondern auch durch seine handwerklich äußerst fein ausgearbeiteten Modelle. Hier hat er in freier Interpretation der so genannten »Windfänger« in der ursprünglichen Architektur der Kanaken einen »Lüftungsfächer« gestaltet. Er zieht unter dem Einfluß der vorherrschenden Winde kühlere Bodenluft durch die sich anschließende niedere Architektur – ganz ohne Energieaufwand.

Biologische und technische Hochbauten, die unter zentraler Eigenlast stehen, sind durchaus vergleichbar. Man muß sich freilich mit einer äußeren Analogie begnügen; baustatische Gesetze erlauben keinen linearen Vergleich. Den Riesengetreidehalm, der, hundert Meter hoch gebaut, die gleichen Proportionen hat wie der gewöhnliche Getreidehalm, kann es aus statischen Gründen nicht geben. In Malaysia baut man allerdings bis zu 80 m hohe Baugerüste nur aus Bambusstämmen.

Für den Hintergrund des Opern-Modells wurde eine geriffelte Wand vorgesehen, die einem Fledermausohr – nach akustisch-technischer Umrechnung auf die Größenverhältnisse – entspricht.

Ein bionischer Entwurf für die Neue Oper Oslo

Optische und akustische Strahlengänge sind umkehrbar. Dieses Wissen wurde für den Entwurf einer modernen Oper im Hafengebiet von Oslo, Norwegen, genutzt, um bionische Aspekte mit einzubeziehen. Entwurfsverfasser sind das Architekturbüro Birke/Stuttgart und mein Mitarbeiter G. Rummel/Saarbrücken.

In einem Auge sollen möglichst viele Lichtsinneszellen von Lichtstrahlen gleichartig erreicht werden. Sie sind sozusagen, von der Netzhaut aus gesehen, auf die Linse fokussiert. Analog sollen möglichst viele Zuschauer in einem Theater einen möglichst gleich guten Blick auf die Bühne haben. Ähnlich wie in der Peripherie des menschlichen Auges Sinneszellen zu »Batterien« zusammengefaßt sind, haben die Entwerfer Sitzgruppen zu vorspringenden Podesten zusammengefaßt, die in einem angenähert ellipsoiden Raum in Richtung auf die Bühne vorragen, sich gegenseitig aber nicht visuell behindern und allen Stühlen eine ungehinderte Sicht auf das Bühnengeschehen ermöglichen. Noch auffallender ist die Entsprechung bei »einfacheren« Augen, wie dem Lochkameraauge der Meeresschnecke *Haliotis*. Hier gibt es keine *Fovea centralis*, keine Stelle des schärfsten Sehens. Alle Lichtsinneszellen sind sozusagen gleichberechtigt, wie das Zuschauer in einem Theaterraum auch sein sollten.

Auf der anderen Seite soll der Schall der relativ kleinen Bühne möglichst unverzerrt und mit einer günstigen Nachhallzeit (etwa 1,6 Sekunden) alle Zuschauer erreichen. Als Analogon wurde die Schallführung »Ohr – Ohrmuschel – äußerer Gehörgang – Trommelfell« – umgekehrt. Akustiker haben die Größenabhängigkeiten berechnet und dann sozusagen die akustische Seite der Medaille mit der optischen verschmolzen.

Fledermäuse mit großen Ohren, die beim Flug Beutegeräusche orten – als Beispiel sei

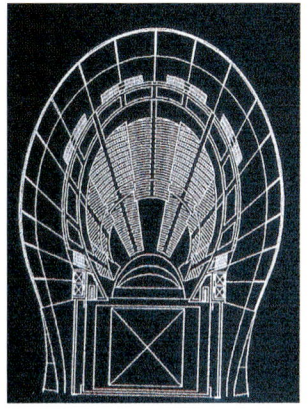 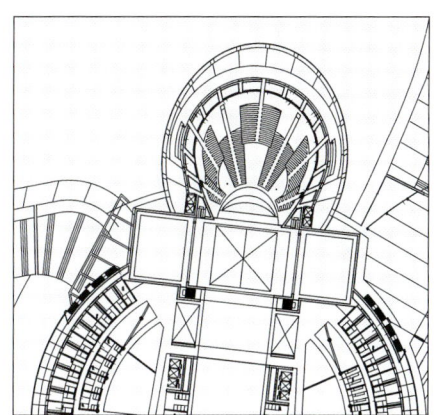

die Gattung Meheyi-Hufeisennase, *Rhinolophus meheyi* genannt –, haben eine sehr eigenartige »nichtlineare« Riffelung im Hintergrund der Ohrmuschel, die der optimalen Schalleitung durch Reflexion des ankommenden Schalls auf das Trommelfell dient. Analog wurde für den Hintergrund der Oper eine geriffelte Wand vorgesehen, die dem Fledermausohr – nach akustisch-technischer Umrechnung auf die Größenverhältnisse – entspricht. Dieser Punkt ist besonders wichtig, da er die Nachhallzeit mitentscheidend beeinflußt.

Dem Zuschauerraum wird man letztlich nicht ansehen, daß bionische Aspekte bei seinem Entwurf Pate gestanden haben. Die nicht nur technisch, sondern auch im optischen Erscheinungsbild ansprechende, moderne Konzeption wäre aber, so betonen die Entwerfer, ohne bionische Vorarbeit in dieser Ausprägung nicht entstanden. Wieder ein typisches Beispiel: Bionik als unkonventioneller Ideengeber.

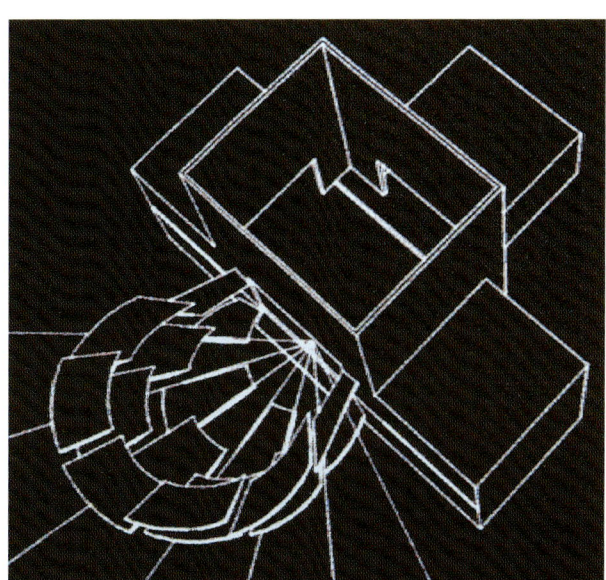

Zwei Prinzipien haben bei diesem Wettbewerbsentwurf für die neue Oper in Oslo Pate gestanden: zum einen das Lochkamera-Auge einer Meeresschnecke, zum anderen die geriefte Ohrmuschel einer Fledermaus. Auch hier kann es nicht darum gehen, biologische Formen sklavisch zu übernehmen, das wäre lächerlich. Erforscht man aber die Grundprinzipien, so wie das im Text beschrieben ist, ergeben sich überraschende Folgerungen. Dieser Entwurf vereinigt nämlich eine »demokratisch gleichartige« Sicht von jedem Platz auf die Bühne mit einem ebenso »demokratisch-gleichartigen« Hörgenuß von jedem Platz aus.

Gutes Design ist der erste Prüfstein

Bionik-Design und die Technik

Schönheit ist nach Meinung vieler großer Forscher mit knallharter Wissenschaft gut vereinbar. Auch die technische Welt bietet keinen Raum für unschöne Produkte. Das Design eines Flugzeugs wird nicht allein von aerodynamischen Berechnungen, von der Qualität der Materialien und Motoren oder von betriebswirtschaftlichen Erwägungen bestimmt. Eine Boeing 747 wie auch eine Concorde weisen gewisse harmonische Proportionen auf, wie wir sie auch in der Natur bewundern können. Denn die Proportionen biologischer Systeme leben auch in uns, in unserem Körper und in unserem Denken.

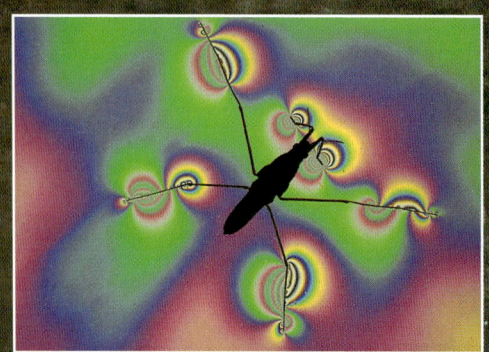

Die Natur ist noch immer die größte »Erfinderfabrik« der Welt. Allein, was im Bereich der Mineralien und Kristalle entwickelt wurde, könnte neidisch machen. Aus dem simplen Material einer Bleistiftmine formt die Natur härtestes Material, den Diamanten. Sie hat Steine hervorgebracht, die uns zeigen, wie das Magnetfeld der Erde über Jahrmillionen aussieht. Es gibt Steine, die auf Wasser schwimmen. Andere können elektrische Spannung erzeugen. Und hinreissend schön sind manche Mineralienkristalle obendrein.

Es mag manchen Naturfreund erschrecken, aber Technik hat ihren Ursprung in Lebensvorgängen und nur dort. Technik ist daher nichts Unnatürliches. Wer das glaubt, hat die lebende Natur nicht genügend beobachtet, weiß nicht, was sich im Innern von Zellen, bei der Energieumwandlung, der Informationsverarbeitung – auch im Reich der Pflanzen – abspielt. Die Abbildungen dieser Doppelseite zeigen eine hygroskopische Mechanik beim Wetter anzeigenden Drehmoos Funaria hygrometrica. Hygroskopisch heißt: Sie bewegen sich, wenn es feucht ist oder trocken wird. Die Mooskapsel mit dem schwarzen Loch war offensichtlich im Trockenen aufbewahrt worden – die an ein Windrad erinnernden Zähnchen (großes Bild) haben sich geöffnet und machen dadurch den Weg frei für die roten Moossporen.

Kann man bei der »Konstruktion Ameise« von einem Design sprechen? Kopf, Brust und Hinterleib müssen ebenso wie Fühler, Mundwerkzeuge und Beine so gestaltet sein, daß sie zwar für sich allein funktionieren, sich aber zum gestalteten Ganzen zusammenschließen – ganz analog dem »Funktionellen Design« technischer Produkte.

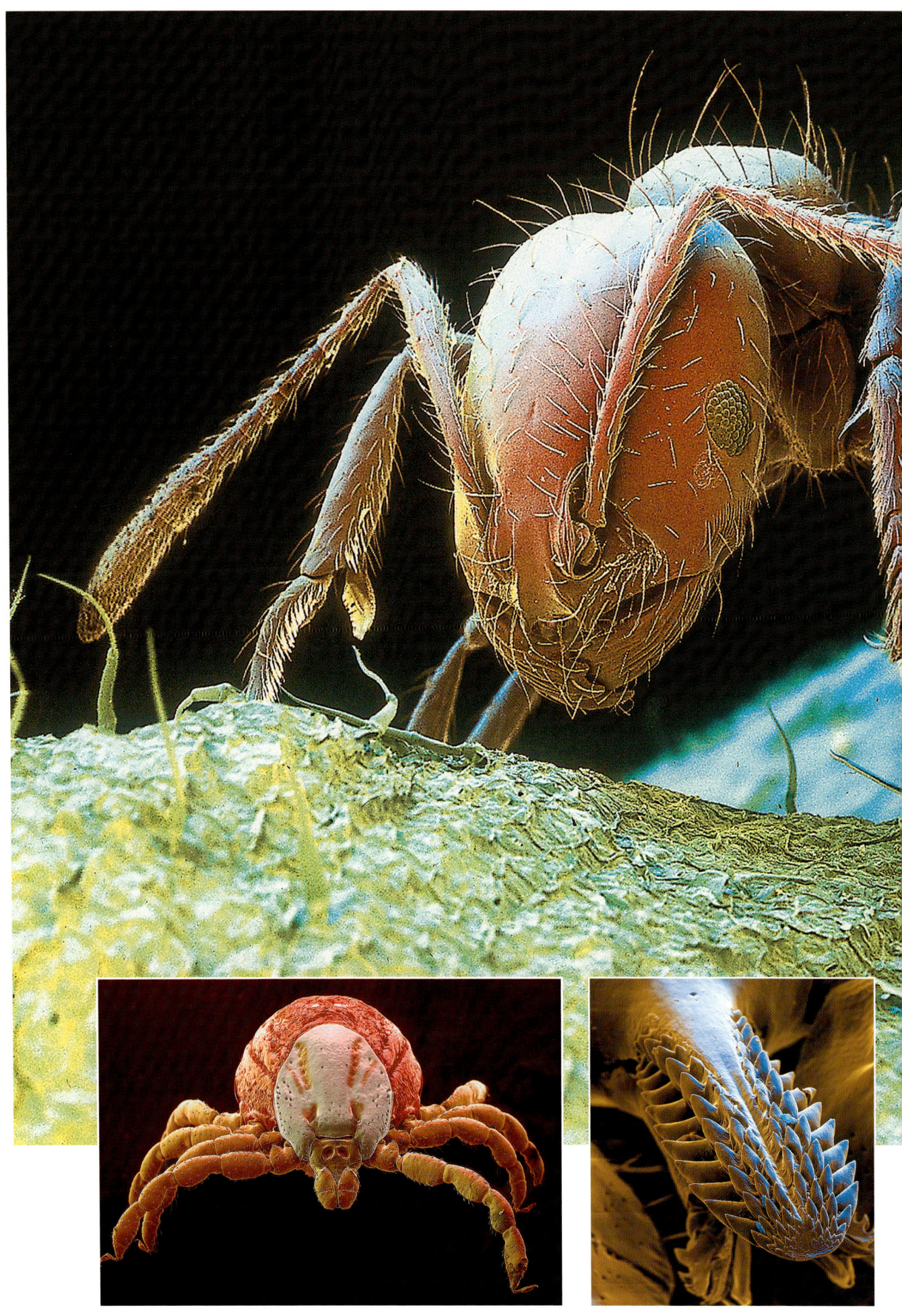

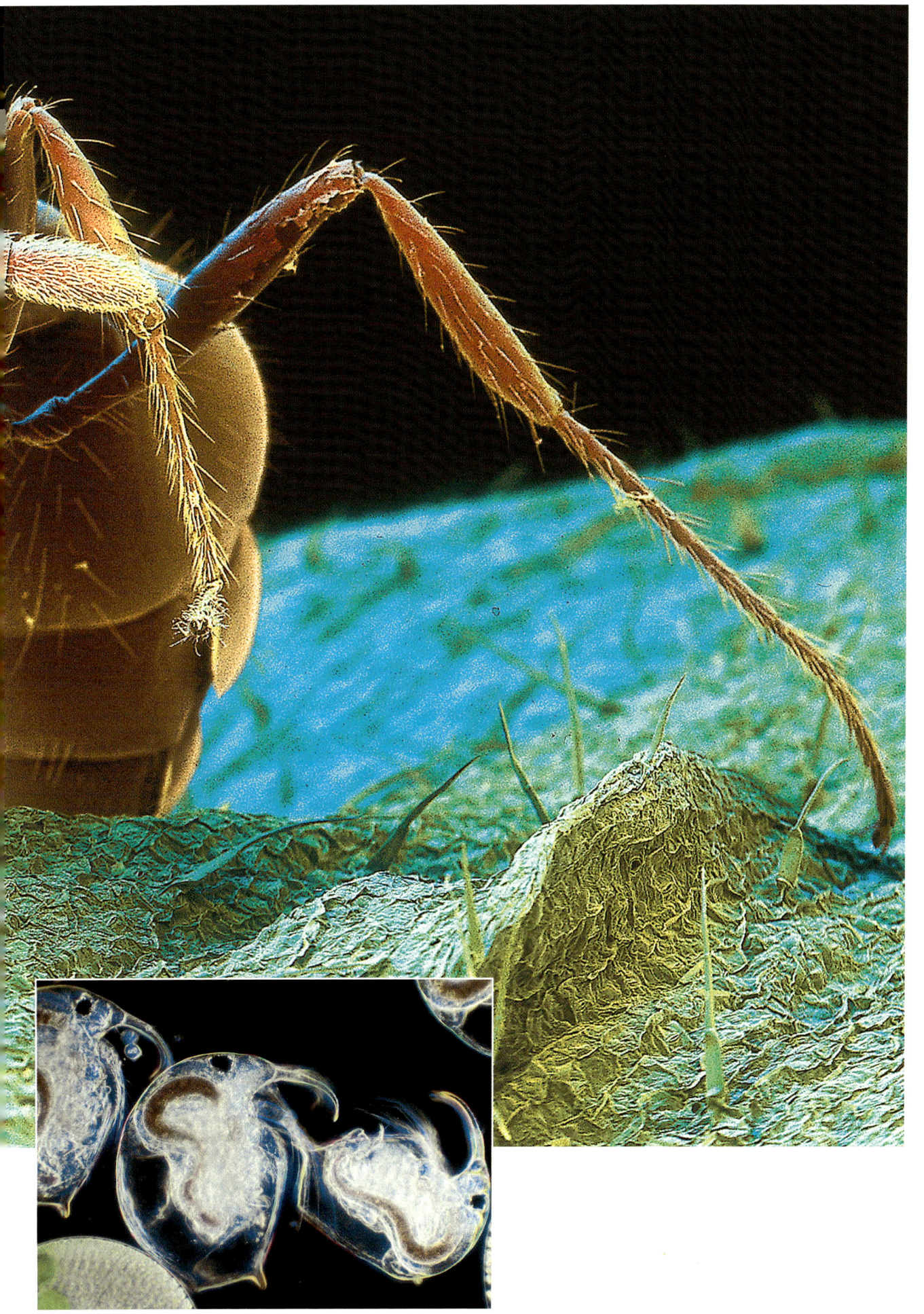

Wie wichtig der »funktionelle Zusammenschluß« ist, das kann man sich an jeder morphologischen Gestaltung klar machen. Die Zecke (links unten) muß in die Lage versetzt werden, geeignete Hautstellen zum Einsenken ihres mit Widerhaken besetzten »Stechkolbens« zu finden. Dazu dienen ihr Beinenden, mit denen sie sich im Haarwald und zugleich auf der Haut bewegen kann. Beinenden und Stechkolben müssen also als »zusammenhängendes Design« gesehen werden. Die Beine von Wasserflöhen sind Fortbewegungsapparate, zugleich Beutesiebe und Kiementräger.

Die in Jahrmillionen erprobten Flugsysteme der Natur haben inzwischen eine Perfektion erreicht, die kaum überbietbar erscheint.
Regelrechte Flugakrobaten sind die Libellen – das große Bild zeigt eine Blaugrüne Mosaikjungfer im Anflug auf eine Seerose. Kraftvoll ist der Flug von Schwänen, elegant der des Roten Ibis.
Die Begriffe aus der Alltagssprache – akrobatisch, kraftvoll, elegant – lassen sich flugbiophysikalisch untermauern. Dann kommen Begriffe wie getrennter Flügelantrieb, Flugleistung und Feinsteuerung ins Spiel.

Form und Funktion – diese Aspekte stellen sicher die wesentlichste Grundlage eines Bionikdesigns dar. Wo immer man sich umsieht in der Natur, findet man Form und Funktion bestens aufeinander abgestimmt, unvergleichlich feiner differenziert und vielfältiger ausgestaltet allerdings als in der Technik. Um das einzusehen, sollte man sich die Beispiele, die wir im Kapitel »Winzig klein und doch ganz groß« bringen werden, einmal ansehen.

Weitere Beispiele für mikroskopisch kleine »Geräte«

In der Natur gibt es beispielsweise Druckknöpfe, Klapp- und Klemmkonstruktionen sowie tausend andere Dinge, deren Formgestaltung man in der Technik einem Designer überlassen würde. Druckknopfkonstruktionen bestehen aus zwei Paßstücken, die unter leichtem Druck ineinanderrasten und sich erst durch einen gewissen Zug lösen. Ob sie nun »die Natur« geformt hat oder »die Technik«, Druckknöpfe müssen immer so ausgeformt werden, daß sie diesem mechanischen Prinzip gehorchen. Wenn nicht, halten sie nicht oder sind nicht zu schließen.

Der Pneu ist das Bauprinzip der Technik und des Lebens schlechthin. Alle Lebewesen, auch der Mensch, werden in einem Pneu geboren. Ein ungeheurer Zauber geht von diesem in sich ruhenden Embryo aus, auch wenn wir wissen, daß dieser Embryo nie geboren werden konnte.

Auch die Schallblasen eines Frosches erfüllen die Funktion eines Pneus: Eine biegeunsteife Membran, eine Gasfüllung, deren Innendruck höher ist, als der Außendruck. Dasselbe gilt für die Nachkommenschaft eines Frosches, die im so genannten Froschlaich (großes Bild) zunächst zu Kaulquappen heranwächst, bevor sich schließlich daraus neue Frösche entwickeln.

Klappkonstruktionen dienen der Lösung des Problems, Teile zum Zwecke des Verstauens ineinanderzuklappen. Die Natur löst das mindestens ebenso elegant wie die Technik. Das zeigte bereits der Vergleich eines Insektenvorderbeins mit einem Mehrzwecktaschenmesser.

Wenn Teile eines langzylindrischen Körpers angeklemmt werden sollen, bedarf es einer feinen Abstimmung der Konturen und Arretiermechanismen. Das läßt ein Läusebein am Kopfhaar ebenso erkennen wie eine Kabelklemme am Elektrokabel oder die bereits genannte Flügelkopplung bei Wanzen im Vergleich mit einer Besenstielklemme. Wiederum sind die Abstimmungen der Natur viel spezifischer und filigraner. Die belebte Welt scheut sich eben nicht vor Mikrokonstruktionen. Allerdings bezieht sie Selbstbildungsprozesse mit ein. Das tut die Technik noch nicht gern.

Bei Selbstbildungsprozessen wird nicht Molekül für Molekül sozusagen in die Hand genommen und an der richtigen Stelle eingebaut, sondern es werden die physikalischen Voraussetzungen dafür geschaffen, daß sich Molekülsysteme in den geschaffenen geometrischen und energetischen Randbedingungen mehr oder minder von selbst organisieren. »Von selbst« – das tun sie natürlich nicht, sondern sie folgen bestimmten Zwängen, beispielsweise dem Zwang, eine Oberfläche möglichst geringer Gesamtenergie anzunehmen. Auf diese Weise baut die Natur ihre Mikrokonstruktionen, so etwa die genoppten Oberflächen auf den Blättern, die zum Lotus-Effekt führen. Wenn man es recht bedenkt, haben wir es hier zweifellos mit einem Design zu tun. Auch wenn der Designbegriff hier vielleicht unkonventionell ist. Das Design erscheint in der Natur immer gut, daß heißt: Form und Funktion sind optimal aufeinander abgestimmt. Ist das in der Technik auch immer so? Oder kann es sich zumindest in die genannte Richtung entwickeln?

Was ist gutes Design?

Man kann sich umhören, wo man will, mit Grafikdesignern sprechen oder mit Industriedesignern, mit Künstlern oder Naturwissenschaftlern, mit Biologen oder Technikern: Niemand kann sagen, was gutes Design wirklich ist. Doch es gibt einen Katalog der häufigsten Antworten. Gutes Design soll demnach

- ansprechend, schön sein
- gut benutzbar, praktikabel sein
- das Zeitempfinden widerspiegeln
- funktionell sein
- die Aufgabe eines Gerätes formal unterstreichen

Der Reichtum an Formen, Strukturen und Bauelementen in der Welt der Pflanzen ist weit größer als alle menschliche Phantasie. Das Bild oben zeigt die Unterseite eines Olivenblattes mit breitgefächerten Schuppenhaaren und mit einer Spaltöffnung für den Gasaustausch. Das untere Bild zeigt pneumatisch strukturierte Pollenkörner einer Sonnenblume (kleines Korn) sowie eines Malvengewächses.

Bei diesen bunten Ballons eines Heißluftballon-Wettbewerbs ist nichts dem Zufall überlassen. Die Form und Membranspannung muß stimmen, der füllungsbedingte Auftrieb muß mit dem Gondelgewicht abgestimmt sein, der Auftriebsmittelpunkt muß weit über dem Schwerpunkt liegen, damit das System böenunempfindlich wird und so fort. Prinzipiell gleiches gilt für Fallschirme, von denen die Natur und ebenso die Technik zahlreiche Varianten entwickelt hat.
Der kleine »Tennisball« (Bild oben) zeigt ein Pollenkorn der Passionsblume Passifloraceae.

Immer häufiger treten Ingenieure, Architekten und Designer in die Fußstapfen der Evolution. Die pneumatischen Ballonkörbe für Heißluft- und Gasballons gehören zum letzten Schrei in der Ballonfahrt. Der auf dem Kopf stehende Ballon ist allerdings nur ein lustiger Werbegag.

Zu den zauberhaftesten Geschöpfen des Meeresplankton gehören die Rippenquallen, von den Zoologen Ctenophoren genannt. Die meisten sind klein, nur erbsen- bis daumengroß. Sie tragen Streifen, die mit Flimmerplättchen besetzt sind, die den Vortrieb erzeugen. Die nahrungsaufnehmenden Tentakel werden hinterhergezogen. Die Formhaltung dieser äußerst zarten Geschöpfe geschieht weniger durch Membranversteifung, obwohl es auch diese gibt, sondern durch einen Idealabgleich des Innendrucks gegenüber dem Außendruck.

»Biologische Konstruktionen«, deren Pneu-Charakter auf Anhieb erkennbar ist. Bei den »Blühenden Steinen« der Gattung Lithops stehen die dickfleischigen Blätter unter Flüssigkeits-Überdruck. Der Kehlsack der kleinen Echse steht unter Luft-Überdruck.

➤ dem technischen Innenleben eine angemessene äußere Form verleihen
➤ die Handhabbarkeit erleichtern
➤ ästhetische Ansprüche befriedigen
➤ den Kaufanreiz erhöhen
➤ vom Benutzer gerne in die Hand genommen werden
➤ nicht jeden Zeitgeschmack mitmachen
➤ langlebig sein
➤ im Benutzer positive Gefühle wecken
➤ sich auf »Urformen« beziehen
➤ in der Form die Funktion widerspiegeln.

In der Vielfalt der Antworten finden sich drei Hauptaspekte: Design ist gut, wenn es funktionell ist, wenn es ästhetische Ansprüche befriedigt, und wenn es, aus welchen Gründen auch immer, dem Benutzer gefällt. Die letztgetroffene Feststellung ist nicht sehr befriedigend, aber

Designprodukte müssen schließlich verkauft werden. So wie in der Natur das Design einer Blüte den Nektar an eine Biene oder einen Kolibri »verkaufen« muß, die im Gegenzug dann die Blüte bestäuben.

Die seinerzeit aufgelöste Ulmer Hochschule für Gestaltung hat Design wie folgt definiert: »Produktgestaltung im Rahmen einer praktischen Ästhetik«. Versteht man unter Ästhetik das schwer beschreibbare Attraktionsgefüge zwischen einem Gegenstand und seinem Benutzer, so paßt es wieder in den biologischen Bereich, denn die Blüte zum Beispiel muß den Kolibri erst »anziehen«, bevor er funktionell tätig werden kann. Die Funktion ist also unabdingbar. »Bionik-Design für funktionelles Gestalten« – so lautete auch der Untertitel eines meiner Bücher, dem die vorliegende Darstellung weitgehend folgt.

Verfügt die Natur tatsächlich über etwas Ähnliches wie Design? Wie würde der Biologe das bezeichnen? Die beiden entsprechenden Begriffe in der Biologie lauten: »Funktionelle Morphologie« und »Konstruktionsmorphologie«.

Funktionelle Morphologie

Gemeint ist nicht nur ein Beschreiben der äußeren Formen und der inneren Lagebeziehungen der einzelnen morphologischen und anatomischen Elemente (Knochen, Muskeln, Gefäße etc.), sondern das gleichzeitige Mitbetrachten der Funktion, die das »Sosein« einer Morphe, einer Gestalt, letztlich erst verständlich werden läßt: Knochen als Tragekonstruktionen, Muskeln als kontraktile Elemente, Gefäße als Transportsysteme und so fort.

Konstruktionsmorphologie

Die Abgrenzung zur Funktionsmorphologie ist fließend. Während man im erstgenannten Fall herausgegriffene Elemente funktionell betrach-

In der Technik spielt das Konstruktionsprinzip »Pneu« eine wachsende Rolle. Selbst Raketen und Satelliten sollen künftig mit Hilfe eines aufblasbaren Schutzschildes vom Weltraum zur Erde zurückgebracht werden. Wie ein Federball wirkt das neue Transportsystem im Orbit; die größte Version hat einen Durchmesser von 14 Metern. Im Frühjahr 2000 haben Fachleute der Raumfahrtfirma DASA ein entsprechendes Verfahren getestet. Bis heute müssen Flugkörper durch schwere Schilde vor der Reibungshitze beim Eintritt in die Erdatmosphäre oder aber auch bei der Landung auf anderen Planeten geschützt werden.

Die über Jahrmillionen erprobten Methoden lebender Systeme werden inzwischen immer häufiger auch menschlichen Erfordernissen nutzbar gemacht. Die beiden Bilder zeigen ein aufblasbares Notzelt: Es ist beinahe gewichtslos, platzsparend und in kürzester Zeit einsatzbereit.

ten kann (zum Beispiel ein Blutgefäß zum Flüssigkeitstransport), betrachtet der Konstruktionsmorphologe eher »gesamte Systeme« (zum Beispiel den Geparden als Laufmaschine). Ein Automobil-Konzept kann man mit einem laufenden Säuger unter dem Gesichtspunkt der »Konstruktionsmorphologie« ohne weiteres vergleichen. »Biologisches Design« gibt es also – es heißt im Fachjargon nur anders.

Es fragt sich nun, ob sich »biologisches« und »technisches Design« sinnvoll in Beziehung setzen lassen. Nach allem, was gesagt wurde, ist wohl nicht zu bezweifeln, daß sinnvolle Beziehungen zwischen biologischem und technischem Design herstellbar sind, wenn man Design nicht als reine Formmanipulation betrachtet bzw. mißversteht.

Für den Biologen, dem Gestaltung und künstlerische Sichtweisen ein Anliegen sind, besteht kein Zweifel, daß Design, das diesen Namen verdient, funktionell sein muß. Funktionelles Design und Konstruktionsmorphologie sind, so unterschiedlich die Ansätze sein mögen, Begriffe, die auf das gleiche zielen: eine Einheit von Form und Funktion.

Biologen und Designer haben natürlich unterschiedliche Aufgaben. Der Biologe und Grundlagenforscher hat es mit funktionierenden »Konstruktionen des Lebens« zu tun, die es zu analysieren, zu beschreiben und zu verstehen gilt. Der Designer und Konstrukteur hat es mit einer Aufgabenstellung zu tun, für die mit Hilfe eines Vorrats von Einzelelementen und Querbeziehungen die bestmögliche Lösung zu finden ist.

Die Ansätze sind also diametral entgegengesetzt. Die Vergleichbarkeit ergibt sich aber daraus, daß sich die »schöpferische Natur« vor genau denselben Problemen sah und auch in Zukunft sehen wird, vor denen im zivilisatorischen Bereich der schöpferische Designer und Konstrukteur steht: Es gilt das Bestgeeignete für die Besetzung einer ökologischen Nische beziehungsweise für die Ausfüllung einer Marktnische zu finden. Was aber ist das Bestgeeignete?

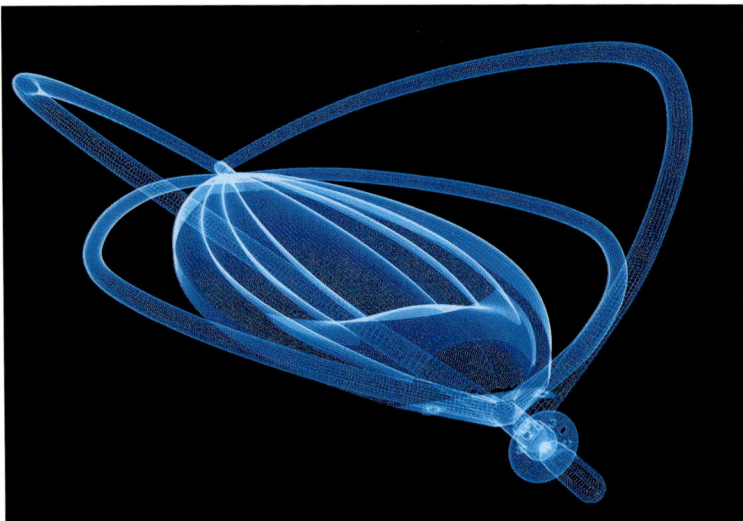

Bestes Design bedeutet optimales Design

Bestes Design bedeutet optimales Design. Diese Feststellung erscheint trivial, sie ist es aber keineswegs. Der Schlüssel liegt aus Sicht des Bionikers in einigen der folgenden – vielleicht etwas anmaßend – als »10 Grundprinzipien natürlicher Konstruktionen« oder »10 Gebote bionischen Designs« formulierten Aspekten. Am wichtigsten erscheint dabei die unter Nummer 2 formulierte simple Forderung: Optimierung des

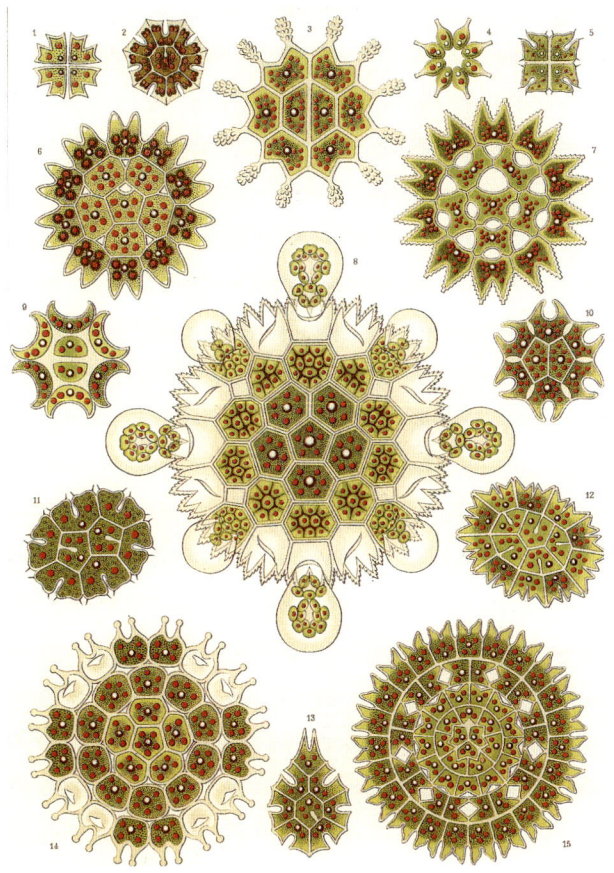
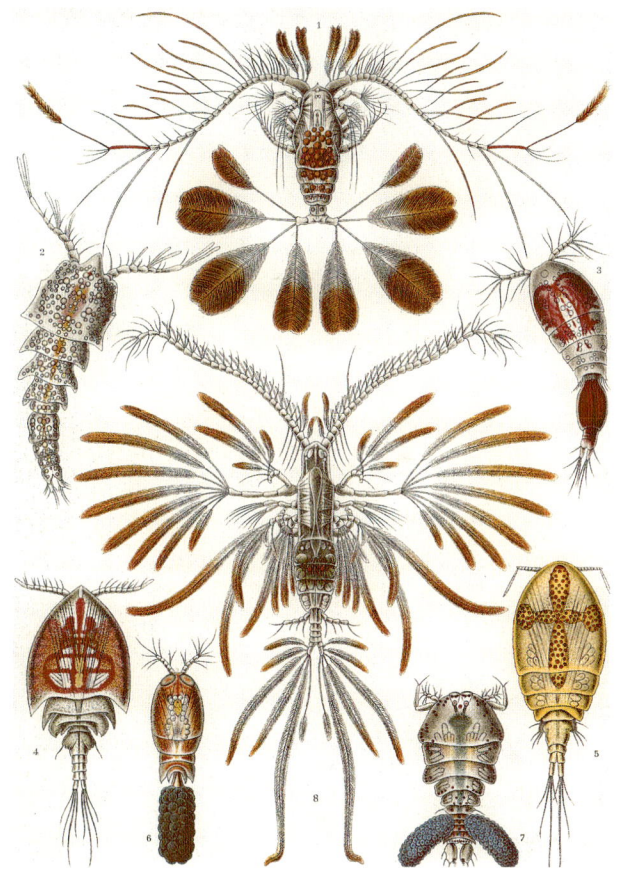

Ende des 19. und Anfang des 20. Jahrhunderts zählte Ernst Haeckel zu den berühmtesten Biologen der Welt. Er war nicht nur ein hervorragender Morphologe und Theoretiker, sondern auch ein begabter Zeichner. Die beiden Abbildungen stammen aus seinem Meisterwerk »Kunstformen der Natur« das vor fast 140 Jahren erstmals publiziert wurde. Sie zeigen »gesellige Algetten« (links) und winzige Ruderkrebse (rechts). Die Zeichnungen dokumentieren den unerschöpflichen Formensatz natürlicher Strukturen, jenseits von allen Fragen einer eventuellen Verwendbarkeit oder technischen Übertragungsmöglichkeit.

Ganzen statt Maximierung eines Einzelelements. Wer sich das dort erläuterte Beispiel einmal ansieht, wird möglicherweise beipflichten, daß schon der Versuch der Maximierung einer Struktur-Funktions-Beziehung ein verkehrter Ansatz ist. Leider werden Konstrukteure und Designer heutzutage in der Ausbildung immer noch auf Maximierung »fehlgeprägt«. Sie verlieren beim Versuch, einen Einzelaspekt möglichst gut zu konstruieren, den Blick für die Optimierung des Ganzen.

Die Natur geht genau umgekehrt vor. Sie maximiert nicht die Kraft eines Muskels und nicht die Stärke eines Knochens, sondern optimiert das Zusammenspiel zwischen Muskel und Knochen. Der Muskel ist dann vielleicht nicht so stark, wie er im Grenzfall sein könnte, und der Knochen nicht so bruchfest, doch das Knochen-Muskel-System erreicht für seine Aufgabe einen genügenden Sicherheitsgrad, und zwar so, daß es weder für seinen Aufbau noch für seine Unterhaltung mehr Energie als unbedingt nötig verschlingt – eine perfekte Konstruktion.

Optimalkonstruktionen der belebten Welt sind immer auch energetisch optimierte Systeme. Das geht nur unter Verzicht auf Maximalanforderung für das konstruktive Design des Einzelelements. Wenn das »Design in der Natur« ein »Design in der Technik« anregend beeinflussen kann, wird es also unweigerlich zu energetisch günstigeren Form-Funktions-Zusammenhängen führen und zu optimierten, nicht maximierten Produkten. Das sind die beiden wichtigsten gemeinsamen Nenner. Um die Basis für eine solche Vorgehensweise zu schaffen – die, im Gegensatz zu vielen konventionellen Ansätzen, absolut zukunftssicher ist –, haben sich kürzlich Designer und Bioniker aus Spanien, Italien und Deutschland in Valencia getroffen. Carmelo di Bartolo, Jürgen Hennicke, Gabriel Songel und ich haben ein Konzept für eine europäische Wissenschaftsförderung entwickelt: »Nature

Die flächendeckende Äderung von Pflanzenblättern oder Hüllen von Pflanzenfrüchten – rechts eine weitgehend verwitterte »Judenkirsche« – ist stets nach Optimalkriterien angelebt. Diese Netzwerke entsprechen den Adern, die die einzelnen Blatt- oder Hüllenelemente versorgen. Die Versorgung soll möglichst homogen sein. Städteplaner haben diese Netze ausführlich studiert. Sie waren auch schon Vorbilder für Straßennetz-Konzepte moderner Siedlungen.

oriented Design and Bionics«. Wir sind sicher, daß wir damit auf breiter Front neuartige Ansätze anbieten können.

Und die Schönheit? Man spricht doch so gerne von einem »schönen Design«?

Der Begriff der Schönheit ist sehr schwer zu definieren und doch immer untrennbar mit der Formgestaltung verbunden – von der der Bioniker zumindest fordert, daß sie im wesentlichen funktionell sein soll.

Wichtig ist, daß alle Bildungsprozesse, die organismische Formen prägen, von funktionellen Anforderungen beeinflußt oder doch mitbeeinflußt werden. Diese Anforderungen sind sehr unterschiedlich und oft entgegengesetzt und widersprüchlich; wir haben darüber schon mehrfach gesprochen. Deshalb wird eine biologische Form stets ein »Kompromißdesign« darstellen, das sich luxurierenden Selbstzweck nicht leisten kann. Freilich empfindet der Mensch biologisches Design sogar in den meisten Fällen als »schön«. Diese ästhetische Qualität entsteht aber im Betrachter als Sekundärfolge des Erkenntnisprozesses. Sie kann nicht allein der betreffenden Form als Erklärungsparameter übergestülpt werden.

Den Versuch einer Formdeutung (»Erklärung« einer Form mit Bezügen zu erkennbaren funktionellen Anforderungen) kann die Naturwissenschaft machen. Zum Begriff »Schönheit« kann sie jedoch ebensowenig Stellung nehmen wie beispielsweise zum Glaubens- oder Gottbegriff. Täte sie dies, würde sie eine unzulässige Bereichsüberschreitung vornehmen. Jeder Mensch kann und sollte freilich von einem Bereichskämmerchen ins andere wandern – er sollte nur nicht vergessen, bei jedem »Grenzübergang« sorgfältig eine Tür zu schließen, bevor er die nächste Tür öffnet.

Die »10 Gebote« bionischen Designs

Wir stellen bei der Erörterung des Analogiebegriffs fest, daß ein mutiger analoger Vergleich am Anfang stehen muß, und daß es nicht darauf ankommt, daß man dabei bereits Wesentliches oder besonders gut Übertragbares erfaßt hat. Mit dieser Leitschnur lassen sich auch die Prinzipien der natürlichen Konstruktionen herausarbeiten. Der Bioniker ist der Ansicht, daß es etwa 10 solcher Prinzipien gibt. Sie bilden die Basis für einen Anforderungskatalog an bionisches Design, das die Vorteile des evolutiv geprägten Naturgeschehens bewußt nutzen will.

Zu jeder dieser 10 bionischen Gesetzmäßigkeiten folgen typische Beispiele. Wir wollen sie allerdings nicht gleich auf Übertragbarkeiten hin untersuchen; es geht uns vielmehr darum, dem

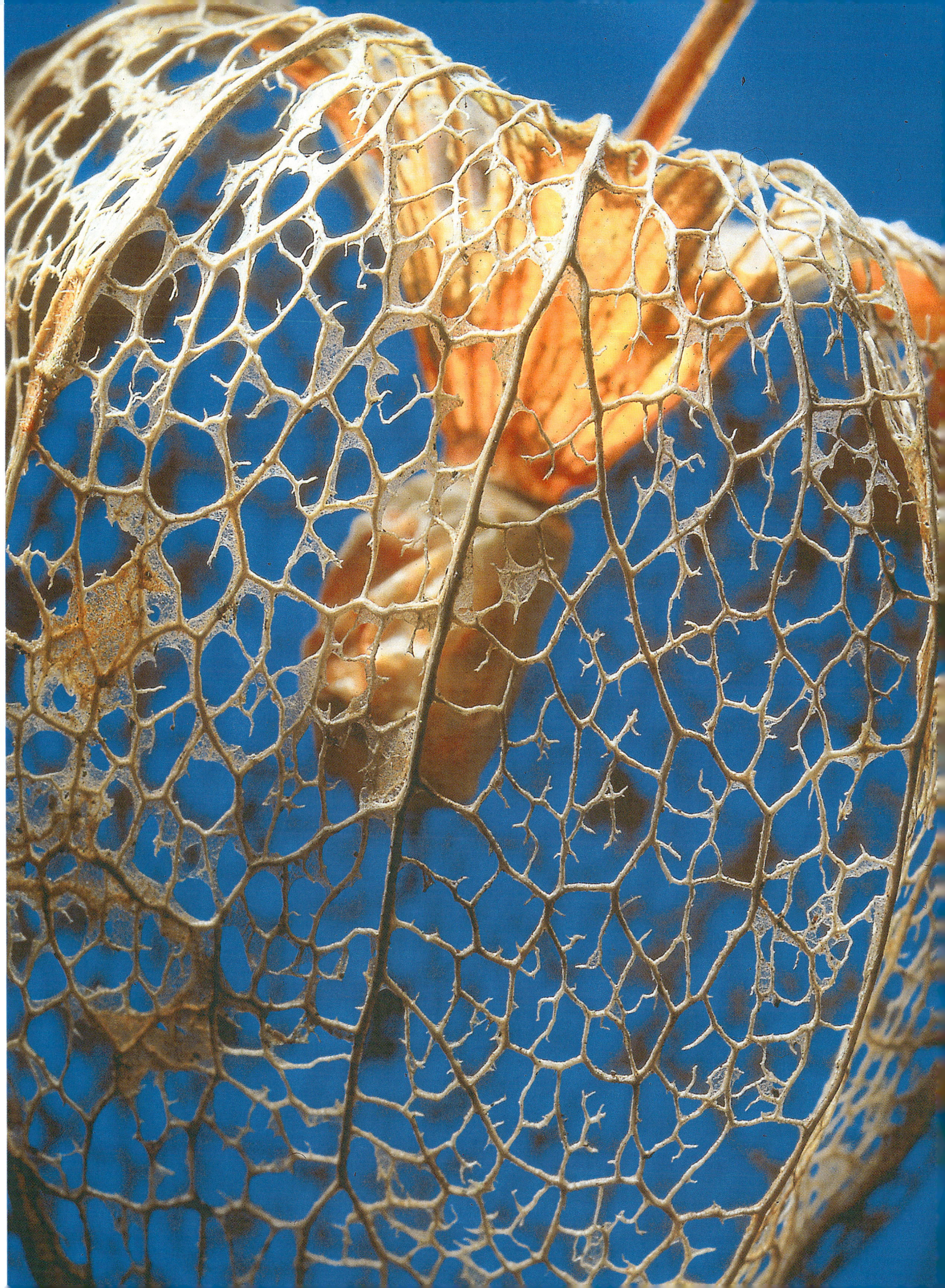

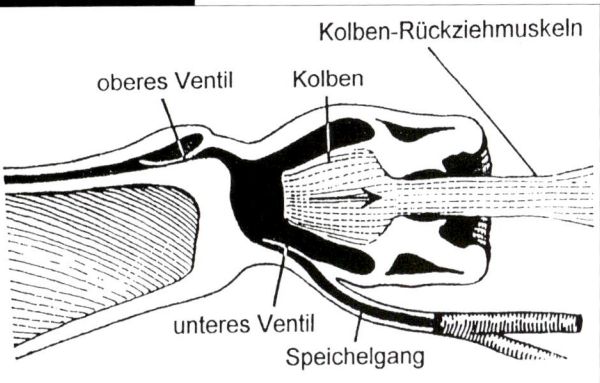

Leser ein Gefühl zu geben, was die wirklich typischen Eigenschaften biologischer Konstruktionen sind. Die Prinzipien und ihre Beispiele werden erstmals veröffentlicht in meinem bereits erschienenen Buch »Vorbild Natur«.

Energetische Aspekte stellen einen Grundpfeiler natürlicher Konstruktionen dar. Kaum einer der folgenden Punkte wird verständlich, wenn man ihn nicht unter dem Aspekt der Energieeinsparung betrachtet.

Prinzip 1: Integrierte statt additive Konstruktion

Die Technik setzt traditionellerweise Konstruktionen aus einzelnen Elementen additiv zusammen. Jedes Teilstück hat dabei im wesentlichen eine Funktion oder doch zumindest eine Hauptfunktion, und es wird auf die Maximierung dieser Funktion hin ausgelegt. Eine Schraubverbindung zwischen Teil A und Teil B untergliedert sich in Schraube, Mutter, gegebenenfalls Beilagscheibe und Sprengring; jedes Teil hat seine Funktion. Die Zylinderkopfdichtung verbindet Zylinder und Zylinderkopf und besteht aus einem anderen Material mit spezifischen, funktionsabgestimmten Eigenschaften.

Ganz anders die Natur. Bei ihr sind die Einzelelemente einer Konstruktion in der Regel multifunktionell. Sie gehen häufig ineinander über, so daß man nicht weiß, wo Element A aufhört und Element B beginnt. Nichtlineare Änderungen in den Elastizitäten werden dabei ebenso häufig eingesetzt wie »fließende Übergänge« in anderen mechanisch wichtigen Eigenschaften. Als Beispiel werden wir die Speichelpumpe einer Wanze beschreiben.

Wie eine klassische technische Pumpe muß diese biologische Miniaturpumpe – sie ist nur 2/10 mm groß – bestimmte Konstruktionselemente enthalten, nämlich Zylinder, Kolben, Dichtungen, Ventile, einen Antrieb. Wie die Zeichnung links erkennen läßt, sind alle diese

Spiralstrukturen sind bei Tieren und Pflanzen eine häufige Erscheinung: Von jungen Farnwedeln über rankende Pflanzenteile bis hin zu eingerollten Schmetterlingsrüsseln. Die Zeichnung in der Mitte beschreibt die Konstruktion einer Speichelpumpe bei Wanzen.

Elemente da, jedoch »voll integriert«. Man kann nicht erkennen, wo der Kolben in die Dichtung und diese schließlich in den Zylinder übergeht; jeder kleine Abschnitt dieser Pumpe hat mehrere Funktionen, wobei jeweils eine Hauptfunktion überwiegt. Auffallend ist, daß der Antrieb nicht zum aktiven Heben und Senken des Kolbens führt. Durch Muskelzug wird der Kolben vielmehr nur gehoben. Das Einströmventil öffnet, das Ausströmventil schließt sich. Beim Heben werden elastische Strukturen im gesamten Pumpenbereich gedehnt. Hört der Muskelzug auf, so schnurrt der Kolben durch den Ausgleich dieser Elastizitäten wieder in den Zylinder zurück und treibt den Speichel aus. Dabei öffnet sich das Ausström- und schließt sich das Einströmventil. Durch periodische Muskelzuckung wiederholt sich der Vorgang in rascher Folge.

Der Hämatokritwert bezeichnet den Volumenanteil geformter Blutbestandteile von Säugerblut, wie es im nebenstehenden Text von »Prinzip 2« beschrieben ist. Weiter unten sind einige Erythrozyten (Rote Blutkörperchen) abgebildet, denen der Löwenanteil des Sauerstofftransports im Blut zufällt.

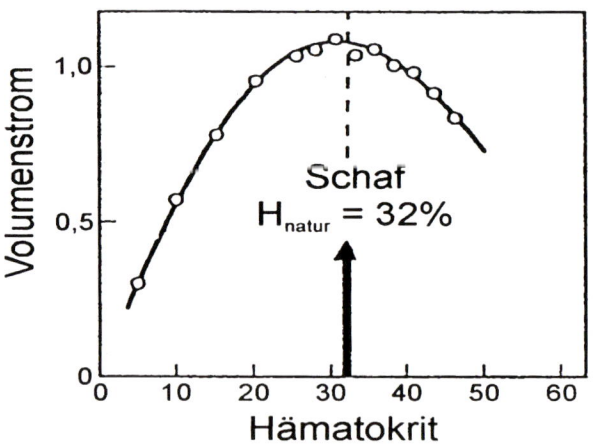

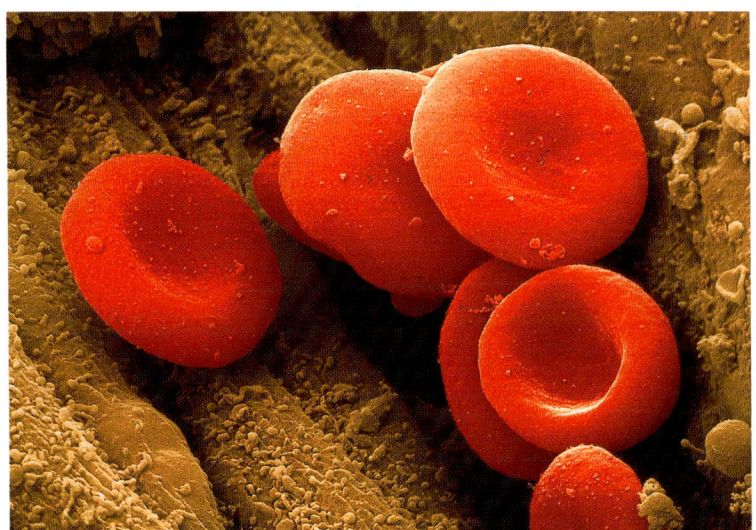

Prinzip 2:
Optimierung des Ganzen statt Maximierung eines Einzelelements

Ein Beispiel: Unter dem Hämatokritwert von Säugerblut versteht man den Volumenanteil geformter Blutbestandteile – im wesentlichen rote Blutkörperchen – im Verhältnis zum Volumen der Gesamtblutmenge. Den Volumenanteil der roten Blutkörperchen gilt es zu optimieren, und zwar im Widerstreit von mindestens zwei gegenläufigen Anforderungen: Zum einen wäre ein großer Anteil gut, damit mehr Sauerstoff transportiert wird, zum anderen wäre ein kleiner Anteil gut, weil dadurch die Blutzähigkeit sinken und die Zirkulationsgeschwindigkeit steigen würde; auch dadurch würde mehr Sauerstoff transportiert.

Offenbar ist die Maximierung der Sauerstoff-Bindungskapazität gar nicht das wichtigste Ziel. Viel bedeutsamer ist eine Optimierung des Fließvermögens, wobei es darauf ankommt, daß in einer bestimmten Zeiteinheit eine ausreichend große Menge Sauerstoff transportiert werden kann, ohne daß andere Blutfunktionen zu stark benachteiligt werden.

Prinzip 3:
Multifunktionalität statt Monofunktionalität

In der Technik hat ein Bauelement meist eine bestimmte Aufgabe oder doch eine erkennbare Hauptaufgabe. In der Biologie ist es meistens so, daß ein Bauelement mehrere – oft gegenläufige und damit in gegenseitiger Abstimmung zu optimierende – Aufgaben erfüllt (vergleiche Prinzip 2), oder daß in Form einer Vernetzung eine Aufgabe von mehreren kooperierenden Elementen wahrgenommen wird (vergleiche Prinzip 9).

Als Beispiel sei hier auf den Bau der Eischale bei der Schmeißfliege hingewiesen. Sie ist von einer Membran aus Chitin – dem Universalbaustoff des Insektenreichs – umhüllt, aber diese Membran hat es in sich. Sie muß zumindest vier gegenläufige Anforderungen unter einen Hut bringen:

➤ Stabilität: Eine gewisse Grundstabilität muß gegeben sein (Formerhaltung).
➤ Elastizität: Lokale Verformungen müssen elastisch abgefedert werden (Formwiederherstellung).
➤ Wasserdurchtritt: In Form von Wasserdampf muß Wasser durchtreten können; Tropfwasser darf dagegen nicht durchsickern (selektiver Wasserdurchtritt).
➤ Gasdurchtritt: In das stoffwechselaktive Eigewebe muß von außen Sauerstoff einströmen, und es muß das produzierte Kohlendioxid ausströmen können (behinderungsfreier Gasdurchtritt).

Die Natur löst diese gegenläufigen Anforderungen mit einem einzigen Baustoff, der aber in raffinierter Weise ausgeformt wird: eben dem Chitin. Relativ dicke basale Pfeiler tragen ein nach oben sich verjüngendes, immer feiner werdendes Maschenwerk, das an der äußeren Oberfläche in ein feinzisieliertes, gitterrostartiges Abdecksystem übergeht.

Das Design-Prinzip 2 läßt sich beispielsweise an der Raupe eines Schmetterlings nachweisen. Ihre Hauptaufgabe ist es, in einer vorgegebenen Zeit möglichst viel Nahrung aufzunehmen. Diesem Zweck ordnet sich auch der Bewegungsapparat unter.

Struktur der Eischale einer Schmeißfliege (links).

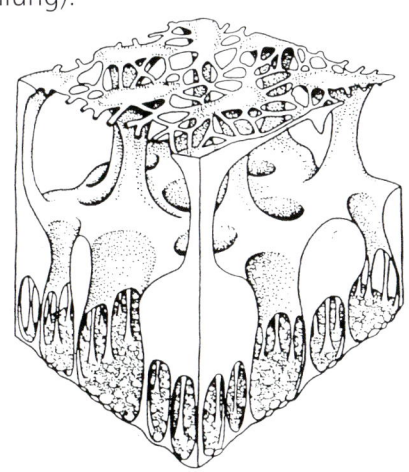

Die Geometrie dieses Gitterrostes sorgt dafür, daß sich Tropfwasser nicht kapillar ausbreiten kann (Randwinkeleffekt). Die äußeren Gitteröffnungen sind so fein strukturiert, daß zwar Gas und Wasserdampf durchtreten können, Schmutzpartikelchen, Bakterien und dergleichen aber zurückgehalten werden. Der Gesamtaufbau kombiniert darüber hinaus die geforderte Stabilität und Elastizität. Ein Blockdiagramm der Chitinhaut des Fliegeneis zeigt die Zeichnung auf der vorhergehenden Seite. Diese Haut wird unter weitgehender Nutzung von Selbstbildungsprinzipien ausgeformt.

Prinzip 4:
Feinabstimmung gegenüber der Umwelt

Die Interaktion zwischen einem Lebewesen und seiner belebten oder unbelebten Umwelt erfordert vielfältige Abstimmungen, die sich auch in feinen morphologischen, also gestalterischen Details äußern. Solche Details versteht man oft erst dann, wenn die Art der Abstimmung bekannt ist. Hierfür gibt es tausende Beispiele.

Die Abbildung zeigt ein einfaches Beispiel, nämlich die Greiffüße zweier Adler, die sich klar im Beutespektrum unterscheiden.

Der Steinadler (*Aquila chrysaetos*) schlägt im wesentlichen felltragende Kleinsäuger. Seine Krallen sind gebogen und scharf, die Unterseite ist mit schuppenartigen Rauhigkeiten besetzt, die sich im Fellkleid verfangen können.

Der Fischadler (*Pandion haliaetus*) fängt, wie der Name sagt, Fische. Auch er besitzt lange, gebogene Krallen; die Fußunterseite ist dagegen mit eigenartigen Noppen besetzt, die sich adhäsiv und/oder durch leichte Saugwirkung besser mit der glitschigen Oberseite des Fisches verbinden als schuppenartige Strukturen.

Prinzip 5:
Energieeinsparung statt Energieverschleuderung

Jedes Lebewesen hat über seine gesamte Lebenszeit nur eine gewisse Energiemenge zur Verfügung, kann also nur eine gewisse Gesamtleistung erbringen. Diese verteilt sich auf die vielfältigsten Lebensvorgänge. Wenn ein Vorgang zuviel Energie schluckt, steht für einen anderen, vielleicht ebenso lebenswichtigen, weniger zur Verfügung.

Es leuchtet ein, daß Energieeinsparung im Gesamtsystem, wie auch bei allen Teilvorgängen, absoluten Vorrang hat. Dies ist die Richtschnur, unter der man Organismen eigentlich erst verstehen kann.

Schwimmt ein Fisch zu langsam, braucht er möglicherweise weniger Energie, wird dafür aber eher gefressen. Schwimmt er zu schnell, hat er möglicherweise von vornherein eine größere Chance, nicht gefressen zu werden; dafür kann er zum Beispiel weniger Eier legen, deren Aufbau eine erhebliche Menge an Energie bindet. Damit sinkt seine Fortpflanzungschance. Um unter dem Gesichtspunkt der Fortpflanzung bestehen zu können, darf er also nicht zu langsam schwimmen, aber auch nicht zu wenig Eier produzieren.

Mit dem Dilemma kommt der Fisch am ehesten zurecht, wenn er einerseits den Bewegungsapparat, andererseits den Eibildungsmechanismus so optimal austariert, daß beide möglichst wenig Energie benötigen.

Energieeinsparung ist das Phänomen, das dem höchsten Evolutionsdruck unterworfen ist. Man möchte es heute nicht nur der Technik ins Stammbuch schreiben.

Steinadler   **Fischadler**

Dem Menschen als Zivilisationsgeschöpf wird in Zukunft jeweils nur eine beschränkte Gesamtenergiemenge zu Verfügung stehen können. Die Problematiken ähneln sich in bedenkenswerter Weise.

Prinzip 6:
Direkte und indirekte Nutzung der Sonnenenergie

Ein Ausweg aus diesem soeben dargestellten Energiedilemma kann sich dadurch ergeben, daß Lebewesen auf direkte oder indirekte Weise die Sonnenenergie nutzen, wo immer ihnen das möglich ist. Diesem energetischen Grundaspekt ist ein nicht geringer Teil dieses Buchs gewidmet, und wir weisen hier auf die entsprechenden Abschnitte hin.

Prinzip 7:
Zeitliche Limitierung statt unnötiger Haltbarkeit

Viele unserer technischen Errungenschaften sind unnötig langlebig und unnötig stabil konstruiert. Es ist zu überlegen, ob eine bewußte Ausrichtung auf die durchschnittlich zu erwartende Lebenszeit nicht zu Materialeinsparungen und damit auch zu wichtigen Energieeinsparungen führen könnte.

Dies gilt beispielsweise in hohem Maße für unsere Baukonstruktionen. Es ist nicht einzusehen, daß der traditionelle Ziegelbau heute noch das Nonplusultra sein soll. Warum konzipiert man Häuser nicht modulartig aus vorgefertigten, modernen (lichtnutzenden, wärmedämmenden) Materialien, die leicht verbunden und problemlos wieder getrennt, wiederverwertet oder rezykliert werden können? Wer weiß heute, welche Materialien und Bauformen, welche ökologisch relevanten bauphysikalischen Prinzipien in 10 oder 20 oder 30 Jahren zur Verfügung stehen werden? Es ist vermutlich viel vernünftiger, dann eine neue Behausung zu bauen, als eine »immobile« alte, mit Technologien der vergangenen Jahrzehnte, weiter zu nutzen.

Die Natur war auf Dauer nur durch strengste Beachtung dieses Prinzips lebensfähig. Ein Beispiel ist das Baumaterial der Stinkmorchel.

Die Stinkmorchel (Phallus impudicus) muß ihren sporenbesetzten Kopf nur höchstens drei Tage halten, dann haben Fliegen alle Sporen weggetragen und der beeindruckende »Hochbau« ist funktionslos geworden. Das Materialkonzept ist so angelegt, daß die schwammartige, auf kurze Funktionszeit ausgerichtete tragende Masse innerhalb weniger Stunden nachdem sie funktionslos geworden ist, vollständig zerfällt und rezykliert wird.

Eine Sammlung wenig bekannter Pilze, deren »Hüte« auffallend skulpturiert sind. Die Stinkmorchel steht links unten. Aus einer Erdknolle – im Volksmund »Teufelsei« genannt – schiebt sich der huttragende Schaft aus einem leicht abbaubaren, spongiösen Material.

Prinzip 8:
Totale Rezyklierung statt Abfallanhäufung

Dies ist nun eines der wichtigsten Prinzipien der belebten Welt überhaupt. Trotzdem soll es hier nur kurz angesprochen werden; geradezu erdrückend ist die darüber publizierte Literatur.

Gleichwohl kann man es nicht oft genug wiederholen: Die Natur kennt keinen Abfall. Ist die Lebensspanne eines Organismus zu Ende gegangen, zerfällt das zeitlich begrenzte Material (vergleiche Prinzip 7). Dies kann unter Wirkung physikalischer Faktoren (Temperatur, UV-Strahlung) beschleunigt werden. Im Wesentlichen sind es organisch-chemische Reaktionen, die an Lebewesen (Bakterien, Pilze) gebunden sind, mit deren Hilfe die organische Substanz mineralisiert wird. Anorganisch-chemische Reaktionen kommen dann dazu. Letztendlich wird die Substanz in eine Form überführt, die für andere Aufbauprozesse anorganische Bestandteile zur Verfügung stellt

Extrem wichtig: Es bleibt prinzipiell nichts übrig. Selbst schwer abbaubare Silikat-Strukturen (*Radiolarien, Diatomeen*) oder Kalkstrukturen (Globigerinenschlamm), die jahrmillionenalte Ablagerungen bilden, werden nach geologischen Zeiträumen umgesetzt. Im tropischen Regenwald beträgt die Rezyklierungszeit der Humusauflage dagegen nur wenige Jahre. Solche extrem wichtigen Prinzipien erklären andere Abschnitte dieses Buchs detailliert.

Prinzip 9:
Vernetzung statt Linearität

In der Natur ist alles mit allem vernetzt und vermascht, weitaus stärker als dies bei noch so komplexen Technologien des Menschen der Fall ist.

In bionischer Übertragung könnte man sagen: Keine Angst vor zunächst unverständlicher, weil komplizierter Komplexität. Die Natur arbeitet vielfach »statistisch« und unter Nutzung des gewaltigen Potentials der Selbstorganisation. Es kommt dabei zu relativ stabilen Systemen. Auch darüber berichten Abschnitte des Buchs in weiteren Einzelheiten

Prinzip 10:
Entwicklung im Versuch-Irrtum-Prozeß.

Im Gegensatz zum planenden Ingenieur konstruiert die Evolution nicht zielgerichtet. Evolutionsstrategie in ihren unterschiedlichen Facetten versucht immer diese Vorgehensweise nachzuempfinden.

Evolution arbeitet nach dem folgenden Prinzip: Viele kleine Änderungen im Erbgut verändern Nachkommen in winzigsten Nuancen, ohne daß man es normalerweise bemerken könnte. Ändern sich aber die Umweltbedingungen, so werden immer einige Nachkommen vorhanden sein, die von vornherein mit diesen Änderungen besser zurechtkommen. Sie haben damit größere Chancen, ihre unmerklich veränderten Gene weiterzugeben.

Auf diesen Grundüberlegungen beruht die Evolutionsstrategie. Sie ist vielleicht diejenige Facette im Bereich der Bionik, die heute bereits auf breiter Front Einzug in die Konstruktionsbüros gehalten hat. Kein Flugzeug wird mehr gebaut, keine Stadtplanung läuft mehr ab, ohne daß Versuch-Irrtum-Entscheidungen im Sinne der Evolutionsstrategie eingebracht werden. Ihrer Bedeutung als machtvolles bionisches Instrument entsprechend, haben wir der Evolutionsstrategie ein eigenes Kapitel gewidmet.

Das monumentale Tor zur Pariser Weltausstellung im Jahre 1900 (rechts) von René Binet. Als Vorbild diente eine Zeichnung von Ernst Haeckel: eine Radiolarie aus der besonders formschönen Familie der Flaschenstrahlinge Cytroidea (unten).

Der Biologe Ernst Haeckel mit seinem Assistenten Nikolaus Miclucho-Maclay auf Lanzarote (1866).

183

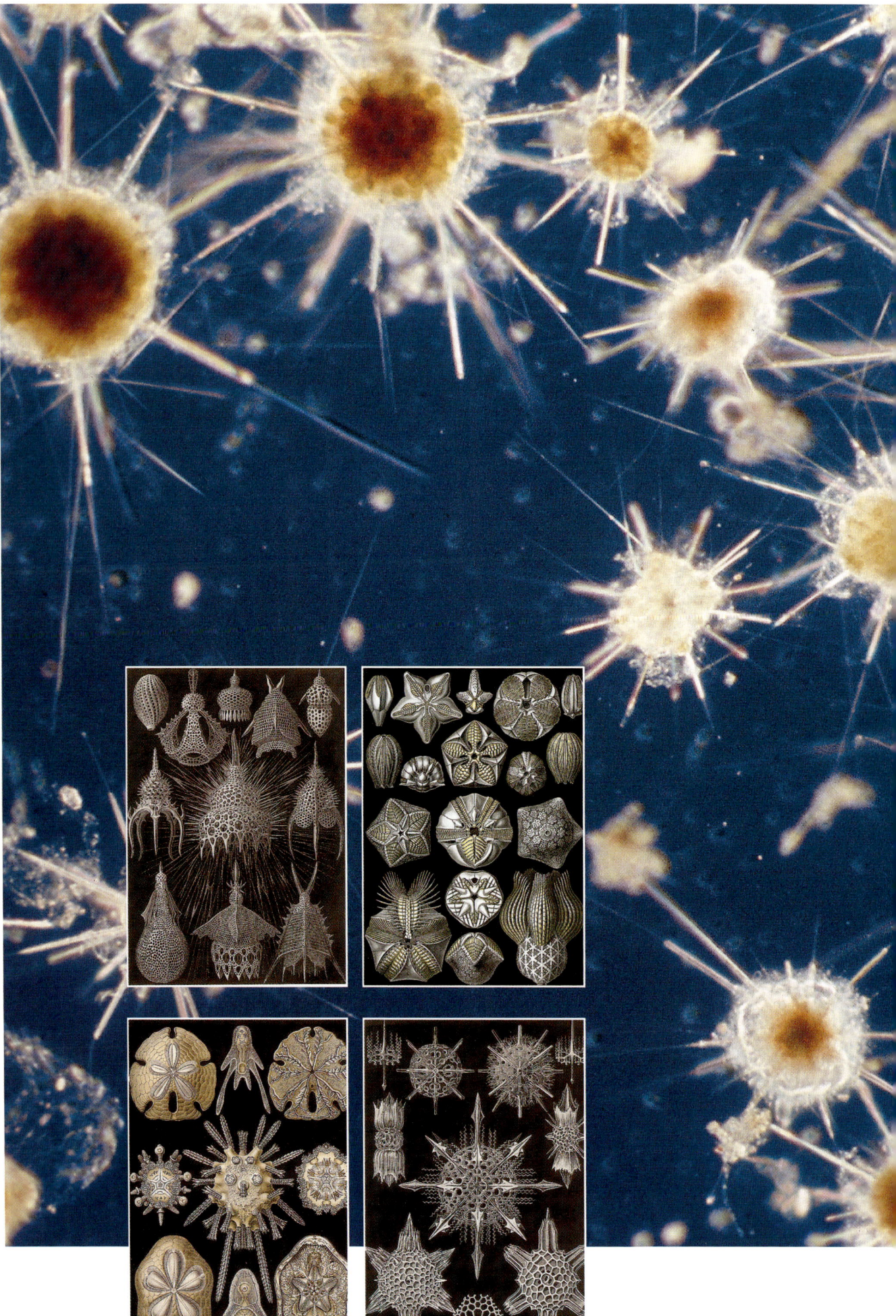

Kunstformen der Natur haben oft in das Kunstgewerbe, die darstellende Kunst, aber auch in die Gebäudeausformung hineingewirkt. Insbesondere Radiolarien und Diatomeen haben darüber hinaus Pate gestanden für Schmuckbroschen, Gürtelschnallen, Dosen usw. Ihre Formen wurden jedoch ebenso oft abstrahiert und verschwinden dann in einem Gemisch technischer und stilistischer Elemente. Die vier kleinen Tafeln aus Ernst Haeckels genialem Werk »Kunstformen der Natur« zeigen von links oben im Uhzeigersinn Flaschenstrahlinge, Igelsterne, Stachelstrahlinge und Knospensterne.

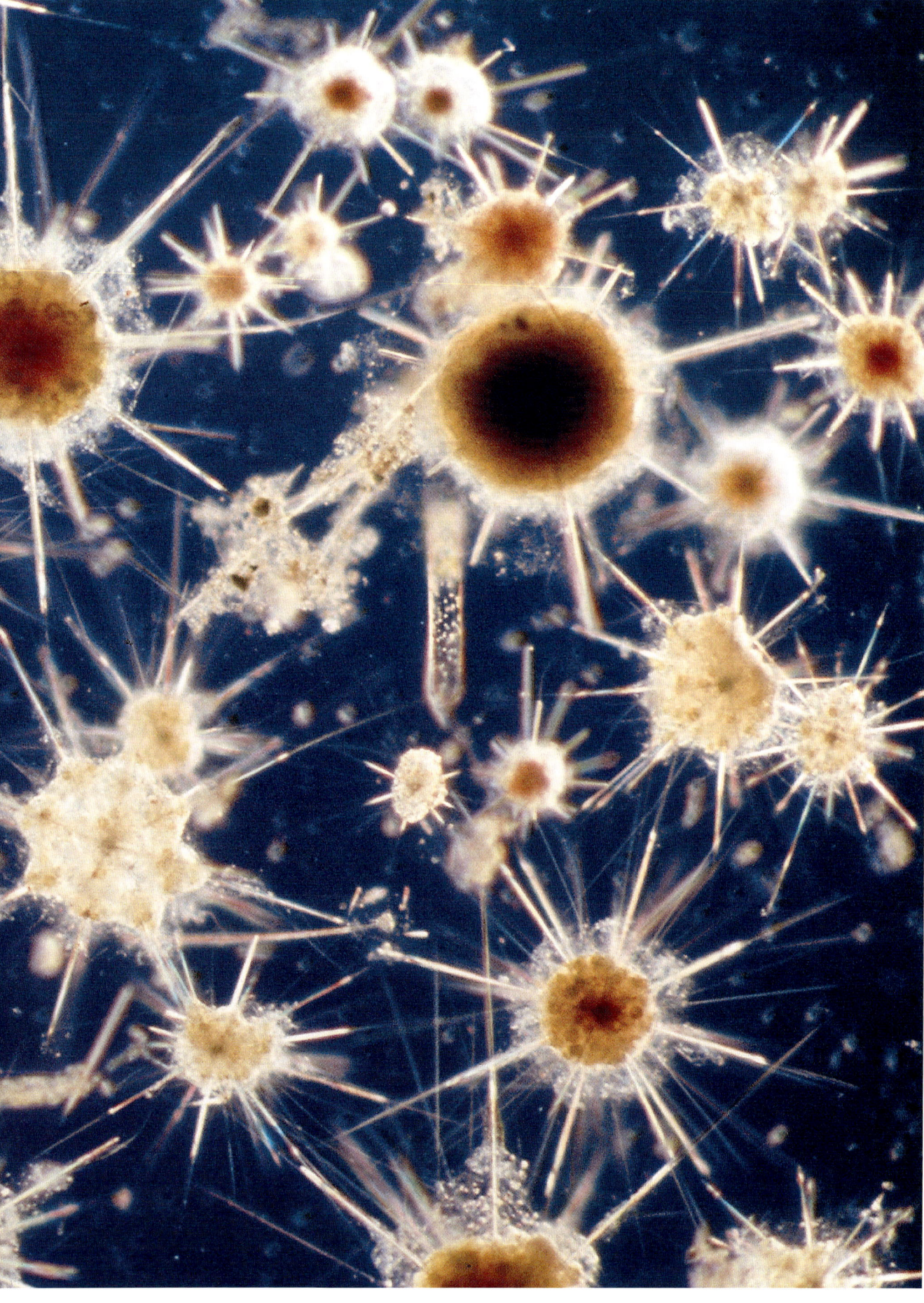

An dieser Aufnahme von lebenden Radiolarein ist zu erkennen, wie der belebte Körper vom unbelebten Stützskelett regelrecht »abgespannt« ist. Als hübsche technische Analogie fällt einem dazu das Zeltdach des Münchner Olympiastadions ein.

Das epochale Werk von Ernst Haeckel »Kunstformen der Natur« war, wie es in einem Vorwort zur jüngst erschienen Ausgabe heißt, das Schmuckstück eines jeden bürgerlichen Haushalts.

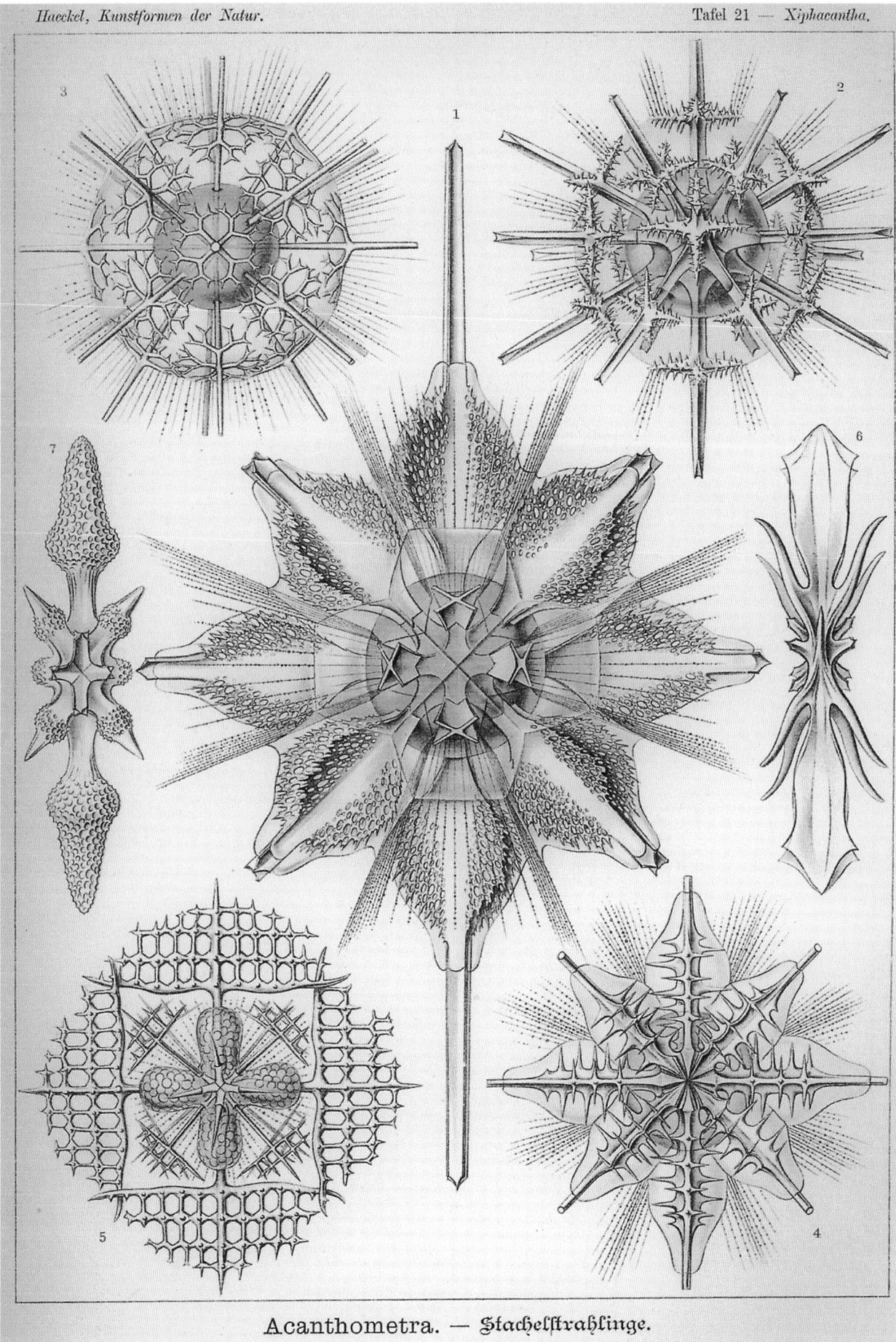

Acanthometra. — Stachelstrahlinge.

Als naturwissenschaftliches Dokument untermauert Haeckels faszinierendes Bildwerk geistesgeschichtlich den Stilbegriff des Art nouveau und inspirierte den Jugendstil mit seinen morphologischen Anregungen.

Hier haben wir nun wirklich das ganze ABC und noch dazu die Zahlen von 0 bis 9: Strukturmuster von Schmetterlingsschuppen. Es gibt Biologen, die das als »Zierformen« bezeichnen. Natürlich kann ein Schmetterling nichts mit dem Buchstaben »K« anfangen – aber vielleicht ist diese Konfiguration für irgendetwas gut? Beispielsweise zur Hervorhebung zweier Adern – vielleicht ein optisches Zeichen bei der Geschlechterfindung? Wer weiß.

Der verflixte Strömungswiderstand

Lebende Vorbilder mit geringstem »Sprit«-Verbrauch

Der sogenannte c_w-Wert ist heute eine der aktuellsten Abkürzungen in der Automobilindustrie. Durch eine windschnittige Stromlinienform läßt sich der c_w-Wert eines Fahrzeugs wesentlich herabsetzen – und damit sein Benzinverbrauch. Auch hier hat die Natur erstaunliche Vorbilder parat. Aus ihrem seit Jahrmillionen erprobten Artenspektrum präsentiert sie für eine widerstandsmindernde Stromlinienform zahlreiche Erfolgsmodelle – von Fischen bis zu Delphinen, Pinguinen und Kolibris. Was wunder, daß sich zur Zeit alle Autohersteller der Welt mit besonderem Interesse der Bionik zuwenden. Bionik – künftig auch ein wirtschaftspolitisches Thema?

Die beiden oberen Reihen zeigen klassische »Kastenautos« vom Typ der Ford »Tin Lizzy«. Ihr c_w - Wert war sehr schlecht (um 1,0 oder höher). Die untere Reihe zeigt dann den Übergang zu »windschlüpfigeren Formen«, wie er bereits in den dreißiger Jahren geglückt ist. Die Bestform rechts unten ist in Silhouetten mit eingetragen. Nicht nur die Form wird optimiert; auch die Stirnflächen werden reduziert: Die Autos werden niedriger. Diese Bestform dürfte bei oder leicht unter $c_w = 0{,}3$ liegen.

Röhrend schießt ein Porsche 935 über die Autobahn. Was für ein windschnittiges Design! Aber was hat der Fahrer eigentlich davon?

Natürlich erst mal eine Form, die alle Blicke auf sich zieht. Oder besser zog: Es ist ja schon ein paar Jährchen her, daß dieses Modell auf den Markt kam. Am Ende dieses Abschnitts verraten wir, warum wir uns gerade auf den 935er beziehen.

Was hat der Autofahrer vom c_w-Wert?

Eine strömungsgünstige Form senkt den Luftwiderstand. Damit wird Benzin gespart. Und das merkt der Fahrer am Geldbeutel. Je teurer das Benzin wird, desto wichtiger wird es auch, Kraftfahrzeugformen auf geringen Strömungswiderstand zu trimmen. Der Luftwiderstand ist freilich nicht der einzige »Bremsklotz« an einem Auto. Wenn sich die Räder drehen, erzeugen sie Reibung zwischen Reifen und Straße und in den Lagern: Rollwiderstand. Und es gibt noch einige andere Widerstandsanteile. Je schneller ein Auto fährt, desto größer ist aber gerade der Anteil des Luftwiderstands, und bei hoher Autobahngeschwindigkeit ist genau er der eigentliche Benzinfresser.

Daß der Luftwiderstand mitunter eine unglaubliche Kraft darstellt, gegen die man sich förmlich stemmen muß, hat jeder schon mal bei einem starken Sturm erlebt. Man strecke einmal beim Autobahnfahren die gespreizte Hand aus dem Fenster. (Eigentlich sollte man das nicht tatsächlich ausprobieren; betrachten wir es also als einen Gedankenversuch.) Der Luftwiderstand drückt die Hand jedenfalls kräftig nach hinten. Anschließend ballen wir die Hand zur Faust. Der Widerstand läßt deutlich nach. Offensichtlich hängt der Luftwiderstand von der Form ab. Auf die kugelige Faust wirkt weniger Widerstand als auf die flache Hand, auf die der Fahrtwind knallt. Die Ingenieure haben dafür einen Begriff gefunden: den Widerstandsbeiwert, geschrieben c_w, gesprochen »Cewe«. Kein Zeitungsleser und kein Fernsehzuschauer entkommt ihm. Die Autoindustrie wirbt unverdrossen damit. Ein kleiner c_w-Wert ist gut, ein großer schlecht.

Schauen wir ein bißchen genauer hin.

Wenn man ein Auto ganz genau von vorne fotografiert und auf dem Bild die Außenkonturen nachzieht, hat man damit eine bestimmte Fläche eingeschlossen. Man spricht von der Stirnfläche des Autos. Von zwei Autos kann das eine eher »hochrückig« sein, etwa wie ein Delphin, das andere eher plattgedrückt wie eine Flunder - aber beide können die gleiche Stirnfläche haben. Stellen wir uns nun vor, daß diese beiden Autos nebeneinander auf der Autobahn fahren, mit genau gleicher Geschwindigkeit. Jedes hat seinen eigenen c_w-Wert. Unter diesen Bedingungen – und nur genau unter diesen – erzeugt das Auto, dessen c_w-Wert halb so groß ist wie der des anderen, auch halb soviel Widerstand. Damit verbraucht es zwar nicht auch genau halb soviel Benzin, aber das Resultat kommt dem doch sehr nahe.

Senkung des c_w-Werts bedeutet also in jedem Fall Benzineinsparung. Und je höher die Fahrgeschwindigkeit, desto drastischer der Effekt. Das ist also der tiefere Grund, warum die Autos auf möglichst kleine c_w-Werte getrimmt werden.

Delphine gelten zusammen mit den Pinguinen als Meister der Strömungsanpassung. Von den Pinguinen nimmt man an, daß ihr »Stummelfederkleid« den Reibungswiderstand positiv beeinflusst. Von den Delphinen weiß man genau, daß die »schwabbelige« Hautstruktur diesen Effekt nach sich zieht. Er wurde bereits in den vierziger und fünfziger Jahren untersucht. »Künstliche Delphinhäute« wurden in der Militärtechnik eingesetzt, beispielsweise für die Umkleidung von Unterseebooten.

Die Natur wußte immer schon, wie wichtig strömungsgünstige Formen sind. Sie hat in dieser Hinsicht wahre Wunderkonstruktionen vorgelegt, die sie über lange Zeiträume entwickelte. Die Autoindustrie studiert sie zur Zeit mit größtem Interesse. Zum Beispiel an Pinguinen und Pinguinmodellen.

Ein »typischer«, mittelgroßer – und noch nicht ganz seltener – Pinguin ist der Eselspinguin. Er wird etwa 70 cm lang und kann unter Wasser kurzfristig mit einer Geschwindigkeit von 7 Metern pro Sekunde schwimmen. Das klingt nicht gerade berauschend. Wenn man aber bedenkt, daß ein Körper in Luft den gleichen Widerstand erfährt, wenn er sich rund 15 mal schneller bewegt als in Wasser, kommen rund 100 Meter pro Sekunde heraus, das sind immerhin 360 Stundenkilometer – mehr als Orkanstärke. Wenn er schnell schwimmt, sollte der Pinguin unter Wasser also einen vergleichsweise riesigen Widerstand erfahren. Entsprechend riesig wäre der Treibstoffverbrauch, hätte der Pinguin nicht eine extrem widerstandsarme Körperform entwickelt.

In der Antarktis hat der Berliner Bioniker R. Bannasch Pinguinen »Fahrtenschreiber« umgeschnallt. Was herauskam war beeindruckend.

Die Tiere schwimmen täglich an die hundert Kilometer – bei Wassertemperaturen von etwas unter 0 °C! Dabei erreichen sie Schwimmgeschwindigkeiten zwischen 2,8 und 5,6 Meter pro Sekunde, das sind rund 10 bis 20 Stundenkilometer. Sie können auch tief tauchen, bis zu 400 Meter. Und woher beziehen sie ihre Energie? Sie fressen den Krill, kleine Garnelen, die es in riesigen Schwärmen gibt. Für die genannte Tagesleistung brauchen sie gerade mal eine Magenfüllung Krill. »Wenn man das in einen technischen Brennstoff umsetzt, dann würde das bedeuten, daß die Pinguine mit einem Liter Benzin etwa 1500 bis 2000 Kilometer schwimmen könnten!« Das ginge alles nicht, würde der Pinguin nicht so extrem wasserschlüpfig sein. Aus Messungen an drei Pinguinarten hat der genannte Forscher einen rotationssymmetrischen Modellkörper entwickelt, der mindestens 30% weniger Widerstand entwickelt als jede Rumpfform, die die Technik bisher hervorgebracht hat.

193

Die Schwanzflosse der großen Wale ist wohl der mächtigste Vortriebsapparat, den das Tierreich verwirklicht hat. Sie ist symmetrisch profiliert. Das heißt, sie kann Schub sowohl beim Ab- wie beim Aufschlag erzeugen, wobei sie einmal von oben und einmal von unten angeströmt wird. Ein ähnliches Anströmungsproblem haben die Kolibris beim Schwirrflug, bei dem sie Hub erzeugen müssen. Sie sind damit praktisch die einzigen Vögel mit symmetrischen Flügelprofilen. Alle anderen lieben unsymmetrisch gewölbte Profile, so wie auch die Tragflügel der Flugzeuge ausgeformt sind.

Am Institut für Luft- und Raumfahrttechnik der TU Berlin entwickelt man zur Zeit ein Luftschiff à la Pinguin.

Wie sich die Dinge wiederholen! Schon im Jahr 1806 hat der englische Aeronautiker Sir George Cayley (1773 bis 1857) kleine Delphine und auch Spechte in Scheiben schneiden lassen und daraus eine ideale Ballonform abgeleitet! Der Ballon wurde allerdings nie gebaut.

Als Luftschiffform ist das langgestreckte, vorne und hinten spitze Pinguinmodell sinnvoll. Man sieht der Berliner Entwicklung die Pinguinform denn auch auf den ersten Blick an. Für ein Auto kann man sie nicht übernehmen. Da muß man die Naturform transformieren.

Wir haben Rümpfe von Pinguinen und Vögeln vermessen, Modelle in Scheiben geschnitten und als Spantenkonstruktion dargestellt. In der Realität oder im Computer kann man die Spantenabstände verändern, indem man die Scheiben mehr oder minder voneinander entfernt. So kann man solche Rümpfe auch in eine gestauchte Form transformieren, die eher mit den Anforderungen an eine Autokarosserie in Einklang zu bringen sind. Die strömungsmechanischen Effekte kann man messen oder berechnen. Vielleicht finden sich die Koordinaten der Mehlschwalbe in absehbarer Zeit in einem Autorumpf wieder. Dort sind sie gut versteckt und sorgen für einen geringeren Widerstand. Aber man wird der Karosse nicht mehr ansehen, daß eine Naturform Pate gestanden hat. Die eigenständigen technischen Anforderungen an ein Landfahrzeug kaschieren das.

Die Evolution kümmert sich stets in erster Linie um das Problem, Energie zu sparen. Man möchte es der Technik ins Stammbuch schreiben. All die vielfältigen Anpassungserscheinungen, die uns die Natur in überreichem Maße präsentiert, kann man am besten verstehen, wenn man sich immer wieder fragt: Was hat das Tier, was hat die Pflanze unter energetischem Gesichtspunkt davon? Spart ein Pinguin 1 Kilojoule an Energie beim Schwimmen, so kann er diese Energiemenge an Land zusätzlich einsetzen, um Wärme zu erzeugen und so den eisigen Winden der Südpolarregion besser trotzen. Er kann sie aber auch anders einsetzen, oder als Fettreserve aufheben, für schlechtere Zeiten. Mit der Energie ist es wie mit dem Geld. Ein nicht ausgegebener Euro ist soviel wert wie ein neu verdienter.

Wären die Automobile von Haus aus auf diesen auch ökologisch äußerst wichtigen Gesichtspunkt ausgelegt worden, Energie zu sparen – mit welchen Mitteln auch immer –, so müßten sie heute völlig anders aussehen, völlig anders konstruiert sein und in völlig anderer Weise rezyklierbar dazu.

Ökologisches Konstruieren setzt sich inzwischen immer mehr durch. Kaum eine Automobilfirma, die sich zur Zeit nicht für »Bionik« interessiert. Energieeinsparung durch Widerstandsverminderung ist dabei ein wichtiges Grundprinzip. Extreme Leichtbauweise ist ebenfalls ein herausragendes Anforderungskriterium. All dies nützt einer günstigen Energiebilanz, und daran werden sich die Kraftfahrzeuge der Zukunft messen lassen müssen, wenn sie wirklich gekauft werden sollen. Käuferschichten aus allen gesellschaftlichen Gruppierungen sehen das allmählich ein.

Im übrigen: Daß Energieeinsparung durch eine strömungsgünstige Form auch zu »schönen« Karossen führt, ist ja nicht verboten. Es ist ein positiver Nebeneffekt. Ganze Kompanien von Designern experimentieren unermüdlich an »schönen Formen« herum. Wenn ein Auto, das man ökologisch noch am ehesten akzeptieren kann, außerdem noch einen gestalterisch attraktiven Eindruck macht, steht es in der Käufergunst natürlich ganz oben.

Auf den beiden Skizzen schnell schwimmender Haie sind die Streichlinien angedeutet, die sich um den ganzen Körper herumziehen. Zu solchen Linien setzen sich die Rillen der Einzelschuppen zusammen.

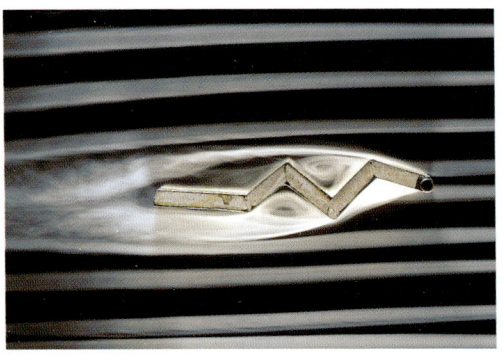

Modellrümpfe dreier unterschiedlich großer Pinguine sind hier zusammen fotografiert. Man kann sich vorstellen, daß der lange Schnabel als »Turbulenzgeber« wirkt. Auffallend sind die gestuften Konturenverläufe auf der Oberseite der Pinguine. Sie haben einen strömungsmechanischen Effekt.

Rauchkanalaufnahmen zeigen den prinzipiellen Einfluss von Vorderkantenversteifungen und Flügelabknickungen bei Modellen von Insektenflügeln.

Niemand läuft ja gerne in einem härenen Sack herum, wenn es für das gleiche Geld einen ordentlichen Mantel gibt.

Kurz: Der c_W-Wert ist nicht nur eine Marotte. Strömungswiderstand ist bei schneller Bewegung der Haupttreibstofffresser. Die Natur gibt die erstaunlichsten Vorbilder für geringe c_W-Werte, die Pinguine sind dafür ein Beispiel. Einen schnell schwimmenden Pinguin und ein mittelschnell fahrendes Auto kann man strömungsmechanisch ohne weiteres vergleichen. Die Techniker sprechen von der sogenannten Reynoldschen Ähnlichkeit, die erfüllt sein muß. Unter diesen Bedingungen gelten etwa die folgenden Beiwerte:

Ein Fallschirm besitzt einen extra hohen c_W von etwa 1,3. Damit ist er strömungsmechanisch »sehr schlecht«, und das soll er auch sein, er soll ja soviel Widerstand erzeugen wie möglich. Uralte Kastenautos vom Typ der Ford Lizzy aus den 20er Jahren hatten c_W-Werte um 1,0. Auch damit sind sie immer noch miserabel. An ihren Rändern lösen sich, genau wie beim Fallschirm, riesige Wirbel ab, die zusammen mit anderen Effekten für den großen Widerstand sorgen. Ein VW-Käfer der 50er Jahre sah zwar recht gerundet aus, aber auch dessen c_W-Wert war nicht gerade überwältigend: $c_W = 0,42$.

Viele erinnern sich vielleicht, daß Audi in den frühen 80er Jahren geworben hat mit $c_W = 0,3$ für seinen Audi 100. Ein Durchbruch! Im Vergleich mit den alten Kastenautos bedeutete dies eine Reduzierung des Widerstands auf 30 Prozent! Und doch kein erstmaliger Durchbruch. Bereits in der Vorkriegszeit hatte man Versuche unternommen, den c_W-Wert von kastenartigen Autos durch Verkleidungen und »aerodynamische Formgebung« herunterzudrücken. Der Trick dabei: Man formt die Wagenkarosserie so, daß sie am Bug die Strömung nicht so stark stört und sich am Heck nach hinten verjüngt. Damit erreichte man hinten einen kleineren Abrißquerschnitt und damit weniger Verwirbelung. Der Widerstand nahm deutlich ab. Zwischen 1930 und 1939 hat man beispielsweise am alten Adler, einem ursprünglich eher »kastenförmigen« Autotyp, herumexperimentiert. Der »Adler Standard« hatte 1930 noch einen extrem hohen c_W-Wert von 0,6. Die stromlinienförmige »Verkleidung« zur Adler-Stromform ergab mit $c_W = 0,35$ schlagartig eine Widerstandsverringerung auf 58%. Systematische strömungstechnische Kleinarbeit brachte eine weitere Luftwiderstandsverminderung bei gleicher Grundform, nämlich 0,3 beim Jaray-Audi von 1934 (Verringerung auf 50%), und noch etwas später sogar $c_W = 0,2$ beim »Schnellreisewagen« mit der Bezeichnung K-F im Jahre 1939 (Verringerung auf 33%!).

Eine kurze Rückblende auf den eingangs erwähnten Porsche 935: Der hatte einen c_W von

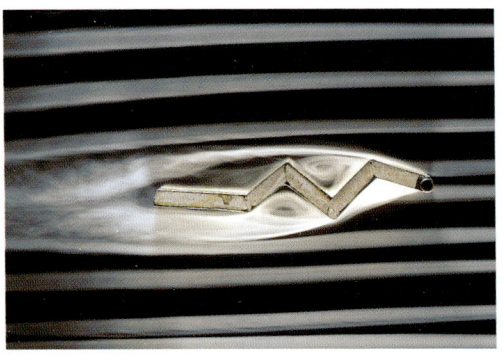
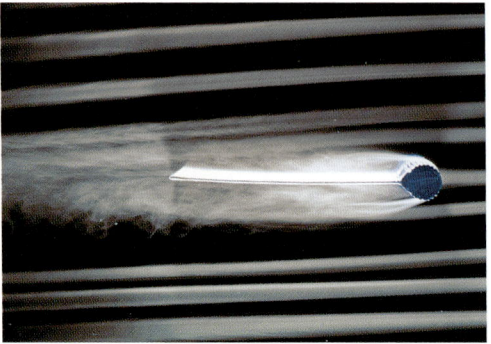
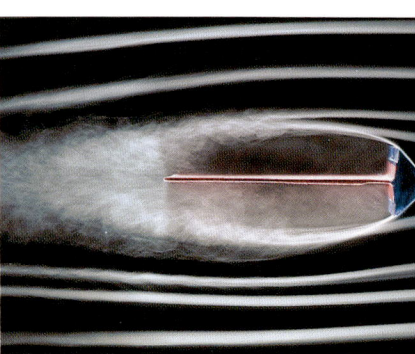

0,33. Und das 40 Jahre nach Entwicklungen, die den c_W schon auf 0,2 gedrückt hatten! Nicht eben ein Fortschritt. Aber beim 935er ging es wohl eher um ein »aufregendes Design« als um echtes Treibstoffsparen. Mehr Form als Funktion war die Devise der Designer. Die Natur arbeitet dagegen stets nach funktionellen Gesichtspunkten, bei gleichzeitig harmonischen und optimalen Formen.

Erst wenn man ihn mit solchen Autos vergleicht, kann man ermessen, wie gut der Pinguin der Strömung angepaßt ist. In Saarbrücker Experimenten haben wir bei geringeren bis mittelschnellen Schwimmgeschwindigkeiten einen c_W-Wert von 0,07 (!) gemessen. Das ist mehr als viermal besser als der des legendären Audi 100! Und wir haben bei diesen Messungen den Pinguin nicht irgendwie beeinflußt, sondern ihn nur mit geeigneten Methoden beim freien Schwimmen beobachtet. Nach den Berliner Windkanalmessungen an Pinguinmodellen scheint es so zu sein, daß der Eselspinguin beim besonders schnellen Schwimmen den geradezu unfaßbaren Wert c_W = 0,035 erreicht. Hätten die Techniker diese Messungen nicht selbst vorgenommen, niemand würde solche Werte für möglich halten. Man kann sich vorstellen, mit welcher Vehemenz sich die Automobilindustrie auf derartige biologische Vorbilder stürzt.

Allerdings wachsen auch da die Bäume nicht in den Himmel. Wenn man sich die Widerstandsreduzierung bei der genannten Adler-Modellreihe genauer anschaut, so bemerkt man, daß die widerstandsarmen Kraftfahrzeuge gerade in der Heckregion immer länger wurden – länger, als das aus Verkehrsgründen sinnvoll sein kann. Sie waren gelegentlich auch mit Stabilisierungsflossen ausgerüstet, weil sie bei hoher Geschwindigkeit keine sonderlich gute aerodynamische Spurtreue hatten. Solche »Leitwerke« gibt es auch in der Natur. Der Pinguin legt die Hinterbeine eng zusammen, wobei sie dann in ähnlicher Weise als Stabilisierungsflossen wirksam sind. Der Antrieb erfolgt ausschließlich über die Schwimmflossen, die umgewandelten Vorderbeine.

Zwar ist auch der Pinguin in der Heckregion relativ langgestreckt; insgesamt aber ist er »nur« gut viermal so lang wie breit. Er ist also relativ dick. In Seitenaufnahmen wirkt er eher wie ein etwas langgezogener Kartoffelsack, jedenfalls erscheint er weit entfernt von einer »wasserschlüpfigen Form«.

Wir konnten jedoch nachweisen, daß der Pinguin mit dieser eigentümlich dicken Form auf geniale Weise das Problem löst, sein »Innenvolumen« durch das Wasser zu kutschieren. Denn es geht nicht in erster Linie um eine möglichst kleine Stirnfläche, sondern um eine, wie Ingenieure es nennen, ideale Formumschließung für das Innenvolumen. Das sollte eigentlich auch Konstruktionsziel der Automobilbauer sein. Denn Stirnfläche hin oder her: Man will mit geringstmöglichem Treibstoffaufwand und bei einer gegebenen Geschwindigkeit vier Passagiere, einen Hund und zwei Koffer von Punkt A nach Punkt B bringen. Basta. Das allein ist es, was man von einem Auto verlangen sollte. Aber Spaß beiseite – obwohl auch der heute eine nicht unerhebliche Rolle beim Automobildesign spielt. Das ist der sogenannte hedonistische Aspekt, den Autodesigner nie vergessen dürfen, wenn ihre Autos gekauft werden sollen. Doch in erster Linie ist und bleibt das Auto ein Transportmittel, wie gesagt.

Nun könnte man noch lange darüber reden, wie der Pinguin seine enorm kleinen Beiwerte schafft – nur soviel noch: Vieles hängt an seiner typischen Spindelform und an Turbulenzeffekten. Auch die wirbeldämpfenden Eigenschaften

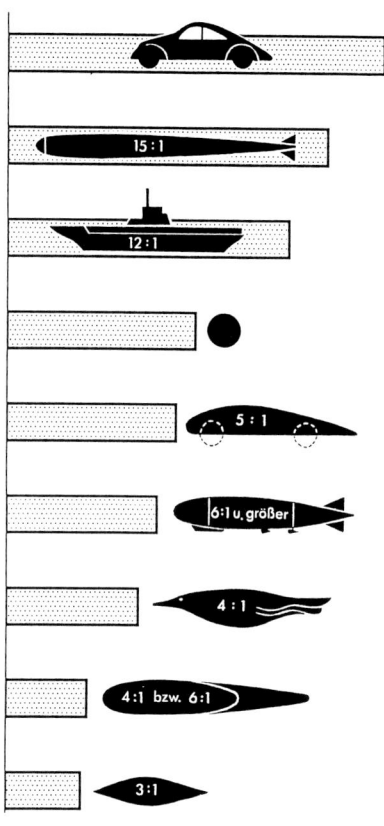

Widerstandsbeiwerte für unterschiedliche technische und biologische Gebilde. Je länger die Säule, desto höher der Beiwert und desto größer damit der Widerstand. Die oberste Säule mit dem alten KF-»Schnellreisewagen« entspricht c_W = 0,2.

Für die Formel-1-Rennwagen unserer Zeit gelten strömungsgünstige Verkleidungen nur bedingt. Die freien Reifen und die zahlreichen Streben erzeugen an sich schon einen hohen Strömungswiderstand. Die Motoren sind aber so stark, daß es auf eine c_w-Reduzierung nicht so sehr ankommt. Vielmehr muß dafür gesorgt werden, daß die Motorenleistung auf die Straße gebracht werden kann. Dafür sorgt ein hoher Andruck, und für diesen Zweck werden vor der Vorderachse und hinter der Hinterachse »Spoiler« eingesetzt. Sie arbeiten wie Tragflügel mit negativem Anstellwinkel. Das heißt, sie erzeugen keinen Auftrieb, sondern einen Abtrieb. Diese zum Boden gerichtete Kraft drückt die Reifen fest auf die Straßenoberfläche.

Es gibt keine Autofirma, die in unserer Zeit nicht versucht, den Strömungswiderstand ihrer Fahrzeuge gering zu halten. Insbesondere bei höheren Reisegeschwindigkeiten ist der Luftwiderstand der größte Benzinfresser. Je stärker die Treibstoffpreise steigen, desto höher auch der Zwang zum Benzineinsparen, und da gibt es viele Punkte, an denen eine »technische Evolution« arbeiten kann. Die Reduktion des Widerstandsbeiwerts ist eine von mehreren Möglichkeiten. Vorbilder aus der Tierwelt, wie die Rümpfe von Pinguinen, Delphinen und Vögeln, können insbesondere für folgenden Gedanken hilfreich sein: Wie bringt man es fertig, einen Raum gegebenen Volumens so zu umkleiden, daß er bei gegebener Geschwindigkeit mit geringstmöglichem Treibstoffverbrauch von Punkt A zu Punkt B bewegt werden kann?

Fische sind als Vorbilder für widerstandsarme technische Gebilde problematisch. Ihr Körper ist nicht starr wie bei den Wasserkäfern, auch nicht angenähert starr wie bei den Pinguinen. Bei Fischen, die mit Schwanzflossenschlägen schwimmen, schlängelt der Körper immer ein bißchen mit und erzeugt dadurch nicht nur Widerstand, sondern periodisch auch ein wenig Schub. Dies gilt vor allem für hochrückige Formen (rechts). Bei all dem ist die Strömungsanpassung auch von Fischen verblüffend. Dazu ein Vergleich aus unserem Saarbrücker Institut, den R. Blickhan erarbeitet hat: Eine 20-cm-Forelle, die mit 0,2 m pro Sekunde schwimmt, benötigt dazu nur soviel Leistung wie eine Honigbiene, die mit 5 Meter pro Sekunde fliegt!

des Stummelfederkleids sind ein wichtiges Kriterium. Wie immer der Pinguin das Widerstandsproblem gelöst hat: Ausgehend von der Idealform des Pinguins könnte man ja nun Rumpfformen mit extrem geringem Widerstand entwickeln. Diese wären für Torpedos und andere Unterwassergeschosse geeignet, für die sich die Bionik nicht so gerne zur Verfügung stellt. Als direkte Karosserievorbilder wären sie weniger geeignet. Aber bereits der elegante Schwung zwischen Vorderkante und größter Dicke eines Pinguins könnte als Ausgang genommen werden für den Entwurf einer widerstandsarmen Bugform. So könnte man sich langsam an Optimalkarossen herantasten. Genau das tut die Autoindustrie zur Zeit – natürlich unter größter Geheimhaltung.

Wie immer in der Bionik kann das Naturvorbild am Ende nur Anregungen geben. Die Autos der Zukunft werden nicht generell wie Eselspinguine aussehen. Aber die unglaublich geringen Beiwerte dieser Tiere stacheln die Ingenieure an. Sie wollen die Natur im Detail studieren und dann daraus als Anregung übernehmen, was auch immer dazu geeignet erscheint. Das jedenfalls ist heute die Devise.

Der Pinguin als Lehrmeister für Wissenschaft und Technik: Natürlich wird man ihn nicht nehmen und in fünffacher Größe nachbauen. Man hat erkannt, wie die Prinzipien der Widerstandsverminderung dieser Tiere in technologisch angemessener Weise umgesetzt werden können. Wenn man damit eine Form findet, die weniger Widerstand erzeugt, damit weniger Treibstoff verbraucht und somit weder die Umwelt noch die Brieftasche stärker belastet als unbedingt nötig, so ist das in Ordnung. Die Autos werden wir in vielerlei Hinsicht aus Umweltgründen nicht abschaffen. Aber wir werden sie aus Umweltgründen verbessern. Große Automobilwerke arbeiten fieberhaft an solchen Realisationen. Leider lassen sie die Katze erst aus dem Sack, wenn das Modell auf einem Autosalon vorgeführt wird. Die Entwicklungen selbst halten sie aus verständlichen Gründen streng geheim. Immerhin weiß man soviel, daß zur Zeit auch viele andere natürliche Vorbilder unter die Bionik-Lupe genommen werden. Beispielsweise die »dicken Rümpfe« von Delphinen und Tümmlern. Die ebenfalls nicht besonders langgezogen erscheinenden Rümpfe von Hochgeschwindigkeits-Vögeln, etwa die der Wanderfalken, die im Sturzflug mindestens 180 Stundenkilometer erreichen können.

Auch die eleganten Körperformen von Schwalben, Bienenfressern und Bachstelzen wurden schon als mögliche Vorbilder für windschnittige Fahrzeuge untersucht. Bienenfresser und Bachstelzen, bekannt durch ihren wellenförmigen Bolzenflug, bewegen sich auf eine ganz besondere Weise. Mit Flügelschlägen beschleunigen sie schräg aufwärts und gleiten dann mit angelegten Flügeln schräg abwärts. Dann wiederholt sich das Spiel. Beim Abwärtsgleiten hat man ganz eigenartige dickliche Rumpfkonturen festgestellt, die nicht besonders schnittig erscheinen (ähnlich wie beim »dicken« Pinguin). Sie sind gleichwohl aber strömungsgünstig, ganz im Gegensatz zum »aerodynamischen Pseudodesign« mancher Autos, die noch vor gar nicht so langer Zeit auf den Markt gekommen sind.

Und damit wären wir wieder beim eingangs erwähnten Porsche 935. Eine Amerikanerin, Magie Smith-Haas, hat in San Diego/Kalifornien ein eigenwilliges Sofakissen im Design eines Rennporsches entwickelt. Vorbild war der 935er. Das war ein Werbegeschenk der Firma Porsche (oder eines Zulieferers). Porsche-Ingenieure haben das aufgeblasene Sofakissen im Windkanal getestet. Mit $c_W = 0,26$ erreichte es einen wahren Traumwert an Windschlüpfigkeit – weitaus besser als das Original! So kann es manchmal gehen. Warum hat man nicht gleich vom Sofakissen gelernt – oder doch besser vom Pinguin?

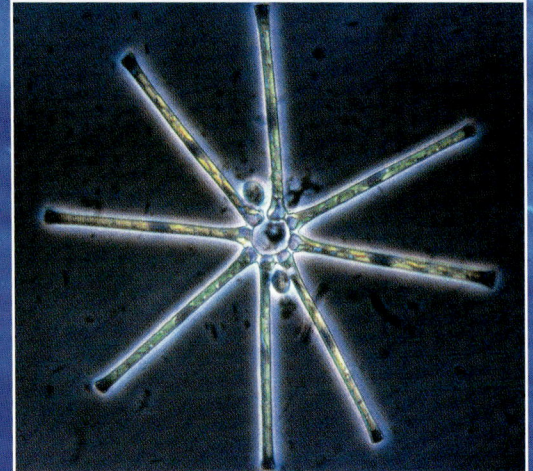

Vieles, was Ingenieure bei technischen Sensoren noch für utopisch halten, hat die Natur in ihrem Testlabor mit größter Raffinesse bereits verwirklicht. Deshalb lohnt es sich auch hier, bei biologischen Systemen in die Lehre zu gehen. Denn Tiere und Pflanzen, Menschen und Maschinen unterliegen den gleichen physikalischen Gesetzmäßigkeiten. So ist es legitim, lebende Organismen nicht nur unter biologischen Aspekten, sondern auch nach technischen Kriterien zu beurteilen.

Präziser geht's nicht

Die wunderbare Welt der Sinne

In der Biologie wie der Technik spielen Sensoren auch eine große Rolle beim Entfernungsschätzen. Roboter, die Teile ergreifen, wie auch anlandende Insekten, die den Landepunkt präzise festzulegen haben, müssen Entfernungen messen können. Meist benutzen sie dazu zwei getrennt liegende Augen bzw. Video-Einrichtungen.

Sehen, Hören, Riechen, Schmecken – das sind die Begriffe, die einem so einfallen, wenn nach unseren Sinnesqualitäten gefragt wird. Dabei gibt es aber noch den Temperatursinn – mit Wärmerezeptoren und Kälterezeptoren –, den Drucksinn – mit oberflächlich und tiefer sitzenden Druckrezeptoren –, den Schmerzsinn. Alle Organe, die diese Sinnesqualitäten vermitteln, kann man als Sensoren bezeichnen.

Was tut ein biologischer Sensor? Im Grunde tun alle diese Sensoren dasselbe. Sie wandeln Reize aus der Umwelt in körpereigene Erregung um. Die Reize können sehr unterschiedlich sein: Lichtquanten oder Schalldruckschwankungen der Luft, in der Luft herumschwirrende oder in Flüssigkeiten gelöste Moleküle oder hohe oder niedere Temperaturen in der Umwelt. Die körpereigenen Erregungen lassen von dieser Vielfalt der Reize aber nichts mehr erkennen. Es handelt sich immer und ausschließlich um elektrische Erscheinungen in Sinnes- und Nervenzellen. Da all diese Sinnesorgane auf Außenreize ansprechen, nennt man sie auch Außenrezeptoren oder Exterorezeptoren. Wenn so ein Außenreiz ankommt, ein Lichtquant also auf das Auge fällt, eine Schalldruckwelle das Trommelfell in Schwingungen versetzt, laufen komplizierte physikalische und chemische Vorgänge ab. Man spricht von einer Reiz-Erregungs-Umwandlung. Am Ende steht aber unweigerlich ein und derselbe Vorgang: Ionen wandern in anderer Weise über eine biologische Membran als das vorher, ohne Auftreffen des Reizes, der Fall war. Ionen über Membranen transportieren – das kann die Natur wirklich gut, und diese grundlegende Erfindung der Sensorik setzt sie vielfach ein. Damit entstehen Ladungsunterschiede diesseits und jenseits der Membran, das bedeutet den Aufbau von elektrischer Spannung. Diese Spannungen sind nicht so gering; einige Dutzend Millivolt sind es immer. Legt man an eine Batterie einen Außenwiderstand an, so fließt durch ihn ein Strom. Genauso lassen die Ionen-Membranbatterien Ströme fließen, und damit kann elektrische Arbeit geleistet werden, denn alles braucht Energie; auch der Transport der Information: »Der Körper, den ich gerade berührt habe, ist eiskalt« kostet Energie. In bestimmten Gehirnarealen werden solche sensorischen Informationen wieder dechiffriert, und man hat dann einen Gefühlseindruck, eben zum Beispiel den, daß man ein Stück Eis angefaßt hat. Das ist, auf wenige Grundlinien reduziert, das Prinzip jedes biologischen Sensors.

Spezielle Sinnesqualitäten bei Tieren

Bei Tieren gibt es noch ganz andere Sinnesqualitäten, die wir Menschen uns gar nicht vorstellen können. Wir sehen einen ganz bestimmten Ausschnitt des elektromagnetischen Spektrums, vom Tiefroten bis zum Blauvioletten. Das Ultraviolette, das sich anschließt, sehen wir nicht. Bienen aber können UV sehen – dafür sind sie rotblind. Ganz anders die Klapperschlangen. Sie können das nahe Infrarot »sehen«, mit speziellen Wärmedetektoren. Sie orten damit in Entfernungen bis etwa 1,5 Meter Mäuse, auf die sie in absoluter Dunkelheit gezielt stoßen können. Sie sind allerdings violettblind.

Entsprechendes gilt für unser Gehör. Wir können im jugendlichen Alter Töne im Frequenzbereich von grob gesprochen 50 Hz bis etwa 20 kHz hören. Fledermäuse, aber auch Delphine, Spitzmäuse und manche Vögel hören weit in den Ultraschall hinein, kleine Fledermäuse bis an die 200 kHz! Sie orten damit im Flug ihre Beute, Nachtfalter vor allem. Manche Zugvögel können Infraschall registrieren, ganz langsam ablaufende Schwingungen, wie sie bei-

Wenn Roboter ein zu transportierendes Teilstück berührt haben beziehungsweise ein Schmetterling einmal angelandet ist, kommt der nächste Schritt: das Umgreifen des Teilstücks beziehungsweise das Festheften auf der Blüte und Ausfahren des Rüssels. Dafür sind taktile Sensoren nötig. Beim Schmetterling sitzen sie sinnvollerweise an den Spitzen der Vorderbeine.

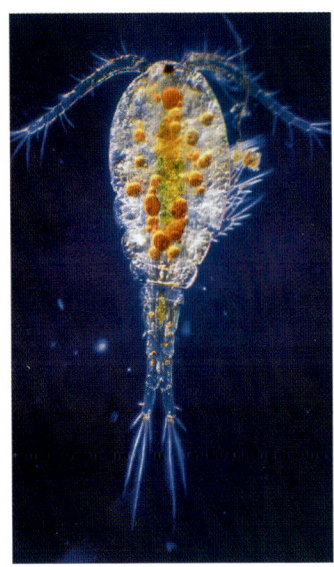

Sensoren sind stets auf ihren Zweck präzise abgestimmt. Ob es sich nun um Baumfrösche handelt, die beim Sprung einen Landepunkt genau anpeilen müssen, oder um einen kleinen Hüpferling, der mit seinem Zyklopenauge nicht viel mehr können muß, als helle Stellen von dunklen unterscheiden.

spielsweise bei Brandungen entstehen. Sie scheinen danach die Küstenlinien zu orten, auch bei absoluter Dunkelheit. Das sind zugegebenermaßen ungewöhnliche sensorische Bereiche; aber doch Sinnesqualitäten, die wir uns vorstellen können, eben weil auch wir sehen und hören. Andere derartige Qualitäten können wir uns dagegen nicht vorstellen.

Wüstenameisen und andere Insekten orientieren sich am polarisierten Sonnenlicht. Das können wir nicht. Im Tierreich gibt es Elektrosensoren, die auf elektrische Felder ansprechen, auch auf solche, die Lebewesen selbst erzeugen. Manche Haie orten damit Schollen, die unsichtbar im Sandboden vergraben sind. Andere Lebewesen registrieren Magnetfelder. Das können sogar bestimmte Bakterien, die im Seewasser herumschwimmen. Heute gilt als gesichert, daß sich Zugvögel, auch Brieftauben, auf längeren Flugstrecken nach dem Erdmagnetfeld orientieren, sofern das Wetter schlecht ist und sie weder Sonne, Mond noch Sterne als Orientierungsmarken zur Verfügung haben.

Es gibt wahrlich eine Fülle von Rezeptoren, und alle arbeiten nach dem gleichen Prinzip: Ein Außenreiz wird in eine elektrische Innenerregung umgewandelt. Rezeptoren, Sensoren, Sinnesorgane – das sind drei Namen für ein und dasselbe »Gerät«. Das Gerät ist ein Reiz-Erregungs-Wandler, und man sieht schon, daß es keinen prinzipiellen Unterschied zwischen Natur und Technik gibt. Unser Augen-Gehirn-Apparat wandelt einfallende Lichtquanten in einen Helligkeitseindruck um, den wir bemerken. Ein

Ohne perfekt arbeitende Sinnesorgane wäre nichts vorstellbar, weder der Balztanz von Vögeln noch das Galoppieren von Pferden, weder der Körperkontakt in einem Rudel noch die Wirkung der Unterlegenheitsgeste bei einem Säuger. Selbst Pflanzen benötigen Sensoren. Wie könnte sich sonst eine Ranke festheften, nachdem sie irgendwo angestoßen ist?

Ornithologen, die von Berufs wegen Vögel beobachten, haben in ihren langen Beobachtungen praktisch nie festgestellt, daß zwei Vögel in einem dichten Schwarm zusammenstoßen. Ähnliches gilt für die doch sehr dicht gepackten Schwärme kleiner Fische. Daß in unserem Verkehrschaos Zusammenstöße selten oder gar nicht vorkommen – das kann man nun wirklich nicht behaupten. Oft sind unsere Sinnesorgane, die auf so etwas nicht evoluiert sind, überfordert. Wir reagieren zu langsam. Die Technik entwickelt zur Zeit Abstandssensoren, die ein zu nahes Auffahren auf der Autobahn merken und diese Information in lebenserhaltende Regelkreise einspeisen.

technischer Belichtungsmesser wandelt einfallende Lichtquanten in eine (analoge oder digitale) Helligkeitskenngröße um, die er anzeigt. Da es sich also in Biologie und Technik im Prinzip um gleichartige Funktionsabläufe handelt, wundert es nicht, daß die Technik von biologischen Sensoren vieles lernen kann und auch bereits gelernt hat. Ein allgemeiner Aspekt ist die extrem hohe Empfindlichkeit der biologischen Sensoren, von der die Techniker zur Zeit nur träumen können.

Technisch unerreicht: die Empfindlichkeit biologischer Sensoren

Ein Beispiel: Unser Auge ist so empfindlich, daß es einige wenige Lichtquanten, die in kurzer Zeit (im Sekundenbereich) einfallen, bereits als Helligkeitseindruck empfindet. Die »Schwellenerregungsleistung« ist dabei unvorstellbar klein, nämlich $5{,}6 \times 10^{-17}$ W. Zum Vergleich: Hätten wir einen Topf, in dem diese Einstrahlungsleistung gefangen und aufgehoben werden könn-

te, und ließen wir Licht mit dieser minimalen Strahlungsleistung so lange einstrahlen, wie die Erde existiert (etwa 2 Milliarden Jahre) so hätten wir nach all dieser Zeit eine Energie angehäuft, mit der wir unser Herz gerade ein einziges Mal schlagen lassen könnten.

Ein weiteres Beispiel: Ähnlich unfaßbar klein sind die Schwellen-Schalldrücke für unser Ohr. Sie betragen 2×10^{-5} Pa. Würden wir noch ein wenig, nämlich nur 5- bis 10mal, empfindlicher sein, so würden wir bereits das Auftrommeln von Luftmolekülen auf unserem Trommelfell hören können. Das wäre wahrhaftig keine Information mehr: ein ständiges Rauschen. Die Evolution hat unser Ohr also genau bis an die Grenze der physikalisch sinnvollen Empfindlichkeit gebracht.

Ein drittes Beispiel: Schaben sind ungeheuer erschütterungsempfindlich. Wenn man in einem Raum noch so vorsichtig die Tür aufmacht, verschwindet eine Schabe, die am gegenüberliegenden Eck sitzt, blitzartig in einer Bodenritze. Schaben können nämlich unvorstellbar kleine Schwingungen des Untergrunds auflösen, etwa 0,1 Å. Das ist eine Strecke, kleiner als der Abstand zwischen dem Kern eines Wasserstoffatoms und seinem herumsausenden Elektron! Würde man die Schabe in Gedanken so groß machen, daß ihr Kopf auf dem Nordpol, ihr Hin-

Um bei einem drohenden Zusammenstoß zu reagieren, bleiben zwei Fischen in einem Schwarm, der eine schnelle Wendung macht, gerade einmal zwei Hunderstelsekunden. Auch Vogelschwärme machen wie auf Kommando blitzartige Wendungen, ohne daß »etwas passiert«. Es ist immer noch nicht genau bekannt, wie sie das bewerkstelligen.

terleibsende auf dem Südpol der Erde ruht, so würde die Schabe noch Schwingungen der Erdkruste merken, die nur eine Amplitude von etwa 1 mm haben!

Sensoren sind Reiz-Erregungs-Wandler

Halten wir fest: Biologische und technische Sensoren sind Reiz-Erregungs-Wandler. Biologische Sensoren sind im allgemeinen so empfindlich, daß eine weitere Empfindlichkeitssteigerung physikalisch sinnlos wäre. Sie haben in dieser Hinsicht alle Möglichkeiten ausgereizt, und somit das »Maximum der Evolution« erreicht.

Neben den genannten Exterosensoren, gibt es eine Vielzahl von Sensoren, die Änderungen im Innenmilieu unseres Körpers bemerken. Dies wird uns im allgemeinen gar nicht bewußt. So gibt es Sinnesorgane, die den Blutzucker registrieren, den Blutdruck, den Sauerstoffgehalt des Bluts, die Muskelkraft, die Sehnenspannung und tausend andere Dinge. Man könnte hier von Interosensoren (Innenrezeptoren) sprechen, doch ist dieser Begriff nicht so gebräuchlich. Gerade diese Sinnesorgane interessieren aber die Technik immer mehr. Wie schafft es der Körper, trotz zahlreicher Störgrößen – wie Nahrungszufuhr und Bewegung – den Blutzucker in etwa konstant einzustellen? Bei chemischen Reaktionen, beispielsweise für die Herstellung von Arzneistoffen, müssen auch vielerlei Konzentrationen konstant gehalten werden. Wenn man aus den Reaktionsgefäßen Proben entnimmt und diese analysiert, kostet das Zeit, und in dieser Zwischenzeit kann sich im Reaktionszusammenspiel viel geändert haben. Man ist deshalb fieberhaft hinter »technischen Interosensoren« her, die all diese Kenngrößen genauso anzeigen, wie das unser Körper mit seinen eigenen inneren Kenngrößen macht.

So wie Mensch und Tier die Meßkenngrößen letztendlich in Schwankungen der Membranspannungen umsetzen, tun dies technische Sensoren. Ihr Prinzip hat man der Natur abgeschaut. Sensorflächen werden mit organischen Molekülen so »beimpft«, daß an ihnen bestimmte Reaktionen ablaufen. Diese setzen beispielsweise mehr oder weniger Wasserstoff frei, sorgen also für eine größere oder kleinere Anreicherung von positiver Ladung. Die zugrundeliegenden Primärreaktionen sind äußerst spezifisch. Da gibt es welche, die auf Glukosekonzentrationen ansprechen, andere auf die Konzentration eines Enzyms oder Hormons oder Pharmakons. Für jede nur denkbare Substanz, die es festzustellen gilt, haben die Biotechnologen Oberflächenbeschichtungen und spezifische Reaktionen gefunden, die nur dann ablaufen, wenn die zu monitorierende Substanz eben vorhanden ist, und die stärker ablaufen, wenn sie in größerer Konzentration vorhanden ist. Alles läuft aber immer auf die Anhäufung von Ladungen an »technischen Membranen« hinaus, und in der Folge kann man genauso Spannungen abgreifen und Ströme fließen lassen, wie das eingangs für die biologischen Beispiele geschildert worden ist.

Auch ein »technischer Interosensor« ist also ein Reiz-Erregungs-Transduktor. Als »Reiz« wirkt die Konzentration eines zu monitorierenden Stoffes, und als »Erregung« kann man eine elektrische Kenngröße messen. Elektrische Kenngrößen sind äußerst praktisch: Man kann

Insektenfühler gehören zu den empfindlichsten Sinnesorganen im Tierreich. Sie sind in der Lage, schon Alarm zu schlagen, wenn sie nur ganz wenige Moleküle eines Duftstoffes aufgefangen haben. Das berühmte Beispiel: Wenn man in Gedanken einen Fingerhut einer konzentrierten Lösung im Bodensee auflöst, würden das solche Sensoren noch merken.

sie analog oder digital gut darstellen und ablesen oder, als Spannungsschwankungen oder in Form frequenzmodulierter Signale, direkt in Schaltkreise einspeisen. So kann die Zufuhr einer Substanz im chemischen Reaktor schon gedrosselt werden, wenn sich die Endsubstanz, in die sie schließlich einfließt, ihrer gewünschten Konzentration nähert. Ganz entsprechend dem Internet spricht man hier auch von »Online-Messungen«, die ohne Zeitverlust für einen gesteuerten und geregelten Ablauf im Bioreaktor sorgen. Die Zeiten, da man in größeren Abständen Proben entnahm und diese mühsam und zeitaufwendig analysierte (und dabei in Kauf nehmen mußte, daß das System »abstürzte«, bis die Analyse endlich da war), gehören endgültig der Vergangenheit an. Biosensoren waren das Vorbild für Technosensoren. Sie sind es immer noch und werden es immer mehr.

Chips plus Originalteile

Die unglaubliche Empfindlichkeit und Vielseitigkeit von Sinnesorganen legt natürlich den folgenden Gedanken nahe: Warum sollte es nicht möglich sein, in »technischen Sensoren« spezielle Sinnesorgane der Tiere direkt zu verwenden? Mit anderen Worten: Wenn die Schabe so unglaublich erschütterungsempfindlich ist, warum kann man nicht ein Schabenbein, in dessen Knieregion der Erschütterungssensor ausgespannt ist, als sensitives Element benutzen, vom Nerv des Sinnesorgans die Erregungen ableiten und in einen technischen Chip einspeisen? Also sozusagen die Kohlenstofftechnologie des Tieres und die Siliziumtechnologie des vom Menschen produzierten Gebildes verknüpfen?

Im Prinzip geht das; vor allem in Japan wurde viel damit experimentiert. Es werden beispielsweise ganze Stechmückenköpfe mitsamt den Antennen verwendet. Das Hauptproblem liegt darin, daß Sinnesorgane der Tiere natürlich auch an ihren Versorgungskreisläufen angeschlossen bleiben müssen, ansonsten altern und sterben sie rasch. Insekten sind in dieser Hinsicht relativ unempfindlich. U. Koch von der Universität Kaiserslautern hat sich nach einer Reihe von Universitätsjahren mit einer Idee selbständig gemacht und eine Vermarktungsfirma gegründet. Er benutzt die Pheromon-Sensoren bestimmter Insekten als Detektor für die Konzentration von Sexuallockstoffen in der Luft. Sexuallockstoffe sind Duftstoffe, die die Weibchen vieler Insekten an die Luft abgeben und so die Männchen anlocken. Ihre noch wirksame Konzentration ist unvorstellbar gering; sie liegt bei 10^{-9} bis 10^{-10} Gramm pro Kubikmeter Luft. Es gibt keinen technischen Sensor, mit dem man diese minimalen Konzentrationen im Gelände messen kann. Koch hat nun von dem Männchen des Seidenspinners, *Bombyx mori*, die Antennen genommen, in denen die Sinnesorgane für die Sexuallockstoffe sitzen, und in einen technischen Kreislauf eingebaut. Das Ganze ist schwierig, doch können die Antennen immerhin über Stunden am Leben erhalten werden. Neben Eichproblemen traten noch andere auf, doch waren diese im Prinzip lösbar. In einem ersten Ansatz wurde zwischen 1993 und 1996 in Weingärten (Schädling: Bekreuzter Traubenwickler), in Apfelanlagen (Schädling: Apfelwickler) und Baumwollplantagen in den USA (Schädling: Baumwollmotte) Messungen durchgeführt. Damit konnte beispielsweise festgestellt werden, wie lange eine künstlich erzeugte Pheromon-Wolke im Meßgebiet bleibt oder wie schnell sie von Winden in unbehandelte Zonen hineingetragen wird.

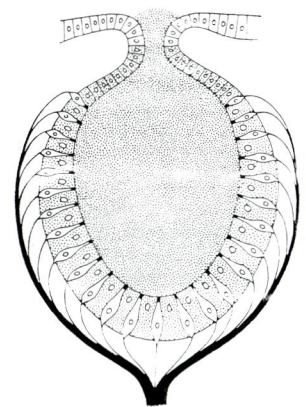

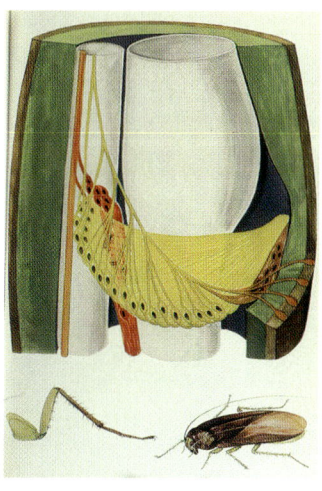

Manche Sinnesorgane erscheinen uns richtiggehend primitiv, wie das oben abgebildete Lochkamera-Auge im Vergleich mit unserem hochentwickelten Linsenauge. Für die Meeresschnecke ist es aber genau die richtige Wahl. Andere Organe verblüffen durch ihre extreme Empfindlichkeit wie das im Text beschriebene Sinnesorgan, das im Vorderbein von Schaben sitzt.

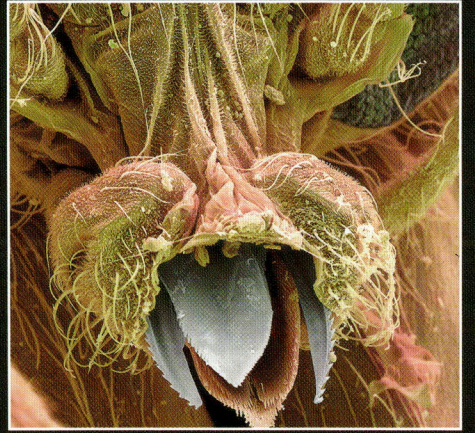

Die Natur ist der radikalste Nanotechniker. Es erscheint daher notwendig, die perfekten Arbeitsweisen und Fertigungsmethoden lebender Systeme kennen und verstehen zu lernen. In der Mikrotechnik gibt es inzwischen Zahnräder mit einem Durchmesser, der kleiner ist als der eines menschlichen Haares. Aber die Ideenschmiede der Natur scheint unerschöpflich. Die winzigsten Saugpumpen, von denen 50 auf einen Millimeter gehen, Kugelgelenke, so fein wie eine Nadelspitze – die biologische Evolution hat sie hervorgebracht. Mit der Mikrobionik bekommen wir jetzt ein Werkzeug an die Hand, die Fülle der Konstruktionen in der Natur mit eigenständigen Entwicklungen nachzuahmen.

Winzig klein und doch ganz groß

Geniestreiche der Schöpfung im Mikrobereich

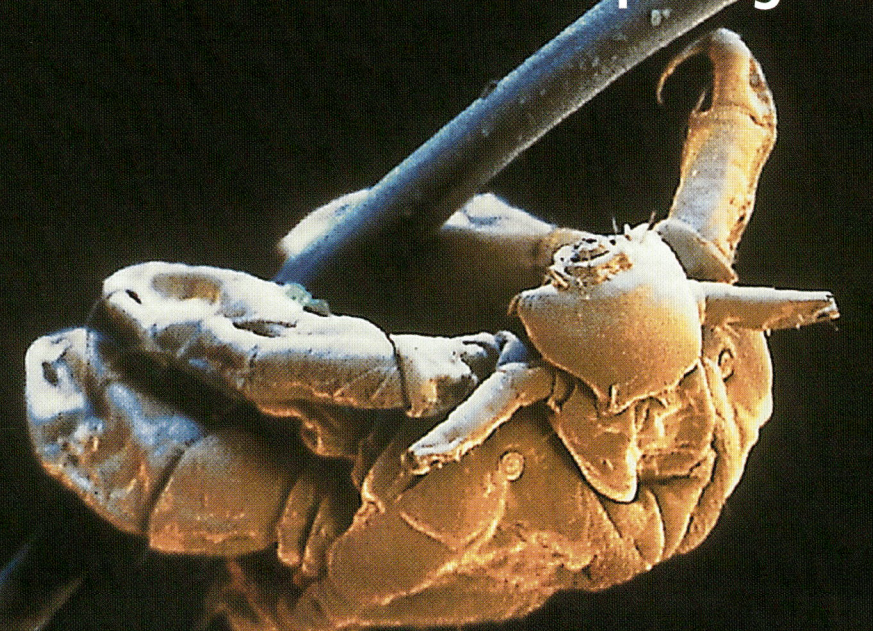

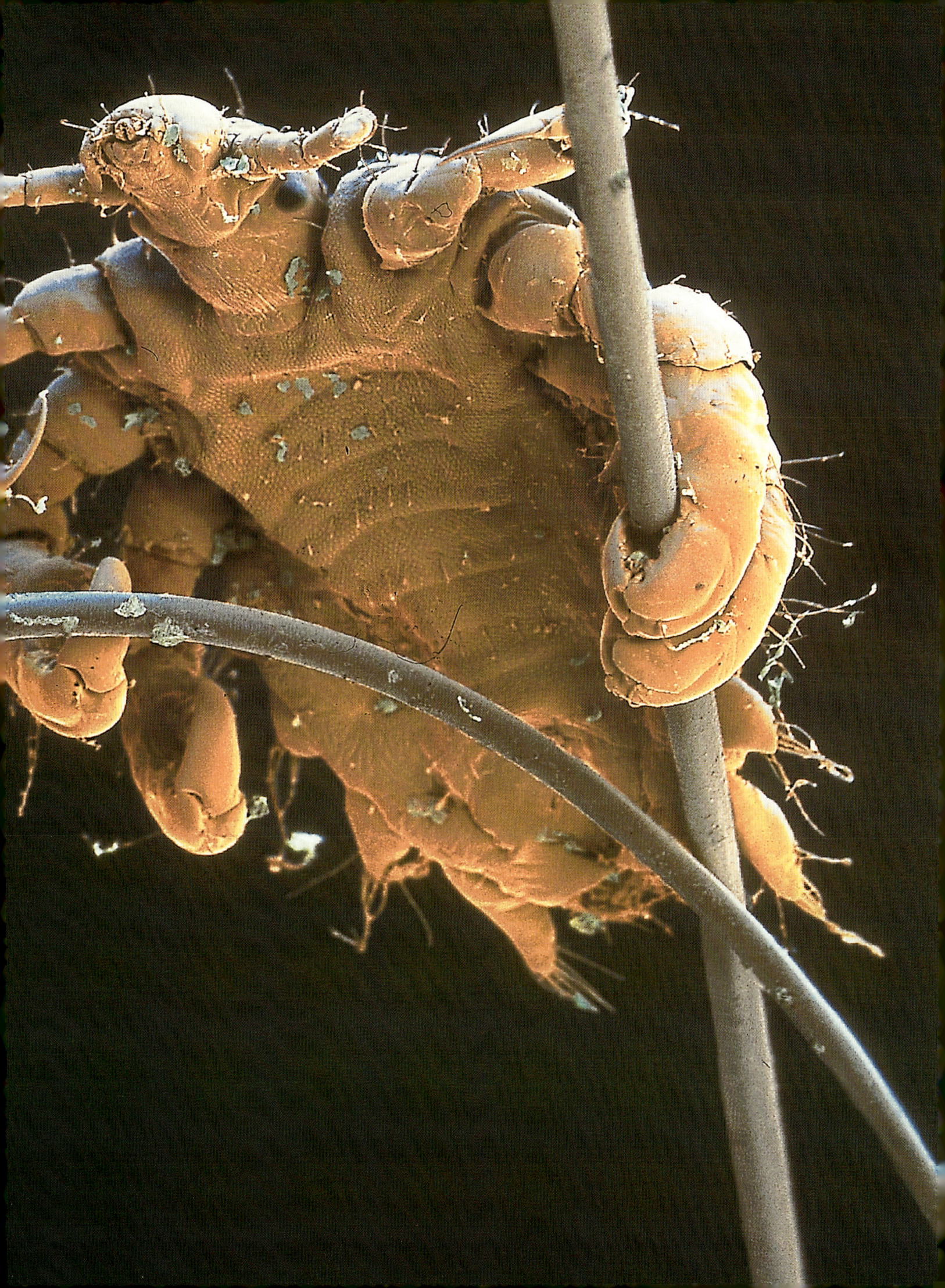

Zu den Bildern auf Seite 212/213: Kopfläuse und Filzläuse leben im Haarwald, auch des Menschen. An den schwankenden Untergrund, der in der starken Vergrößerung an Schilfstengel erinnert, sind sie perfekt angepaßt. Mit den Endgliedern und den Klauen ihrer Beine umklammern sie die Haare wie mit Steigeisen und hangeln sich daran entlang. Das ist nur ein Beispiel aus der Funktionsmannigfaltigkeit der »natürlichen Lupenwelt«. Mundwerkzeuge von Kriebelmücken und Hinterleibszangen von Ohrwürmern erinnern an technische Werkzeuge.

Die technische Entwicklung geht heute immer mehr in Richtung auf kleine und kleinste Konstruktionen. Miniaturisierung heißt das Schlagwort, von dem man manchmal das Gefühl hat, daß es ein wenig als Allheilmittel mißbraucht wird. Wenn die Entwickler gefragt werden, was man denn mit diesen kleinen und kleinsten Dingen anfangen kann, lautet die stereotype Antwort: »Das wird sich dann schon zeigen. Hauptsache, wir können einmal in kleinen Dimensionen bauen. Anwendungen finden sich dann schon.« Das mag blauäugig klingen. Aber die Entwickler haben die technische Tradition auf ihrer Seite. So war es immer. Als sich Marconi mit »Ätherwellen« befaßt hatte, war das eine hübsche physikalische Spielerei. Heute sehen wir damit fern und telefonieren über Satelliten. Die Anwendung hat sich prompt gefunden. Als in den frühen 60er Jahren in den Bell-Entwicklungslaboratorien in Amerika an so skurrilen Dingen herumexperimentiert worden ist, wie sich beispielsweise Elektronen durch »verschmutzte« Halbleiter quälen, konnte niemand ahnen, daß daraus der Transistor, die gedruckten Schaltungen und die miniaturisierten Chips entstehen, wie wir sie heute kennen. Und daß sich daraus Dinge entwickeln werden, die wir uns heute noch kaum vorstellen können, bis hin zu zigarrenpackungsgroßen Netzwerken mit größerer Schaltungskapazität, als sie das menschliche Gehirn aufweist.

Mechanisches Design im Mikrobereich

Wie dem auch sei: Heute arbeiten bereits Großforschungseinrichtungen an der Mikrominiaturisierung im mechanischen Bereich. Die Mikromechanik führt beispielsweise zu Zahnrädern mit Durchmessern kleiner als der eines menschlichen Haares. Das sind punktgroße Gebilde, von denen hundert auf einen Kubikmillimeter gehen, und so fort. Dabei wird allerdings gerne vergessen, daß man nicht beliebig linear verkleinern kann.

Wenn man eine Anhängerkupplung von vielleicht 60 cm Größe, die nach dem Haken-Öse-Prinzip arbeitet, auf 10 cm verkleinert, funktioniert sie noch immer. Bei 10 mm schon nicht mehr so gut, bei 0,1 mm überhaupt nicht mehr: Reibungs- und Adhäsionskräfte spielen neben anderen immer eine dominierende Rolle, während der Kraftschluß nicht mehr notwendigerweise auf Druckkräfte zurückgeführt werden muß.

Im Bereich der Natur ergibt sich schon beim ersten Hinschauen, daß Mikromechanik eher die Regel ist als die Ausnahme. Flügelkopplungsmechanismen etwa bei fliegenden Wanzen sind 1/10 mm groß, Speichelpumpen auch; und sie haben all das, was solche Mechanismen brau-

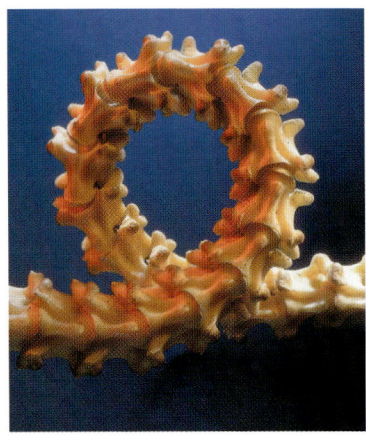

Mechanische Meisterleistungen bilden die langgestreckten Wirbelreihen insbesondere bei Fischen und Schlangen. Ihre Berührungs-, Gleit- und Anschlagflächen sind harmonisch so aufeinander abgepaßt, daß einerseits Bewegung möglich ist, andererseits das Gesamtsystem statisch bestimmt bleibt. Es gibt auch extrem verformbare Gebilde, wie etwa die Saugnäpfe von Blutegeln (rechts).

chen, wenn auch in »höchstintegrierter«, materialtechnisch raffinierter und unkonventionell-vielfältiger Ausfertigung.

Wenn man also technische Mikrominiaturisierung im mechanischen Bereich anstrebt, lohnt sich der Blick auf die Natur allemal. Seit es das Rasterelektronenmikroskop gibt, hat man eine große Zahl funktionell hochinteressanter Mechanismen entdeckt oder zumindest mit neuen Augen gesehen. Wenn wir sie nun mit technischen Werkzeugen oder Geräten vergleichen, so denken wir nicht immer an die direkte Übertragung, sondern wollen zunächst einmal nur den Blick öffnen für Analogien im technisch-biologischen Bereich. Wir kommen in einem der folgenden Kapitel über den Lotus-Effekt auf die Bedeutung der Analogieforschung zurück. Dazu Beispiele, die auf den nächsten Seiten illustriert sind.

Eine kleine Reise durch die Welt der Mikrostrukturen

Halten: Flügelklemmung und Besenhalter

Bei Landwanzen werden Vorder- und Hinterflügel im Flug zusammengekoppelt, nach der Landung aber gelöst. Diese Doppelfunktion wird durch ein besonders raffiniertes Koppelstück an der Hinterkante der Vorderflügel bewerkstelligt: Gleitkopf und Gleitkamm. Hier hinein wird der langgestreckt-hakenförmig umgebogene Vorderrand der Hinterflügel gedrückt. Gerichtete Schuppen verhindern ein Herausrutschen, gebogene kräftige Haare halten den Hinterflügel ortsfest. In ähnlicher Weise fassen die beiden sternförmig genoppten Gummiteile eines technischen Klemmhalters den hineingedrückten Besenstiel fest, lassen ihn aber nach kurzem, heftigem Zug wieder frei.

Tragen: Insektenflügel und Wellpappe

»Tragen« bedeutet zunächst einmal »sich selbst tragen« und dann gewöhnlich noch »Zusatz-

Viele Insekten sind geradezu Schatzkammern an mechanischen Einrichtungen. Bevor man sie auf mögliche Übertragungen in eine Mikrotechnik abklopfen kann, muß man sie allerdings erst einmal erkannt und »technisch« beschrieben haben. An dieser Stechmücke wären bereits eine ganze Reihe von Mechanismen zu studieren: die Feinstruktur der Antennen als »Molekülfilter«. Die Antenneneinlagerung in Form von »Fast-Kugelgelenken«. Die Gegeneinanderführung der Einzelteile im Stechapparat des Rüssels. Die Rüsselverstauung in der Rüsselscheide. Scharniergelenke an den Beingliedern. Und vielerlei mehr. Dazu kommen sensorische Gesichtspunkte.

Flügelkoppelung bei Landwanzen und Besenklemme

Bei zahlreichen fliegenden Insekten werden die Vorder- und Hinterflügel durch Koppelungsmechanismen zusammengehalten. Die Besenklemme umfaßt in ähnlicher Weise den Rundstiel des Besens.

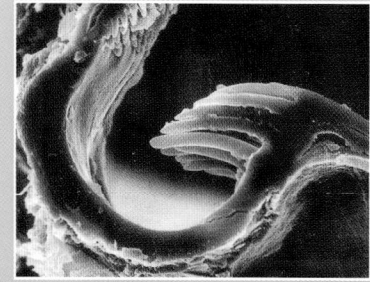 

Flügelverspannung bei einer kleinen Libelle und technische Wellpappe

Insektenflügel sind häufig so aufgebaut, daß eine sehr dünne Spreite zwischen tragenden Adern zickzackförmig auf und ab verspannt ist. Damit gewinnen die Flügel Steifigkeit. In ähnlicher Weise funktioniert Wellpappe.

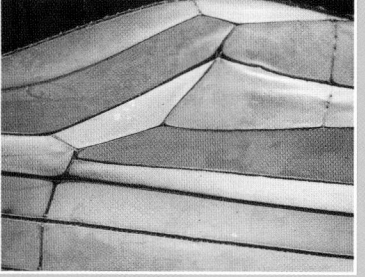 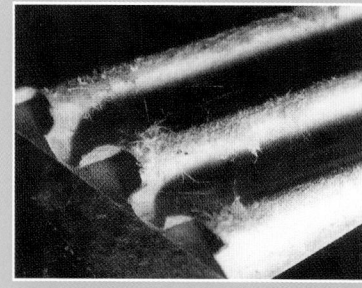

Saugnäpfe des Gelbbrandkäfers und Saugnapf-Seifenhalter

Das Männchen des Gelbbrandkäfers besitzt an seinen Vorderbeinen Saugnäpfe. Endsprechende technische Saugnäpfe finden sich beispielsweise an Badezimmermatten und Seifenhaltern.

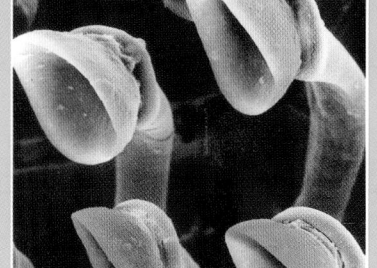 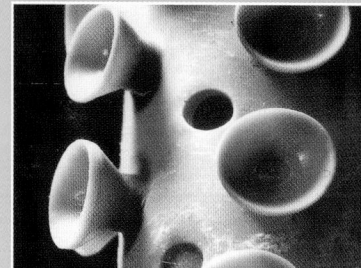

Eingeklapptes Fußstück beim Stutzkäfer und Taschenmesser

Stutzkäfer leben in zerfallenen biologischen Stoffen. Bei den Beinen wird das Schienenglied in das Schenkelstück eingeklappt und das Fußteil wiederum in die Schiene. Bei den technischen Vielzweck-Taschenmessern wird dieses Verstau-Prinzip vielfältig benutzt.

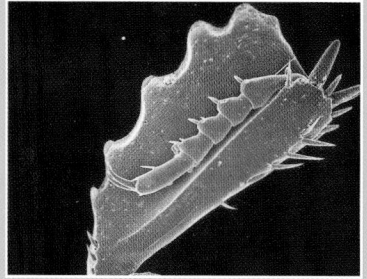 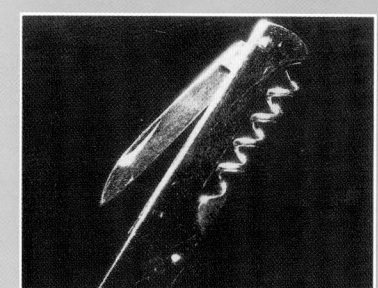

Holzbohrer der Riesenholzwespe und Bohrraspel

Die Riesenholzwespe bohrt sich zur Eiablage mit einem stecknadeldünnen, dreiteiligen Legebohrer 1 bis 1,5 cm tief ins Holz ein. Analoge technische Bohrwerkzeuge für den Heimwerker sind als Bohrraspeln bekannt.

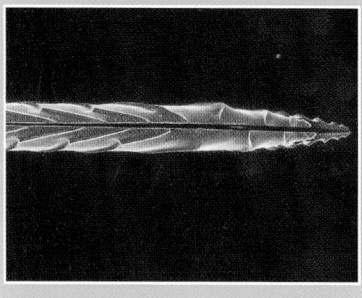 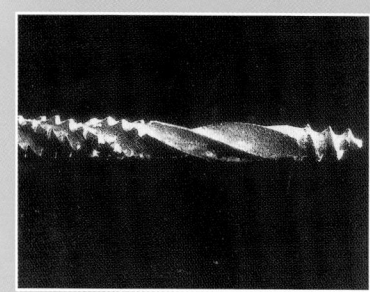

Fühlerputzapparat des Handkäfers und Klobürste

Der Handkäfer besitzt einen Fühlerputzapparat an seinem Vorderbein in Gestalt einer »Rundbürste«. Auch in der Technik gibt es Spezialbürsten zur Reinigung von Ringnuten.

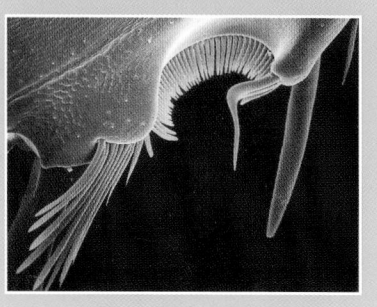 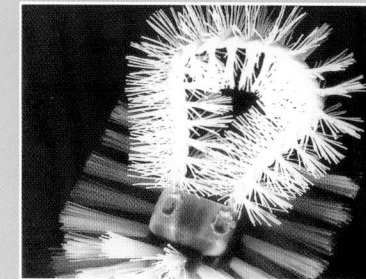

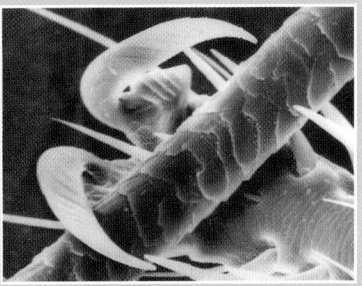 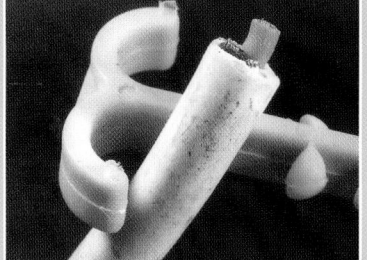

Klammerklaue des Hundeflohs und Spezialdübel zur Kabelverankerung
Beim Hundefloh enden die Beine in rückgebogenen Hafthaken, deren Wölbung sich dem Durchmesser eines Hundehaares anpaßt. Ähnlich angepaßt sind bestimmte Untergreifdübel für Elektroleitungen.

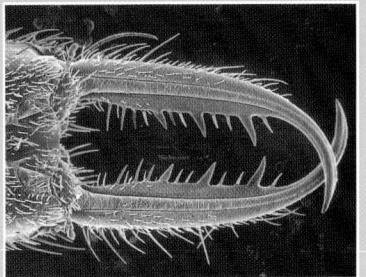 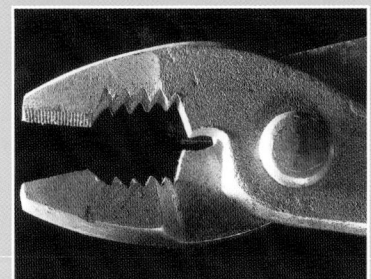

Oberkiefer des Ameisenlöwen und Kombizange
Die Oberkiefer des Ameisenlöwen sind Vielzweckgeräte, die als Sandwurfschaufel, Festklemmeinrichtung, Anstechapparat und Saugvorrichtung dienen. In ähnlicher Weise ist eine Kombizange für mehrere Funktionen geeignet.

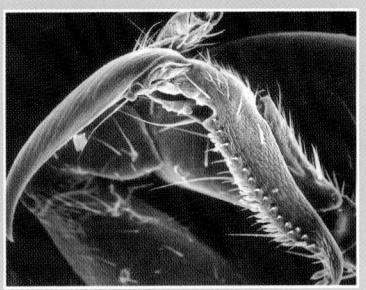 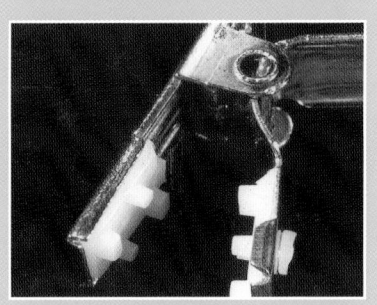

Greifzange bei der Zikadenwespe und Hosenträger-Clip
Die Weibchen der Zickadenwespen tragen an den Vorderbeinen ein pinzettenartiges Greiforgan. Damit klemmen sie sich an ein Wirtstier an. Ganz analog klemmt sich ein Hosenträger-Clip in den Hosenbund.

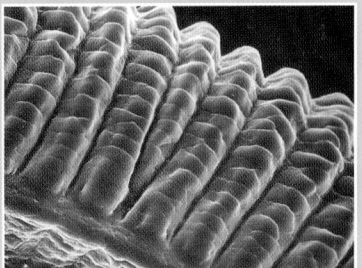 

Biegeader am Sandlaufkäfer-Flügel und Biegesäule einer Taschenlampe
Der Sandlaufkäfer besitzt im Hinterflügel Biegeadern. Sie können spalt-, knick- und beulungsfrei verbogen werden und entsprechen so Metall-Duschschläuchen oder Trägern für Taschenlampen.

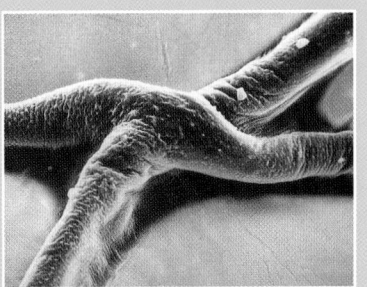 

Adernverbindung bei einem Kleinlibellen-Flügel und technische Klebung
Sich »überkreuzende« Adern am Insektenflügel sehen so aus, als ob sie verklebt wären. Bei Holzverleimungen bilden sich ähnliche Formen.

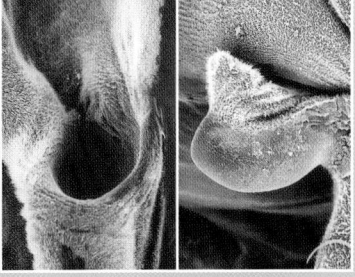 

Druckknopfsystem beim Rückenschwimmer und technischer Druckknopf
Der Rückenschwimmer besitzt eine wohlausgebildete Druckknopfeinrichtung zum Ankoppeln der harten Vorderflügel an den Rumpf. Funktionell entsprechen sie den Druckknöpfen der Bekleidungsindustrie.

Saugrüssel bei der Schmeißfliege und Tupfer »Wattestäbchen«
Die Schmeißfliege besitzt einen Tupfrüssel. Das Prinzip der Oberflächenverbreiterung ist im technischen Bereich bei Wattestäbchen verwirklicht.

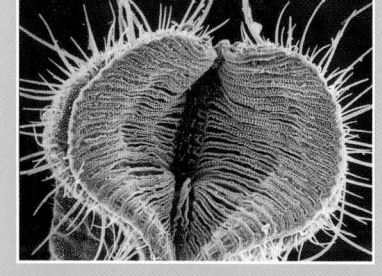 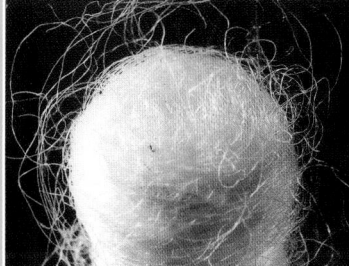

Reißverschlußsystem beim Zwergrückenschwimmer und technischer Reißverschluß
Mit Hilfe einer Art Reißverschlußsystem, nämlich nacheinander einrastender Nuten und Noppen, werden beim Zwergrückenschwimmer die Flügeldecken gegeneinander fixiert. Die chitinösen Strukturen werden beim Einrasten eines einzelnen Zackens ein wenig gedehnt und schließen sich dann wieder.

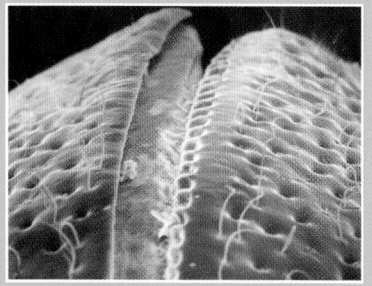 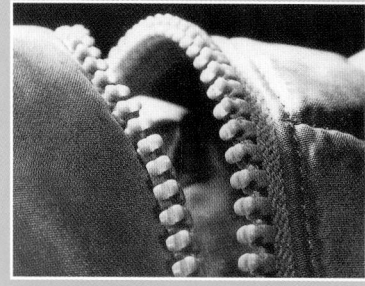

Großaufnahme des Reißverschlußsystems
Technische Reißverschlüsse werden neuerdings aus Preis- und Fertigungsgründen gerne aus Kunstsoff geformt. Auf das Naturprinzip dieses Systems wurde bereits im vorhergehenden Beispiel eingegangen.

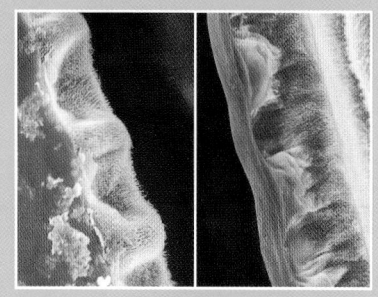 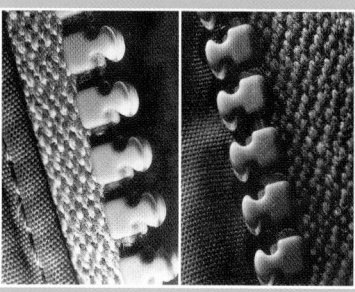

Pollenbürste bei der Honigbiene und Kunststoffbürste
Die Honigbiene besitzt an der Innenseite des sogenannten Fersenglieds eine Pollenbürste. Bei manchen Kunstsoffbürsten enden die parallel schräg verlaufenden Kunststoffstrahlen in kleinen Knöpfchen.

 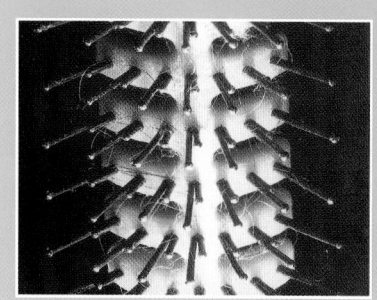

Statistische Verhakung am Koppelungssystem des Rückenschwimmers und technischer Klettverschluß
In eine feine, chitinöse »Wolle« des einen Teils greifen feinste Widerhakenschichten des anderen Teils ein. Dies reicht entsprechend den technischen Klettverschlüssen für eine solide Verbindung.

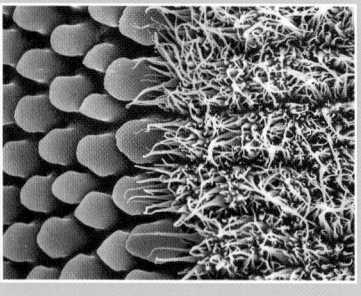 

Flügelkoppelung bei der Honigbiene und Vorhangschiene
Viele vierflügelige Insekten koppeln Hinter- und Vorderflügel über ein Haken-Ösen-System aneinander. Dabei ist auch ein Hin- und Herschieben möglich. In ähnlicher Weise laufen die den Vorhang tragenden Röllchen in den U-förmigen Schienen technischer Vorhangstangen.

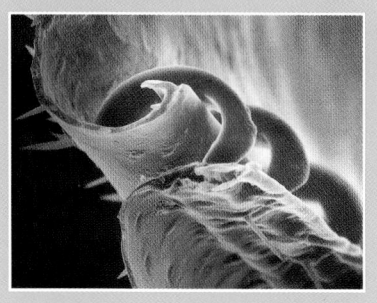 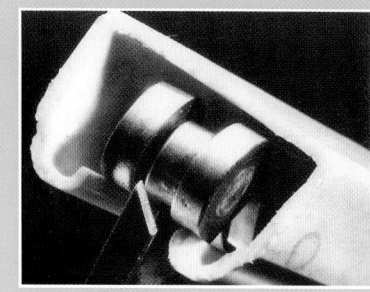

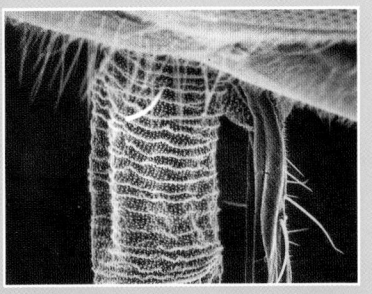 

Stoßdämpfer am Fliegenrüssel und an einer Motorradgabel
Die Schnabelschwebfliege besitzt an der Rüsselbasis ein stoßdämpferartiges Gebilde, das möglicherweise die Erschütterungen beim kräftigen Aufsetzen abdämpft. Technische Stoßdämpfer finden sich beispielsweise als Federbeine bei Motorrädern.

Gleitführungen beim Legebohrer einer Schlupfwespe und Parallelführungen bei einem Rechenschieber
Der Legebohrer besteht aus mehreren Teilen, die gegeneinander arbeiten können. Die Teile verzahnen sich gegeneinander mit Nut- und Federverbindungen. Genau dies ist das Prinzip der Parallelführung von Rechenschiebern.

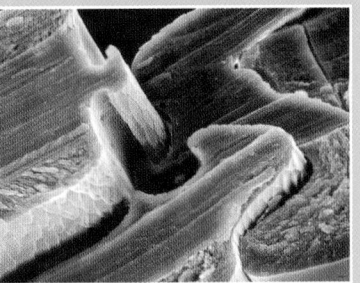 

Schwalbenschwanzführung bei der Legeröhre von Heuschrecken und technische Schwalbenschwanzeinrichtung
Ein Legebohrer besteht aus 3 Paaren von Anhängen des 8. und 9. Hinterleibsegments, die mit sehr »sorgfältig gefertigt« erscheinenden Schwalbenschwanzführungen ineinandergleiten. Präzise laufende Schwalbenschwanzführungen werden in der Technik häufig benötigt.

Rüssel des Zitronenfalters und »Jahrmarktstute«
Die meisten Schmetterlinge besitzen einen ausrollbaren Saugrüssel. Nach Aufhören der Muskelkontraktion rollt er sich aufgrund seiner Eigenelastizität von selbst wieder spiralförmig ein. Die spiralartig eingerollte Jahrmarktstute wird durch Hineinblasen aufgerollt.

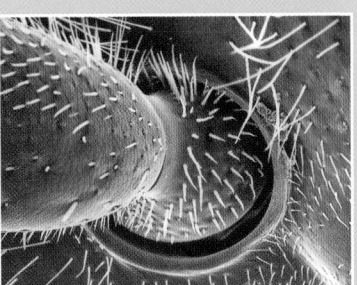 

Kugelgelenkiger Fühleransatz beim Bienenwolf und Foto-Kugelgelenk
Insektenfühler müssen in alle Richtungen bewegt werden können. Diesem Zweck dient eine kugelige Einlenkung des basalen Fühlerglieds. Gleiches gilt für Foto-Kugelgelenke.

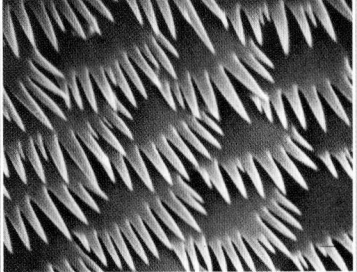 

Antirutschsystem bei einer Pflanzenwespe und »Einwegbürste«
Die »Stichsägen« der Pflanzenwespe tragen seitlich Gleitschuppen, die die Bewegung in die Strichrichtung nicht behindern, dagegen ein Herausziehen beim Einarbeiten verhindern. Manche Kleiderbürsten tragen eine ähnliche Anordnung kurzer Bürsten.

Haar-Einlenkungen bei der Ruderwanze und Kippschalter

Die Schwimmhaare der Ruderwanzen schnappen je nach der Richtung des Wasserdrucks über eine instabile Zwischenstellung (Engstelle) in die eine oder andere Stellung um. Damit entspricht diese Einlagerung ganz exakt technischen Kippschaltern.

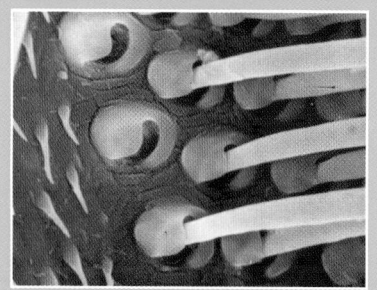 

Nochmals Legebohrer und Bohrraspel

Auf gleiche Vergrößerung gebracht überzeugt das Naturgebilde durch seine hochfeine Ausführung. Das technische Bildungsprodukt begnügt sich mit einer Grobspirale.

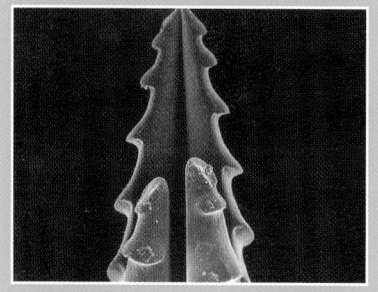 

Pollenkamm bei der Honigbiene und Haarkamm

Nach dem Abflug von einer Blüte kämmt die Biene jeweils mit dem Pollenkamm eines Beins den Blütenstaub aus der Bürste des anderen Beins aus und drückt ihn in das »Körbchen« auf der Schienenaußenseite. Der technische Kamm kämmt Schmutzpartikel aus.

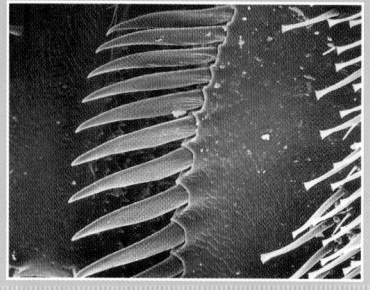 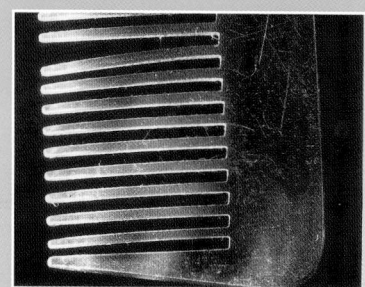

Stichsäge bei Blattwespen und technische Taschenmesser-Säge

Die Hinterleibsanhänge der Blattwespen zeichnen sich durch sägeblattartige Auswölbungen aus, mit denen sie sich beim Gegeneinanderarbeiten der einzelnen Teile rasch in Pflanzenmaterial einsägen. Es gibt auch Mehrfachzahnungen, ganz analog den Klappsägen bei modernen Vielzweck-Taschenmessern.

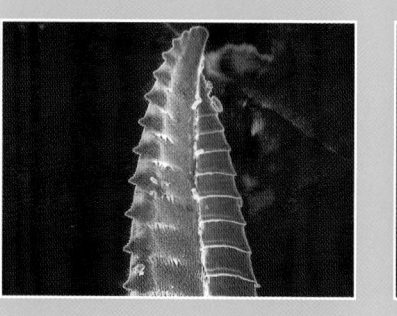 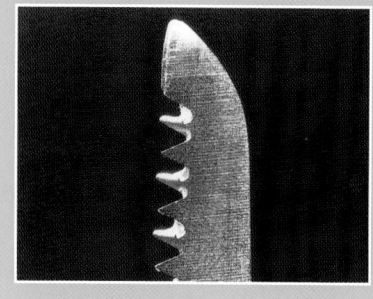

Giftstachel der Honigbiene und Injektionskanüle

Der Giftstachel, bestehend aus dunkelgefärbtem, sehr hartem Chitin, ist außerordentlich dünn und langgestreckt, schmalkonisch. Am Ende trägt er eine seitliche Mündung. Technische Injektionskanülen erreichen auch in feinster Ausführung nicht die Zartheit und Stabilität des biologischen Gegenstücks.

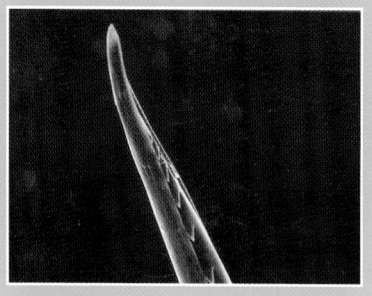 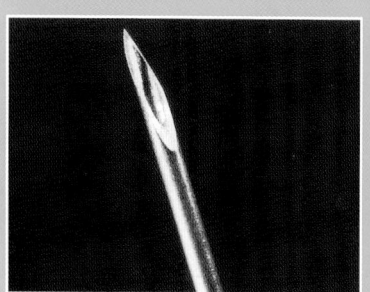

Hinterleibsende des Buchdrucker-Käfers und Klappspaten

Die Borkenkäfer leben in selbstgegrabenen Gängen unter der Baumrinde. Mit spatenartigen Flügelabstürzen drücken sie beim Rückwärtskriechen baggerartig das Bohrmehl aus den Öffnungen.

lasten abfangen«. Insektenflügel tragen sich nicht nur selbst, sondern sind in der Lage, beträchtliche Flächendrücke (Luftkräfte, die auf die Spreite wirken) abzufangen, ohne sich über die Maßen zu verbiegen und ohne zu knicken.

Insektenflügel gewinnen Steifigkeit – das heißt Stabilität gegen Durchbiegung aufgrund der beträchtlichen aerodynamischen Flächendrücke – nach dem Wellblech- oder Faltwerkprinzip. Die Falten laufen im allgemeinen etwa längsgerichtet, so daß gerade die Längsrichtung gegen Durchbiegung gefeit ist. In ähnlicher Weise funktioniert Wellpappe. Auch sie hat eine Vorzugsrichtung größter Biegesteifigkeit. Solche Konstruktionen helfen, Material zu sparen und damit auch Baukosten zu senken und Bauzeiten zu verkürzen.

Verbinden: Saugnäpfe und Seifenhalter

Elemente so zusammenzukoppeln, daß sie sich je nach Bedarf feststellen, verschieben oder ganz lösen können, das ist eine außerordentlich wichtige Problematik in Natur und Technik. Bei den konstruktiven Ausführungen ist die Struktur stets fein auf die Detailfunktion abgestimmt. Ansaugen, Verhaken und Tausende andere Mechanismen sind verwirklicht.

Das Männchen des Gelbrandkäfers (*Dytiscus marginalis*) besitzt an den Vorderbeinen gestielte Saugnäpfe. Beim Aufsetzen verbreitern sich die fein-chitinösen, halbkugeligen Kappen an ihren zarten Rändern, und beim Zurückziehen schaffen sie wegen der spaltfreien Randlagerung einen Unterdruck und haften somit. Seifenhalter können beidseitig gestielte Saugnäpfe tragen, die analog wirken und dadurch die glatte Seife festhalten können.

Bewegen: Beineinklappen und Taschenmesser

Bewegen bedeutet, Konstruktionsteile gegeneinander verkipp-, verdreh- und verschiebbar zu machen, ohne daß sich dabei die Verbindung lösen darf. Hierfür gibt es auch viele biologische Beispiele, zum Beispiel Gleitführungen, Parallelführungen, Schwalbenschwanzführungen sowie die hier genannten Klappmechanismen.

Stutzkäfer (*Histeridae*) leben meist in zerfallenden biologischen Stoffen. Zum Einarbeiten in das oft zähe Substrat besitzen sie kräftige »Beinschaufeln«. Diese können auch zusammengelegt werden. Hierbei wird das Schienenglied in das Schenkelstück eingeklappt, und das fünfgliedrige Fußteil wiederum wird in einer Nut der Schiene verstaut. Dabei wirkt der Schenkel wie die äußere Hülle eines Taschenmessers, aus dem nach Bedarf Einzelteile hochgeklappt werden können.

Eindringen: Legebohrer und Bohrraspel

Werkzeuge zum Bohren, Stoßen und Stechen gibt es nicht nur in der Technik, zum Beispiel in der klassischen Waffentechnik, sondern in vielfältiger Ausbildung auch in der Biologie. Für das Eindringen sind injektionsnadelähnliche Mechanismen oder Miniaturbohrer und -sägen entwickelt worden.

Die Riesenholzwespe (*Urocerus gigas*) entwickelt sich als Larve in Nadelholz. Die Weibchen bohren sich zur Eiablage mit einem stecknadeldünnen dreiteiligen Legebohrer ins Holz ein. An dessen Stechborstenrinne werden zwei sägeartig rauhe Stechborsten über Nut und Feder geführt. Der Legebohrer trägt Einrichtungen zum Eindrehen, zur Gangerweiterung und zur Verankerung. Entsprechendes gibt es für das Eindringen. Analoge technische Werkzeuge sind als Bohrraspeln bekannt.

Aufnehmen: Fühlerbürste und Rundbürste

Das Ergreifen und Aufnehmen von Material, sei es flüssig oder pulverförmig, bedarf speziell ausgeformter tupfer-, schaufel- oder bürstenartiger Werkzeuge. Bisweilen reicht dazu die kapillare Haftung zwischen dem Aufnehmer und der aufzunehmenden Substanz. Oft spielen Adhäsion,

Die Großaufnahme der seitlichen Widerhaken einer Zecke im Rasterelektronenmikroskop läßt feine Partikelchen erkennen, hier farblich abgehoben. Das sind Bakterien. Die von Zecken übertragene Krankheit Borreliose wird von Bakterien ausgelöst.

Nochmals eine Zecke. Der Oberteil des Saugrüssels ist abgebrochen, man sieht die untere, schaufelförmige Struktur mit den seitlichen Widerhaken.

also Anziehungskräfte, oder leichte Klebung dabei eine Rolle.

Der Handkäfer (*Dyschirius*) besitzt an seinen Vorderbeinen einen Fühlerputzapparat in Gestalt einer »Rundbürste« aus radiär gegeneinander stehenden, abgeplatteten Borsten, deren Enddurchmesser genau auf den mittleren Durchmesser des Fühlers abgestimmt ist. Mit einer ähnlichen Rundbürste reinigt die Honigbiene ihren Fühler. Sie benutzt dieses Gerät besonders häufig, wenn sie leicht klebrige Pollen einträgt. Auch in der Technik gibt es Spezialbürsten zur Reinigung von Längsführungen, Rundzylindern oder – wie bei der Klosettbürste – Ringnuten.

Was bringt ein solcher Formenvergleich?

Technische Gebilde entstehen in einem Konstruktionsprozeß über Schmierskizzen, Reinzeichnungen, Detailfertigung, Zusammenbau. Ganz anders »natürliche Konstruktionen«: Die Gebilde der Natur, so kompliziert sie auch immer sein mögen, formen sich im Versuch-Irrtum-Feld der Evolution über kleine, zufällige Änderungen (Mutationen) und das Verwerfen der nicht angepaßten Formen (Selektion). So unterschiedlich die Methoden auch sind: Ver-

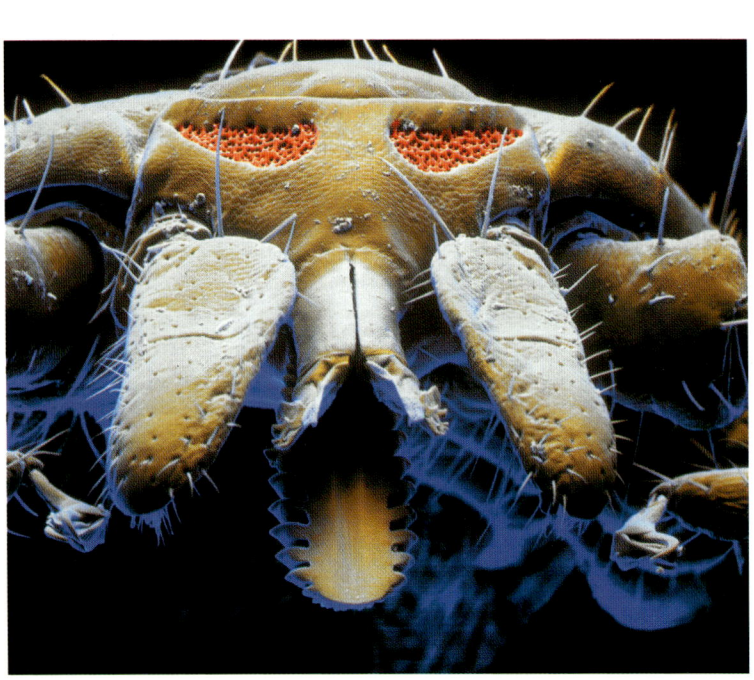

blüffend ist die Tatsache, daß Natur wie Technik bei gleichen »Vorgaben« zu außerordentlich ähnlichen konstruktiven Lösungen kommen können. Dies wurde an sechs Beispielen dokumentiert, die scheinbar einfach sind, in Wirklichkeit aber hochkomplexen Anforderungen entsprechen müssen.

Der Biologe ist oft in der mißlichen Lage, zwar ein »morphologisches System« vor sich zu haben, aber den Komplexheitsgrad der Anforderungen, denen das System zu entsprechen hat, nicht zu durchschauen.

»Konstruktionsmorphologie« nennt der Biologe eine Betrachtungsweise, die biologische Gebilde nicht nur rein morphologisch oder anatomisch beschreibt. Sie bezieht stets die Funktion mit ein und versucht, die Vielfalt all derjenigen Querbeziehungen zwischen Struktur und Funktion zu erkennen und zu formulieren, die erst eine funktionierende biologische Konstruktion ausmachen.

Der Techniker wiederum kann aus dem oft sehr fein ausgeprägten strukturfunktionellen Zusammenspiel viel lernen, sei es zur Detailverbesserung bereits bestehender Konstruktionen, sei es als Anregung für neuartige.

Die ungeheure Vielfalt »ähnlicher« biologischer Konstruktionen

Dem Organismenbereich kann man aufgrund seiner langen Evolutionszeit und des äußerst vielfältigen Spielfelds eine ungleich größere Zahl an Konstruktionsmöglichkeiten zuerkennen als der Technik.

Allein für das mechanische Prinzip »Anklammern« gibt es vielleicht tausend bekannte und sicher zehntausende noch nicht erforschte natürliche Konstruktionen. Diese Konstruktionen haben die Eigentümlichkeit, in ihrer Struktur stets perfekt auf die Funktion abgestimmt zu sein. Das ist überhaupt ein Kennzeichen biologischer Konstruktionen: das optimale Zusammen-

Die Große Klette, Arctium lappa, verankert sich mit ihren Widerhaken in »statischer Haftung«. Genau dieses Haftungsprinzip wurde beim Velcro-Klettband übernommen. Nicht jeder, aber genügend viele der gekröpften Haken verfangen sich in einem Wollfilz. In den 50er Jahren konnte man als Werbeslogan für eine Fototasche mit stufenlos verstellbarem Innenfach lesen: »Der Klette abgeschaut«.

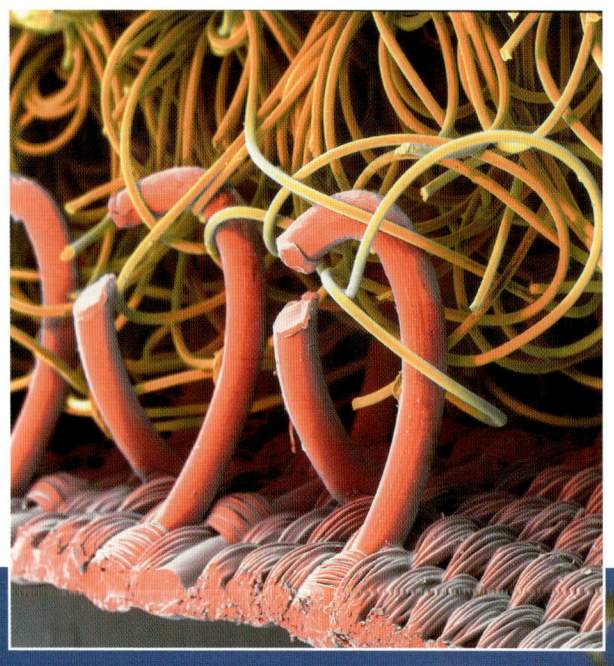

spiel von technologischer Anforderung und Materialeigentümlichkeit, von Materialgestaltung und Materialaufwand. Aufgrund dieses »funktionellen Abgestimmtseins« ist die Optimierung auch der kleinsten und scheinbar nebensächlichsten Anforderungen typisch für die Formenwelt des Lebens. Somit kann man kaum einen Fehler machen, wenn man versucht, von der Natur zu lernen. Dies kann und darf freilich nicht durch sklavische Nachahmung geschehen; ein direkter Nachbau würde nicht funktionieren. Das tatsächlich unendlich große Sammelwerk für Konstruktionen der Natur kann aber die vielfältigsten Anregungen geben für eigenständiges technisches Gestalten.

Wie bereits erwähnt liegt hier der Schwerpunkt auf dem Wort »eigenständig« oder, sagen wir genauer, »ingenieurmäßig eigenständig«. In den frühen 60er Jahren gab es schon einmal einen Anlauf, Bionik zu betreiben. Er hatte jedoch keinen rechten Erfolg; man sagt, die Zeit wäre dafür noch nicht reif gewesen. Ich meine aber, daß damals zuviel von »Naturkopie« (Biomimese) geredet worden ist. Der Ingenieur konnte damit wenig anfangen und kann es auch heute nicht. Anregungen aus der Natur ja, Naturkopie nein.

Analogieforschung – das ist das Zauberwort

Ein Flügelkoppel-Mechanismus bei einer Wanze und ein Besenhalter sind biotechnisch analoge Systeme. Sie arbeiten zwar mit ganz unterschiedlichen Materialien, Größenordnungen, Konstruktionseigentümlichkeiten, aber sie sind beide auf ein und denselben Zweck ausgerichtet: im vorliegenden Fall auf das feste Einklemmen eines vorgegebenen Teils durch ein optimal angepaßtes anderes.

Die Bedeutung der Analogieforschung im bionischen Bereich kann man gar nicht hoch genug einschätzen. Der Begriff stammt von dem Berliner Biologen Gerhard Helmke, der bereits in den frühen 60er Jahren für die Parallelbetrachtung biologischer und technischer Strukturen und Systeme geworben hat. Solche Betrachtungsweisen sind tatsächlich ein Ausgangspunkt für viele Studien, zumindest im mikromechanisch-biologischen Bereich. Sie wurden allerdings häufig mißverstanden. Verbieten sich solche Vergleiche nicht aufgrund von technischen Modellgesetzen oder von Nichtlinearitäten in der Größenabhängigkeit ihrer Kenngrößen?

Wagen wir doch einmal einen solchen Vergleich, der nach allem, was man technisch weiß, eigentlich »verboten« ist: Vergleichen wir einen Grashalm und einen Fernsehturm.

Vorab muß man festhalten: Verboten ist gar nichts. Vergleichen darf man alles. Ein Vergleich kann sich höchstens als sinnleer herausstellen – dann wurde dieser Ansatz umsonst verfolgt. Wenn man aber nicht vergleicht, kann man auch nicht auf weiterführende Ideen kommen. Daß Ideen nicht immer und nicht bei jedem Vergleich hervorsprudeln, darüber wundert sich der Forscher nicht. Der Forschungsalltag besteht zum Großteil aus mißglückten Ansätzen. Das war nie anders.

Am Beispiel einer pflanzlichen und einer technischen Hochbaukonstruktion sei diese Überlegung bzw. dieser Vergleich für den Leser einmal etwas ausführlicher erläutert.

Der Technikvergleich läßt den Getreidehalm besser verstehen

Durch das ältere biologische Schrifttum geistert das Märchen von der technischen Überlegenheit des Getreidehalms. Ein Getreidehalm sei im Mittel $d = 0{,}4$ cm dick und $l = 1{,}60$ m hoch (Längen-Dicken-Verhältnis 400 : 1). Wäre ein 3 m breiter Schornstein so gut konstruiert wie ein Getreidehalm, könnte er 1,2 km hoch gebaut werden. Kann das stimmen?

Die technische Physik zeigt, daß dem nicht so ist. Bereits im 19. Jahrhundert war bekannt (Barba-Kicksches Gesetz der proportionalen Widerstände), daß zwischen Dicke d und Länge l von Hochbauten, die unter zentraler achsenparalleler Belastung nur dem Eigengewicht unterworfen sind, nicht die Beziehung gilt $d \sim l$, sondern die Beziehung $d \sim l^{3/2} \sim l^{1{,}5} \sim l\sqrt{l}$

Würde ein Getreidehalm 120 m hoch wachsen, so dürfte er nicht 30 cm, sondern er müßte 3,3 m dick sein (Verhältnis 36 : 1). Das entspricht den Proportionen des schlanksten Industrieschornsteins der Welt, der ehemaligen Halsbrücker Esse bei Freiberg in Sachsen. Auch Bäume werden um so plumper, je höher sie sind. Ein Blick auf die Technik bewahrt also vor unangemessener Überschätzung der biologischen Konstruktion.

Der Naturvergleich kann der Technik neue Impulse geben

Wir haben in meiner Arbeitsgruppe unter anderem das in der Gräserevolution weit entwickelte Pfeifengras (*Molinia coerulea*) auf seine Stabilitätseigenschaften hin untersucht und dabei neben anderen interessanten Befunden folgendes Ergebnis erhalten: Obwohl das Flächenträgheitsmoment der tragenden Elemente kleiner ist

Der Körper der langsam anfliegenden Honigbiene steht schräg im Raum, und diese Lage sorgt dafür, daß die Flügel fast horizontal schlagen. Sie erzeugen somit nur Hub, so daß die Biene im Schwirrflug vor der Blüte stehen kann, bevor sie landet.

als bei einem weniger hoch entwickelten Gras, biegt sich Molinia bei Seitenwind weniger ab, ist also steifer. Ein Vorteil, der mit geringem Materialaufwand, aber cleverer Materialverteilung erreicht wird: Kann das ein Vorbild für Lampenmasten sein?

Sie merken, wohin die Überlegungen laufen. Der analoge Vergleich steht immer am Beginn einer bionischen Betrachtung, denn man hat ja immer etwas aus dem technischen Bereich, mit dem verglichen werden soll, und etwas aus dem natürlichen Bereich, das sich für den Vergleich anbietet. Geht man nun an diesen Vergleich unter dem sattsam bekannten Aspekt der Bedenkenträger heran (man darf doch nicht, das geht doch gar nicht), so wird man natürlich auch keine Ideen bekommen. Geht man zu naiv heran, wird man zwar Ideen bekommen, aber die taugen wahrscheinlich nichts. Sie entsprechen möglicherweise nicht den physikalischen Gegebenheiten und müssen wieder verworfen werden. Geht man aber so heran, daß man sich den Blick für Wesentliches bewahrt, dabei aber immer im Hinterkopf hat, daß die Übertragung letztlich physikalisch korrekt erfolgen muß, erweist sich die Analogieforschung als ungemein faszinierendes Hilfsmittel. Die alten Philosophen hätten gesagt: Das ist ein ideales »heuristisches Prinzip«, sprich: Man kommt auf Ideen, die einem sonst nicht einfallen würden.

Ein Beispiel ist die Honigbiene

Am Flugbrettchen eines Bienenstocks herrscht eilige Geschäftigkeit. Bienen landen, drängeln sich hinein, andere fliegen aus. Einige aber sitzen auf dem Brettchen, krallen sich mit den Klauen ihrer Beine fest und lassen die Flügel brummend schwingen, wie ein Flugzeug kurz vor dem Start. Bienenflügel und Propellerflügel erzeugen hohen Standschub, das heißt auch eine sehr massive, gerichtete Luftströmung nach hinten. Nur dreht sich beim Flugzeug der Propeller, während der »Flügelpropeller« der Biene schwingt. Bienen lüften damit ihren Stock, wenn es heiß ist. Sie ziehen Luft aus dem Stock heraus und blasen sie ins Freie. Man spricht vom »Fächeln«. Beim Flug fliegen die Bienen etwa mit 270 Flügelschlägen pro Sekunde. Beim Fächeln reduzieren sie die Schlagfrequenz auf rund 170 Schläge pro Sekunde, wahrscheinlich deshalb, weil sie sich sonst vom Flugbrettchen losreißen würden.

Mehrere parallel stehende Bienen und erst recht hintereinanderstehende (sie wirken dann wie eine »zusammengesetzte Turbine«) lüften mit ihrem winzig kleinen Flügel-Schwingapparat in erstaunlich effektiver Weise den doch vergleichsweise riesigen Stock. Könnte man danach nicht einen »bionischen« Miniaturlüfter hoher Effektivität bauen, mit dem man beispielsweise Computergehäuse lüften und kühlen könnte? Zunächst einmal muß natürlich die Kinematik des Fächelns ganz genau untersucht werden.

Vor längerer Zeit habe ich dazu Zeitlupenaufnahmen von fächelnden Bienen gemacht, und zwar über ein Spiegelsystem aus drei Raumrichtungen. Danach kann man die Lage des Flügels im Raum in etwa rekonstruieren. Er schwingt, wie gesagt, etwa 170 mal auf und ab (Schlagschwingung) und dreht sich dabei periodisch um eine Längsachse hin und her (Kippschwingung). Die Schlagschwingung und die Kippschwingung spielen mit einer gewissen Phasenverschiebung zueinander. Sie werden aktiv ein-

Bereits »vollgetankte« Honigbienen wiegen etwas über 0,1 g. Dazu kommt noch die Last der Pollenhöschen. Für diese Masse erscheinen die Flügelflächen recht klein. Ganz extrem ist dies bei den dicken und schweren Hummeln. Wenn man die Luftkräfte nach den klassischen Theorien rechnet, kommt man beim Hub nur etwa auf das halbe Körpergewicht. Damit könnte die Hummel gar nicht erst abheben. Tatsächlich muß man Effekte periodisch sich ablösender Wirbel mit einbeziehen. Das braucht der klassische Flugzeugbau nicht. Nur so lassen sich bestimmte Irritationen seitens der Ingenieure eines großen amerikanischen Flugzeugbauers erklären.

Am Flugbrettchen eines Bienenstocks stehen an heißen Sommertagen fächelnde Honigbienen mit leicht erhobenem Hinterleib. Mit ihrem »Flügelpropeller« ziehen sie im »Standschub« warme Luft aus dem Stock.

gestellt durch Muskeln im Flügelgelenk und gleichzeitig passiv durch die Luftkräfte, die die Spreite abbiegen. Mehr als ein erster quantitativer Eindruck war das aber nicht. Durch die Doktorarbeit meiner Mitarbeiterin Monika Junge, die in Zusammenarbeit mit dem russischen Strömungsmechaniker Shekhovtsov die Fächelkinematik präzise aufnahm und über neuartige Rechnungen auch die instationäre Luftkrafterzeugung mit periodischen Ablösungen und alles, was dazugehört, in den Griff bekam, wurde das anders. Es liegt damit eine genaue biologische Deskription vor, im Sinne des Deskriptionskatalogs in der bionischen Vorgehensweise. Eines konnte man allerdings nicht so leicht darstellen. Die Strömung konnte im Windkanal nicht sichtbar gemacht werden, weil die Bienen, kaum mischte man Rauch oder andere Partikelchen zur Strömungssichtbarmachung bei, mit dem Fächeln aufhörten. In Zusammenarbeit mit Junge hat der Entwicklungsingenieur Robert Spillner nun eine künstliche Biene gebaut, nur dreimal so groß wie eine natürliche, die ihre Flügel praktisch so bewegt wie das biologische Vorbild: Die kinematischen Kurven von Vorbild und Nachbau stimmen befriedigend überein. An der »Kunstbiene« konnte man im Windkanal nun die Strömungsverhältnisse genau studieren und damit lernen, die Strömung, die die lebende Biene erzeugt, zu verstehen: technische Biologie par excellence. Was lag nun aber näher, als bionisch weiterzugehen und aus dieser »künstlichen Biene« einen kleinen Schwinglüfter zu entwickeln?

Vor anderthalb Jahrzehnten hat uns die Firma Bosch einen fingergroßen Miniaturlüfter gegeben, bestehend aus einem Schwingquarz und zwei daran befestigten, gegeneinander schwingenden Blättchen. Er hatte den großen Vorteil, daß er keine drehenden Teile besaß. Was nicht vorhanden ist, kann auch nicht altern beziehungsweise verschleißen. (Damit hat ja auch einmal der alte VW-Käfer geworben: Sein luftgekühlter Boxermotor brauchte kein Kühlwasser, das damit auch nicht auslaufen oder im Winter einfrieren konnte.) Wir haben seinerzeit versucht, die Biege- und Drehschwingung des Insektenflugs auf solche Lüfterblätter zu übertragen, doch dieser Ansatz konnte nicht weiterverfolgt werden: Die Blätter bildeten Schwingungsknoten aus, statt ordentlich Luft zu fördern. Robert Spillner hat das Problem dagegen in einem neuartigen Ansatz gelöst, dessen Einzelelemente zur Zeit zum Patent angemeldet sind und deshalb noch nicht öffentlich vorgestellt werden können.

Hocheffiziente Miniatur-Schwingungslüfter wären von beachtlichem technischem Interesse. Mit geringstem Energieaufwand könnten kleine, scharfe Luftstrahlen erzeugt werden, wobei die Lüftermechanik selbst alterungsbeständig ist. Die sirrenden Geräusche der üblichen schnellaufenden Kleinstlüfter können vermieden werden. Zur Kühlung von Computerbauteilen wird sich dieses System sicher eignen. Vielleicht auch zur Feinführung der Luftdurchströmung in Kraftfahrzeugen, wenn man viele solche Parallellüfter verwendet? Eine große Automobilfirma ist daran interessiert.

Wieder ein typisches Beispiel für bionische Entwicklung. Ausgangspunkt ist eine interessante biologische Frage. In diesem Fall: Wie bringen es die kleinen Bienen fertig, so einen großen Stock zu entlüften? Zur Lösung dieser Frage ist viel Grundlagenarbeit nötig, die Zeit und Geld kostet, und bei der Fachkenntnisse verschiedener Arbeitsrichtungen zusammenfließen müssen. Das alles kann sich aber in erstaunlicher Weise amortisieren.

Bioniker, die immer mit einem Bein im Bereich der natürlichen Konstruktionen und Verfahrensweisen stehen, mit dem anderen in den entsprechenden technischen Bereichen, die also immer darauf achten müssen, daß sie Biologie und Physik oder Biologie und Chemie nach naturgesetzlichen Kriterien (und das sind im Grunde immer physikalische) verbinden, kennen den Spagat dieser Betrachtungsweise. Sie kennen aber auch die Faszination, und sie sind durch spektakuläre Erfolge in den letzten Jahren immer mehr in der Lage gewesen, bionisches Forschen und seine Übertragung in Wirtschaft und Industrie zu verankern. Es ist eigentlich in der Regel so gewesen, daß man zunächst einmal zweckfrei (natürlich nicht zwecklos!) auf die Natur gesehen hat, ohne bei jedem Blick an Übertragungen zu denken. Das Schlüsselerlebnis kommt regelmäßig dann, wenn bei einer solchen Kenntnis- und Übertragungskette der nächste Baustein aus der Technik kommt.

In Entwicklung befindet sich ein Flügel-Miniaturlüfter nach dem Fächel-Prinzip der Honigbienen.

Botaniker haben sich Pflanzenblätter angeschaut und festgestellt, daß diese oft wasserabweisend und im mikroskopischen Bild feingenoppt erscheinen. Solche Oberflächen verschmutzen nicht. Das Kohlrabiblatt bietet ein Beispiel, die Blütenblätter der Stiefmütterchen ein anderes, und die ostasiatische Lotusblume ist das berühmteste.

Wie von einem anderen Stern

Werkstoff-Innovationen und phantastische Leichtbauweisen

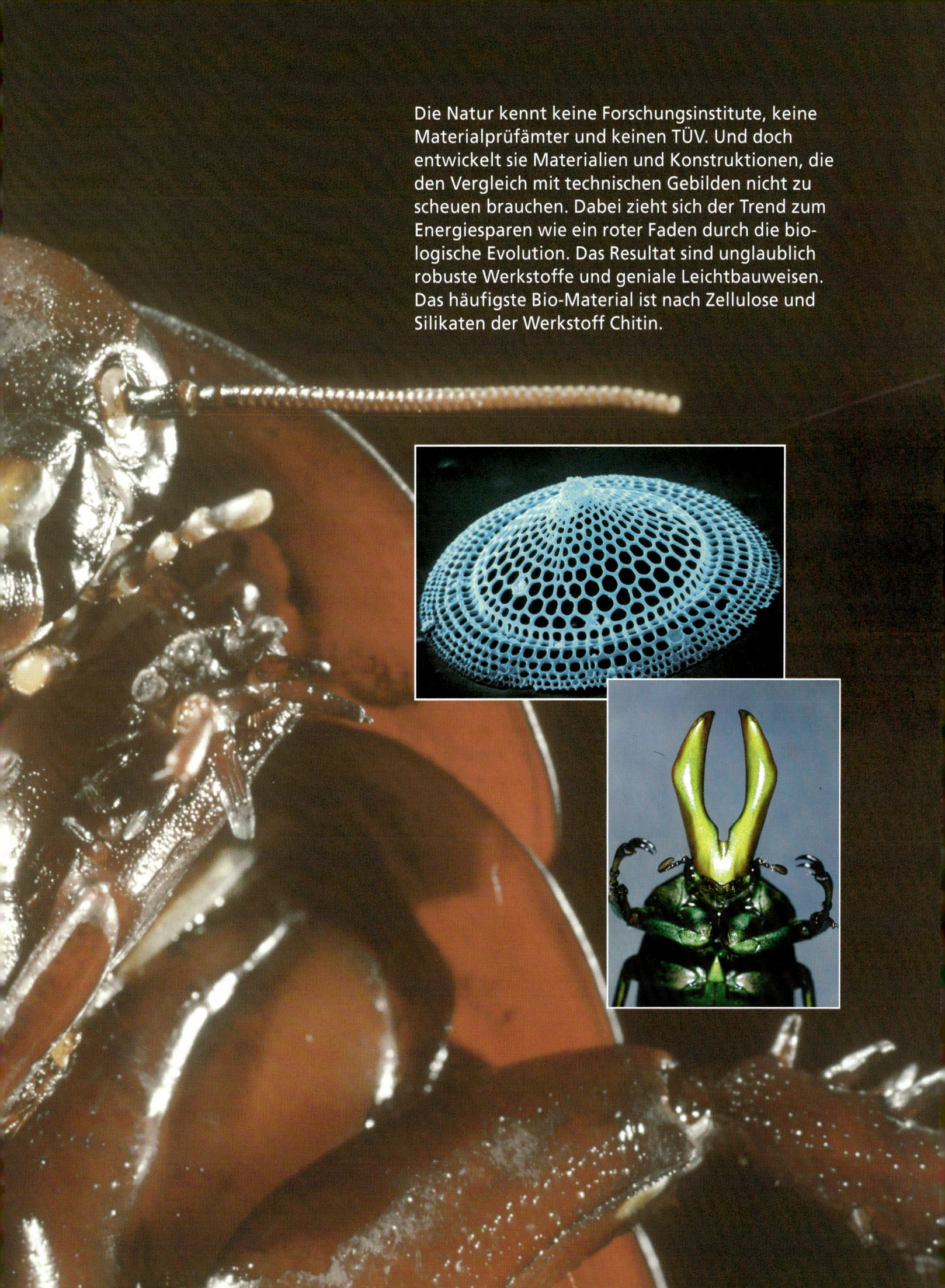

Die Natur kennt keine Forschungsinstitute, keine Materialprüfämter und keinen TÜV. Und doch entwickelt sie Materialien und Konstruktionen, die den Vergleich mit technischen Gebilden nicht zu scheuen brauchen. Dabei zieht sich der Trend zum Energiesparen wie ein roter Faden durch die biologische Evolution. Das Resultat sind unglaublich robuste Werkstoffe und geniale Leichtbauweisen. Das häufigste Bio-Material ist nach Zellulose und Silikaten der Werkstoff Chitin.

Billig bedeutet in der Biologie immer »mit geringem Energieaufwand herstellbar«. Anders als in der Technik zählt nicht einmal so sehr der Materialaufwand als vielmehr die zum Fertigen nötige Stoffwechselenergie. Ein Lebewesen kann in einer bestimmten Zeit nur eine bestimmte Menge Energie umsetzen – seine Stoffwechselleistung ist begrenzt. Je weniger Energie ein bestimmter Vorgang verbraucht, desto mehr steht diese anderen Aktivitäten zur Verfügung. Der Trend zum Energiesparen zieht sich wie ein roter Faden durch die biologische Evolution; energieoptimierte Systeme und Verfahren kristallisieren sich heraus in den Versuchsreihen der Mutation und werden ausgewählt auf dem Prüffeld der Selektion.

Biologische Materialien werden also stets mit der für einen bestimmten Zweck geringstmöglichen Energie hergestellt. Das beinhaltet auch, daß sie möglichst massearm und damit leicht sind. Man erkennt einen weiteren Vorteil solcher Baustoffe sofort: Die meisten Tierarten können sich bewegen. Bewegungsorgane geringen Trägheitsmoments, also leichte Strukturen, bezogen auf die Drehachsen, mit optimaler Masseverteilung, können mit geringerer Antriebsleistung in Gang gehalten werden. Damit belasten sie auch nach der Fertigstellung den begrenzten Pool der Stoffwechselenergie nur in geringem Maße.

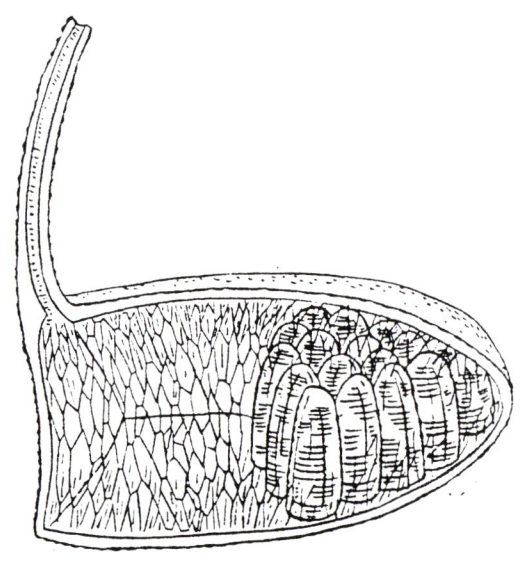

Das Eifloß des Kolbenwasserkäfers: ein extrem leichtes, schwimmfähiges, stabiles System, das auf dem Wasser flottiert und die Eier ideal schützt.

Seifenblasen machen sich gegenseitig Raumkonkurrenz und platten sich an den Berührungsflächen ab. Wenn keine einschränkenden Bedingungen hergestellt sind, erfolgt die Abplattung in der Draufsicht ungefähr sechseckig, wie der linke obere Bildteil zeigt. Dies ist der Zustand geringstmöglicher Gesamtenergie. Stellt man sich nun vor, daß die Seifenblasen verhärten – durch chemische Zusätze läßt sich das machen –, so resultiert daraus ein ideales »Minimaltragewerk«. Es ist außerordentlich leicht, da zum größten Teil aus Luft bestehend, und wenig empfindlich gegen Flächendrücke.

Tragen, schützen, abgrenzen – das kann man in Natur und Technik durch sehr unterschiedliche Methoden erreichen. Die Zeichnung zeigt die Kinderstube des Schaumfrosches, das kleine Foto den stabilen und schützenden Schaum der Wiesenschaumzikade. Die große Fläche ist der Ausschnitt aus einer Fischschuppe. Man sieht die Wachstumsringe.

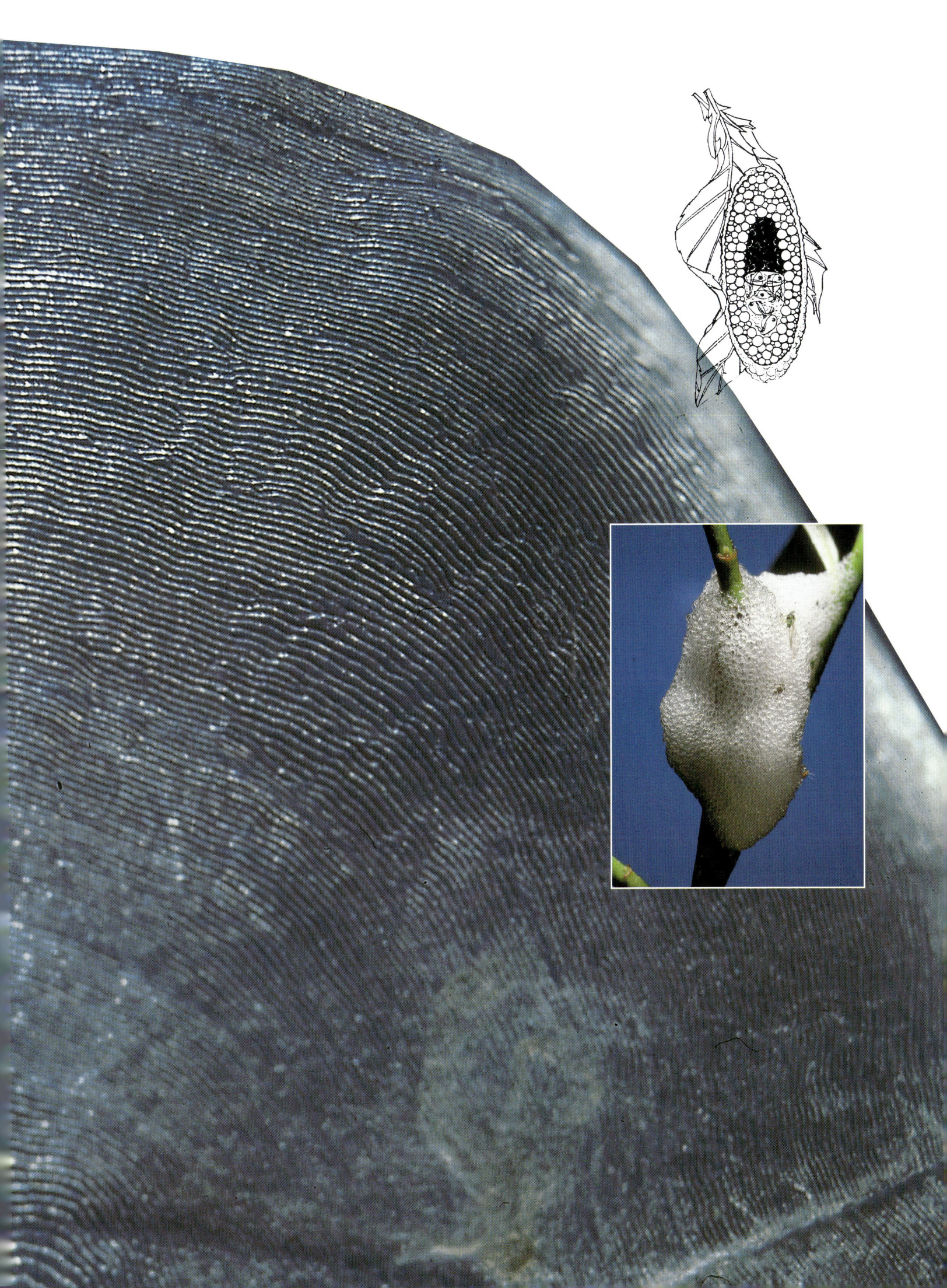

Das Skelett von Schwämmen erinnert insbesondere im Bereich der Knoten an leichte technische Flächentragwerke, die man vor allem in den sechziger Jahren in vielerlei Abwandlungen entworfen hat. Man merkt ihnen an, daß sich ihre Architekten, insbesondere Frei Otto, mit der Biologie befaßt haben. Die vielen interdisziplinären Zusammenkünfte haben den Blick über die Wissenschaftsgrenzen möglich gemacht.

Ein weiterer Punkt: Die Benutzung universell zur Verfügung stehender Bauelemente und die abfallfreie Verwendbarkeit dieser Materialien nach dem Tod eines Lebewesens sowie die Wiederverwendbarkeit der Bruchstücke für andere Baustoffe gewinnen in unserem Zeitalter der zu Ende gehenden Rohstoffe besondere Bedeutung. Für die Technik liegt hier im Vergleich mit der Natur eine gewaltige Herausforderung.

Biologie und Technik – Technik und Biologie: Lohnt sich der Vergleich überhaupt? Basiert er nicht auf Äußerlichkeiten, handelt es sich nicht um unvereinbare Fragestellungen?

Erkenntnistheoretisch ja. Der Techniker konstruiert, um ein funktionierendes Ganzes zu gewinnen. Im Gegensatz dazu analysiert der Biologe das funktionierende Ganze, um dessen Konstruktionsprinzipien zu ergründen. Doch gibt es auch ganz handfeste Gemeinsamkeiten, die den Vergleich lohnen. Die Natur hat ein nahezu unendlich großes Reservoir an Stoffen, Konstruktionen und Verfahren entwickelt, das derzeit erst zum geringen Teil gesichtet ist und eine ganze Bibliothek von Blaupausen für den Techniker bereithalten könnte, deren Durchstöbern sich lohnen würde. Dies darf man nicht zu wörtlich nehmen. Eine direkte Übernahme natürlicher Konstruktionen in den technischen Bereich wird nur selten erfolgreich sein.

Wesentlich erscheinen dagegen allgemeine Anregungen, die durch außerordentlich viele Beispiele untermauert werden, Anregungen, die den Techniker zu unkonventionellen, eigenständig-schöpferischen Leistungen bringen könnten, die Konstruktionszeit sparen und darüber hinaus helfen würden, bei technischen Konstruktionen die in der Natur so selbstverständlich verwirklichten, im Bereich der menschlichen Technologie jedoch so schwer erreichbaren allgemeinen Kriterien mitzuberücksichtigen: Aufbau unter niedrigen energetischen Kosten, konstruktive Gestaltung mit geringem Materialverbrauch nach Leichtbauprinzipien, Verwendung reichlich vorhandener Rohstoffe, Wiederverwendbarkeit der Abbauprodukte ohne Abfall.

Am Anfang steht immer die Materialsammlung, der zunächst zweckfreie Vergleich, das Hinschauen, Einordnen, Auswählen. Oder anders ausgedrückt: Am Anfang sollten die Beispiele stehen, die zu einem näheren Erforschen animieren können. An dieser Stelle wird eine kleine, besonders für den Techniker interessante Zusammenstellung biologischer Baustoffe, Materialien und Konstruktionsprinzipien vorgestellt. Damit sollen keine hochgesteckten Ziele verbunden sein, es soll lediglich ein wenig in die Schatztruhe der Natur geschaut werden – möglicherweise findet sich darin Erstaunliches. Staunendes Fragen ist die Basis aller Erkenntnis.

Einer der einfachsten und zugleich unkonventionellsten biologischen Baustoffe ist – Schaum! Diese eigentümliche Kombination aus Flüssigkeitslamellen und Gas kann erstaunlich stabil sein, besonders wenn langkettige Moleküle den Schaum stabilisieren. So baut die Meeresschnecke *Janthina nitens* für ihre Eier ein Schaumfloß, an dessen Unterseite sie sich an-

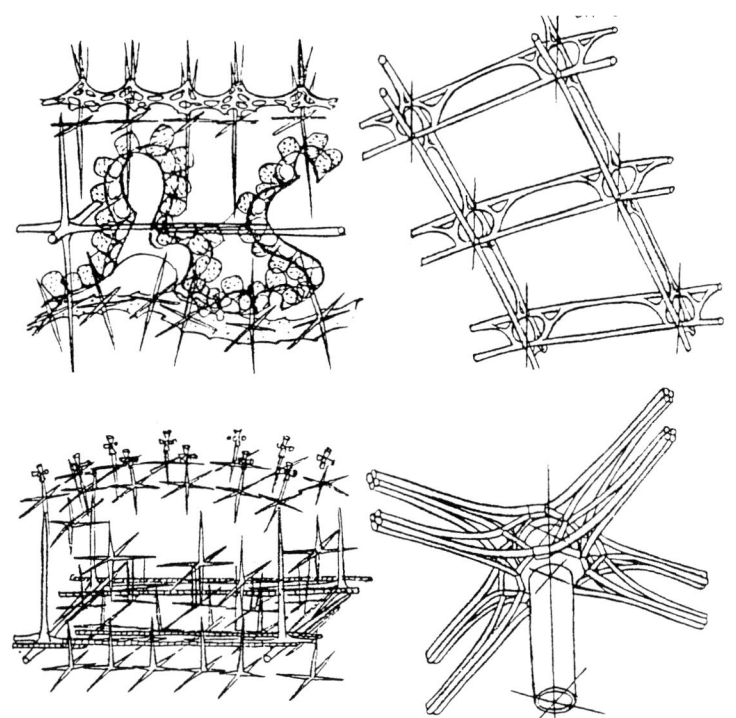

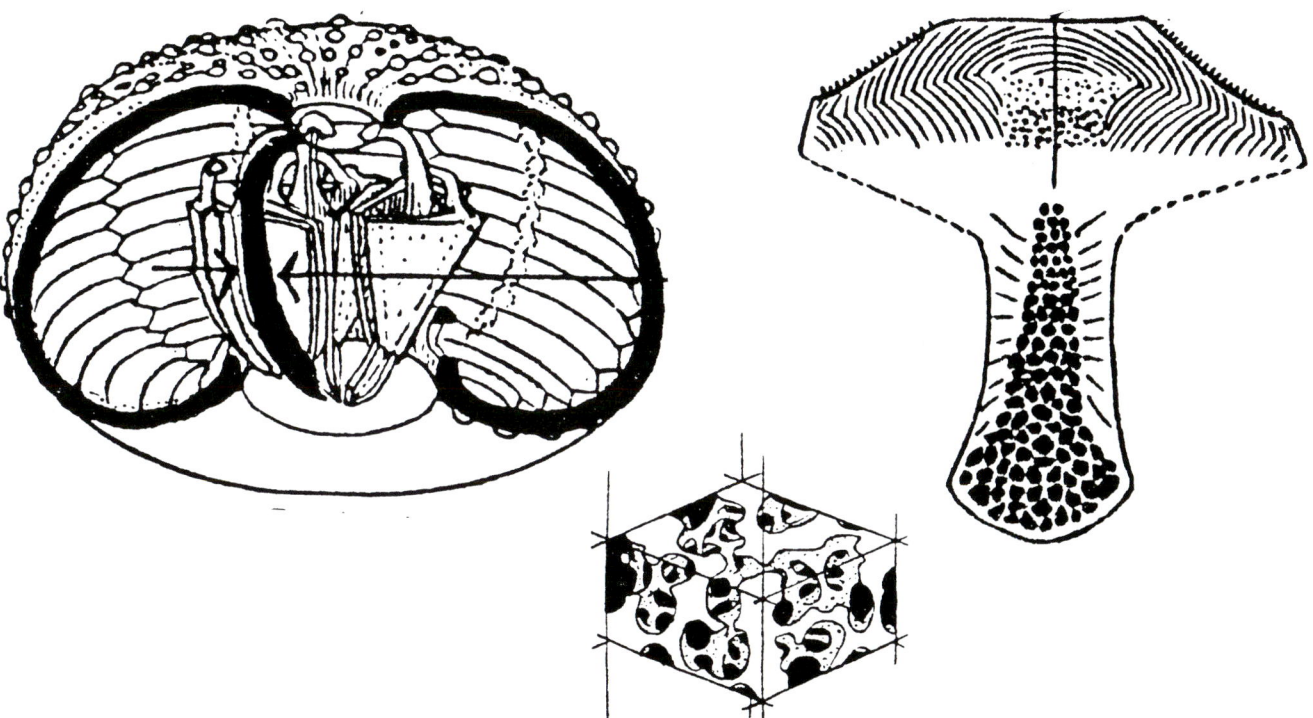

Unterschiedliche Materialien – ähnliche Konfigurationen und Strukturen. Der Seeigelpanzer besteht aus Kalksubstanz, die je nach Lebensraum unterschiedliche Härtegrade annehmen kann. An Standorten wo die Drücke nicht so groß sind, erscheint die Substanz bei starker mikroskopischer Vergrößerung leicht schaumig. Das Material besteht aus vielen Hohlräumen und wird dadurch sehr leicht.

Die Abbildung zeigt den Übergang vom kompakten Röhrenknochen zur schwammigen Innenfüllung in der Gelenkregion eines Rinderknochens. Auch hier wieder das Prinzip »Leichtbau durch schwammartige Ausformung«.

Schnitt durch einen Elefantenschädel. Als Sandwich-Konstruktion besteht er aus einer oberen und unteren Deckmembran sowie zahlreichen feinen Lamellen. Alles ist aus Knochensubstanz gebaut; das Volumen des Schädels besteht aber zum größeren Teil aus – Luft!

Leicht und trotzdem funktionell – das ist die Devise bei den meisten biologischen Bauten und Konstruktionen. Diesem Grundkonzept dient ebenso die strahlige Ausformung eines Korallenskeletts wie der Verlauf der sogenannten Bälkchenzüge in den Zähnen eines Sägefisches.

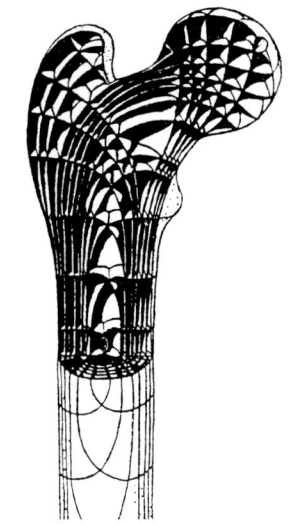
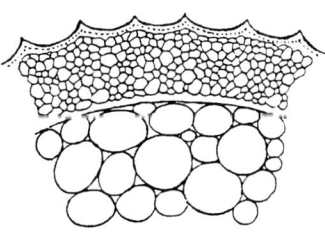

Aus spannungsoptischen Aufnahmen läßt sich der Verlauf der stützenden Züge in unserem Oberschenkelknochen herausrechnen: räumlich verwundene, sich überall unter rechten Winkeln schneidende Flächen. Wie eine ausgeschäumte Hülle sieht dagegen der Anschnitt eines Leichtbau-Stachels aus.

heftet und so über die Meere driftet. Der Indische Flugfrosch *Polypedates reinwardti* baut für seine Larven ein Schaumnest, das er ins Gezweig von Bäumen hängt. Im Inneren verflüssigt sich der Schaum zum Teil, und dort entwickeln sich die Larven. Nach einigen Tagen zerfällt die tragende Struktur und tropft zur Erde; in der Zwischenzeit sind aber die Larven entwickelt und kommen auf diese Weise ins Freie – eine erstaunliche zeitliche Abstimmung zwischen Haltbarkeit einer Struktur und geplanter Lebensdauer.

Das technische Styropor besteht aus miteinander verbundenen, sich gegenseitig abplattenden Schaumblasen. Ganz analog gebaut sind manche biologischen Leichtbausysteme, beispielsweise die Stacheln des Igels, des Stachelschweins und der Tenrek-Arten. Bei den letzteren ist bereits eine Art Mehrkomponenten-Bauweise zu bemerken. Das Innere des Stachels füllt ein großblasiger, leichter, verhärteter Schaum aus. Nach einer Abschlußmembran findet sich eine Fülle etwas dickwandigerer, kleinerer Schaumblasen. Außen ist das Ganze von einer festen Abschlußmembran bedeckt, die kanneliert ist wie eine dorische Säule. Solche Stacheln sind nicht nur unglaublich leicht, sondern auch erstaunlich stabil; Stachelschwein-Stacheln werden von südamerikanischen Indianern als Pfeilspitzen verwendet!

Verhärteter Schaum schützt auch gegen Witterungseinflüsse. So baut die bekannte Gottesanbeterin, *Mantis religiosa*, daumengroße Schaumgebilde, in die sie ihre Eier einstiftelt. Eine sehr eigentümliche Konstruktion ist das Eifloß des Kolbenwasserkäfers. Das Weibchen stellt ein lockeres schaumartiges Gespinst her, in das an einem Ende die Eier eingebettet werden. Das Ganze wird mit einer wasserdichten Abschlußhülle versehen, die einseitig zu einer Art Kamin hochgebogen wird. Durch diese langgezogene Öffnung findet der Gasaustausch mit der Luft statt, und es wird gleichzeitig verhindert, daß Wasser ins Eifloß eindringt! Verhärtete Schäume sind in der Biologie wie in der Technik relativ unempfindlich gegen Flächendrücke, müssen jedoch vor punktförmigen Beanspruchungen geschützt werden. Außerdem bedürfen Konstruktionen aus dünnwandigen, hohlporigen Schäumen einer Abschlußmembran, und zwar aus Stabilitätsgründen sowie als Schutz gegen Witterungseinflüsse, besonders gegen Wasserzutritt.

Ein anderes unkonventionelles biologisches Material findet sich im Mehrkomponentenwerkstoff, aus dem Schwämme gebaut sind. Es gibt mehrere Typen, doch fast immer werden anorganische Elemente durch organische Fasern zu einem elastischen, jedoch für die Stabilitätsansprüche dieser Tiere festen Gewebe verbunden. Die versteifenden Elemente können einzeln stehen, so wie bei den dreistrahligen oder vierstrahligen Nadeln vieler Kalkschwämme, sie können aber auch komplexere Gestalt annehmen und sehen dann aus wie Dreizacke, Eggen-Ausschnitte, Armreifen, Morgensterne, Fallschirmformen und ähnliches. An Skelettnadelpräparaten kann man wenig Funktionelles sehen. Durch Aufhellverfahren gelingt es aber, die Nadeln im Verband der Körper»wände« zu betrachten. Man sieht dann, wie ihre Strahlen regelmäßig aufeinander zulaufen, so daß sich durch Verwicklung mit organischen Fäden Kämmerchen, tunnelförmige Bedeckungen und andere Bauelemente fertigen lassen.

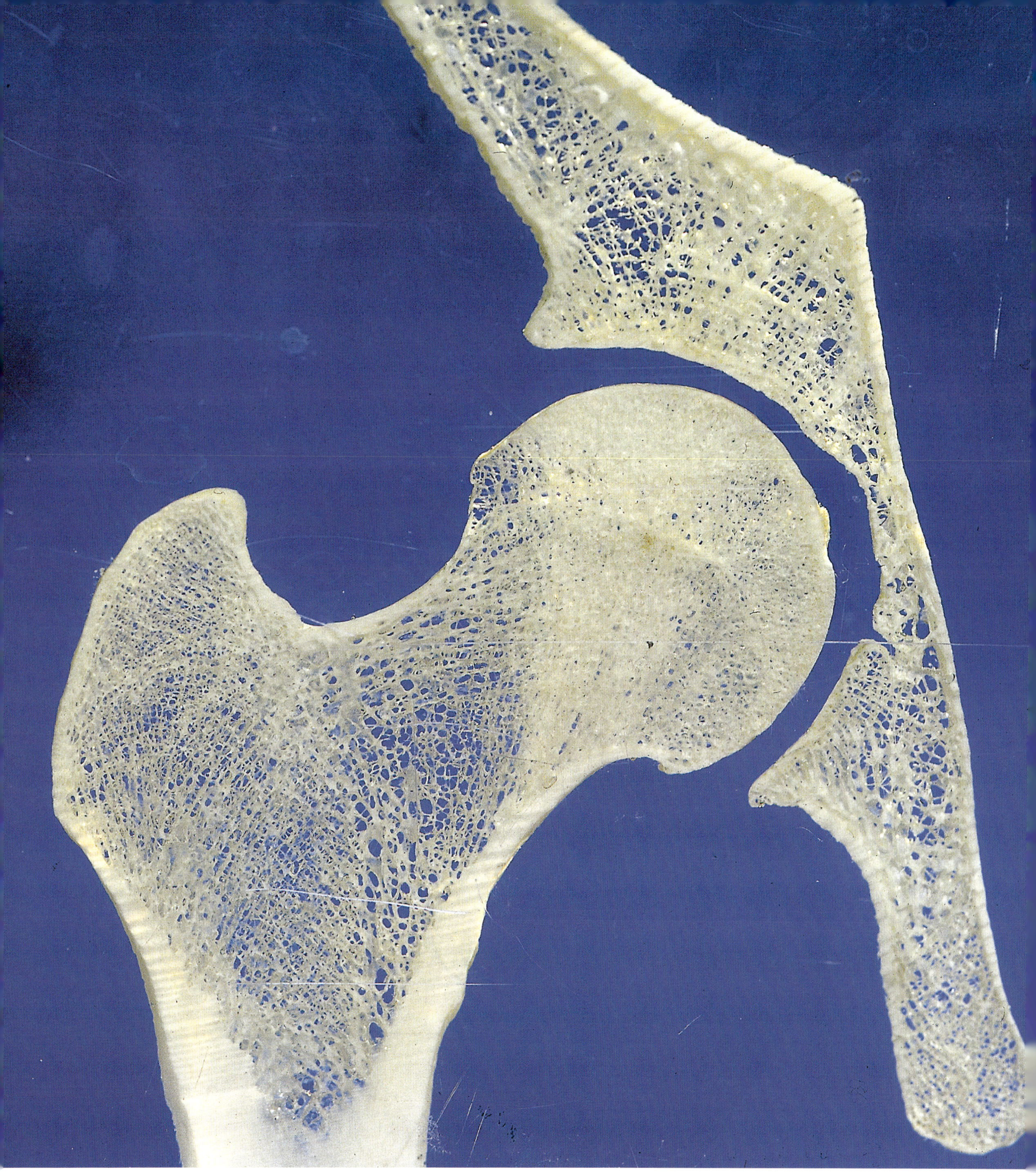

In einer Schnittebene kann man den Verlauf der Spongiosazüge besonders gut verfolgen. In der Zeichnung ausgezogen sind die druckaufnehmenden, gestrichelt die zugaufnehmenden Bälkchen.

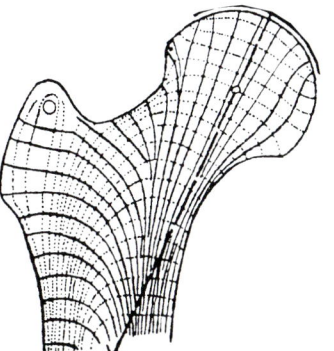

Durch Anlagerungs- und Abtragungsvorgänge kann sich ein schräg belastetes Knochenbälkchen in wenigen Wochen wieder in Belastungsrichtung ausrichten: das Prinzip der Biegeentlastung. Eischalen und Schmetterlingsschuppen sind als grazile Spantenbauweise angelegt: das Prinzip des flächigen Leichtbaus.

Technisch entsprechen die Mittelpunkte dieser Nadeln auch Knotenpunkten bei der Belastung und ähneln deshalb nicht nur morphologisch, sondern auch funktionell in erstaunlichem Maße den Knotenformen technischer Einzelelemente, aus denen leichte Flächentragwerke zusammengesetzt werden. Besonders interessant sind die Abschlußwände von Schwämmen. Diese stellen ein meist von unten her durch Nadeln verstrebtes, oft zeltdachartig ausgebeultes Gebilde dar, das vielfach aus miteinander verschmolzenen Nadeln aufgebaut wird. Auch dieses Gebilde ähnelt in erstaunlicher Weise leichten Dachkonstruktionen für flächige Überdeckungen, wie sie vor allem Frei Otto propagiert hat. Der Mehrkomponentenwerkstoff der Schwämme – Kalk- oder Kieselsäurenadeln, durch ein organisches Bindemittel verflochten – ist für die Techniker ein durchaus unkonventionelles Material und in seiner Konfiguration statisch oft schwer zu durchschauen.

Bekannter ist ein anderer Werkstoff, nämlich unsere Knochensubstanz. Es sei hier nicht von der Kompakta gesprochen, dem System aneinandergeklebter Knochenröhrchen oder Osteonen, aus denen unsere Röhrenknochen aufgebaut sind. Vielmehr ist der Blick auf die sogenannte Knochen-Spongiosa gerichtet, wie sie sich besonders in der Endregion der Röhrenknochen ausbilden kann. Schneidet man beispielsweise die Kopfregion des Oberschenkelknochens eines Menschen längs auseinander, so findet man sich senkrecht durchsetzende Bälkchenzüge aus feinsten Knochenlamellen, die ein eigenartiges Maschenwerk aufbauen. Dieser Werkstoff ähnelt dem mazerierten Gewebe eines Badeschwammes, daher auch die Bezeichnung »Spongiosa«. Doch ist er nicht wie im Badeschwamm statistisch angelegt, sondern in seinen Zugrichtungen streng funktionell. Mit spannungsoptischen Methoden kann man die Spannungsverteilungen im Plexiglasmodell eines Oberschenkelknochens studieren. Konstruiert man daraus die Trajektorien, also Linien gleicher Druck- und Zugspannung, so läßt sich zeigen, daß diese aufs genaueste mit den Zugrichtungen der Spongiosabälkchen übereinstimmen. Die mittlere Belastungsresultierende läuft genau in Richtung der Druckspannungstrajektorien, und diese werden an jeder Stelle senkrecht durchsetzt von Zugspannungstrajektorien: ein idealer biologischer Leichtbau.

Es ist historisch interessant, daß nicht ein Biologe oder Mediziner das Konstruktionsprinzip dieser Materialanordnung erkannt hat, sondern ein Statiker, Carl Culmann (1821–1881), der Begründer der graphischen Statik. Nähere Untersuchungen haben gezeigt, daß die Materialanordnung nicht nur in der bisher betrachteten medianen Schnittebene hochfunktionell ist, sondern in jeder betrachteten Ebene, so daß sich räumlich gekrümmte Flächen gleicher Spannung im Oberschenkelknochen des Menschen konstruieren lassen, wie Benno Kummer gezeigt hat.

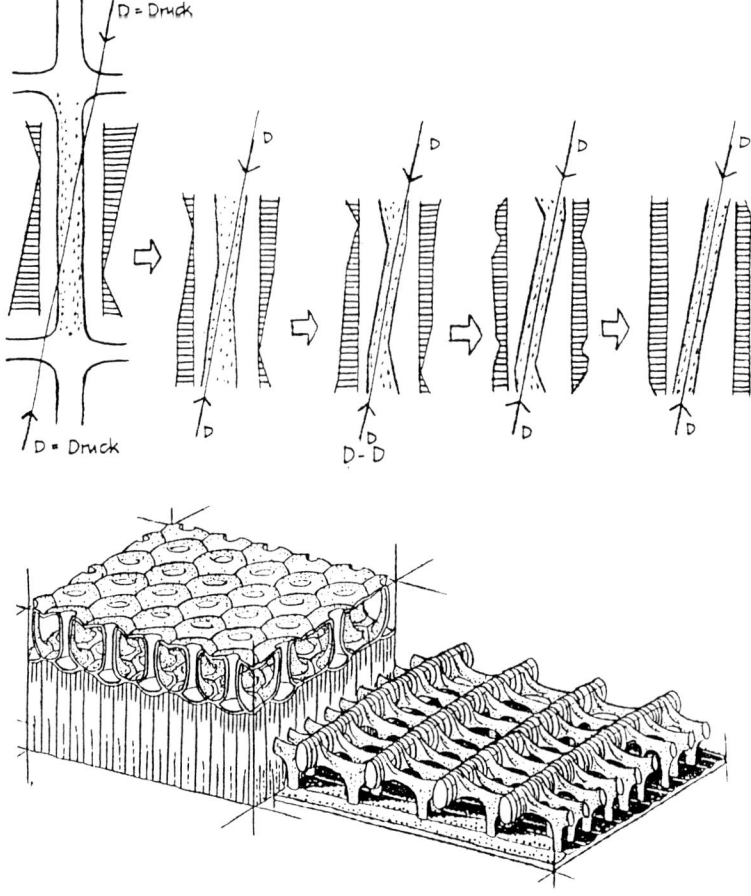

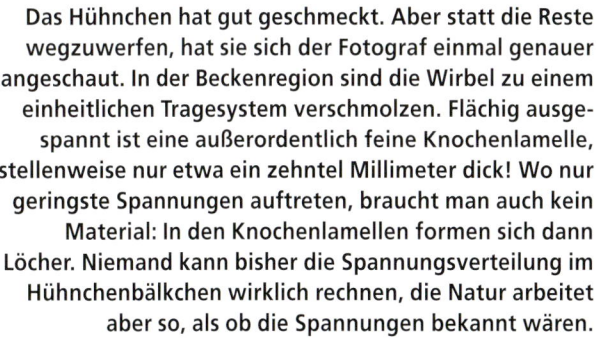

Das Hühnchen hat gut geschmeckt. Aber statt die Reste wegzuwerfen, hat sie sich der Fotograf einmal genauer angeschaut. In der Beckenregion sind die Wirbel zu einem einheitlichen Tragesystem verschmolzen. Flächig ausgespannt ist eine außerordentlich feine Knochenlamelle, stellenweise nur etwa ein zehntel Millimeter dick! Wo nur geringste Spannungen auftreten, braucht man auch kein Material: In den Knochenlamellen formen sich dann Löcher. Niemand kann bisher die Spannungsverteilung im Hühnchenbälkchen wirklich rechnen, die Natur arbeitet aber so, als ob die Spannungen bekannt wären.

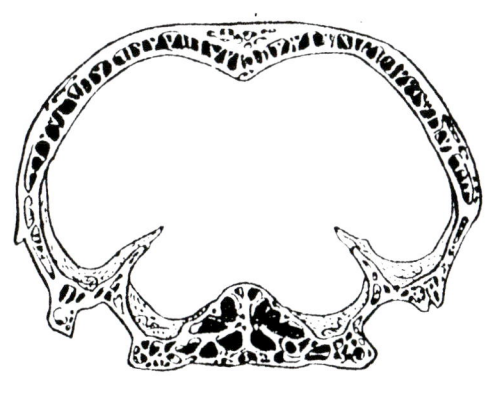

Krähen als Tagvögel haben »nur« ein einfaches, stoßdämpfendes Palisadensystem in ihrem Schädelknochen ausgeformt. Eulen und Käuze tragen dagegen riesige und trotzdem leichte Stoßdämpfer.

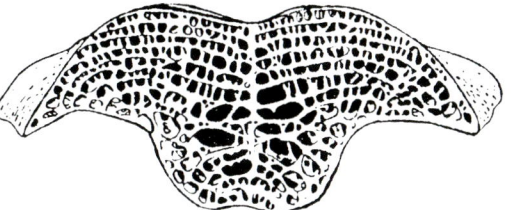

Das Eischiffchen einer Stechmücke nutzt die Oberflächenspannung des Wassers perfekt. Auf der leicht gewölbten Fläche bringt es die größtmögliche Zahl von »Eistiftchen« unter.

Mit dem Baumaterial »Kalk« bauen die Seeigel ihre Schalenstrukturen, mit dem Baumaterial »Silikat« formen die Glasschwämme ihre ungemein grazilen, dabei aber stabilen Stützskelette. Leichtbauten sind sie beide. Ein bestimmtes Baumaterial erzwingt aber auch eine bestimmte Formgebung.

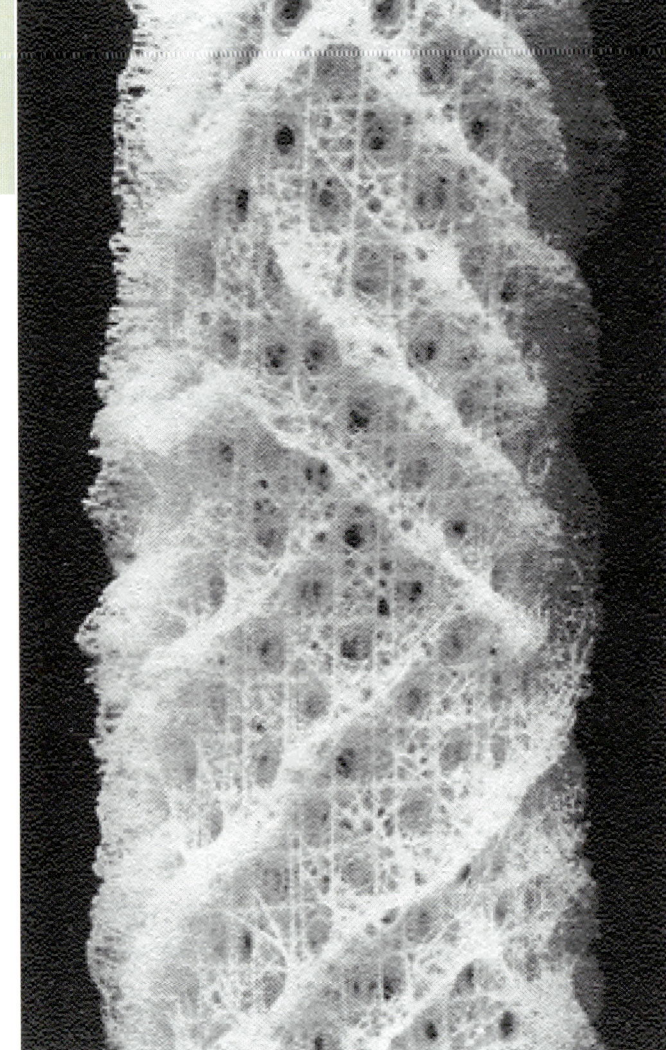

Das feinste schwammige Knochenmaterial ist also als Baumaterial nicht zu verstehen, wenn man nicht auch seine Anordnung mitbetrachtet. Das sind ganz typische Gesichtspunkte, wenn man Baustrukturen im Bereich der belebten Welt vergleicht. Nicht jede spongiöse Materialanordnung entspricht wie die Knochenspongiosa im Oberschenkelhals und -kopf einem idealen biologischen Leichtbau (dazu muß sie sowohl

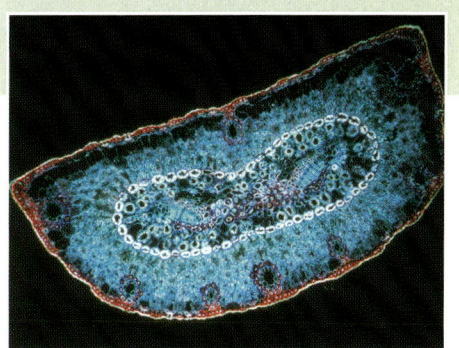
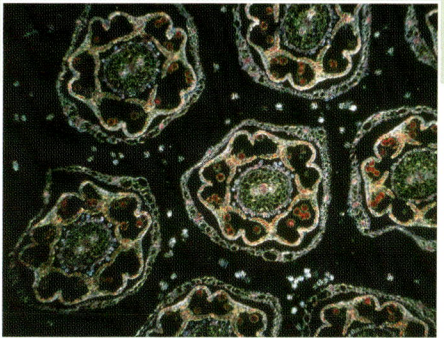
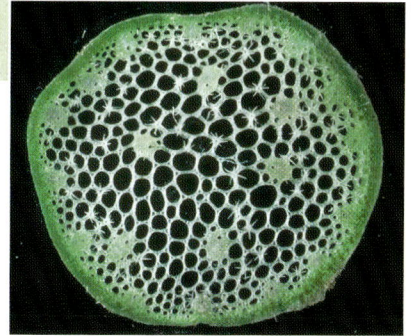

Schnitte durch Pflanzenteile enthüllen den grazilen Leichtbau. Von links nach rechts: Schnitt durch die Nadel eines Nadelbaums, durch die Teilblüten eines Blütenstands und durch den Halm eines hochragendes Grases.

entsprechend den Spannungstrajektorien ausgerichtet sein als auch in ihrer Materialdichte den jeweils wirkenden Belastungen proportional sein; beide Aussagen konnten für den Oberschenkelknochen gesichert werden). Betrachtet man beispielsweise den Skelettausschnitt aus der Schale eines Stachelhäuters, vielleicht eines Seeigels, so findet man hier eine Art Spongiosastruktur aus miteinander verschmolzenen Kalk-

stützen. Doch ist diese mehr zufällig angeordnet, nicht streng gerichtet.

Knochenmaterial ist in vielerlei Hinsicht ein höchst bemerkenswerter biologischer Werkstoff. So kann er sich bekanntlich selbst reparieren. Die Kallusbildung bei einem Knochen verläuft so, daß zunächst eine Materialverschmelzung und gleichzeitig Knochenverdickung einsetzt, indem die Osteonen-Röhrchen, neu ange-

Die aus Wachs gefertigten Bienenwaben sind höchst raffinierte Minimalkonstruktionen. Sie dienen der Nachzucht, aber auch der Honiglagerung (Bild Mitte). Dabei fangen die äußerst zarten Wände beachtliche Belastungen ab.

Der Tintenfisch-Schulp ist ein Etagenbau. Die einzelnen Ebenen werden durch ideal ausgeformte, hohle und damit sehr leicht Säulchen abgestützt.

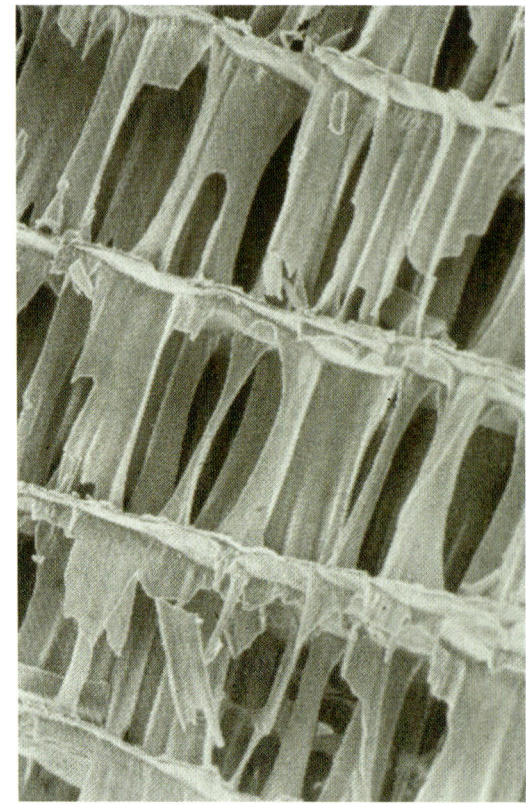

legt, aufeinander zuwachsen und sich gegenseitig durchdringen. Später wird die Verdickung wieder abgebaut, nachdem die provisorisch geschlossene Verbindung funktionell umgebaut worden ist. Ein solcher funktioneller Umbau erfolgt nach der Richtung der durchschnittlichen Lastresultierenden und läßt sich am Schema eines Einzelbälkchens gut demonstrieren. Bei Schrägbelastung ist die Biegespannung in einem solchen Bälkchen ungleich und kann besonders in den Randregionen hohe Werte annehmen. Das Bälkchen wird nun auf die mittlere neue Belastungsrichtung eingestellt: Knochenbildungszellen oder Osteoblasten lagern Knochensubstanz ab, Knochenzerstörungszellen oder Osteoklasten nehmen Knochensubstanz weg, jeweils funktionell dort, wo welche gebraucht wird oder zuviel ist. Im Zuge dieser Auf- und Abbauvorgänge stellt sich das Bälkchen nach einigen Wochen auf die neue mittlere Belastungsrichtung ein. Die Biegespannung ist dann wieder über das ganze Bälkchen konstant und klein. Es handelt sich um technische, im Mikromaßstab funktionell angeordnete Werkstoffe, die sich selbst reparieren können und bei Belastungsänderung langsam gegenüber einer neuen Belastung automatisch optimieren – Werkstoffe, die bei geringem Eigengewicht hoch belastbar sind und nach dem Gebrauch vollständig in Mineralstoffe zerlegbar und damit rezyklierbar sind! Stellt die Knochensubstanz des Wirbeltieres nicht eine unglaubliche Herausforderung an die Werkstofftechnologen dar?

Mit großem Interesse haben die an Werkstoffen interessierten Biologen die Konstruktionsprinzipien und praktischen Erfolge technischer Verbundwerkstoffe verfolgt, regen sie doch zum direkten Vergleich mit analogen biologischen Materialien an. Im Rasterelektronenmikroskop-Bild sieht man bei schwacher Vergrößerung der Bruchfläche eines glasfaserverstärkten Kunststoffs sehr deutlich, wie die abgebrochenen feinen Glasfasern aus der Kunststoffmatrix herausschauen. Vergleicht man damit die Bruchfläche eines Seeigelzahns, so findet sich eine erstaunliche Übereinstimmung. Auch hier zugfeste, dünne, fadenartige Längsstrukturen, in einer druckfesten Matrix eingebettet. Wüßte man nicht, welches Bild zur Natur und welches zur Technik gehört, so könnte man bei den beiden Umzeichnungen wahrscheinlich nicht ohne weiteres sagen, wo sie einzuordnen sind.

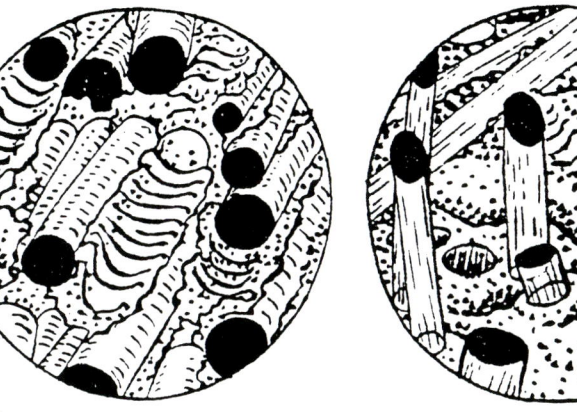

Links die Bruchfläche eines Seeigelzahns, rechts die eines glasfaserverstärkten Kunststoffes. Die Ähnlichkeiten sind verblüffend.

Seeigelzähne sind hochinteressante Konstruktionen. Sowohl im Material als auch in ihrer Feinanordnung wie schließlich in der Gesamtausgestaltung sind sie hochfunktionell. Während in der Technik Verbundwerkstoffe aus ganz unterschiedlichen Materialien bestehen, deren Eigenschaften auf geschickte Weise kombiniert werden – beispielsweise Glasfäden und Kunstharz – ist der genannte Zweikomponentenwerkstoff der Seeigelzähne höchst eigentümlich: Er besteht zwar aus zugfesten Fäden und druckfesten Verbindungselementen, doch sind beide aus der gleichen biologischen Ausgangssubstanz zusammengestzt: Calciumcarbonat, Kalk! Nur die physikalisch-chemische Konfiguration ist etwas unterschiedlich: ein Zweikomponentenwerkstoff gleichen Materials, das in zwei mechanisch durchaus verschiedenen Konfigurationen vorliegt. Schneidet man einen solchen Seeigelzahn quer, so erhält man eine T-förmige Schnittfigur. Bei der normalen raspelnden Beanspruchung wird der Hals dieser T-Figur auf Zug, der Querbalken auf Druck beansprucht. Dementsprechend findet man den Hals mit Zugfäden durchsetzt, den Querbalken aus einer Art ineinandergesteckter Kalktüten aufgebaut, die durch einen Kalk-Binder zusammengeklebt sind: eine druckfeste, gleichzeitig auch verwindungssteife Struktur. Es gibt sehr unterschiedliche Seeigel mit verschiedenartig geformten Zähnen, und es wäre eine lohnende Aufgabe, dies einmal vergleichend biomechanisch zu untersuchen. Vielleicht bekäme man daraus bionisch interessante Anregungen, die auch in der Technik weiterhelfen könnten. Diese hat ja bekanntlich große Erfolge im Kleben unterschiedlicher Materialien. Beim F-14-Jäger der 80er Jahre wurden die Horizontal-Stabilisatoren (die vom Schwerpunkt weit entfernt liegen und deshalb leicht sein sollten) im Prinzip so aufgebaut, daß ein Bor-Epoxyharz-Kern mit einer Titankante verklebt ist und die Innenteile durch Bienenwabenstrukturen aus Aluminium geformt werden.

Solche Bienenwabenstrukturen oder Sandwichanordnungen sind im Flugzeugbau üblich, wo es sich fast immer um flächige Belastungen handelt und wo die Strukturen so leicht sein müssen wie irgend möglich. Eine solche Sandwichanordnung besteht aus Aluminiumwaben, die mit zwei Deckschichten aus Aluminium beklebt sind. Die relativ druckfesten Aluminium-

Die Schmelzschuppen (Bild unten) verschiedener Fische sind nach einem ganz anderen Prinzip gebaut: sehr harte, glatte Oberflächen.

Die gegenüberliegende Seite zeigt eine rasterelektronenmikroskopische Aufnahme vom Querschnitt durch den Halm einer Simse. Im linken unteren Bildteil erkennt man das feine »Sterngewebe«, bestehend aus länglichen, aufeinander zuwachsenden Zellen. Mit geringem Materialaufwand versteifen sie den Halm, wie Biegeversuche mit und ohne dieses Gewebe gezeigt haben.

waben werden auf diese Weise auch gegen Zug unempfindlich und verwindungsstabil. Wüßte man nicht, daß diese technologische Konstruktion ohne Blick auf das Vorbild Natur gefunden worden ist, so könnte man fast denken, daß die Konstrukteure die Bauprinzipien bei einer bestimmten Braunalge abgeguckt haben, der chilenischen Art *Durvillaea antarctica*. Diese langgezogene Alge bewegt sich im Rhythmus der Gezeiten, und ihre Blätter sind hochelastisch, dabei aber außerordentlich druckfest und scherunempfindlich. Sie bestehen, ganz analog zum eben genannten technischen Beispiel, aus einer Art hexagonaler Wabenstruktur, die mit zwei Deckschichten verschmolzen ist. Alle diese Elemente sind aus Zellen aufgebaut, doch lagern sich diese zu unterschiedlichen Konfigurationen zusammen, die insgesamt ein mechanisch hochfunktionelles Ganzes bilden.

Eine Art Sandwichanordnung stellt auch der bereits genannte Stachelschwein-Stachel dar, nur ist er im Vergleich zu dem oben diskutierten Stachel des Igel-Tanreks komplizierter gebaut. Eine dichte, hornige Hülle sendet nach innen Ausläufer in ein System aus verhärtetem, hornartigem Schaum. In diesem Schaum hat sich aber ein anderes Hartsystem aufgebaut, dessen Lamellen nach außen streben. Sie verzahnen sich mit dem nach innen gerichteten Lamellensystem so, daß sie – wenn überhaupt –, nur an den zartesten Verbindungslinien verschmelzen.

Insgesamt findet sich hier ein hochinteressantes biologisches Material, bestehend aus einem Schaumkern, durchwachsen von zwei senkrecht zueinander verlaufenden tragenden Plattensystemen. Dadurch ist der Stachelschwein-Stachel nicht nur leicht und stabil, sondern auch relativ biegbar und elastisch, weil sich die beiden Trägersysteme ein wenig gegeneinander verschieben können. Auf diese Weise wird verhindert, daß er bereits bei kleinen Belastungen irreparabel knickt oder sogar abbricht.

Biologisches Knochenmaterial in Sandwichanordnung findet sich in erstaunlichen Ausbildungen in Vogelschädeln. Schneidet man den Schädel einer Rabenkrähe quer, so findet man zwei dünne Knochenlamellen, die von palisadenartigen Knochenstreben auf Abstand gehalten werden: ein Einfachpalisadensystem. Ganz anders sieht es beim Waldkauz aus. In der Stirnregion findet sich ein Mehrfachpalisadensystem, bestehend aus bis zu zehn Etagen! Der Sinn dieses ebenso elastischen wie leichten Knochensystems leuchtet ein: Nächtlich jagende Eulen kommen eher einmal in die Lage, irgendwo anzustoßen und sich zu verletzen, als nur am Tag fliegende Krähen (siehe Abb. S. 245).

Das Mehrfachpalisadensystem in der Stirnregion ist sicher ein präventiver Stoßdämpfer. Doch hat sich gerade in der letzten Zeit herausgestellt, daß die »Pneumatisierung« des Vogelschädels auch temperaturregulatorische Funk-

Die chilenische Braunalge Durvillaea antarctica ist eine ganz typische Sandwich-Konstruktion. Links ist eine Deckschicht zum Teil abgezogen; man sieht auf das Füllmaterial. Rechts ist die Alge quer geschnitten.

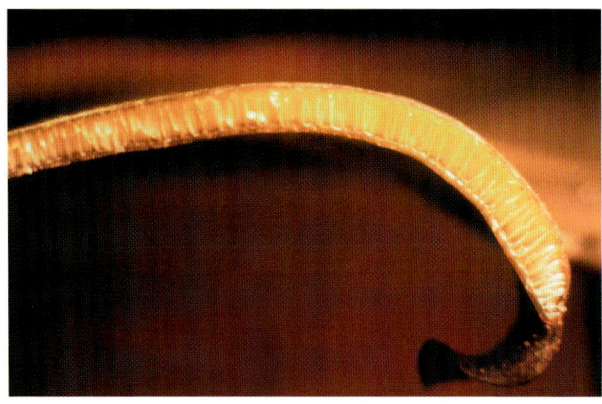

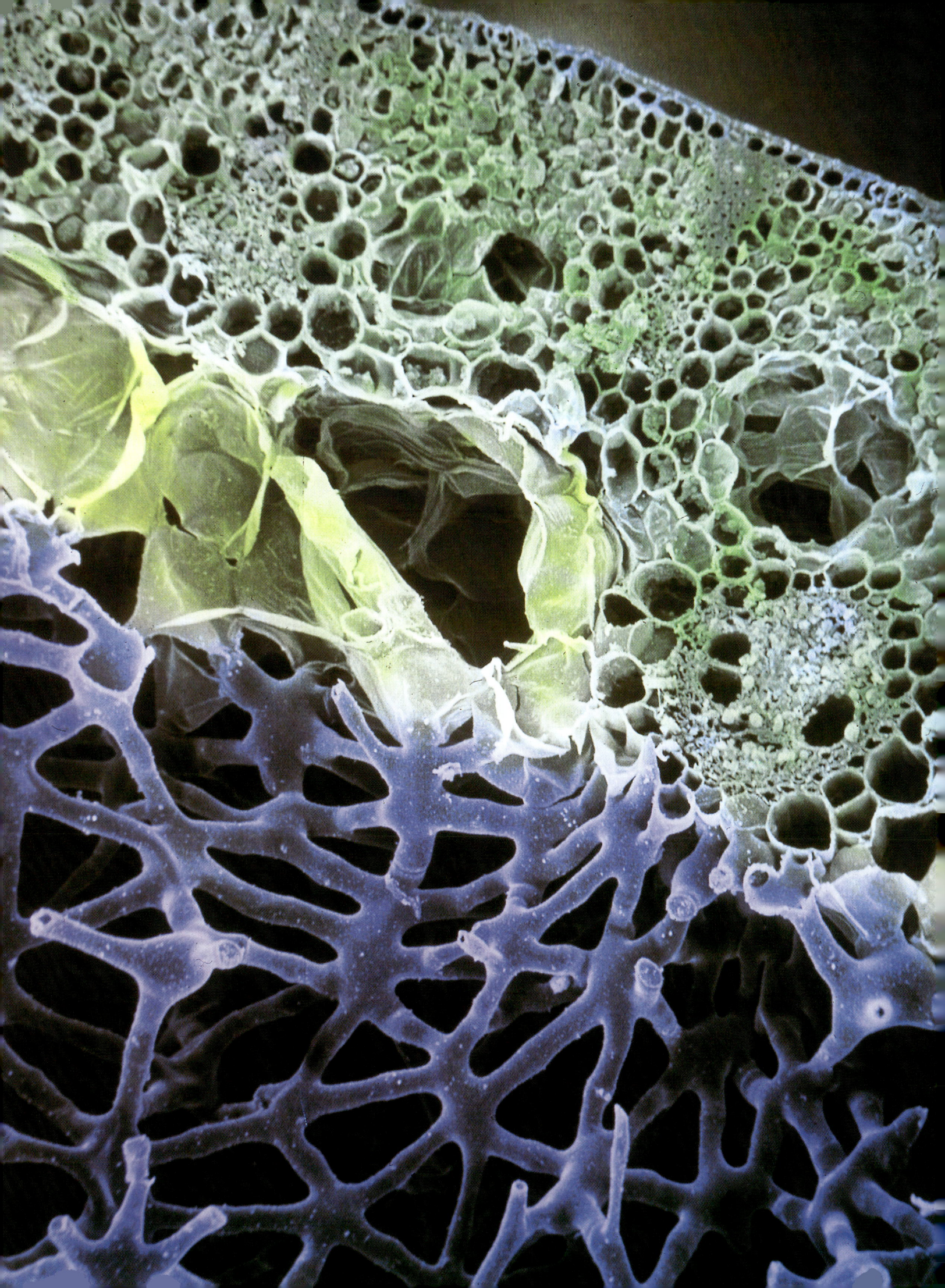

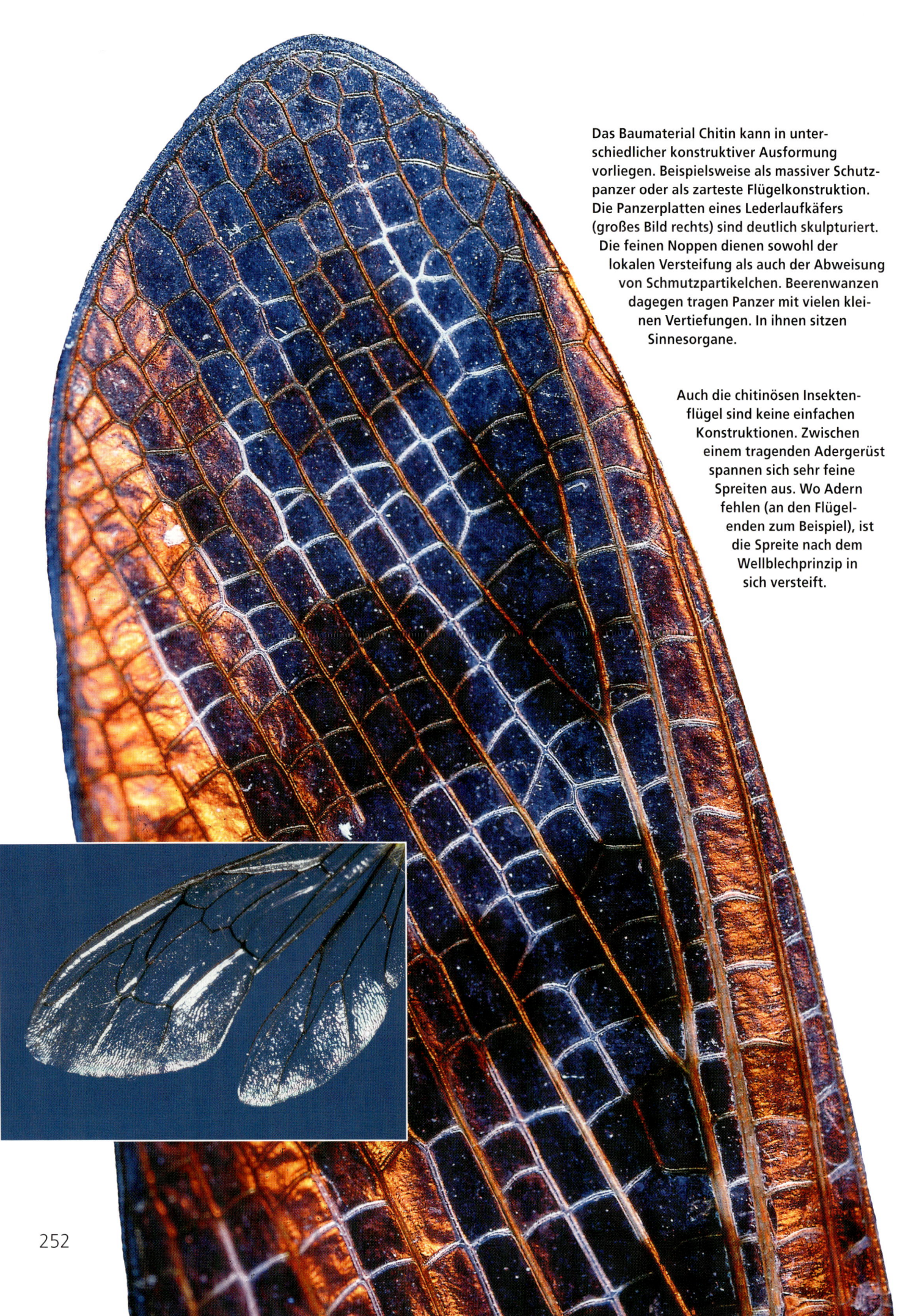

Das Baumaterial Chitin kann in unterschiedlicher konstruktiver Ausformung vorliegen. Beispielsweise als massiver Schutzpanzer oder als zarteste Flügelkonstruktion. Die Panzerplatten eines Lederlaufkäfers (großes Bild rechts) sind deutlich skulpturiert. Die feinen Noppen dienen sowohl der lokalen Versteifung als auch der Abweisung von Schmutzpartikelchen. Beerenwanzen dagegen tragen Panzer mit vielen kleinen Vertiefungen. In ihnen sitzen Sinnesorgane.

Auch die chitinösen Insektenflügel sind keine einfachen Konstruktionen. Zwischen einem tragenden Adergerüst spannen sich sehr feine Spreiten aus. Wo Adern fehlen (an den Flügelenden zum Beispiel), ist die Spreite nach dem Wellblechprinzip in sich versteift.

Chitinstrukturen können zu abenteuerlichen Formen führen. Das ist der Kopf eines Laternenträgers, einer großen brasilianischen Zikade der Art Fulgora laternaria. Die Chitinstruktur sieht auf den ersten Blick aus wie eine Krokodilskopf.

tionen hat. Sie verhindert, daß der Fahrtwind einen schnell fliegenden Vogel zu stark abkühlt und unterstützt somit wirkungsvoll die Federbedeckung des Kopfes. Erstaunlich ist, wie dünn die abschließenden Knochenmembranen sein können. Beim Ziegenmelker, der bei uns leider praktisch ausgestorbenen Nachtschwalbe, sind sie nur wenige hundertstel Millimeter dick. Doch reicht diese Membrandicke aus, wenn genügend Versteifungen da sind, wie eben die Palisaden. In ähnlicher Weise findet man biologische Materialien in versteiften Membranen angeordnet, etwa bei Fischschuppen oder bei den Saugnäpfen von Würmern.

Ein bekanntes Beispiel für membranartige Ausformung eines biologischen Materials stellen auch die Blätter der großen südamerikanischen Seerosenarten dar, beispielsweise der altbekannten *Victoria amazonica* (oder *regia*) oder auch der etwas kleineren Art *Victoria cruziana*. Die Blattspreite ist sehr dünn, sie beträgt nur wenige Millimeter. Sie wird jedoch durch ein System radialer Rippen versteift, die sich gabelig (dichotom) aufzweigen, wobei sich der durch ebensolche Verzweigung gestützte Rand terrinenartig aufwölbt. Solche Blätter mit Durchmessern von etwa einem Meter sind ohne weiteres in der Lage, ein kleines Kind zu tragen oder auch zwei. Am Rand besitzen sie übrigens eine Einkerbung, aus der Regenwasser abfließen kann. Bekanntlich hat die radiale Verrippung dieser Blätter, wie sie gerade an der Blattunterseite der *Victoria amazonica* gut sichtbar ist, Sir Joseph Paxton zur Konstruktion des ersten Metallgerüst-Glas-Gebäudes der Architekturgeschichte inspiriert, des Londoner Crystal Palace. Es ist verbürgt, daß er bei seinen Studien von der radialen Verrippung der Riesenseerosenblätter ausgegangen ist. Eine ähnliche Verrippung zeigt im übrigen auch die Segelfrucht der bekannten *Zannonia*, eines etwa zehn Zentimetergroßen Nur-Flüglers. Das feine trockene Blatt ist gegen den Rand durch sich gabelig verzweigende Rippen ausgesteift.

In der Technik ist seit einigen Jahren der Bau großer Schalen beispielsweise zur Überdachung von Schwimmbädern oder ganzer Häuser möglich und üblich geworden. Wer die Schweizer Autobahn Basel-Zürich fährt, sieht eine solche Doppelschale, die Dutzende von Meter weit eine Tankstelle überspannt, eine Konstruktion des Schweizer Architekten Heinz Isler. Diese Schalen bestehen aus Spannbeton. Auch in der Biologie finden sich Schalenkonstruktionen der unterschiedlichsten Ausgestaltung und es ist interessant, ihren Materialfeinbau ein wenig unter die Lupe zu nehmen.

Biologische Schalen sind bereits aus frühen erdgeschichtlichen Perioden bekannt. So sehen die Deckknochen primitiver Panzerfische oder

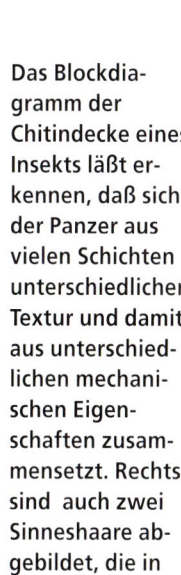

Placodermi folgendermaßen aus: Über einer basalen Lamellenschicht von Knochensubstanz liegt eine spongiöse Schwammschicht, die von einer sogenannten Dentinschicht abgedeckt wird. Hier handelt es sich aber nicht um eine Form von Zahnbein, sondern wiederum um Knochensubstanz, allerdings von ganz anderer Ausgestaltung: Aneinandergedrückte, halbkugelförmige Noppen verschmelzen zu einer Art tragendem Abschlußflächenwerk. Eine Schale aus drei Komponenten, ähnlich wie beim Seeigelzahn aus gleichartigen Baustoffen – hier Knochensubstanz –, jedoch in unterschiedlicher Ausgestaltung! Die Abschlußmembran ist besonders hart und gleichzeitig extrem glatt.

Ein Sprung in die Gegenwart und in kleinere Dimensionen: Insekteneier! Der Baustoff der Insekten ist Chitin, ein stickstoffhaltiges Polysaccharid, das durch unterschiedliche Einlagerungen in allen Härtegraden herstellbar ist, zwischen mäßig weich und extrem hart. Die Gelenksklerite, einzelne, winzig kleine, bewegte Elemente in den Flügelgelenken von Insek-

Das Blockdiagramm der Chitindecke eines Insekts läßt erkennen, daß sich der Panzer aus vielen Schichten unterschiedlicher Textur und damit aus unterschiedlichen mechanischen Eigenschaften zusammensetzt. Rechts sind auch zwei Sinneshaare abgebildet, die in diesem Panzer verankert sind.

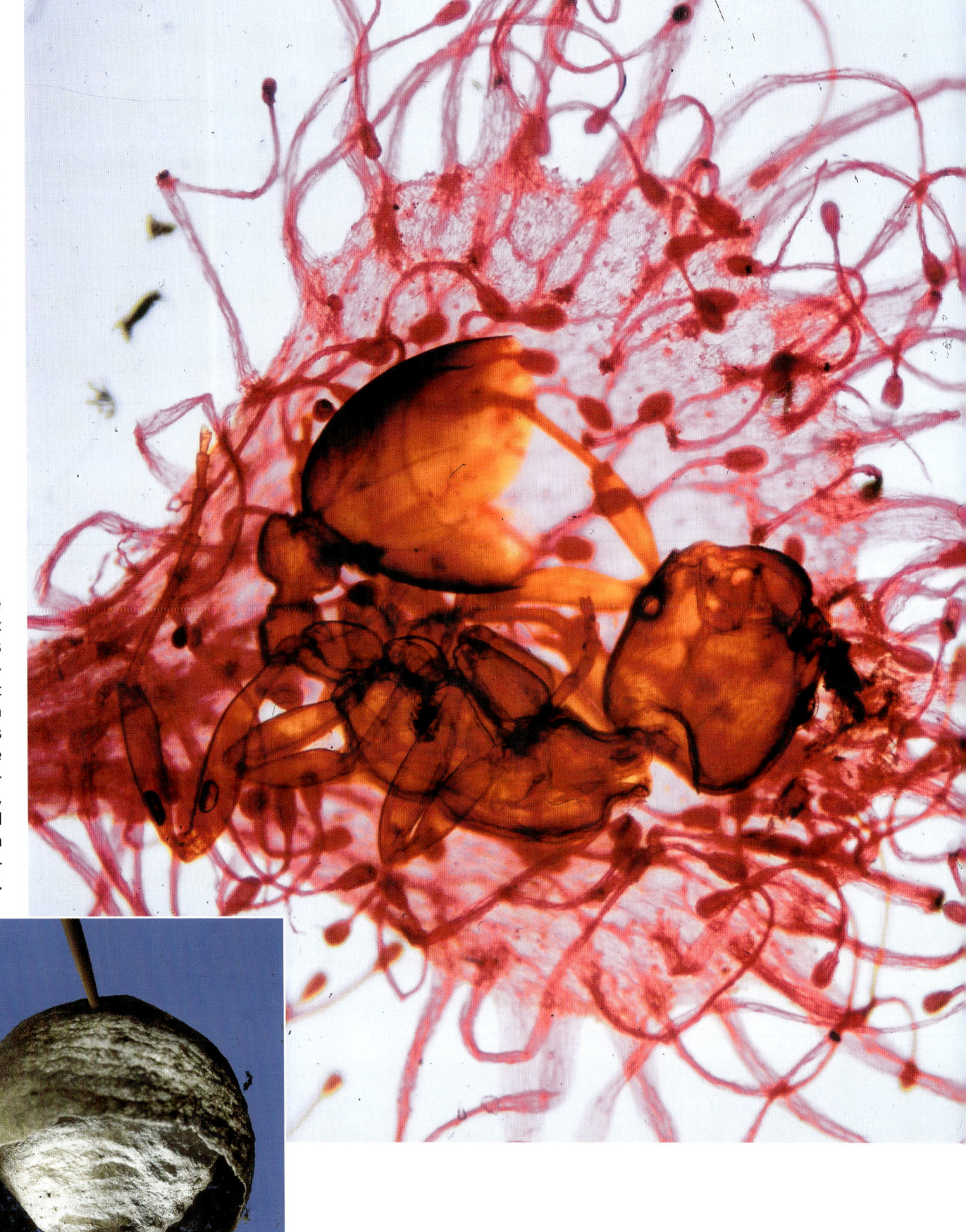

Ein mikroskopisches Präparat. Ein Sonnentau-Köpfchen hat eine Ameise umfaßt. Was den Verdauungssäften widersteht, ist nur mehr die ausgelaugte Chitinhülle des Insekts.

Die Nesthülle einer Wespenart besteht aus »Papier«: abgeschabtes und mit Speichelsekreten verarbeitetes Holzmaterial. Sie ist leicht, wärmeisolierend, abbaubar und außerdem noch wasserabweisend.

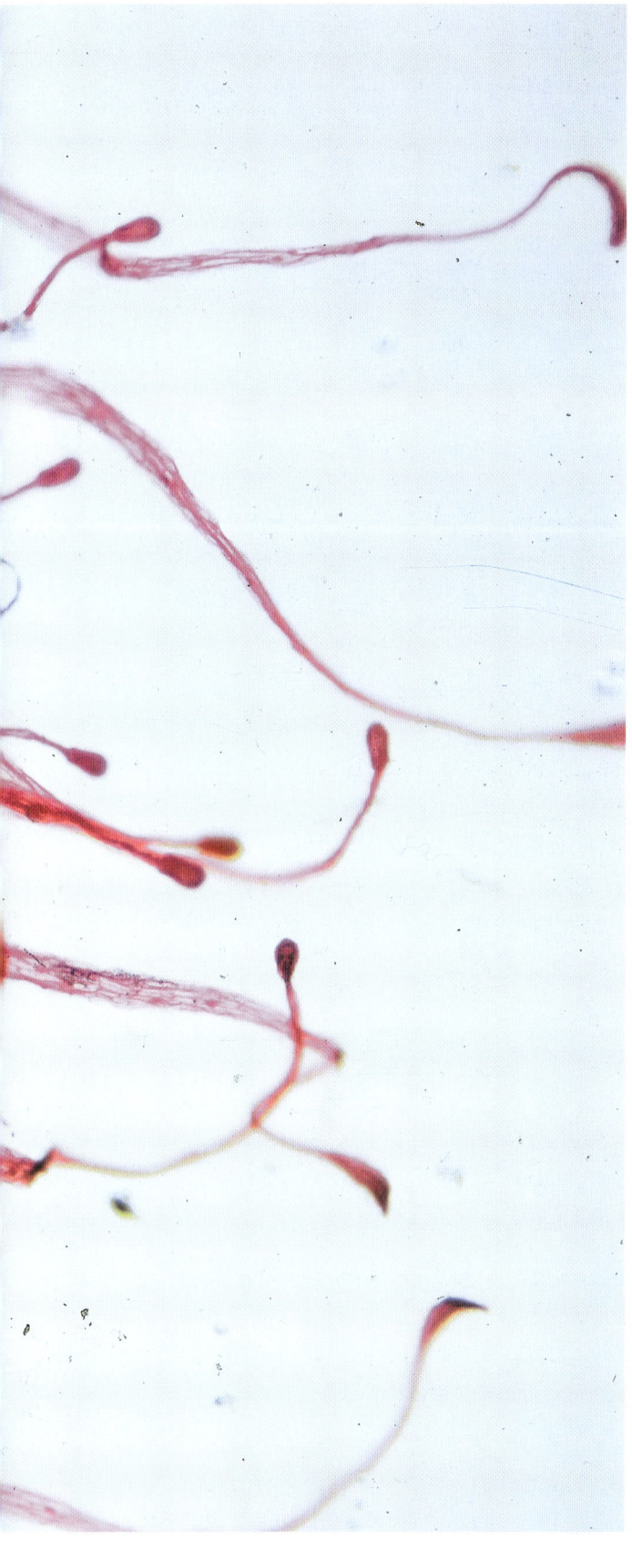

Fast wie ein Fernsehturm wirkt die Knospenspitze eines Lauchgewächses. Durch Erhöhung des Innendrucks platzt die Hülle, und die Blütenteile drängen nach außen. Hier besteht das Hüllmaterial im wesentlichen aus verstärkter Zellulose. Die Vielfalt der Konstruktionen, die damit möglich sind, steht den Chitinkonstruktionen der Tiere nicht nach.

Insekteneier sind scheinbar einheitliche Konstruktionen. Wie das Blockdiagramm zeigt, ist die chitinöse Hülle aber in erstaunlicher Weise feinstrukturiert.

ten, gehören zu den extrem harten Chitinstrukturen. Sie schwingen während der Lebenszeit einer Fliege viele Millionen mal hin und her, gleiten dabei aufeinander und reiben sich trotzdem nicht ab. Anders die Hüllen von Eischalen: Diese müssen luftdurchlässig sein, damit das Gewebe im Inneren Kohlendioxid abgeben und Sauerstoff aus der Umgebung aufnehmen kann, müssen aber gleichzeitig auch wasserabweisend sein. Die Natur löst das Problem durch einen Mehrschichtenbau der Schale. Eine Art Fundament mit vielen parallelen Kanälen ist überwölbt von wasserabweisenden, geschlitzten Sechseckstrukturen, die über breitbasige Pfeiler mit der basalen, aus Chitin bestehenden Grundsubstanz verbunden sind. Das entstehende

Hohlraumsystem macht das Ei auch leicht, so daß es bei eventueller Überschwemmung auf dem Wasser schwimmt und nicht untergeht. Mücken legen ihre Eier, zu ganzen Schiffchen verbacken, direkt auf der Wasseroberfläche ab. Diese Strukturen »atmen«, saugen aber trotzdem kein Wasser auf. Besonders komplex sind die Eischalen der Schmeißfliegen. Dickbasige Pfeiler verjüngen sich in viele winzig zarte Ständer, die auf der basalen Chitinlamelle stehen. Nach oben verbreitern sich die Pfeiler wieder, nachdem sie zwischen sich ein großvolumiges Luftsystem eingeschlossen haben, und wachsen mit vielen winzig zarten Ausläufern aufeinander zu. Diese Ausläufer verschmelzen miteinander, so daß schließlich ein Netzwerk von Löchern entsteht. Das ganze System dient dazu, den Gasaustausch zu bewerkstelligen, das Ei leicht und schwimmfähig zu machen und vor allem abweisend gegen Tropfwasser.

Die Bildserie zeigt von oben nach unten ein Schmeißfliegenei in immer stärkerer rasterelektronenmikroskopischer Vergrößerung. Die Eihülle ist aufgeplatzt. In der untersten Teilabbildung erkennt man die Chitinpfeiler, ähnlich wie sie in der Rekonstruktionszeichnung auf der gegenüberliegenden Seite dargestellt sind. Das Bild unten zeigt eine Schmeißfliege.

Aus dem Baustoff Chitin läßt sich alles mögliche formen, beispielsweise die Spreite eines Schmetterlingsflügels. Auch die Schmetterlingsschuppen sind reine Chitinkonstruktionen. Erst

Schmetterlingsschuppen überlagern sich dachziegelförmig. Sie bilden damit eine einheitliche Fläche. Ihre Strukturierung beeinflußt die Umströmung beim Fliegen positiv; die feinen Rauhigkeiten erzeugen etwas höheren Auftrieb. Gleichzeitig sind sie in der Lage, mit den mikroskopisch feinen Riefen Schillerfarben zu erzeugen. Diese spielen bei der Werbung eine Rolle. Bei geeigneter Flügelstellung können sie auch Wärmestrahlen auf den Körper reflektieren und ihn damit aufheizen. Flügelschuppen sind also Leichtbaukonstruktionen, die ganz unterschiedliche Funktionen unter einen Hut bringen. Die Bildfolge auf der rechten Seite zeigt ein Tagpfauenauge, Flügelschuppen und die Verankerung einer Schuppe in der chitinösen Flügeloberfläche. Alles ist leicht und zart gebaut, gleichzeitig erstaunlich widerstandsfähig.

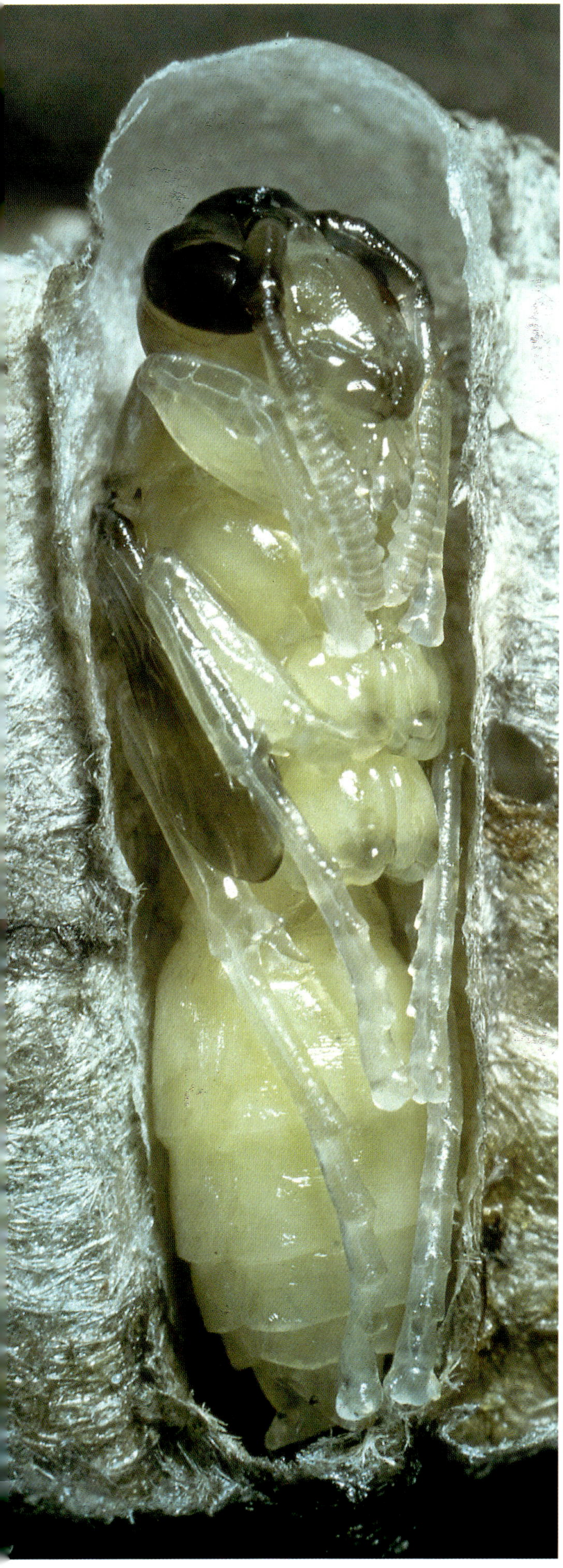

mit Hilfe des Rasterelektronenmikroskops konnte man verläßliche Hinweise auf ihren architektonischen Feinbau gewinnen. Im Blockdiagramm sehen sie aus wie Fabrikdächer: Dreieckige Rinnen verschmelzen mit seitlichen Ausläufern, und diese Ausläufer, die zwischen sich Öffnungen bilden, stehen mit regelmäßigen Ständern auf einer basalen Lamelle. Somit ist die Schmetterlingsschuppe zweischichtig, aber äußerst leicht gebaut. Die auf diese Weise gebildete zarte Rippung der Oberseite hat eine bestimmte Funktion: Durch physikalische Effekte entstehen bei bestimmter Lichteinfallsrichtung Schillerfarben, die unter anderem eine Rolle beim Erkennen des Geschlechts und als Abschreckungsmittel gegen Feinde spielen.

Die Schmetterlingsschuppen sind sozusagen Ein-Etagen-Konstruktionen. Mehr-Etagen-Bauten, ganz analog der spongiösen Stirnregion im Waldkauzschädel, findet man beim Schulp von Tintenfischen. Jedermann kennt diese Innenskelette der Sepien, die man in Tiergeschäften als Kalklieferanten für Stubenvögel kaufen kann. Sie bestehen zur Gänze aus etagenförmig angeordneten Kalkelementen, die zwischen sich Hohlräume einschließen. In diese Hohlräume

Während die Honigbienen ihre Larven- und Puppenkammern aus Wachs fertigen, bauen die Wespen – darunter unsere größte, die Hornisse – ihre Kammern aus einer Art Holzmaterial. In beiden Fällen entstehen grazile Leichtbaukonstruktionen. Erstaunlich, wie hauchzart das Material an dem halbkugeligen Deckengewölbe der Puppenwiege ist.

Larven- und Puppenhäute: Auch sie werden ausschließlich aus dem Baumaterial Chitin geformt. Es kann während der Entwicklungszeit verhärten und erfüllt damit Schutzfunktionen.

Eine Ritterrüstung entspricht in ihrer Panzeranordnung dem Insekten- und Krebspanzer. Beide sind »Außenskelette« mit Schutzfunktion. Auf der einen Seite tragen sie große, oft sehr kompliziert geformte Platten, die den Schutz entsprechender Körperteile übernehmen. Auf der anderen Seite müssen die Extremitäten beweglich sein. Ihr Schutzpanzer ist deshalb aus ineinander gleitenden Panzerplatten geformt.

»Rüstungen« der unterschiedlichsten Art, vom japanischen Samurai über den Weltraumanzug bis zur klassischen mittelalterlichen Rüstung. In allen Fällen ist Schutzfunktion und Beweglichkeit gekoppelt.

264

Diese goldene »Rüstung« dient einem vergleichbaren Zweck wie die Schutzanzüge auf der gegenüberliegenden Seite; denn in der sensibelsten Phase seiner Gestaltwerdung, also während der Metamorphose, bedarf die Puppe des Tagpfauenauges ungestörter Ruhe. Die eingekerbten Linien sind jene Stellen, an denen beim Schlüpfen der Panzer aufreißt. Es gibt aber auch beweglich gepanzerte Schmetterlingspuppen, so etwa bei den Schwärmern.

dringt Körperflüssigkeit ein, und die Eindringtiefe kann durch osmotische Wasserabgabe oder Wasserresorption verändert werden. Auf diese Weise wird der Schulp leichter oder schwerer, und über dieses Auftriebshilfsmittel kann sich der Tintenfisch in einer bestimmten Wassertiefe exakt schwebend halten. Eine hochwichtige Einrichtung, denn er spart so Stoffwechselenergie. Energiesparen ist im biologischen Bereich seit Beginn des Lebens eine der stärksten Triebfedern der Evolution gewesen.

Abschließend seien biologische Skelettkonstruktionen besonderer Güte vorgestellt. Der Baustoff für die Radiolarien- und Diatomeenskelette ist meist Siliziumdioxid, manchmal auch Strontiumsulfat. Diese Skelette gehören zu den wenigen nicht rezyklierbaren Bausubstanzen der belebten Welt. Sie werden im allgemeinen nicht mehr abgebaut. Als myriadenfacher Regen sinken sie aus den höheren Meeresschichten zum Meeresboden ab und lagern sich im Laufe der Jahrmillionen zu hohen Schichten auf. Kieselgur (mit Nitroglycerin getränkt = Dynamit) ist eine Ablagerung von Diatomeenschalen.

Radiolarien sind kleine Tiere (Strahlentiere), Diatomeen kleine Algen (Kieselalgen). Wenn man Radiolarienskelette und Diatomeenschalen vergleicht, kann man sich fragen, welche davon

Haftung spielt auch im Bereich der Insekten und anderen Wirbellosen Tieren eine große Rolle. Fliegen breiten großflächige Haftpolster aus und können damit an Glasscheiben entlanglaufen. Zudem besitzen sie noch Krallen darüber, die für gröbere Strukturen geeignet sind. Haftscheiben gibt es ebenfalls bei Fischen.

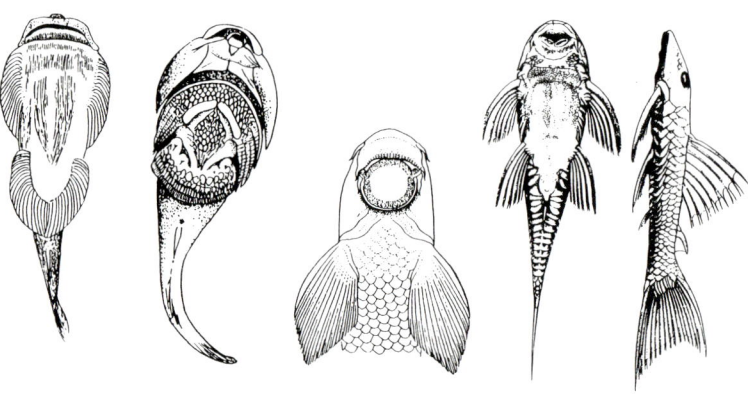

schöner und welche funktioneller sind. Da gibt es Strahlenkugeln mit langen Fortsätzen, Rippenpanzer, pyramidenartige durchbrochene Systeme und Gebilde, die aussehen wie Mondlandefähren oder Tiefseehäuser und anderes mehr. Gerade die Diatomeen stellen oft döschenartige Strukturen dar, in denen die Kieselsäuregerüste in Form von Sechseckrastern aufgebaut sind. Bei näherem Hinsehen zeigt sich, daß es sich im Grunde um Kämmerchen handelt, bestehend aus einer Deck- und einer Basismembran und abgesteift mit durchlöcherten Seitenwänden. Wie kommt diese eigentümliche Anordnung des biologischen Baumaterials Siliziumdioxid zustande?

Gerhard Helmcke, der Berliner Diatomeenforscher hat das Problem in den 70er Jahren bear-

Laubfrösche haben stark verbreiterte Enden an den Fingern und Zehen, die als Haftpolster wirken. Sie kombinieren leichte Klebung mit molekularer Adhäsion. Wenn der Frosch nach dem Sprung erst einmal Fuß gefasst hat, setzt er vor allem im feuchten Regenwald auch seine Bauchseite als großflächige Hafteinrichtung ein. Klammer- und Haftorgane sind auch im Reich der Pflanzen – die Bilder zeigen Blattgewächse aus dem tropischen Regenwald – an der Tagesordnung.

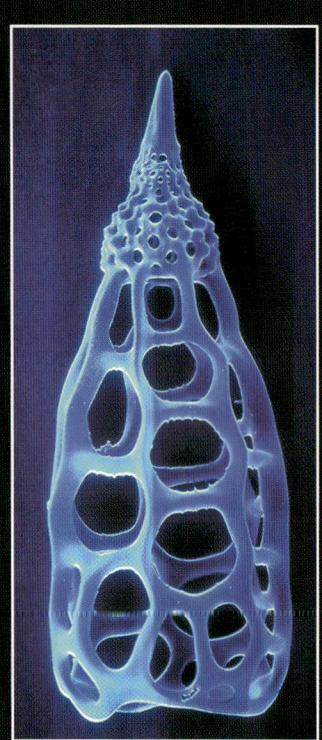
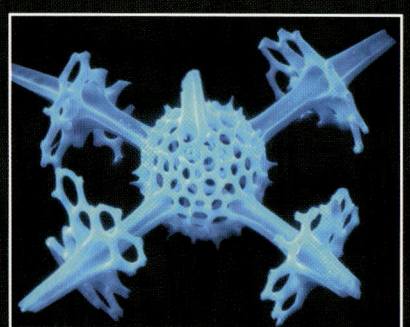
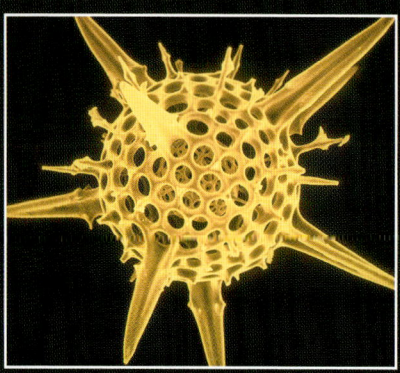

**Biologische Materialien werden stets mit der für einen bestimmten Zweck geringstmöglichen Energie hergestellt. Das bedeutet auch, daß Werkstoffe der Natur in der Regel äußerst massearm und damit besonders leicht sind.
Vor allem in der Planktonmasse, von der die Weltmeere jährlich Billionen Tonnen produzieren, hat man filigranartige Gebilde von unvergleichlich ästhetischem Reiz gefunden: Winzig kleine Kugeln, Glocken und Krönchen, gebaut aus feinsten Kieselsäure-Gittern.**

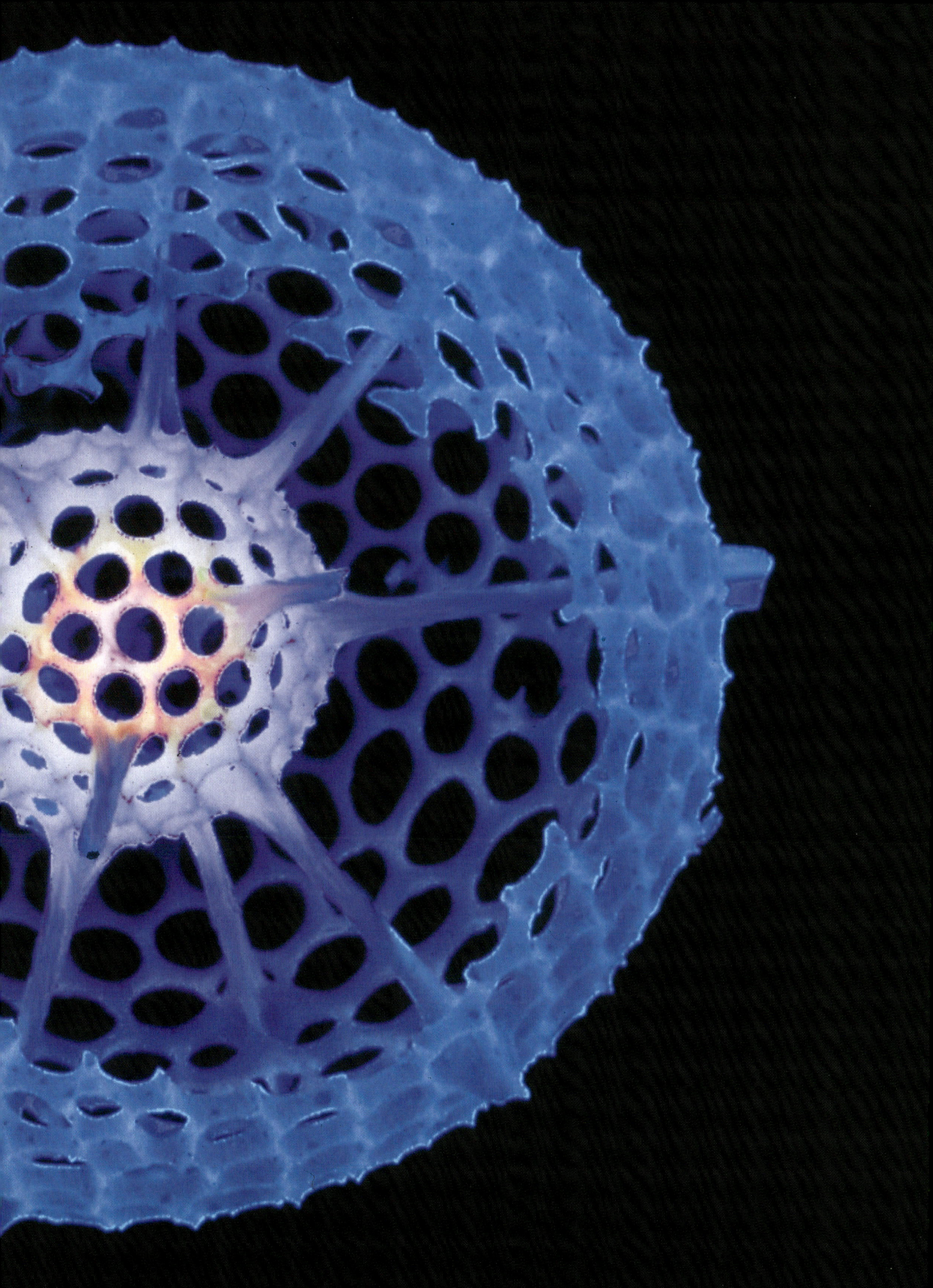

Daß wir der Natur technische Konstruktionspläne und Anleitungen für chemische Verfahren entnehmen können, ist ein weiteres Argument für die Erhaltung der biologischen Vielfalt, weil das noch Unbekannte und Unerforschte womöglich genau so nützlich sein könnte wie die Produkte von Spinnendrüsen.

beitet. Seine damalige Erkenntnis ist heute zwar in Details überholt, doch hat sie große Auswirkungen gehabt. Vor der Schalenbildung sammelt sich an der Peripherie der noch nackten Diatomeenzelle eine ganze Schicht von Fetttröpfchen an, die sich gegenseitig Raumkonkurrenz machen und etwas abplatten. In die so entstehenden Zwischenräume wird flüssige Kieselsäure injiziert. Diese härtet bald aus. Die Fetttröpfchen werden dann durch Stoffwechselvorgänge herausgelöst, und die Kieselsäurepanzerung ist fertig! Im Experiment kann man einen Kieselalgenpanzer mit Kohlenstoff auskleiden. Mit Flußsäure ätzt man dann den SiO_2-Panzer weg, so daß nur die Kohlenstoff-Pölsterchen übrigbleiben. Diese entsprechen dann genau den vormals sich gegeneinanderpressenden Fetttröpfchen, die die

Das Bild rechts außen zeigt von einer Spinne »eingewebte« Klebetröpfchen, die entweder der Befestigung beim Netzbau oder zum Beutefang dienen.

Matrix, sozusagen die Negativform, für die Schale gebildet haben. In einer solchen Schale ist das biologische Baumaterial so angeordnet, daß mit sehr geringem Materialaufwand sehr große Flächendrücke abgefangen werden können.

Nach den gleichen Prinzipien hat man beispielsweise die Leichtkonstruktionen von vielen Glockentürmen gebaut oder Stützstrukturen für Riesenkinoleinwände. So wurde von Mahnleitner die Projektionsfläche für die Kinoleinwand auf der Freilichtbühne im Berliner Waldstadion aus zusammengeschweißten Kunststoffsegmenten gestützt, die in ihrer Gesamtheit exakt einem Kieselalgen-Panzer entsprechen. Auch technische Leichtbetonbauteile, die man nach Art eines solchen Panzers zusammensetzen kann, sind in der Lage, große Flächen mit geringem Materialaufwand abzuspannen.

Die ideale Anordnung ist die selbsttragende Halbkugelform. Manche Radiolarienschalen entsprechen genau der Kombination zwischen Kugelform und hexagonaler, materialsteifender Ausformung der tragenden Elemente. Hexagonale Lattenkonstruktionen kann man sich leicht bauen, beispielsweise zum Überdachen von Schwimmbädern. Mit billiger Folie überspannt, können solche Dachlattengebilde jahrelang halten. Sie sind unempfindlich gegen Flächenlasten wie normale Windbelastung und mittelhohe Schneebedeckung. Biologische Entsprechungen solcher Sechseckversteifungen finden sich beispielsweise in Form der Sternzellen aus dem Mark der Binsen, die sich durch mehrere – meist sechs – Ausläufer gegenseitig abstützen und insgesamt ein hexagonales Maschenwerk bilden, bestehend aus lauter Dreiecksverstrebungen.

Wenn man die rasterelektronenmikroskopische Aufnahme bestimmter Radiolarienskelette und eine Ausschnittvergrößerung aus dem von Buckminster Fuller gebauten Climatron im Botanischen Garten von Saint Louis im amerikanischen Süden vergleicht, muß man schon genau hinschauen, bevor man entscheiden kann, ob der Ausschnitt aus der Welt biologischer oder technischer Formen stammt. Zwei hexagonale Maschenwerke, durch Abstandstücke versteift und zu einer selbsttragenden Halbkugel ausgeformt – das ist das Bauprinzip des kleinen biologischen Organismus ebenso wie der riesigen Überdachung eines Palmengartens.

Biologische Materialien sind nicht nur in ihrer Konstitution, in ihrem molekularen Feinbau, in ihren submikroskopischen Anordnungen interes-

Die Formenwelt der menschlichen Technik kennt zwar eine ganze Reihe von Netzkonstruktionen; im Gegensatz zur Tierwelt ist die Zahl der technischen Produkte jedoch relativ bescheiden. Insbesondere die Netzvarianten der Spinnen sind an Quantität kaum zu übertreffen. Aber auch im Hinblick auf Qualität, wie etwa Zug- und Reißfestigkeit, sind manche Spinnenerzeugnisse technischen Produkten noch immer überlegen.

An der Formenvielfalt von Kieselalgen erfreut sich das Auge ebenso, wie an den bizarren Formen der bereits beschriebenen Strahlentierchen. Legepräparate werden so gefertigt, daß man unter dem Präpariermikroskop die meist nur einen Zehntelmillimeter großen Pflanzen mit Hilfe einer an Stöckchen geklebten Augenbraue auf einer leicht klebrigen Unterlage anordnet und dannmit einem mikroskopischen Präpariermittel einschließt. Bereits in lichtmikroskopischer schwacher Vergrößerung kann man zahlreiche Feinheiten erkennen. Aber erst das Rasterelektronenmikroskop zeigt mit seiner enormen Tiefenschärfe die prunkvolle Schönheit, aber auch die baustatischen Eigentümlichkeiten von Kieselalgen.

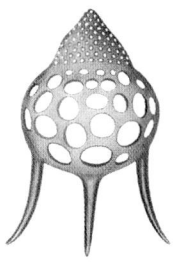
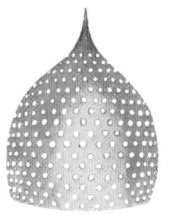
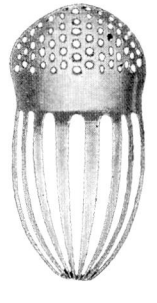

Die Ozeane werden von Mikroorganismen beherrscht, darunter Myriaden von Strahlentierchen, deren ungeheurer Formenreichtum schon frühere Biologengenerationen in Atem gehalten hat. Je genauer die Naturwissenschaftler – allen voran der aus Jena stammende Forscher Ernst Haeckel – das Meerwasser unter die Lupe nahmen, desto größere Heerscharen von kunstvoll ziselierten Winzlingen entdeckten sie.

sante Werkstoffe; in ihrer vollen Bedeutung kann man sie erst verstehen, wenn man die Art und Weise mit einbezieht, wie sie angeordnet sind. Ein-Komponenten-Werkstoffe sind verhältnismäßig selten, meist finden sich Zwei- oder Mehr-Komponenten-Werkstoffe. Diese unterscheiden sich in den mechanischen Besonderheiten ihrer Einzelelemente, die sich, ähnlich den technischen Mehr-Komponenten-Werkstoffen, zu einem ganz neuartigen funktionellen Ganzen verbinden. Wesentlich ist dabei nur, daß die Einzelelemente oft materialmäßig beziehungsweise chemisch identisch sind und nur in verschiedenen Anordnungen, Modifikationen vorliegen, die ihnen unterschiedliche physikalische Eigentümlichkeiten verleihen. Am Beispiel der Seeigelzähne oder der Knochenpalisaden wurde dieses Prinzip ausführlich aufgezeigt.

Biologische Materialien, ihre Ausformungen und Anordnungen sind fast immer erkennbar hochfunktionell. Für eine bestimmte Aufgabe wird nahezu ausnahmslos mit dem geringstmöglichen Materialaufwand gearbeitet. Die daraus resultierenden idealen biologischen Leichtbauten im Mikro- wie im Makrobereich bedienen sich häufig des Prinzips der Materialanordnung entsprechend der Spannungstrajektorien, der Materialausformung zu Membranen, die durch leichte Stützensysteme auf Abstand gehalten werden, der Konstruktion häuteumspannter Schaumgebilde, der Verfilzung anorganischer Nadeln durch organische Bänder wie etwa bei den Schwämmen und anderer unkonventioneller Verfahren. Diese können den technischen Gebilden zum Teil in allen Einzelheiten ähneln, wie die praktisch identische Sandwichanordnung der Wabenstruktur einer Braunalge und der Aluminiumwaben im Flugzeugflügel zeigt. Sie können von Technikern studiert und bei der architektonischen Konstruktion mitberücksichtigt werden, wie es am Paxtonschen Beispiel der Riesenseerose und des Londoner Crystal Palace gezeigt worden ist.

Im allgemeinen sind aber die natürlichen Werkstoffe und Materialanordnungen noch viel zu wenig untersucht. Der Biologe könnte die Strukturen vorstellen, der Techniker könnte sie mit seinem Vokabular und seinem Fachwissen angemessener beschreiben. Profitieren können vom Blick über den Zaun des eigenen Fachgebietes beide Partner: Der forschende Biologe versteht über die TECHNISCHE BIOLOGIE seine Substrate besser, der konstruierende Ingenieur bekommt über die BIONIK unkonventionelle Anregungen für eigenständiges Arbeiten.

Es gibt nichts, was heute nicht geklebt würde. Gute Klebeverbindungen können zwei Teile so verbinden, daß sie bei Zug- oder Biegebelastungen eher im Material reißen als an der Klebung selbst. Man klebt selbst Raketenhüllen, statt die Blechelemente mit Nuten zu verbinden. Das gibt größere »Flächenfestigkeit«; hohe Punktbelastungen werden vermieden und das Objekt wird auch noch leichter. Und so fort. Die verwendeten technischen Kleber sind bisweilen hocheffizient, leider nicht selten auch recht giftig. Sie müssen aushärten und geben dabei schädliche Lösungsmittel ab. Zumindest ist dies in den meisten Fällen so.

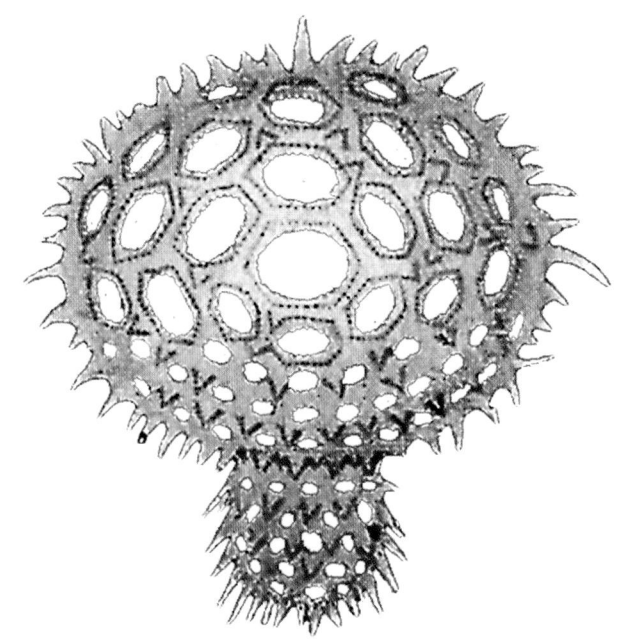

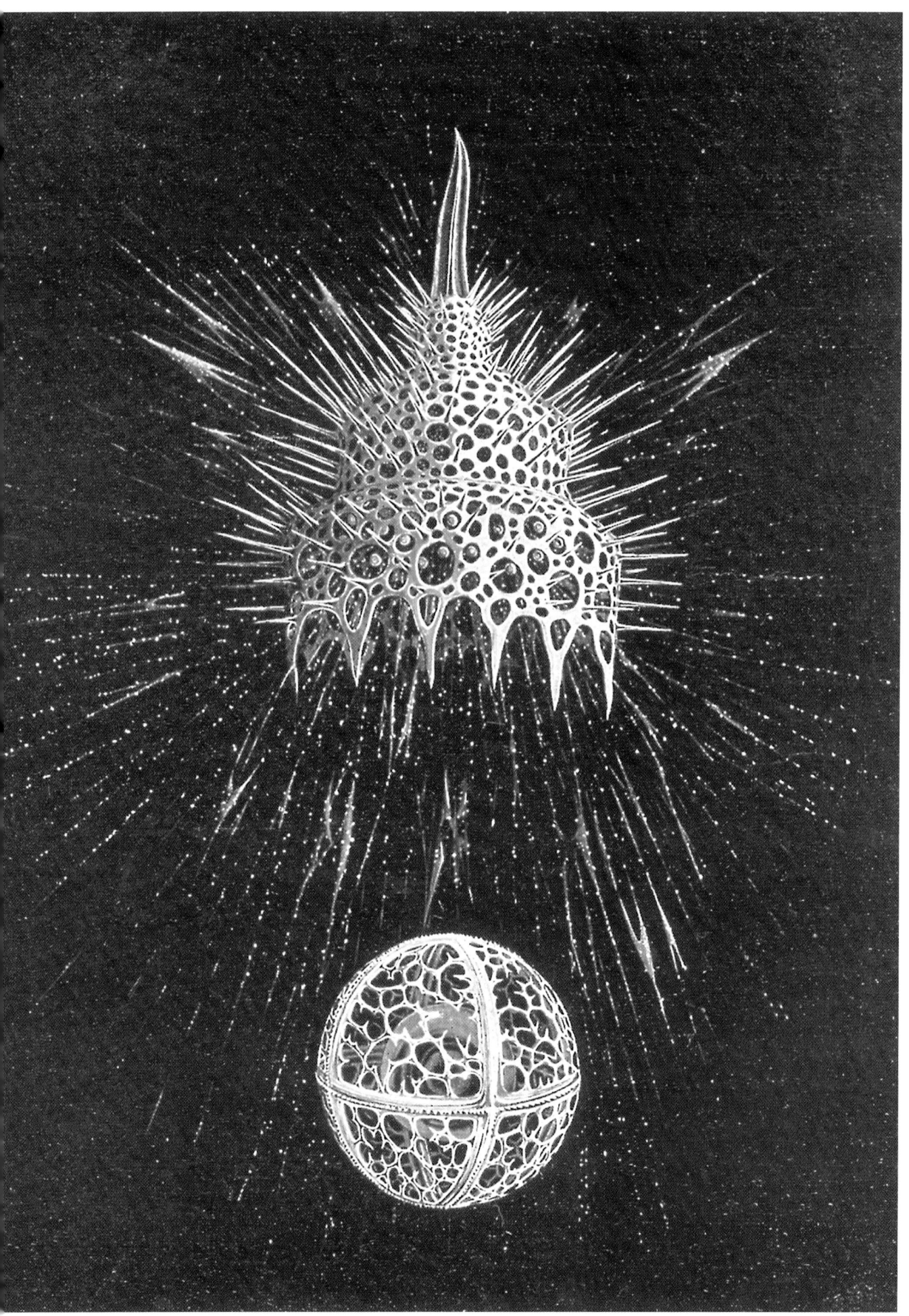

Die zauberhaften Hohlkugeln und strahlenförmigen Strukturen sind allesamt Leichtbaukonstruktionen. Die unendliche Vielfalt dieser unsichtbaren Mikroorganismen gehört zweifellos zum Faszinierendsten, was die Natur auf unserem Planeten zu bieten hat.

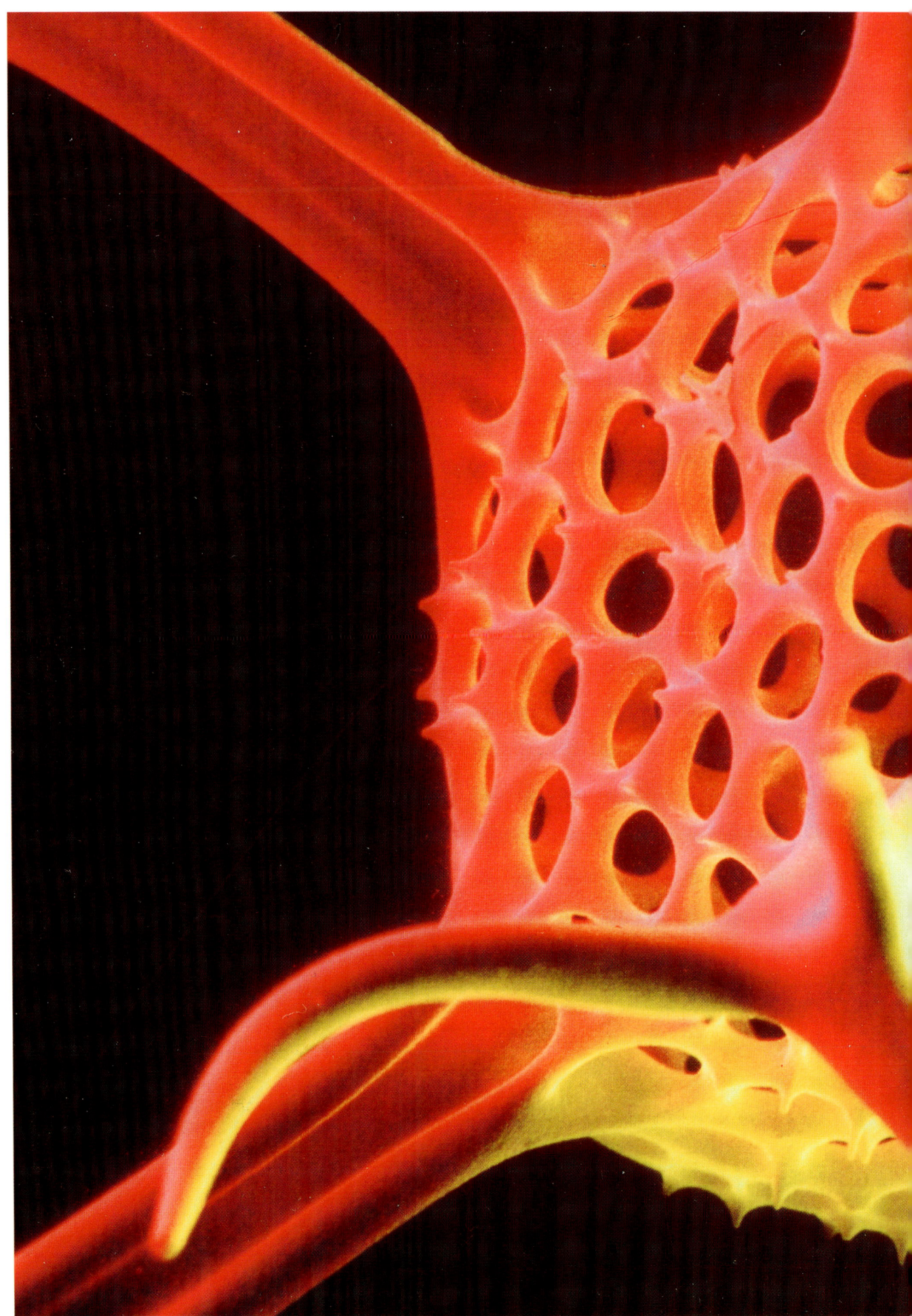

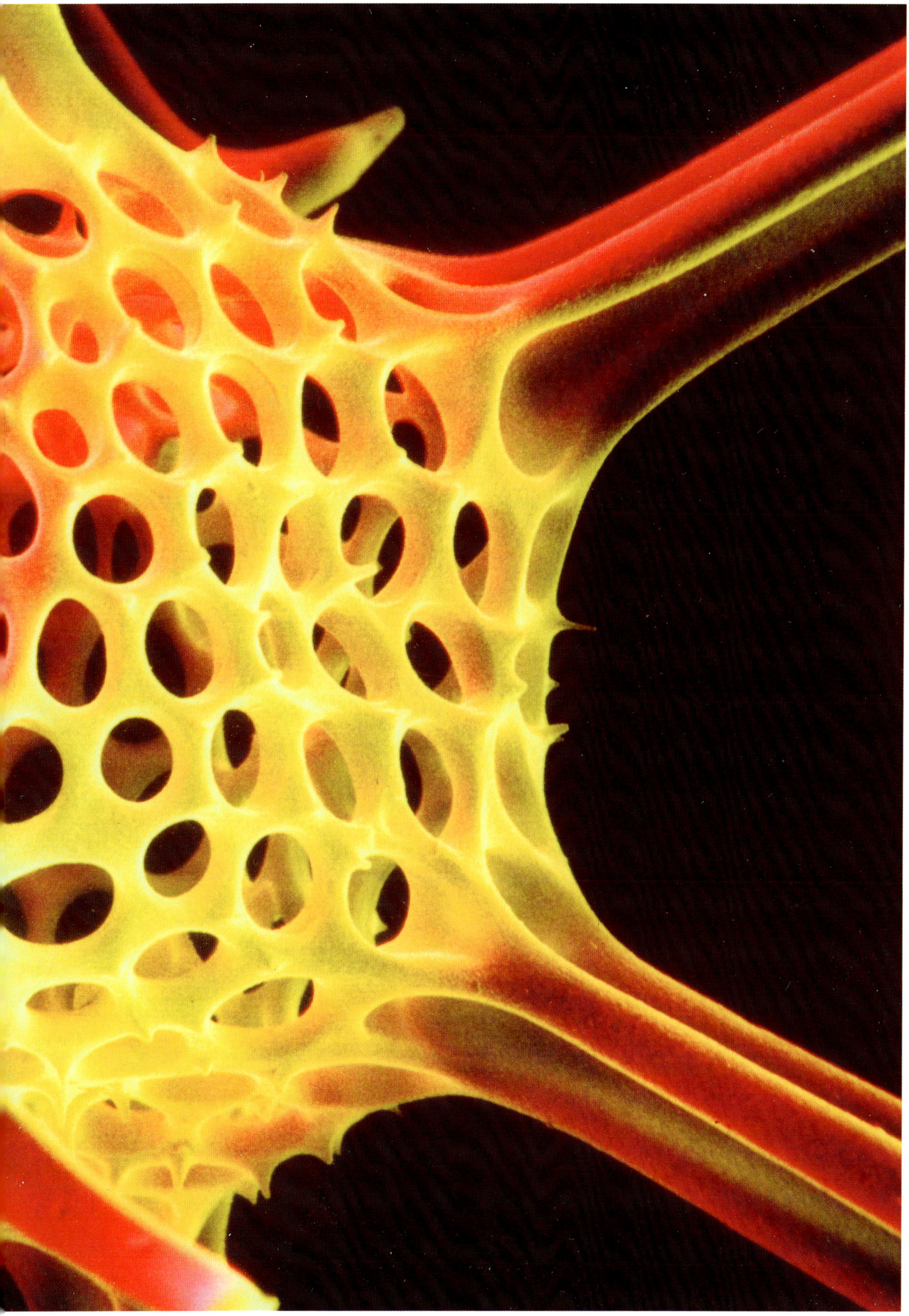

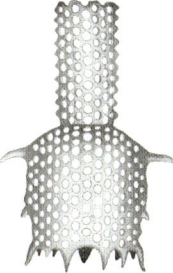
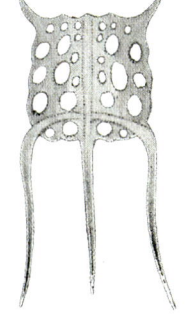

Die Natur entwickelte ihre Strukturen ohne Mitwirkung des Menschen. Und die Ingenieure und Architekten schufen ihre Werke ohne Nachahmung der Natur. Aber wenn sie sich trotzdem häufig gleichen oder doch recht ähnlich sind, sollte man nach den Gründen suchen, die auf verschiedenen Wegen zu solch auffallenden Ähnlichkeiten führten. Man braucht nicht allzuviel Fantasie, um auf diesen Seiten Radiolarienarten zu erkennen, die etwa an eine Dornenkrone, an einen spitzkegeligen und einen zwiebelförmigen Kirchturm erinnern. Selbst einem Lenkrad sehen manche Arten durchaus ähnlich.

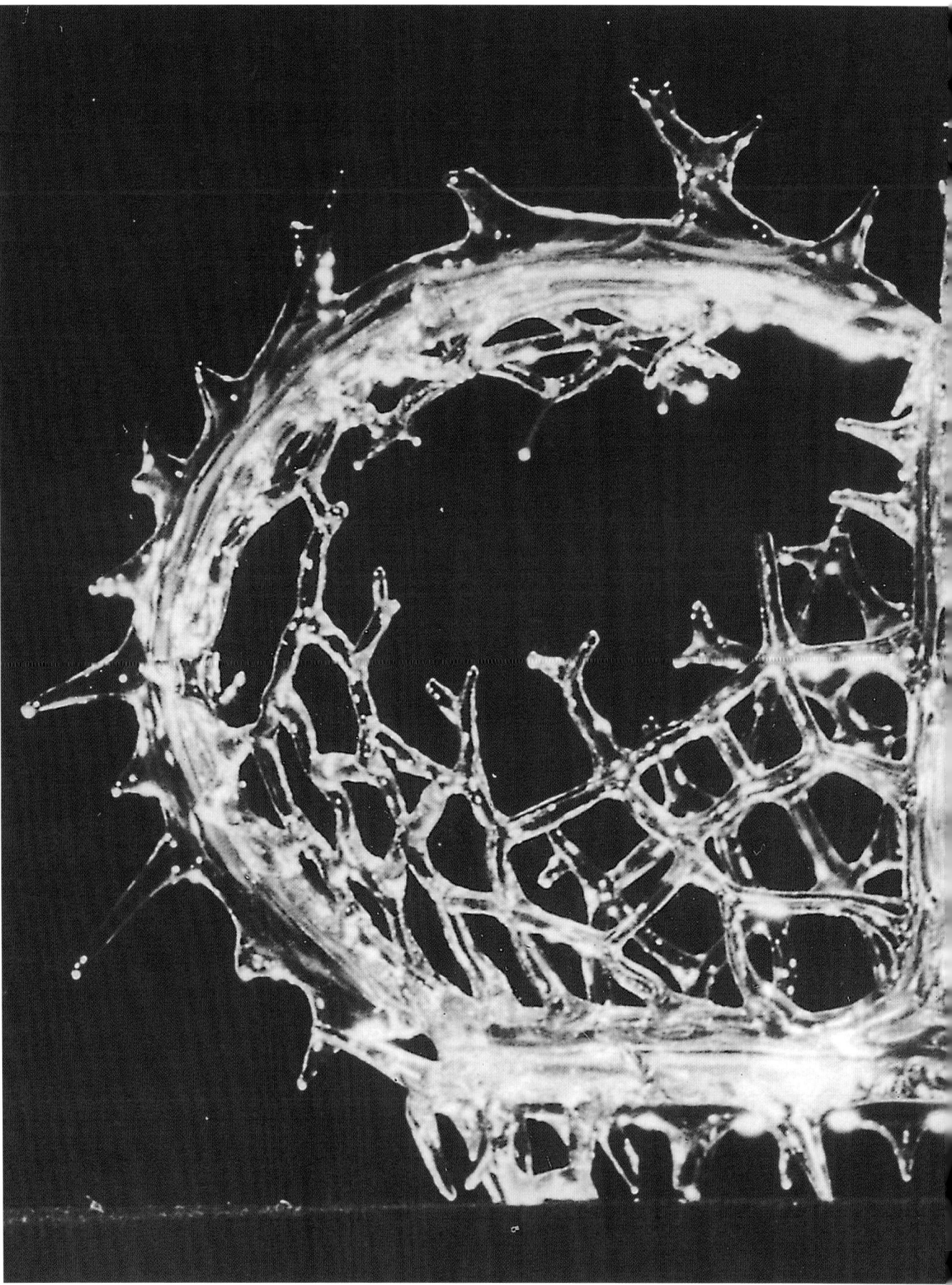

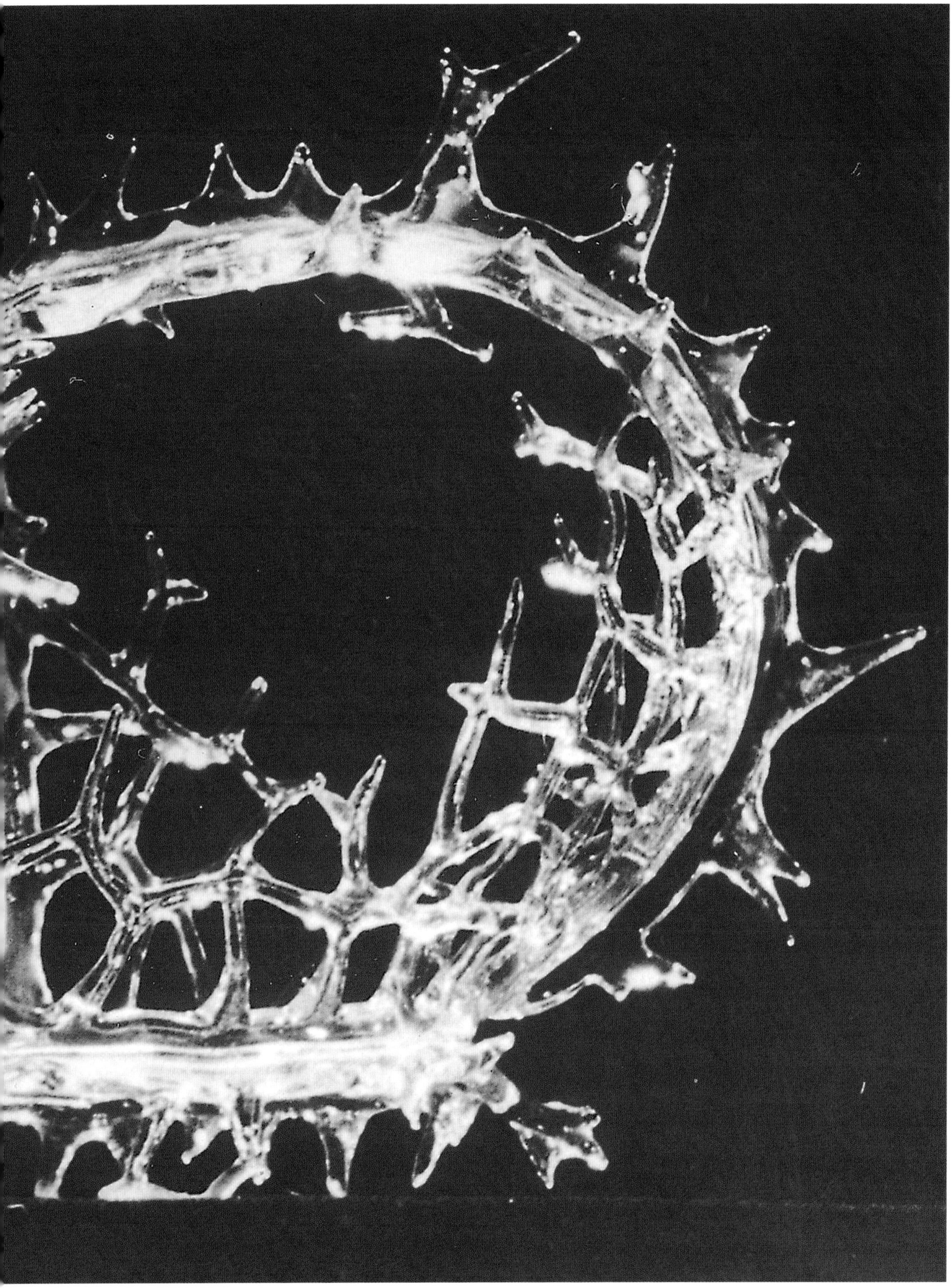

281

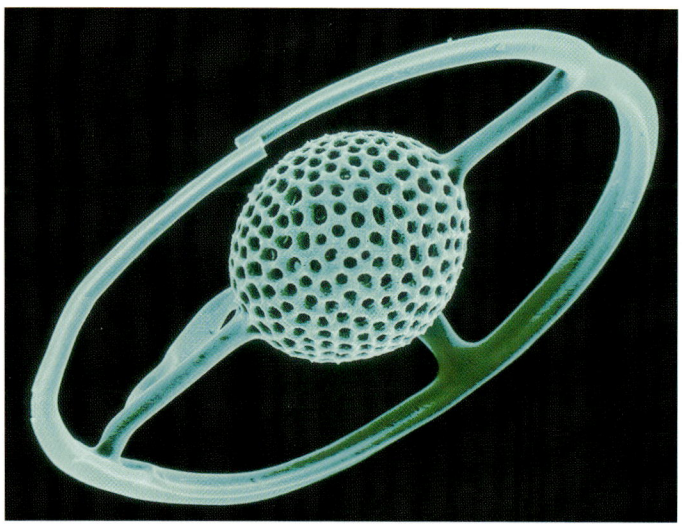

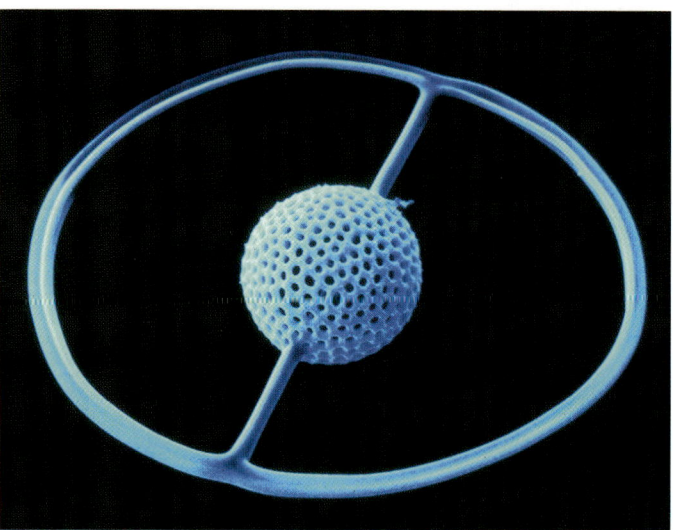

Weltraum-Ästhetik unter Wasser: Die einzelligen Strahlentierchen oder Radiolarien könnte man wegen ihres exotischen Formenreichtums als Design-Meister der Natur küren. Wie immer diese Skelette der mikroskopisch kleinen Lebewesen gebaut sind, ob es Schalenausschnitte sind mit herausragenden Stachelfortsätzen, oder ob eine solche Art einen Reif um sich herumzieht wie ein Miniatur-Saturn – die Aufbauweise ist immer sehr ähnlich. Im Text wird auf die klassische »Tröpfchentheorie« Bezug genommen. Die Skelette wären demnach Ausgüsse der Hohlräume zwischen sich gegenseitig abplattenden Fetttröpfchen. Heutzutage weiß man, daß es ein elektronenmikroskopisch feines, Silizium abgebendes Gewebe gibt, das gewissermaßen eine Negativform der Skelettkonstruktion zur Verfügung stellt.

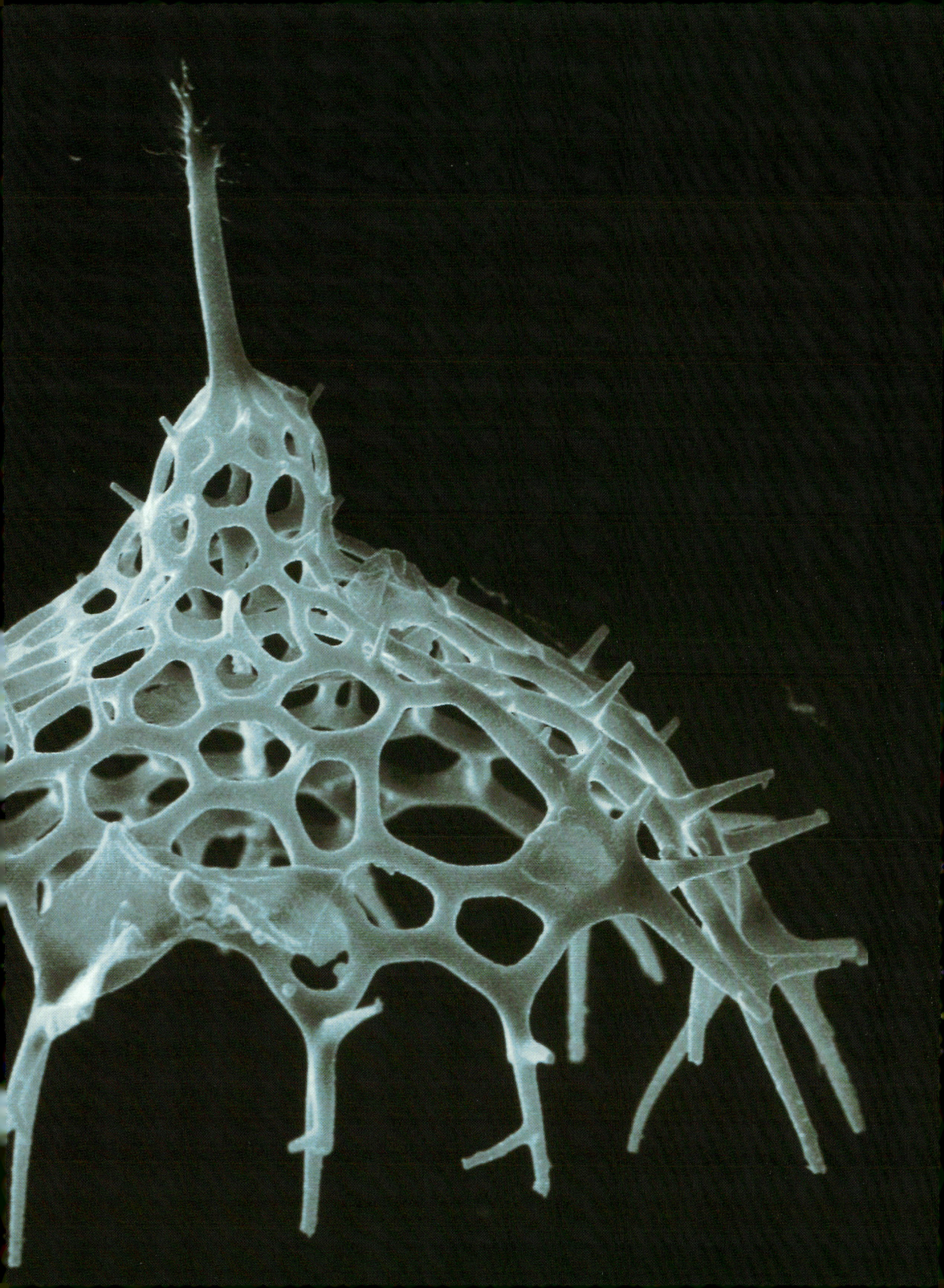

Wie gläsern-transparente Fallschirme treiben Quallen in der Strömung der Ozeane. Da sie zu fast 99 % aus Wasser bestehen, sind sie kaum schwerer als das Medium, das sie nahezu schweben läßt. Ein gelegentlicher Rückstoß reicht aus, um ein Absinken zu verhindern. Quallen tragen in ihren zarten Tentakeln Nesselbatterien mit hochkomplexem Bau, die unter Verwendung von äußerst harten und dennoch sehr zähen und dehnungsfesten Materialien entstehen. Quallen, Meeresschnecken und Meeresmuscheln zählen zu den zauberhaftesten Geschöpfen der Weltmeere. Dabei können sie äußerst wehrhaft sein. Die Gifte mancher Schnecken gehören zu den stärksten bekannten Giftstoffen.

Typische Merkmale biologischer Materialien

Wenn ich bei Technikern über biologische Materialien und ihre Vorteile spreche, werde ich oft gefragt: Was sind nun einige der »materialtechnischen Herausforderungen«, die sich aus der realen Existenz biologischer Materialien ergeben? Mit anderen Worten: Was sind denn die Besonderheiten dieser biologischen Materialien?

Es gibt ein Dutzend Punkte, die diese Materialien von konventionell-technischen abheben. Hier sind sie zusammengestellt.

1 Materialschichtung während des Entstehens. Materialien legen sich oft schichtenweise an – also zeitlich hintereinander –, und jede Schicht kann ihre strukturfunktionellen Besonderheiten haben. So kommt man zu zusammengesetzten Materialien mit zusammengesetzten Eigenschaften. Beispiel: das Spinnenhaar.

2 Biologische Materialien formen sich oft sukzessive aus. Ein Plättchen wird nach dem anderen angelegt, und diese überlappen sich. Beispiel: bestimmte Meeresalgen, sogenannte *Coccolithophoriden.*

3 Biologische Materialien sind häufig streng funktionell, fast hierarchisch aufgebaut. Beispiel: Sehne. Wenn man sie zergliedert, kommt man immer wieder zu »Bündeln von Untereinheiten«, bis man schließlich auf dem Niveau der Proteinmoleküle angelangt ist. Jedes derartige »Bündel« hat bestimmte Eigenschaften, die in der Summe das Wesen des Materials ausmachen.

4 Biologische Materialien weisen häufig funktionelle Kompartimente auf. Beispiel: Venenwand. Es gibt Abschlußmaterialien, elastische Materialien, solche, die sich kontrahieren können und so fort. Sie alle zusammen bilden die funktionelle Einheit »Venenwand«.

5 Funktionelles Differenzieren durch Nutzung von Oberflächenkräften während der Genese. Beispiel: *Radiolarien*, Strahlentierchen des Meeres. Ihre oft zauberhaften Formen werden nicht »Molekül für Molekül« aufgebaut, sondern entstehen in einem einzigen Gußvorgang, wobei Oberflächenkräfte immer so gesteuert werden, das sich eine bereits vorgesehene Struktur formt.

6 Biologische Materialien sind oft hoch speziell aus Polylayern aufgebaut. Dieser Punkt ähnelt Nummer 1; ein Beispiel ist die Kutikula der Insekten. Die Vorzugsrichtungen dieser Schichten überkreuzen sich, so daß man letztlich zu einem anisotropen Material kommt, obwohl die Einzelschichten durchaus isotrop sind.

7 Biologische Materialien sind sehr häufig ultraleicht. Beispiel: die Schmetterlingsschuppe. Das Chitin ist zu graziösen und extrem leichten, aber sehr stabilen Spantenkonstruktionen ausgeformt.

8 Die unkonventionelle Sandwich-Bauweise findet sich häufig bei biologischen Materialien. Beispiel: Vogelschädel. Sie sind äußerst leicht und bestehen aus einer schwammartigen Knochensubstanz zwischen zwei Deckmembranen.

9 Es gibt auch eigentümliche Mehr-Komponenten-Materialien aus chemisch identischen, physikalisch aber unterschiedlichen Komponenten. Beispiel: der Seeigelzahn. Er bekommt seine Härte und gleichzeitige Elastizität (einander widersprechende Eigenschaften!) dadurch, daß zwei Kalk-Modifikationen ineinandergreifen. Eine ist druckfest, die andere mehr zugfest. Chemisch sind beide identisch, eben Calciumcarbonat.

10 Manche biologischen Materialien sind selbstreparabel. Man denke an den Knochen, der nach einem Bruch wieder zusammenwächst.

11 Regelmäßig sind biologische Materialien multifunktionell. Ein Beispiel wurde schon genannt: das Ei der Schmeißfliege. Seine Wand besteht aus Chitin. Dies ist aber so ausgeformt, daß es den unterschiedlichsten Bedingungen genügt, beispielsweise flüssiges Wasser nicht durchtreten lässt, wohl aber gasförmiges.

12 Biologische Materialien haben in der Regel eine terminierte Lebensdauer und sind total biologisch abbaubar und damit absolut rezyklierbar. Diese beiden Punkte sind vielleicht die wichtigsten. Über die unnötige Haltbarkeit zivilisatorisch-kultureller Gebilde (wie zum Beispiel Häuser) wurde schon gesprochen, über das Problem der Abfallvermeidung durch totale Rezyklierung ebenfalls.

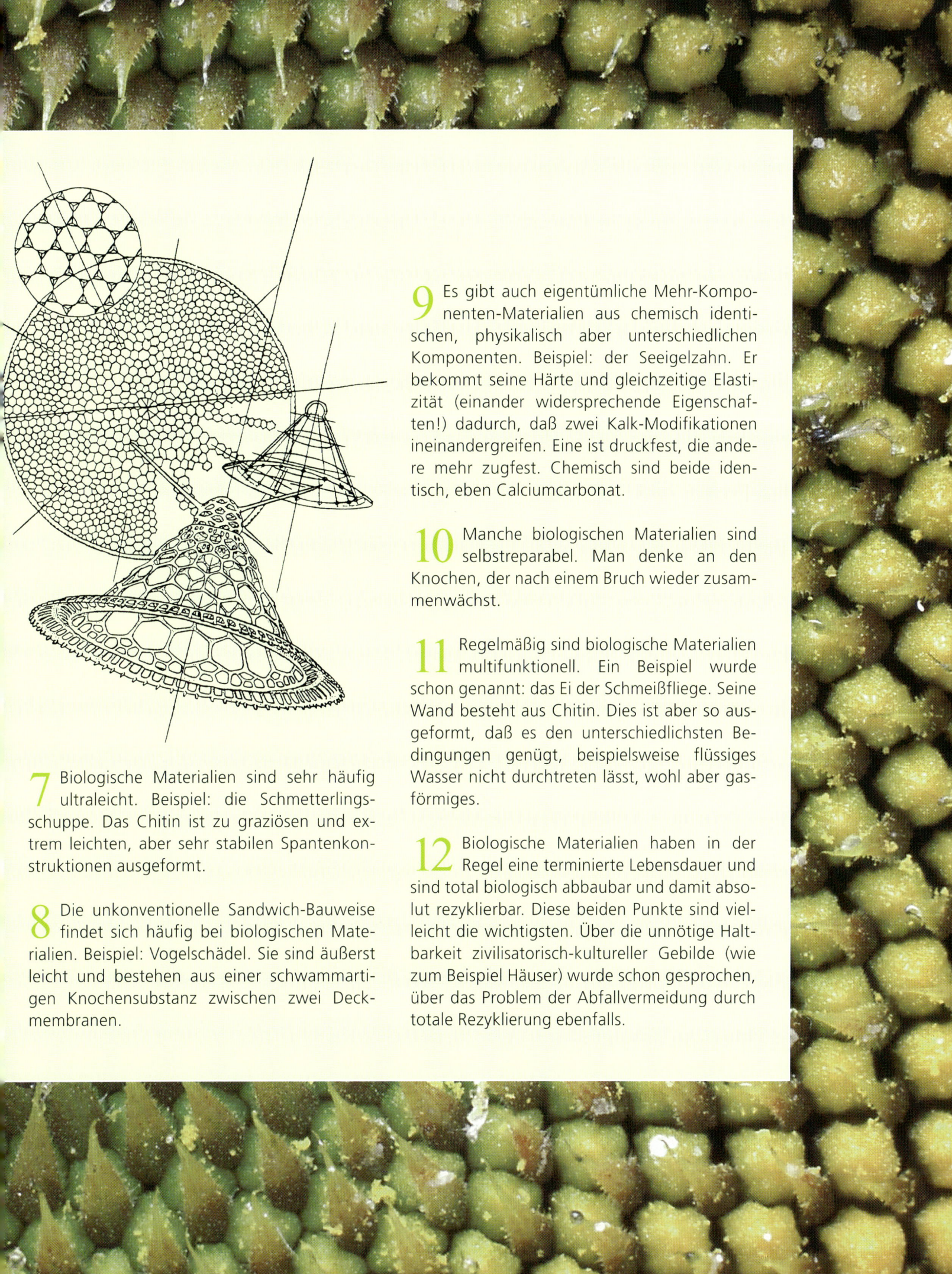

Nie mehr putzen?

Der Lotus-Effekt macht's möglich

Die technischen Leistungen der Pflanzenwelt erweisen sich in vieler Hinsicht als mindestens ebenso effektiv wie vergleichbare Ingenieurleistungen. Nicht selten sind gerade die zartesten Gewächse unseren Techniken bei weitem überlegen.
Das jüngste Beispiel ist die Lotusblume, Symbol für Reinheit in asiatischen Religionen, die jetzt zu weltweiter Berühmtheit gelangt: An ihr haftet kein Schmutz. Selbst Klebstoff oder Bienenhonig perlt von ihren Blättern ab, ohne auch nur die geringste Spur zu hinterlassen.

Blüte der Lotuspflanze (rechts). Ein kleiner Ausschnitt von der Oberfläche des Lotus-Blattes (unten links), stark vergrößert. Man sieht kleine Noppen, die aus sogenannten Wachskristalloiden aufgebaut sind. Sie sorgen insbesondere für den Selbstreinigungseffekt, der auch bei zahlreichen Insekten vorkommt (unten rechts Oberseite des Kartoffelkäfers).

Der Lotus-Effekt, von dem dieser Abschnitt handelt, ist weltweit wichtig, weil weltweit Oberflächen verschmutzen. Technische Oberflächen sind häufig gerade dann, wenn sie möglichst nicht verschmutzen sollen, glatt. Das bekannteste Beispiel sind vielleicht Autolacke. Und die verschmutzen, wie wir alle wissen, auch. Verschmutzen technische Oberflächen dann nicht, wenn man sie, analog den Pflanzenblättern, wasserabweisend (hydrophob) und gleichzeitig feingenoppt baut?

Wasserabweisend und Feinnoppung – die Kombination macht's

Die Antwort: Man liegt richtig mit dieser Idee. Sie verschmutzen nicht – oder nicht so sehr. Das haben Botaniker der Universität Bonn festgestellt, W. Barthlott und sein Mitarbeiter C. Neinhuis. Ihr noch gar nicht so lang bekannter »Lotus-Effekt« ist nicht nur durch alle Zeitungen und Zeitschriften gegangen, hat große öffentliche Aufmerksamkeit erregt und Preise eingebracht, sondern ist nun auch als einer der Effekte erkannt worden, mit dem die Industrie weltweit derzeit schon Millionen – in Zukunft jedes Jahr vermutlich viele Milliarden – umsetzen wird.

Glatt ist nicht gleich rein!

Das Grundpatent der Selbstreinigung ist ganz einfach. Es läßt sich mit fünf Worten voll ausformulieren: Mikrostrukturierte hydrophobe Oberflächen sind selbstreinigend. Wer hätte das gedacht! Als die beiden Wissenschaftler diesen Effekt vor Jahren in Fachkreisen vorgestellt haben, hat man sie nur belächelt. Die Industrie hat sich hohnlachend abgewendet, keine forschungsfördernde Einrichtung wollte etwas für die Entwicklung und technische Umsetzung dieses Effekts bezahlen, und keine wissenschaftliche Zeitschrift wollte darüber berichten. Das hat sich nach zunächst kleinen, dann spektakulären Erfolgen vollkommen geändert. Heute rennen die Lackindustrie und die Fassadenfarbenhersteller der Welt den Forschern die Türen ein. Es lohnt sich, diesen Entwicklungsweg einmal nachzuzeichnen. Er zeigt beispielhaft, was Bionik ist und wie Bionik wirken kann.

Am Anfang stand das Mikroskop

Wer Pharmakologie studiert hat, erinnert sich wahrscheinlich mit einigem Grausen an die mikroskopische Analyse von Teeproben. Aus winzig kleinen Fetzchen zerkleinerter Pflanzensubstanz muß der Student herausfinden, von welchen Pflanzen diese Proben stammen. Was manchem Pharmakologen ein Graus ist, das ist manchem Botaniker reines Vergnügen: Barthlott, ein Pflanzensystematiker, war der Meinung, daß man nicht nur leicht sichtbare äußere Merkmale wie Größe und Farbe der Blütenblätter für die pflanzliche Systematik heranziehen sollte, sondern auch mikroskopische Merkmale wie die Oberflächengestaltung. Da gibt es netzförmige, geknubbelte, glatte und viele andere Oberflächen. Diese kann man mikroskopisch analysieren, seitdem es preiswerte Rasterelektronenmikroskope (REM) gibt, und mit wunderbar tiefenscharfen und detailauflösenden Aufnahmen dokumentieren und vergleichen. So hat der Forscher auch vielfach Herbarienmaterial verglichen und beschrieben. Und, dies, wie gesagt, ohne jeden Gedanken an irgendwelche Zukunftstechniken, eben als Grundlagenforscher, der Merkmale einander zuordnen wollte.

Unter dem REM wird alles vergrößert, was da ist, darunter auch jedes noch so feine Staubpartikelchen. So ist den Forschern aufgefallen, daß es Herbarmaterial gibt, das unter dem REM grauenhaft aussieht, total verdreckt, und anderes, das wunderschön aussieht und keinerlei Verschmutzung aufweist. Dazwischen gibt es Abstufungen. Nun war die Neugierde geweckt. Warum verschmutzt die eine Oberfläche, die andere nicht? Also: Ausgehend von einer wissenschaftlichen Grundfragestellung, die für den Spezialisten faszinierend, für den durchschnittlichen Biologen – und für den Durchschnittsbürger erst recht – ziemlich uninteressant ist, haben sich auf einmal funktionelle Fragen ergeben. Und gleichzeitig ist jemand neugierig geworden: Grundvoraussetzung für forscherisches Tun überhaupt. (Haben Sie zufällig einmal Ihre Nase in ein staubiges Herbarium gesteckt? Wenn ja, werden Sie verstehen, daß man mit dieser im wörtlichen Sinn »staubtrockenen« Materie nur dann arbeitet, wenn einen eine große wissenschaftliche Neugier treibt.)

Bei vielen nachfolgenden Untersuchungen ist dann auch rasch klargeworden: Auf der einen Seite sind die Oberflächen fast immer wasserabstoßend, hydrophob. Sie sind nämlich mit Wachsen bedeckt, und diese sind von Natur aus hydrophob. Auf der anderen Seite liegen diese Wachse, und was es sonst noch auf der Oberfläche gibt, nicht in glatten Schichten vor. Sie bilden vielmehr irgendwelche Knubbel oder Noppen, filigranartig-zarte, zu Knöpfen verknäulte Strukturen. Solche Noppen sind unter

Im asiatischen Raum bedeckt die Lotusblume in knietiefem Gewässer große Felder (unten). Die ausgetrockneten Blütenböden (oben) werden in der Gärtnerei für Gestecke benutzt. Die riesigen, trichterförmigen Blätter reinigen sich selbst. Staub und Schmutz, der sich ansammelt, wird vom nächsten Regen rückstandsfrei »abgerollt«. Nach den Blättern der Lotusblume wurde der bekannte Reinigungseffekt benannt, der heute schon vielfach technisch angewandt wird.

291

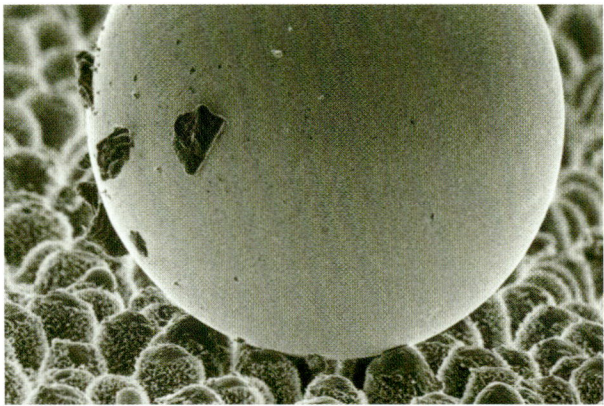

Im Rasterelektronenmikroskop wurde ein Quecksilbertropfen fotografiert, der über ein Lotusblatt abgerollt ist (oben). Auf der feingenoppten Oberfläche waren einige Schmutzpartikelchen vorhanden. Beim Darüberrollen hat sie der Tropfen aufgenommen und wird sie beim weiteren Abrollen entfernen. Bei dem Experiment wurde Quecksilber statt Wasser verwendet, weil Wasser im Hochvakuum des Elektronenmikroskops verdampft ist, noch bevor man eine Aufnahme machen kann.

Zwei Experimente, die jeder nachmachen kann: Wasserlöslicher Uhu-Klebstoff tropft von einem Lotusblatt ebenso wie Bienenhonig von einem Plastiklöffel rückstandsfrei ab.

Umständen bereits mit einer starken Lupe zu sehen. Man kann von einer Mikronoppung sprechen. Derartige Pflanzenoberflächen waren, wie die REM-Aufnahmen zeigten, im allgemeinen wenig verschmutzt. Damit war, rein beschreibend, im Grunde schon klar, worum es ging: Die Oberfläche muß einerseits wasserabweisend, andererseits feingenoppt sein – dann reinigt sie sich selbst.

Der Weg zum Patent

Nun setzte eine hektische Versuchstätigkeit ein. Es mußte das Beziehungsgefüge zwischen Oberflächenrauhigkeit, reduzierter Partikeladhäsion (ein Fachausdruck dafür, daß Schmutzteilchen nicht so leicht haften) und Wasserabweisung nachgewiesen werden. Gleichzeitig wurde die Gesamtliteratur durchforstet. Dabei hat sich interessanterweise gezeigt, daß es uralte Arbeiten gibt, die den einen oder anderen Aspekt schon benennen, wie beispielsweise A. N. Lundströms pflanzenbiologische Studien an der Universität Upsala von 1884.

Es gab aber keinerlei Arbeiten, die das Beziehungsgefüge, das zur Selbstreinigung führt, wirklich nachgewiesen und beschrieben hätten. Das wunderte die Forscher. Erschien es doch so einfach, nachdem man es einmal erkannt hatte. Man dachte, die Physiker und Oberflächentechniker würden das längst kennen. In zahlreichen Vorträgen wurde versucht, darauf hinzuweisen, aber niemand hat sich dafür interessiert. Hinterher hat sich dann herausgestellt, daß die Physiker und Oberflächentechniker diesen Effekt überhaupt nicht kannten. So war das Ergebnis in seiner Kombination wirklich neuartig und deshalb auch patentrechtlich schützbar.

Aber der Weg dahin war weit. Die Pflanzen wurden mit verschiedenen Partikeln künstlich verschmutzt und anschließend in unterschiedlicher Weise gereinigt. Dabei wurde bestimmt, wie viele von den ursprünglich pro Flächeneinheit ausgezählten Schmutzpartikeln prozentual noch an der Oberfläche hafteten. Grundlage für diese Versuche war, wie gesagt, die Herbararbeit. Nicht weniger als 340 Pflanzenarten haben die Forscher nach diesen Kriterien untersucht! Daraus wurden acht Pflanzenarten ausgewählt, und zwar jeweils vier Pflanzen mit geringer und mit hoher Benetzbarkeit. Nur mit diesen acht Pflanzen wurden nun, damit das Ganze überschaubar blieb, Verschmutzungs- und Reinigungsversuche durchgeführt. Verglichen wurden technische Oberflächen wie Glas und Paraffin. Kurz zusammengefaßt haben die Versuche folgendes erbracht:

Bei benetzbaren Oberflächen haften nach der Reinigung noch etwa 50 bis 75% aller Partikel, bei unbenetzbaren dagegen nur noch einige wenige Prozent, maximal etwa 5%. Und am allerwenigsten haftete der Schmutz, wenn die Oberfläche mit Wachskristalloiden genoppt war, wie es sich am schönsten und besten an der indischen Lotusblume (Nelumbo nucifera) zeigte. Dabei war wichtig, daß nicht die Energie der aufklatschenden Regentropfen die Oberfläche reinigt. Wenn man nämlich in einer Taukammer ein schräg gestelltes Blatt vorsichtig betaut, also ohne jede mechanische Einwirkung Wassertröpfchen aufbringt, die dann von selber ablaufen, wird die Oberfläche genauso gut gereinigt. Wenn man eine solche Fläche beispielsweise mit einem Ruß-Farbstoff-Öl-Gemisch bestreicht, wird selbst dieser schrecklich klebende Schmutz »abgetaut«; eventuell noch verbleibende feinste Reste werden vom nächsten Regen ausgespült. Immer unter der Voraussetzung, daß der Schmutz die geordnete Wachsoberfläche nicht zerstört (mit Acryllacken also geht das nicht), reinigt sie sich, sobald sie naß wird, selbst.

Das sagt sich wieder ganz einfach und ist nach dem Vorgenannten wohl auch klar. Im Schema kann man das wie folgt darstellen. Normalerweise ist die Adhäsion zwischen Schmutzpartikelchen und Oberfläche größer als zwischen Schmutzpartikelchen und Wassertropfen, und die Wassertropfen verlaufen auch auf einer glatten Oberfläche. Sie überrollen dabei die anhaftenden Schmutzpartikelchen oder heben sie hoch und setzen sie hinterher wieder ab – die Oberfläche reinigt sich nicht. Auf einer feingenoppten Oberfläche dagegen kann der Wassertropfen nicht zerlaufen; er berührt die Oberfläche nur an der Spitze der Noppen. Er rollt also ab. Die Adhäsionskraft zwischen Schmutz-

partikelchen und diesen Noppenspitzen ist relativ klein, so daß diese Partikelchen an der Oberfläche des Wassertropfens hängenbleiben und mit abgerollt werden: Selbstreinigung. Einige REM-Aufnahmen verdeutlichen das. Hier wurden Quecksilbertröpfchen mit anhaftenden Partikelchen aufgenommen, weil diese im Vakuum des REM nicht so schnell verdampfen wie Wasser. Aber sie zeigen denselben Effekt.

Was hat die Pflanze von einer Selbstreinigung?

Was hat nun die Pflanze von diesem Selbstreinigungseffekt ihrer Blätter? Pflanzen sind ja jederzeit durch gefährliche Keime, so genannte Pathogene (Bakterien, Pilzsporen etc.), bedroht. Vielleicht ist dieser Selbstreinigungseffekt in der Evolution entstanden zur Abwehr dieser Bedrohung: Die feinen Sporen werden, Tag für Tag, in der Morgenfeuchte durch den Tau oder aber durch auftropfenden Regen abgerollt. Können Pilze mit ihren Fäden durch die Spaltöffnungen in ein Blatt eindringen, hat dieses kaum mehr

Nicht nur Pflanzenoberflächen, auch Insektenflügel sind bisweilen mit wasserabweisenden Fortsätzen fein genoppt (oben). Damit sind auch sie selbstreinigend. Schmutzpartikelchen berühren die Oberfläche nur an wenigen Punkten und können sich nicht halten.

Auch die winzigen Spaltöffnungen auf der Oberseite des Lotusblattes sind genoppt, um selbst kleinste Verunreinigungen nicht ins Blattinnere gelangen zu lassen (unten).

Der Präparator hat das Blütenblatt eines Stiefmütterchens mit einem sehr scharfen Mikrotommesser abgeschnitten. In der Schrägaufnahme sieht man nun auf die Schnittfläche (unten) und erkennt gleichzeitig einen Teil der Oberfläche (die beiden oberen Drittel). An der Schnittfläche bemerkt man die dicke Oberflächenschicht, darunter zartes Pflanzengewebe mit Chlorophyllkörnchen. In der Schrägansicht sieht man die vielen Kegel wasserabweisender Noppen und dazwischen vier Spaltöffnungen.

Überlebenschancen. Es wird zerstört werden. Entsprechend wichtig ist die Selbstreinigung.

In unserer Zeit kann saurer Regen die abschließende Wachsschicht partiell oder vollständig zerstören, so daß die an sich unbenetzbaren Pflanzen ihre Fähigkeit zur Pathogenabwehr verlieren. Gleiches gilt für die Verwendung von Tensiden, die man beim Spritzen anwenden muß, damit Wirksubstanzen überhaupt eindringen können. Die Industrie hört das nicht sehr gern. Tenside sollen ja die Voraussetzung für eine Erhaltung der Pflanze schaffen. Sie zerstören aber – das ist jedenfalls in bestimmten Fällen nachgewiesen – die Wachsschicht auf der Oberfläche, so daß die Pflanzen dann immer wieder chemisch behandelt werden müssen, weil sie gegen Pathogene weitaus anfälliger werden. Welche Konsequenzen man aus dieser Erkenntnis ziehen kann und muß, das wird sich zeigen.

Zusammenfassend kann man sagen, daß die Kombination von noppenbildenden Wachskristalloiden mit wasserabweisenden Eigenschaften der Oberfläche eine Situation schaffen, die es abrollenden Wassertropfen erlaubt, praktisch alle Verschmutzungspartikel wegzutragen. Die Effekte scheinen einfach zu sein, doch sind sie höchst verblüffend: Es gibt keine Möglichkeit, von welchem Farbstoff oder welchem Schmutzpartikel man immer ausgeht, daß auf solchen Oberflächen Partikel haften (immer unter der Voraussetzung, daß die Noppenschicht nicht chemisch angeätzt wird).

Diese Effekte sind nicht auf Pflanzenblätter beschränkt. Sie wurden von den Bonner Forschern auch für Insektenflügel nachgewiesen, und wir haben in Saarbrücken Untersuchungen laufen über die Selbstreinigungseffekte an den Flügeldecken von Wasserkäfern, die ja bekanntlich durch den schlimmsten Schlamm kriechen können und lupenrein wieder herauskommen. Gleiches gilt für Mistkäfer und Verwandte, die zum Beispiel im Kuhdung leben.

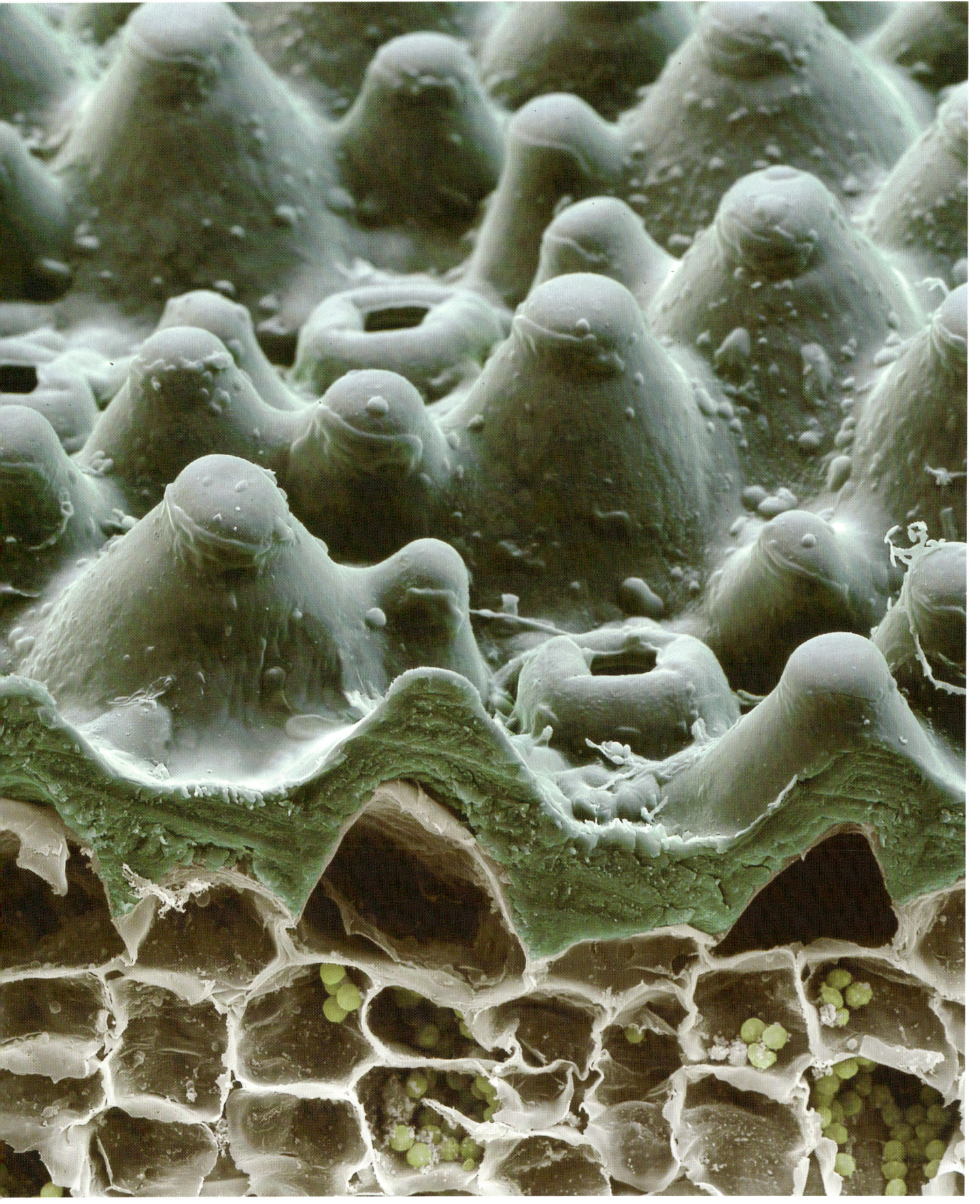

Ganz erstaunlich selbstreinigend sind auch die Flügeldecken mancher Käfer.

Der Weg in die technische Nutzung war steinig

Doch zurück zu den Bonner Forschern. Barthlott erzählt, daß er die weittragenden Konsequenzen dieses Prinzips recht früh erkannt hat, aber er war zu seiner Zeit wohl der einzige. Jeder Versuch, für seine Forschungen Unterstützung von forschungsfördernden Organisationen wie beispielsweise der Deutschen Forschungsgemeinschaft oder von der Industrie zu bekommen, schlug trotz vielfacher Vorstellung der Effekte mit Demonstrationen (wasserlöslicher Uhu tropft von Lotusblättern ab) fehl und hat nicht mehr als höfliches Scheininteresse hervorgerufen. Forschungsanträge wurden nicht genehmigt. Die Forscher wußten nicht mehr weiter. Selbst Menschen, die ein Gespür für die Tragweite des Ergebnisses hätten haben müssen, haben sie nicht erkannt. Ein Physiker gab sogar den Hinweis, daß der Lotus-Effekt physikalisch gar nicht möglich wäre, nur in den Köpfen der Antragsteller existierte. Heute, nach spektakulären Erfolgen, erzählt Barthlott diese Geschichte amüsiert.

Wir berichten darüber deshalb so ausführlich, weil es symptomatisch ist für die Schwierigkeiten, die eine bionische Idee zu bestehen hat, bis sie sich durchsetzt.

Nach der »Wende« ging es Schlag auf Schlag

Die Wende kam dadurch, daß einerseits eine grundlegende Publikation angenommen wurde, nachdem die Effekte zweifelsfrei im Labor vorgestellt worden waren, andererseits einige hunderttausend Mark Mittel zur Weiterforschung flossen, symptomatischerweise nicht unter dem Stichwort »Selbstreinigungseffekt«, sondern unter dem Stichwort »Waldsterben«. Dafür waren vor einiger Zeit viele Mittel vorhanden, und man hat sie einfach stillschweigend ein wenig »zweckentfremdet«. Es folgte die Zusammenarbeit mit einem Kölner Patentbüro, das die sensible Frage der Patentierungen gelöst hat, und dann ging es Schlag auf Schlag. Entwicklung eines selbstreinigenden Lackes (Lotusan der Firma Ispo), neuerdings Entwicklung selbstreinigender Dachziegel und selbstreinigender Folien, die keine Fingerabdrücke mehr aufnehmen, Anfragen aus der ganzen Welt, Prozesse aufgrund von Einsprüchen gegen die patentrechtliche Sicherung, und all die anderen Dinge, die einem über Nacht erfolgreichen Wissenschaftler das an sich schöne Leben schwermachen können. Natürlich gibt es inzwischen auch viele positive Begleiterscheinungen: Keine Zeitschrift, die nicht über den Lotus-Effekt berichtet hätte, selbst in Hausfrauenzeitschriften wird erklärt, daß man in Zukunft keine Fenster mehr putzen muß (was so nun auch wieder nicht stimmt), Philipp-Morris-Forschungspreis 1998, Vorschlag für den Innovationspreis des Bundespräsidenten 1998, Umweltpreis der Deutschen Stiftung Umwelt 1999.

Als Kollege mißtraut man bekanntlich allen guten Dingen, die von anderen stammen, zuerst einmal zutiefst. So habe ich mir also stillschweigend einen Eimer Lotusan gekauft und zu Hause die Betonumfassung meines Gartenteichs damit gestrichen sowie zwei Torpfosten. Sie sehen heute zwar nicht mehr ganz so rein aus wie vor zwei Jahren, aber doch noch in etwa so (was man von der konventionell gestrichenen Hauswand nicht sagen kann). Auf einem Vortrag im schwäbischen Esslingen kam ein Malermeister und erzählte mir von seinen Erfahrungen. Jemand hat sich für Lotusan entschlossen, und sein Haus ist bis jetzt schön sauber geblieben. Dann kamen die Nachbarn links und rechts und fanden das eigentlich ungerecht und wollten auch so ein schönes Haus haben, dann kam der nächste und übernächste Nachbar links und rechts. Zur Zeit ist ein ganzer Straßenzug Lotusan-beschichtet. Und so geht das immer weiter.

Wie rasch eine ursprüngliche Bionik-Idee in technologisch eigenständige Weiterforschung mündet, auch das zeigt das Beispiel der Lotusan-Fassadenfarbe. A. Born und J. Ermuth von der Firma Ispo haben unter der Überschrift »Copyright by nature« über diese neue Mikro-Silikon-Harzfarbe mit Lotus-Effekt für trockene und saubere Fassaden berichtet. Zudem wurde ein Prüfbericht des Fraunhofer-Instituts für Bauphysik und des Forschungsinstituts für Pigmente und Lacke (Holzgärungen Stuttgart) vorgelegt. Es zeigt sich daran, daß die Weiterentwicklung vom Effekt selbst wegführt, hin zu Aspekten, die von großer praxisnaher Bedeutung sind. Es geht dabei immer um Kenngrößen der jeweiligen Fassaden und ihre Beeinflussung durch die neue Lotusan-Farbe.

➤ Trockene Fassaden:
  Bei Lotusan perlt das Wasser sofort ab.
➤ Saubere Fassaden:
  Die Lotusanfläche ist sauber, natürlich belastetes Regenwasser perlt ab.
➤ Feuchtebeständige Fassaden:
  Die geringe Wasseraufnahme von Lotusan minimiert das Quellen und Schwinden des Films.
➤ Kreidungsbeständige Fassaden:
  Die geringe Kreidung von Lotusan verhindert Substanzverlust.

Die Effekte wurden quantifiziert und mit konkurrierenden Fassadenbeschichtungen verglichen, nämlich mit Silikonharzfarbe, Dispersionsfarbe und Dispersions-Silikatfarbe nach der DIN 18363. In allen Fällen schneidet die »bionische Farbe« wesentlich besser ab. Dies insbesondere deshalb, weil bei den konventionellen Anstrichen ein Benetzungsfilm auftritt. Dabei wird die Feuchtigkeit von der Oberfläche aufgenommen. Sie muß wieder abgegeben werden, was Zeit braucht. Ganz im Gegensatz die Mikro-Silikonharzfarbe: Hier perlt das Wasser sichtbar ab, und die Beschichtung nimmt das Wasser überhaupt nicht auf.

Dies ist beim Lotus-Effekt selbst ja nicht der Fall. Wenn das Pflanzenblatt oder das Blütenblatt sich entfaltet hat, wird die Oberfläche der Witterung sozusagen fertig präsentiert. Sie muß nicht erst aushärten. Hier haben wir also einen typischen Funktionsunterschied zwischen Natur und Technik. Allein dieser Gesichtspunkt zeigt, wie technische Weiterentwicklung vom natürlichen Vorbild weggehen und Eigengesetzlichkeiten beachten muß, will sie letztlich auf dem Markt erfolgreich sein.

Der langen Rede kurzer Sinn. Eine gute Idee setzt sich durch, wenn man zäh dabeibleibt. Und darin liegt auch das Problem. Man sollte nicht meinen, daß die Industrie einleuchtenden, guten Bionikideen nachläuft. Nicht zuletzt ist

Bei horizontal stehenden Kleeblättern bleiben die abgekugelten Wassertropfen stehen, laufen zu größeren zusammen, bis sie schließlich so schwer werden, daß sich das Blatt neigt: Dann rollt der große Tropfen ab und nimmt auch große Teile des aufliegenden Staubs und Schmutz mit.

das auch der Sinn der Zusammenstellung in diesem Buch, ein wenig die Augen zu öffnen. Das Faszinierende und das Praktikable, die Erkenntnis und das große Geld liegen oft direkt nebeneinander. Man muß es »nur sehen und erkennen können«.

Es ist im übrigen nicht so, daß die Patentanwälte begeistert sind, wenn der Forscher auf das biologische Vorbild hinweist. Ganz im Gegenteil. Sie empfehlen den Anmeldern, den Bionikgedanken aus der Patentanmeldung herauszunehmen. (Es könnte ja jemand auf die Idee kommen, daß die Patenthöhe dann nicht mehr gegeben ist, da die Natur die Erfindung ja schon gemacht hat.) Wie dem auch sei, liest man im Barthlottschen Grundpatent nach, so steht da folgendes:

»Selbstreinigende Oberflächen von Gegenständen, die eine künstliche Oberflächenstruktur aus Erhebungen und Vertiefungen aufweisen .... und mindestens die Erhebung aus hydrophoben Polymeren oder haltbar hydrophobierten Materialien bestehen und Erhebungen nicht durch Wasser mit Detergentien ablösbar sind.«

Da steht also in der Tat nichts davon, daß genau dieses der Lotusblume abgeguckt worden ist. Aber das ist ja letztlich auch gleichgültig. Bionik soll technische Entwicklungen anstoßen. Diese bekommen dann rasch ihr Eigenleben.

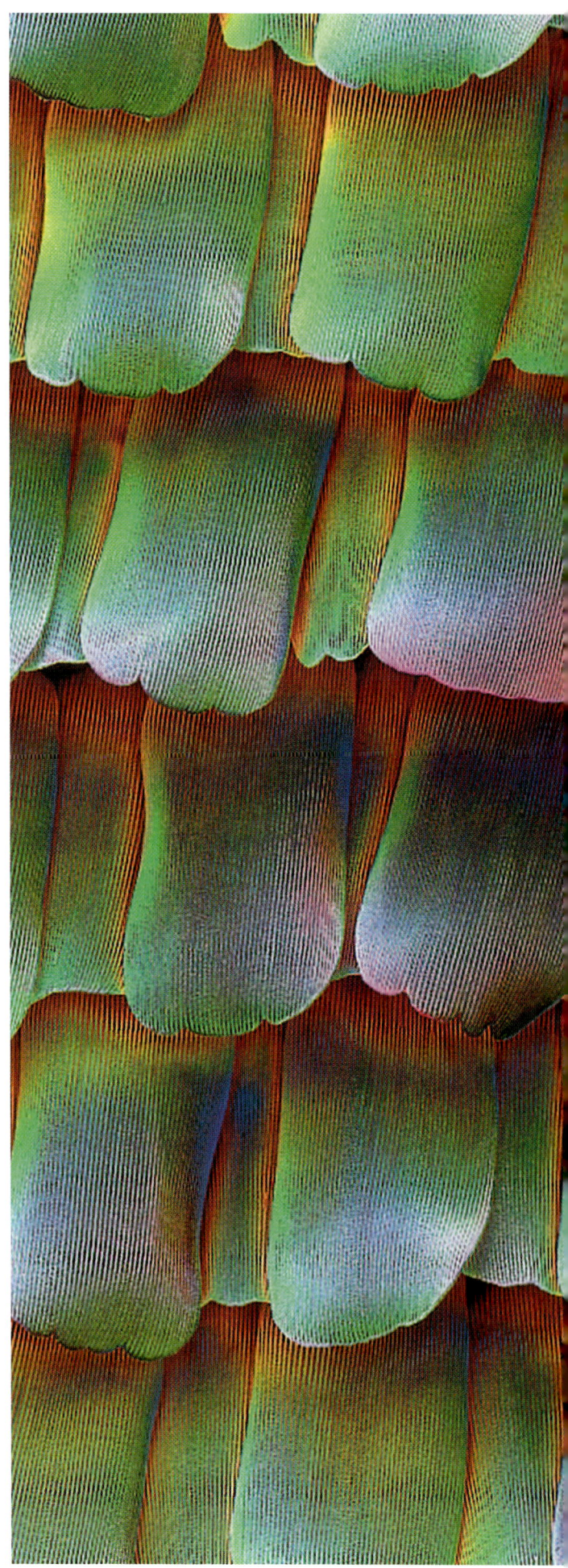

Die Struktur von selbstreinigenden Schmetterlingsschuppen lässt erahnen, daß solche Schuppen mehrere Funktionen auf einmal erfüllen. Zum einen sind sie äußerst fein und grazil in Spantenbauweise ausgeführt: ein extremer biologischer Leichtbau. Kein Wunder, da sie sich ja auf zarten schlagenden Flügeln befinden. Zum zweiten reflektieren ihre Oberflächenstrukturen das Sonnenlicht. Wenn sich der Falter nach Sonnenaufgang mit halb aufgeklappten Flügeln zur Sonne ausrichtet, reflektiert er die Wärmestrahlen auf den Körper und heizt sich auf. Zum dritten zeigen die Schuppen auffallende Schillerfarben. Die Schmetterlinge benutzen sie zum Erkennen des Geschlechts.

Der Pakt mit der Sonne

Von Eisbären, Schmetterlingen und Wasserstoff-Farmen

Die mächtigste und zugleich nachhaltigste, vom Menschen jedoch bisher am wenigsten genutzte Energiequelle, ist die Sonne. Das bislang noch unerreichte biologische Vorbild: die Photosynthese der grünen Pflanzen. Mit einer künstlichen Photosynthese ließe sich Sauerstoff produzieren, aber auch Wasserstoff, mit dem sich künftige Verkehrsmittel antreiben und chemische Analysen durchführen lassen. Aus dieser Energietechnik wird uns ein sich selbst erhaltendes Kreislaufsystem erwachsen, das eine einzige Energiequelle nutzt: die Sonne. Gewissermaßen kostenlos und absolut umweltfreundlich. Dieser Aspekt der Bionik wird schon in naher Zukunft vermutlich die größte Bedeutung erlangen.

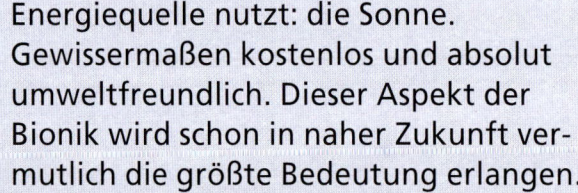

Man kaufe sich 150 m schwarzen Gartenschlauch, lege ihn in Schleifen auf sein Dach und schließe ihn an die Wasserleitung an. An einem schönen Sommertag kann man auf der anderen Seite kostenloses Heißwasser abzapfen. »Low-Tech« würde man sagen, aber das ist in Ordnung. Man kann das Prinzip beliebig kompliziert machen mit Reglern, Auffangbehältern, Kollektoren hohen Wirkungsgrads, die den Gartenschlauch bei weitem übertreffen, aber es bleibt im Grunde genommen einfach. Die Wärmestrahlung der Sonne wird von schwarzen Kollektoren absorbiert und heizt eine Flüssigkeit auf. Damit der Wärmefluß klein bleibt, sind ausgeklügelte Kollektoren entwickelt worden, mit beschichteten Glasscheiben abgedeckt, die die Wärmerückstrahlung verhindern. Manche von ihnen besitzen auch Reflektoren, die die Sonnenstrahlen auf wasserdurchflossenen Röhren bündeln.

Vor- und Nachteile der Sonnenenergie

Die Sonnenheizung hat große Vorteile, aber auch große Nachteile. Der Hauptvorteil: Sie kostet nichts. (Genauer gesagt: Die Energiezufuhr kostet nichts. Bau und Unterhalt sind immer noch viel zu teuer.) Der Hauptnachteil: Sie ist immer dann nicht oder nur in geringem Maße verfügbar, wenn man sie wirklich braucht. Also nachts und in der kalten Jahreszeit, allgemein bei bedecktem Himmel. Dagegen kann man etwas mit Kurzzeit- oder Langzeitspeichern tun, auch mit physikalischen Tricks, die den Strahlungsrest nutzen, der auch im Winter immer noch vorhanden ist. Man kann aber mit Sonnenstrahlung nicht nur wärmen, sondern durch besonders geschickte Einrichtungen auch kühlen. Überhaupt: klimatisieren. Das machen uns die Tiere und Pflanzen schon seit Jahrmillionen vor.

Erst heute, im Zeitalter der detaillierten Erforschung all dieser Dinge und gleichzeitig im Zeitalter der steigenden Energiepreise, kommen wir auf diese Vorbilder zurück. Passive Nutzung der Sonnenenergie – das zeigt jeder Kleinsäuger, der morgens aus seinem Versteck kommt und sich auf einen warmen Untergrund in die Sonne legt. Erst seit kurzem weiß man, wie sich Schmetterlinge aufheizen. Sie setzen sich in der Früh möglichst senkrecht zur Sonneneinstrahlung und spreizen die Flügel so, daß die Wärmestrahlen von den reflektierenden Flügelschuppen auf den Körper gelenkt werden. Der heizt sich auf. Ein dichtes Haarfell um den Körper herum schafft ein Luftpolster, das gut isoliert. So wird verhindert, daß die gespeicherte Wärme gleich wieder an die kalte Morgenluft abgegeben oder abgestrahlt wird. Nach wenigen Minuten ist der Schmetterling so aufgeheizt, daß die Muskeln spielen können, und er kann wegfliegen. Seine Körpertemperatur liegt dann etwa bei 40 °C, auch wenn die Lufttemperatur nur bei 15 °C liegt. Immer wieder das gleiche Prinzip also: Wärmestrahlen werden mit allerlei Tricks aufgenommen, und Wärmeabgabe wird mit andern Tricks verhindert. So bleibt die Wärme dort, wo man sie braucht, und heizt ein System auf. Auf sehr raffinierte Weise nützt das auch der Eisbär.

Das Eisbärenfell und transparentes Isolationsmaterial

Wer sich zutraut, einen Eisbären zu rasieren, wird mit Erstaunen feststellen, daß die Bärenhaut fast schwarz ist. Der »Weißbär« ist eigentlich ein »Schwarzbär«, nur das Fell ist weiß. Schaut man sich ein Haar dieses Fells unter dem Mikroskop an, so findet man, daß es anders ge-

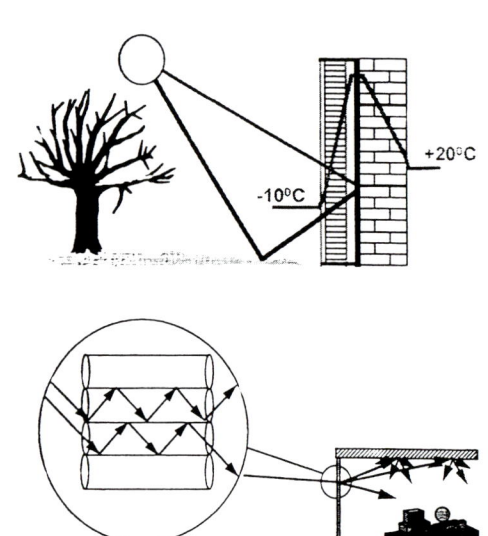

Tranparentes Isolationsmaterial (TIM), vor eine Mauer gestellt, vermag den Temperaturgradienten zwischen Außen und Innen entscheidend zu verändern. Die physikalischen Wärmeübergänge an den Oberflächen und in den Zwischenräumen sind komplex. Im Endeffekt kann aber an der Innenwand +20 °C herrschen, während die Lufttemperatur -10 °C beträgt.

Die Licht- und Wärmestrahlen bleiben infolge von Totalreflexion zunächst in den Röhrchen des TIM. Nach dem Austritt stahlen sie dagegen in breitem Winkel ab. So kommt es auch zu einer angenehm weichen Tageslicht-Beleuchtung in Büroräumen mit TIM (gegenüberliegende Seite unten).

Mit ihren schuppenbesetzten Flügeln (links) können Schmetterlinge die Wärmestrahlen der Morgensonne auf ihren Rumpf lenken. Dabei dürfte die jeweilige Schuppenzeichnung und -färbung eine spezifische Rolle spielen.

baut ist als andere weiße Haare von Säugern, beispielsweise die von Schimmeln. Es besitzt in der Mitte einen reflektierenden Markzylinder. Licht, das einmal eingefallen ist, wird durch Totalreflexion im Haar gehalten (wegen der Totalreflexion erscheint das luftgefüllte Haar ja auch weiß) und durch Lumineszenzerscheinungen sogar langwelliger. Wenn die Strahlung schließlich an der dunklen Haut angekommen ist, wird sie dort absorbiert und heizt sie auf. Die vielen kleinen Luftpolster, die im Eisbärenfell eingeschlossen sind, wirken als idealer Isolator. Die Wärme kann nicht mehr entweichen. Der Eisbär kann auf diese Weise schwache Strahlung und auch das kurzwelligere Infrarot nutzen. Sein Fell wirkt wie ein »Transparentes Isoliermaterial« der Technik, abgekürzt als TIM bezeichnet. Der Berliner Physiko-Chemiker H. Tributsch und seine Mitarbeiter, die diesen Effekt beschrieben haben, haben damit eine lebhafte Diskussion angestoßen. Nicht alle Forscher sind mit dieser Sichtweise einverstanden; mir erscheint das Ergebnis der Untersuchungen aber gut gesichert.

Transparentes Isolationsmaterial wird heute im Hausbau mehr und mehr verwendet. Man kann es beispielsweise aus vielen kleinen, nebeneinanderliegenden Glasröhrchen fertigen, die eine Platte formen. Diese wird von innen und von außen mit einer Glasscheibe abgedeckt. Richtet man dieses Material günstig zur Sonneneinstrahlung aus, so »spiegeln sich« die Lichtstrahlen nach innen, dort können sie beispielsweise auf eine dunkel gestrichene Wand treffen und diese aufheizen. Wegen der einge-

Die Leitung von Lichtstrahlen durch pflanzliches und tierisches Gewebe ist nichts Ungewöhnliches. Mit Strahlung aus Rubinlasern hat man festgestellt, daß die Pflanzen einstrahlendes Licht bis zur Wurzelspitze, ja sogar bis in die feinsten, seitlich ansetzenden Wurzelhaare leiten. In die Haare des Eisbärenfells einstrahlendes Licht wird ähnlich wie bei einem transparenten Isolationsmaterial durch Totalreflexion weitergeleitet.

schlossenen Lufthohlräume wirkt das Material als guter Isolator. Man kann es auch aus Kunststoffröhrchen bauen, und es gibt in der Zwischenzeit eine Serie von Patenten dafür. Das Material wird immer billiger und damit praktikabel einsetzbar. Noch vor kurzem hat ein Quadratmeter an die tausend Mark gekostet. Das überlegt sich ein Bauherr natürlich. Konventionelle Isolierwände, beispielsweise mit Steinen aus Leichtbeton, isolieren eben nur. Sie verhindern in der kühlen Jahreszeit, daß die Zimmerwärme rasch durch Wände entweicht. Transparentes Isoliermaterial nach dem Eisbärenprinzip tut dies auch, aber das ist nur die eine Seite der Medaille. Auf der anderen Seite wird auch Wärme von außen nach innen geleitet und, eben wegen der hohen Isolierfähigkeit, innen gehalten. Natürlich setzt die Verwendung von Wandblöcken aus einem solchen Material eine völlig andere Bauweise voraus, eine Ständerbauweise, in die die TIM-Paneele integriert werden. Dies ist aber sowieso die Bauweise der Zukunft, wie wir im weiteren sehen werden.

Heizen oder erwärmen: Das ist freilich nur eine Facette. Allerdings geben wir für die Gebäudeheizung bis zu 40% der in Mitteleuropa verfügbaren Energie aus! Hier rentiert sich also ein zähes Entwickeln, Prozent um Prozent, in das man die Vorbilder der Natur integrieren sollte.

Können bionische Vorbilder auch von Menschen stammen?

Kommen wir von der Heizung zur Kühlung. Im Great Valley in Nordamerika gibt man um die Mittagszeit bis zu 80 Prozent der verfügbaren elektrischen Leistung für die Hauskühlung aus! In den Tropen baut man immer noch nach mitteleuropäischen Standards; die Häuser heizen sich viel zu stark auf, und dabei gibt es Baumaterialien, die sehr viel geeigneter sind und von den Pueblos Nordamerikas oder Ureinwohnern Afrikas intuitiv benutzt worden sind: Adobe heißt das Material und ist ein mit einem Bindemittel versetzter Lehm. Aber ist das eigentlich ein bionisches Vorbild? Es ist ja von Menschen entwickelt worden, wenn man von manchen »Töpfern« unter den Tieren absieht.

Wir denken: Ja, was Tiere und Pflanzen entwickelt haben, ist im Versuch-Irrtum-Prozeß der Evolution abgelaufen und immer weiter verfeinert worden, offensichtlich ohne Zutun eines »planenden« oder »denkenden« Systems. Was frühe Kulturen der Menschheit entwickelt haben und die heutigen sogenannten »Primitivkulturen« (die alles andere als primitiv sind) weiterentwickeln, geschieht im Grunde nach den gleichen Kriterien. Es wurde nichts gerechnet und nichts konstruiert, sondern es wurde intuitiv ausprobiert, verworfen, verändert, wieder verworfen, bis sich schließlich etwas herauskristallisierte, das den Anforderungen entsprach.

Gerade im Baubereich kann man das an einer ganzen Reihe von Fällen zeigen, von den genannten nordamerikanischen Pueblos mit ihrem ideal isolierenden Baumaterial über die dorfartigen Rundbauten Zentralafrikas, die die Luftströmung kanalisieren, bis hin zur Architektur des alten Iran, die mit geradezu raffinierten Windnutzungen arbeitet. Oder die weiter unten genannten »Windfänge« der Kanaken, die – wie Windkanalexperimente an Modellen ergeben haben – verblüffend effektiv arbeiten. All dies

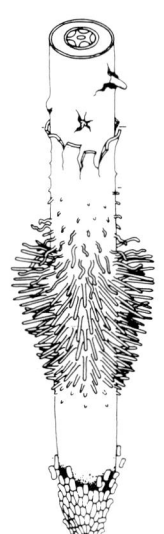
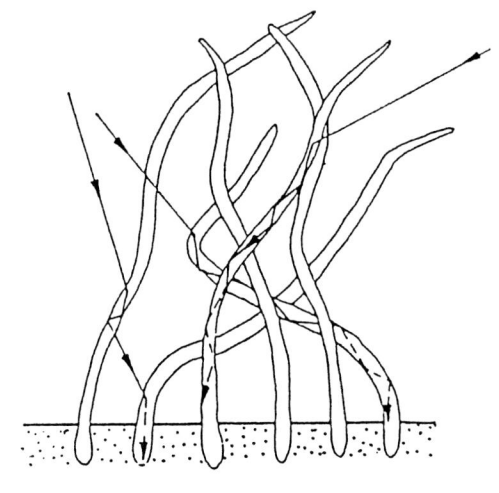

Kühlung und Heizung, aber auch passive Lüftung sind gerade heute viel diskutierte Anliegen der Bevölkerung. Bis zu 80% der elektrischen Energie zur sommerlichen Kühlung und 40–60% der Energie zur Winterheizung (beispielsweise Heizöl) ließen sich einsparen, wenn man künftig nach dem in Jahrmillionen optimierten Bauprinzip der Termiten (links) Wohnhäuser und öffentliche Gebäude errichten würde. Interessante Erfahrungen sammelte man inzwischen in den Bibliotheksbauten der Universität Leicester (rechts).

ist in Versuch-Irrtum-Prozessen entstanden. Da gab es keinen Physiker, der gerechnet hätte. Das kann man auch von den Termiten sagen, die ihre Bauten auf raffinierteste Weise klimatisieren. All diese Effekte kann man in gleicher Weise als Anregung nehmen und als Bionik bezeichnen, kommen sie nun von Pflanze, Tier oder Mensch. Selbst das Schwarzwälder Bauernhaus und das Mitteldeutsche Umgangshaus oder das Altanatolische Bauernhaus beziehen solche Erfahrungswerte mit ein, die sich in Jahrhunderten herausgebildet und dann eben gehalten haben. Heute betrachten wir all dies als kostbaren Erfahrungsschatz, den die moderne Bautechnologie – im Einklang mit moderner architektonischer Baugestaltung – auf ihre Verwertung hin untersucht.

Vor der Verwertung müssen natürlich die Prinzipien erkannt sein. Hier bewährt sich wieder die moderne Computersimulation. Es ist schon seltsam: Was sich in Jahrmillionen bei Tier und Pflanzen, in Jahrhunderten beim Menschen »versuchsweise« herauskristallisiert hat und was wir in einer Zeit, als die Energie noch billig war und die Umwelt noch nicht verschmutzt, so hartnäckig haben links liegenlassen, das erweist sich auf einmal als ganz kostbarer Ideenpool. Heute stürzt sich die moderne Wissenschaft mit all ihrem Inventarium darauf und versucht, diese Dinge erst einmal nachzurechnen und zu verstehen. Das ist auch gut so. Moderne Bionik ist eben High-Tech. Die Anregungen können ganz einfach sein und nach »Low-Tech« riechen. Was dann aber daraus gemacht wird, um in der Praxis zu bestehen, das bedarf des konzentrierten Einsatzes der technologischen Möglichkeiten unserer Zeit.

Aber ist das so schlimm? Es ist ja noch gar nicht so lange her, daß man die höchsten Leistungen, deren unsere Gehirne bis dato fähig waren, in die Kriegstechnik gesteckt hat. Man tut dies zum Teil auch heute noch. Andererseits besinnt man sich darauf, daß das ganz normale »civil engineering«, das ganz normale praktische Überleben in einer komplizierter werdenden Welt, auf nichts verzichten kann: weder auf die Gehirnkapazität unserer besten Ingenieure noch auf die Anregungen, die die Natur – letztlich ein uraltes, hoch effektives Ingenieurbüro – entwickelt hat und uns heute anbietet. Betrachten wir beispielsweise die Hoch- und Tiefbauten der Termiten.

Klimatisierung in Termitenbauten und ihre technische Umsetzung

Der Schweizer Biologe M. Lüscher hat bereits in den fünfziger Jahren den Klimahaushalt von Termitenbauten untersucht. Die afrikanische Termite (*Macrotermes bellicosus*) baut unterschiedliche Anlagen, an der Elfenbeinküste geschlossene mit langen, unter der Oberfläche verlaufenden und von einem porösen Material bedeckten Dukten, die Ugandarasse unten offene, aber oben in breiten Blindsäcken geschlossene Bauten. Über den Blindsäcken befindet sich ebenfalls poröses Material. Am interessantesten sind die geschlossenen Bauten. In ihnen zirkuliert eine Luftmenge, die sich aber austauschen muß. Die Termiten brauchen Sauerstoff. Dieser muß durch das poröse Material eindiffundieren können. Sie produzieren zusammen mit den Pilzgärten CO_2, das nach außen diffundieren muß. Außerdem ist es im »Kellergeschoß« der Termitenbauten – sie reichen tief in den Boden hinab – schön kühl und feucht, im »Obergeschoß« dagegen heiß und trocken. Wie bewerkstelligen diese Tiere eine vollautomatische Klimatisierung ihrer Bauten?

Durch Sonneneinstrahlung und Stoffwechselwärme wird ein Luftkreislauf im Bauinneren induziert, dessen Richtung von der Tageszeit und der Besonnung abhängt, wie die Zeichnung auf der gegenüberliegenden Seite, rechts oben, zeigt. Kühle und feuchte Luft wird beispielsweise über den Keller (**1**) in das Nest (**2**) mit der Königinnenkammer (**3**) hochgesaugt. Sie sammelt sich in einem oberen Dom (**4**) und führt über die Außenröhren (**5**) und (**6**) in den Keller zurück. Während der Passage zwischen (**5**) und (**6**) kann CO_2 aus- und O_2 einströmen.

Zumindest bei starker Sonneneinstrahlung wird die Klimatisierung also solar betrieben. Sie wirkt aber nur im Zusammenhang mit dem raffinierten porösen Baumaterial, das die Termiten aus Sand und einem Speicheldrüsensekret zusammenkneten. Es wird steinhart, ist aber feinstporös und läßt Gasmoleküle durchtreten. So kommt eine »zugfreie« Lüftung zustande – Voraussetzung für das Funktionieren des ganzen Systems. Dieses ist so fein geregelt, daß die Temperatur in den Innenräumen und auch noch die relative Luftfeuchtigkeit mit Abweichung von nur ganz wenigen Grad Celsius beziehungsweise Prozent relativer Luftfeuchte auf dem »Sollwert« gehalten werden kann. Das soll ihnen einmal ein moderner Bau nachmachen!

Ein Doktorand meiner Saarbrücker Arbeitsgruppe, G. Rummel, und ich haben uns eine bionische Übertragung des Eisbären- und des Termitenprinzips überlegt: Transparentes Isolationsmaterial plus Porenlüftung.

Wenn man den TIM-Block direkt an eine schwarze Wand anschließt, kann diese leicht überhitzen. Wir fanden heraus, daß man Wandüberhitzen vermeiden kann, indem man einen Luftspalt zwischen TIM und der Absorberwand

Arbeitstermiten bauen mit Hilfe ihrer Kiefer und unter Verwendung eines Drüsensekrets die berühmten Hügel, deren Material zwar steinhart, aber luftdurchlässig ist.

läßt. Ein Teil der Wärme wird damit konvektiv abgeführt und ist an anderer Stelle verfügbar. Wir heizen mittels dieser abgeführten Wärme Frischluft auf, die durch poröse Wände eintritt; brauchen also keine Zusatzwärme, um die kühle Frischluft zu erwärmen.

Eine Belüftung durch poröse Wände übernimmt die Hauptprinzipien der Termitenbauventilation: große durchlüftete Oberflächen, kombiniert mit einer geringen Durchströmgeschwindigkeit. Solche Porenlüftungssysteme können mechanische Systeme (Fenster, Dukte) ersetzen, um umständliche Steuer- und Regelsysteme zu vermeiden. Dieses Kombinationssystem bietet mehrere Vorteile:

➤ Das Ventilationssystem wird mit üblichen Baumaterialien konstruiert und mit Bauelementen, die sowieso vorgesehen sind.
➤ Zugluft wird durch große Belüftungsflächen und kleine Belüftungsgeschwindigkeiten vermieden.
➤ Die Wärme wird wegen des Gegenstromprinzips gut ausgenutzt.
➤ Man braucht keine energieschluckenden Steuer- und Leitungsmechanismen.
➤ Man braucht nur wenig Kontrolltechnik, da das System dann mehr Ventilation anbietet, wenn die Temperaturdifferenzen größer sind (Winterlüftung).

Der Hinterleib einer Termitenkönigin gleicht einem riesigen aufgeblasenen Sack (Foto oben). Sie legt etwa jede Sekunde ein Ei. Die Königinnenkammer ist Teil des Hohlraumsystems, das im Text erläutert ist.

307

Dieses System wird zur Zeit zu seiner technologischen Reife weiterentwickelt.

Ein anderes Kühlungsprinzip nutzt beispielsweise die afrikanische Termitengattung *Trinervitermes*. Ihre Hügel sind nur etwa 2 Meter hoch, aber die darunterliegenden Gänge, die bis tief zum Grundwasser gegraben werden, können 20 bis 30 Meter messen! Man spricht sogar von noch längeren Brunnenschächten. Wasser steigt hoch, wird am Termitenbau verdunstet und kühlt auf diese Weise den Bau: Ein Gramm Wasser kann eine Energie von etwa 3,2 kJ abführen. Wir kennen das vom Schwitzen. Auch hier kühlt verdunstender Schweiß, der zu mehr als 99% aus Wasser besteht, die Haut. Die alten Griechen haben das Prinzip vor 2500 Jahren entdeckt. Poröse, also nicht glasierte Tonware läßt immer ein wenig Flüssigkeit durchtreten, die außen verdunstet und damit das ganze Gefäß mitsamt dem Wasser kühl hält. Für die Termiten ist nur wichtig, daß der Zugang zum Grundwasser dauernd gewährleistet ist. Dann können sie getrost die Sonne zur Kühlung einsetzen.

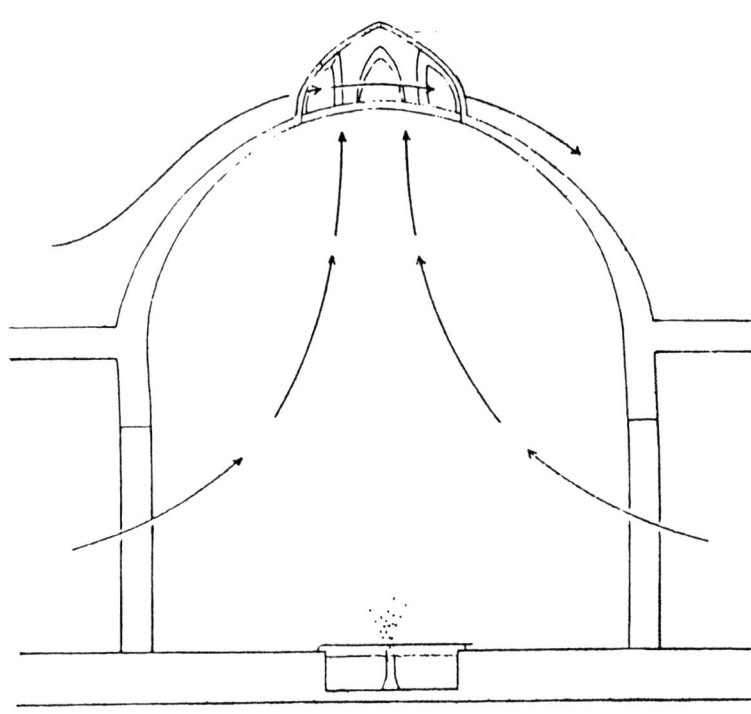

Die Altiranische Kuppelarchitektur nutzt den darüberstreichenden Wind, um durch den entstehenden Unterdruck-Effekt kühle Luft aus Bodennähe nachzuziehen.

Den Wind nutzende Ökoarchitektur im alten Iran und in Präriehundbauten

Die alten Iraner haben mit großer Wahrscheinlichkeit keine Termitenbauten studiert – in den nordiranischen Wüstengebieten mit extremen Klimagegensätzen gibt es die nicht. Ihre auf Naturbeobachtung beruhenden Lösungen werden aber heute mit der »Termitentechnik« kombiniert. Sowohl in Leicester in England als auch im afrikanischen Simbabwe sind Verwaltungsgebäude entstanden, die nach diesen Prinzipien überraschend effektiv und »vollautomatisch« ihre Räume klimatisieren. Auch in unserem Land haben sich Architekten damit befaßt und Bauten verwirklicht, beispielsweise in Bochum. Zunächst aber ein Blick auf die Technologien der altiranischen Baumeister.

Wenn man eine Hand flach in den Sturm hält, wird sie nach hinten gedrückt: Der Staudruck ist dafür verantwortlich. Wenn man durch eine Zerstäuberdüse bläst, wird Flüssigkeit hochgesaugt. Dafür ist der Bernoulli-Effekt (Unterdruck-Effekt) verantwortlich. Erwärmt sich Luft in einer senkrechten Röhre, steigt sie auf und zieht kalte Luft nach. Das Aufsteigen bewirkt der Dichteunterschied zwischen den Luftmassen. Wenn Wasser verdunstet, kühlt sich die Umgebung ab, weil die Verdunstung Wärme bindet. Damit haben wir vier physikalische Effekte, die die Natur und die frühe Technik des Menschen versuchsweise kombiniert haben.

Die alten iranischen Baumeister haben in trocken-heißen Wüstenregionen die Wohnräume in die Erde versenkt. Windtürme fangen den Wind nach dem Staudruckprinzip auf und leiten ihn über unterirdische Dukte, die sich zu den Wohnräumen öffnen. Auf ihrem unterirdischen Weg – vorzugsweise in der Nähe von Wasseradern – kühlt sich die Luft ab und belädt sich mit Feuchtigkeit. Oft war an der Austrittstelle auch ein kleiner Springbrunnen vorgesehen: eine weitere Feuchtigkeitsanreicherung und Abkühlung.

Zisternen tragen oft Kuppeldächer mit einer zentralen, durch einen »Dachreiter« abgeschirmten Öffnung im oberen Bereich. Wenn der Wind darüberströmt, zieht er Luft nach dem Sogprinzip von innen weg. Damit wird auch die Luftschicht direkt über dem Zisternenwasser ventiliert, und es kann neues Wasser verdunsten. Auf diese Weise wird das Zisternenwasser angenehm kühl. Diese Windkühlung ist eigentlich solarbetrieben, denn alle Winde auf der Erde werden von der Sonne induziert. Die Tricks der alten iranischen Architekten, mit denen Wüstenregionen überhaupt erst besiedelbar wurden, beruhen also, wenn man so will, auf einer »indirekten Sonnenenergienutzung«.

Präriehunde sind bekanntlich keine Hunde, sondern große Nager, die ursprünglich zu Millionen die nordamerikanischen Prärien besiedelten und dort, ähnlich unseren Murmeltieren, tiefe und weitverzweigte Bauten anlegten. Auch diese müssen belüftet werden, sonst würden die Nagetiere in den Bauten ersticken. Berechnungen zeigen, daß der eindiffundierende Sauerstoff nicht ausreicht. Die Präriehunde haben zwar noch nie etwas vom Bernoulli-Effekt gehört, aber sie nützen ihn souverän. Ein genetisches Programm sorgt dafür, daß sie das ausgebuddelte Baumaterial nicht an beiden Bauöffnungen in gleiche Weise verteilen, sondern nur an einer Stelle. Dort entsteht dann ein immer

Was nicht aufgeheizt wird, braucht auch nicht abzukühlen. Kompaßtermiten stellen ihre flachen Bauten so, daß sie um die Mittagszeit von der Schmalkante her beschienen werden. Dies heizt den Termitenbau am allerwenigsten auf.

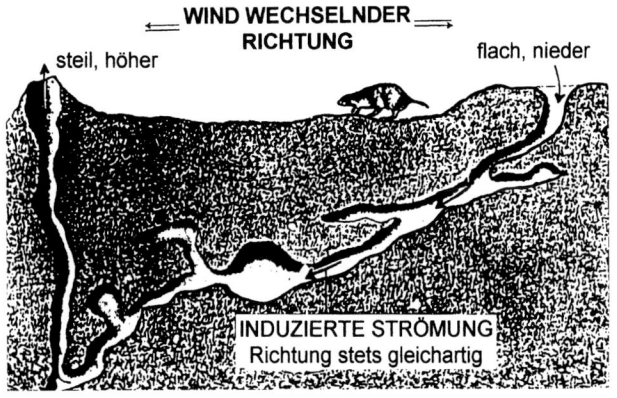

Der Präriehund Cynomys erzeugt unter Nutzung des Bernoulli-Prinzips durch unterschiedliche Gestaltung der Ein- und Ausgänge seines Baus trotz verschiedener Windverhältnisse eine eindeutig gerichtete Luftrichtung durch den Erdbau. Damit ventiliert er ohne eigenen Energieaufwand sein Wohngebäude.

höher ragender »Vesuvkegel« mit Plateau. Wenn der Wind darüberstreicht, drücken sich sozusagen die Stromlinien zusammen. Es entsteht eine Saugkraft, und die Luft wird an dieser Stelle aus dem Bau herausgesaugt. An der gegenüberliegen Öffnung (die flach ist und keinen solchen Kegel hat) wird die Luft dann eingesaugt: eine vollautomatische Zwangsventilierung. Und sie ist unabhängig von der Windrichtung, da die »Vesuvkegel« drehrund sind.

Die Wohnkuhlen tief unter der Erde sind mit Heu ausgepolstert. Dies nimmt die Bodenfeuchtigkeit auf und wird vom durchströmenden Wind ventiliert. Auch dadurch wird die Strömung etwas abgekühlt: wieder eine vollautomatische wind- und damit letztlich sonnengetriebene Klimatisierung! Computersimulationen haben ergeben, daß ohne diesen Effekt das gesamte Ökosystem der nordamerikanischen Prärien – das stark von den Präriehunden mitbestimmt wird – anders aussehen würde!

Moderne Bauingenieure und Architekten scheuen sich immer weniger, Vorbilder der Natur oder von Naturvölkern in ihre Arbeit einzubeziehen. Dieter Oligmüller hat in Bochum einen Bürobau auf diese Weise belüftet. Die Sonne heizt eine Glasfassade auf, hinter der ein Dukt gebildet wird – ähnlich wie bei den seitlichen Leisten eines Termitenbaus. Luft steigt hoch. Sie wird an anderer Stelle eingeleitet, in unterirdische Dukte geführt – ähnlich wie bei der altiranischen Architektur oder wie bei den Bauten der Präriehunde – und schließlich den Büroräumen wieder zugeführt.

Sehr effektiv sind solche Anregungen, in die auch die Prinzipien der Termitenbauten wieder mit einfließen. Die ersten Erfahrungen damit sammelte man in Bibliotheksbauten der englischen Universität Leicester.

Bionische Klimatisierung in Harare

Auf sehr eigenständige Weise wurden diese Anregungen für die Klimatisierung von Bürogebäuden in Afrika genutzt.

Sie wurden in ausgedehntem Maße von dem Architektenbüro Pearce Partnership im Eastgate-Bürogebäude umgesetzt, mit dem in Harare, Simbabwe, ein ganzer Stadtblock überbaut wurde. Äußerlich fällt es auf durch horizontal vorspringende Untergliederungen und seltsame kaminartige Aufsätze auf dem Dach.

In Harare ist es generell sonnig und warm, wogegen die Nächte mit etwa 10 bis 14 °C vergleichsweise kühl sind. In Afrika verschlingt das Air-Conditioning eines Großgebäudes etwa 15 bis 25 % der gesamten Bausumme. Das ehrgeizige Ziel bei diesem Bau war eine »Selbstklimatisierung« ohne ausgedehntes elektrisches Air-Conditioning. Der Block ist 150 m lang und 70 m breit; die Nutzfläche beträgt über 30 000 m^2. Wegen der starken Sonne wurden etwa 75 % der Außenflächen abgeschattet. Die Wände sind aus Ortbeton mit doppelgelegten Ziegeln konstruiert und hell, was Temperaturdifferenzen reduziert und Wärmeeinstrahlung minimiert. Interne Wärmequelle ist im wesentlichen die Restwärme, die auf die solare Aufheizung zurückgeht. Im Winter gibt es eine individuelle elektrische Zusatzheizung in den einzelnen Räumen.

Wesentlich für das Klimakonzept dieses Gebäudes war die Nutzung natürlicher Ventilation und passiven Kühlens, wie es die Termiten vorführen. Benutzt wurde ein ausgeklügeltes System von Luftschächten, ähnlich wie im Termitenbau. Die Sonne heizt die »Dachkamine« auf, so daß sich die Luft erwärmt und aufsteigt. Kühle Luft wird von der Basis nachgezogen. Die Aufheizung ist so stark, daß sie auch nachts funktioniert und kühle Luft nachzieht, die in der Früh das Gebäude angenehm heruntergekühlt hat. Das System würde ganz ohne Ventilatoren funktionieren, zur Sicherheit und zum Komfort hat man dann aber doch Ventilatoren niederer Leistungen vorgesehen. Die Luft tritt unter den basalen Fenstern ein. Sie wird nicht von der stark befahrenen Straße, sondern in 10 m Höhe von dem gekühlten Innenhof abgesaugt – ähnlich wie bei den Termitenhügeln die kühle Luft »aus dem Keller kommt«. An den Deckenöffnungen der einzelnen Räume tritt die Luft wieder aus. Die Decken sind netzförmig strukturiert, um die Oberfläche zu vergrößern und um größere Luftturbulenz zu erzeugen, die einen besseren Wärmeaustausch garantiert. Auf diese Weise heizen sich die Betonteile auf etwa 20 °C auf. Die Wärmepuffer kühlen im Sommer die eintretende heiße Luft und erwärmen im Winter die eintretende kalte Luft.

Dieses passive Kühlungssystem benutzt Prinzipien ähnlich denen, die bei einer Reihe von Gebäuden in England von der Arup Associates CIGB entwickelt worden sind. Die Praxis hat gezeigt, daß diese passive Ventilation und Kühlung mindestens so gut funktioniert, wie sie der Computer vorausberechnet hat. Dazu noch ein weiteres Beispiel.

Der 26. September 1996 war ein heißer Tag mit einer Tagestemperatur von etwa 36 °C und einer kühlen Umgebungstemperatur in der vorhergehenden Nacht. An diesem Tag wurde die Raumtemperatur im Mittel um 4,5 °C heruntergekühlt! Da kaum eine elektrische Leistung für die Kühlung aufgebracht werden muß, hat das Harare-Gebäude eine sehr günstige Energiebilanz. Sein Leistungsaufwand beläuft sich auf 9,1 kWh/m^2. Sechs andere Gebäude in Harare, die elektrisch klimatisiert werden, verschlingen dagegen zwischen 11 und 18,9 kWh/m^2, so daß die natürliche Klimatisierung zwischen 48 und 83% des Vergleichs-Betriebsaufwandes kostet.

 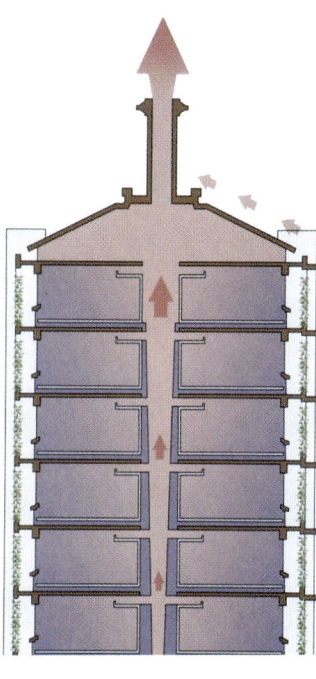

Die »Kamine« auf dem Eastgate-Gebäude in Harare erinnern nicht nur an die kaminartigen Aufsätze von Termitenbauten – sie wirken physikalisch auch genau so.

Der Bau des Töpfervogels sieht tatsächlich aus wie ein Töpferofen der klassischen Antike. Daher hat der Vogel auch seinen Namen bekommen: Furnarius (=Töpferofen). Der Bau wird zwischen Ästen oder auch auf Pfählen angelegt. Man erkennt die äußerst dicke Wand, die – wie im Text beschrieben – einen Teil der »Klimastrategie« dieses Meistertöpfers darstellt.

Die Kosten für das Eastgate-Installationssystem betrugen etwa 10% der Kosten, die ein vollmechanisch-elektrisches Air-Conditioning-System verschluckt hätte. Das System besteht nicht aus »hochgezüchteten« Teilen und kann von lokalen Handwerkern gewartet werden. Die zu erwartenden Betriebskosten sind damit auch gering.

Das Baumaterial Adobe nutzen Tier und Mensch

Adobe – das ist Lehm, der mit Zusatzstoffen stabiler gemacht wird. Adobe-ähnliches Material wird von vielen Tieren benutzt, beispielsweise vom Töpfervogel, der ein aus zwei Räumen bestehendes Brutnest fertigt. Oder von vielen Insekten, die für ihre Nachkommen topfartige Gehäuse bauen, zum Beispiel die Pillenwespen und ihre Verwandten; es gibt sogar eine Grabwespe, die dazu übergegangen ist, ihre Beute nicht einzugraben, sondern in getöpferten Waben einzulagern und mit Eiern zu beschicken. Die Larven leben dann eine Zeitlang in diesem Adobe-Haus. Es ist die Töpfergrabwespe (Sceliphron destillatorium); sie heißt *destillatorium*, weil ihre Bauten aussehen wie Destillierkolben, die früher benutzt wurden.

Adobe-Material hat unbestreitbar Vorzüge: Für den Menschen ist wichtig, daß es dort, wo es vorkommt, billig ist. Es ist leicht zu verarbeiten und kann in Schalbauweise verwendet werden. Es ist darüber hinaus gut wärmeisolierend, nimmt Feuchtigkeit auf und gibt sie am trockenen Ende wieder ab. Bei amerikanischen Pueblo-Bauten wird das Material so raffiniert eingesetzt, daß trotz extremer Tag-Nacht-Temperaturunterschiede und Feuchteschwankungen die Innentemperatur und Innenfeuchte etwa konstant bleiben. Tagsüber erwärmt sich das Material außen, die Wärme kriecht nach innen und wird an der Innenseite wieder abgegeben, um die Luft aufzuheizen, wenn es draußen naß und kalt ist: Die Zeitverzögerung wird genutzt. Andererseits wird die Atmungsfeuchtigkeit der Menschen von den Innenwänden aufgenommen; sie wandert nach außen und wird tagsüber an den trockenen Außenflächen abgegeben: Wiederum wird die durch das Material bedingte Zeitverzögerung genutzt.

Es ist wenig bekannt, daß es auch bei uns Adobe-Häuser gibt, Lehmbauten, die noch aus dem Mittelalter stammen, mit meterdicken Basalwänden. Das Material ist sehr alterungsunempfindlich, wenn man die Oberfläche schützt. So gibt es an der Lahn vierstöckige Lehmbauten aus dem 16. Jahrhundert. Sie sind allerdings so verkleidet, daß man ihnen ihre Konstruktion von außen nicht ansieht. Im afrikanischen Mali hat Adobe-Bau Tradition. Die sehr eigenartigen, auf uns bizarr wirkenden, aber außerordentlich funktionellen Bauten und ihre Materialnutzung sind die Basis für eine ganz eigenständige architektonische Kultur.

H. Tributsch weist in einem Artikel über klimatechnische Lösungen bei Tieren und in der traditionellen Architektur noch auf weitere Adobe-Effekte hin. So bauen sowohl der Töpfervogel als auch die alten Navajos in Nordamerika »Rundbauten« aus Adobe, also einem mit Häcksel, Streu oder kleingehackten Zweigen stabil gemachten Lehmmaterial. Wir haben schon darauf hingewiesen, wie »raffiniert« dieses schlichte Naturmaterial klimatechnisch arbeiten kann. Sowohl die Bauten des Töpfervogels wie die Navajo-Bauten sind rund oder halbkugelförmig. Damit haben sie für ihr gegebenes Volumen eine relativ kleine Oberfläche: Der Körper mit der kleinsten Oberfläche im Verhältnis zum Volumen ist bekanntlich die Kugel. Die Wände sind sehr dick. Aus beiden Gründen dauert es seine Zeit, bis sich ein solcher Bau in der Sonnenstrahlung aufheizt. Die Sonne kann ja nur über die Bauoberfläche Energie mit dem Material austauschen; Wärmeenergie wird aber im ganzen Volumen gespeichert.

Die Dogon Afrikas benutzen zum Bau ihrer eigenwilligen Architektur Lehmmaterial, das sie mit Häcksel, Zweigen und Holzscheiten verstärken. Die bauphysikalischen Eigenschaften dieses »Primitivmaterials« werden von kaum einem der modernen Materialien erreicht.

Auch Termiten aus den Randzonen der Wüsten Namibias kennen den Trick. Sie konstruieren ihre Bauten relativ groß, bis zu 3 Meter hoch. Damit haben sie ein ganz besonders großes »oberflächenbezogenes Volumen«, und es dauert seine Zeit, bis sich der Bau aufheizt. In der Nacht verliert er die Wärmeenergie dann wieder. Die Kompaßtermiten bauen bekanntlich ihre spatelartig-langgezogenen Bauten in Nord-Süd-Richtung. Frühmorgens und am Abend, wenn die Sonne noch tief steht und ihre ersten oder letzten Wärmestrahlen ausgenutzt werden sollen, bescheint sie die Breitseite der Bauten, so daß die Strahlungsenergie optimal absorbiert wird. In der Mittagszeit dagegen bescheint sie den Bau von der Schmalkante und trifft ihn nun unter kleinster Projektionsfläche: Es wird so wenig Wärmeenergie wie möglich aufgenommen.

Ein weiterer Aspekt liegt in der Wärmeabgabe durch Strahlung. Wärmeaustausch kann bekanntlich durch sogenannte Konduktion erfolgen, wenn sich nämlich zwei Festkörper berühren, oder durch Konvektion, wenn Luft oder Wasser um einen Festkörper herumstreichen. Sie kann aber auch durch Strahlung erfolgen. Wärmeabgabe durch Strahlung erfolgt am stärksten in die Richtung der kühlsten Region. Man kennt das, wenn man in einem Zimmer, dessen Luft recht warm ist, nahe an einer kalten Wand sitzt. Man fröstelt dann, weil man viel Wärme durch Abstrahlung an die Wand verliert. Da die Projektionsfläche der Kompaßtermiten in Richtung auf den »kalten« Himmel nur klein ist, verlieren sie auch nachts nur wenig Wärme durch Abstrahlung.

Termitenbauten haben es überhaupt in sich. Noch vieles ist nur ungenügend bekannt. Manche Termiten bauen pilzartige Häuser, wobei mehrere dieser Pilze übereinanderstehen können. Man hat das als Abschattung der tieferen Regionen und als Regenwasser-Abfluß gedeutet, was sicher stimmt. Es könnte auf diese Weise aber auch die Konvektion beeinflußt werden, beispielsweise durch Induzierung von Turbulenzen. Damit könnte ein zusätzlicher Kühlungseffekt entstehen, an den man zunächst einmal gar nicht denkt. Gerade bei Windstille würden sich diese Bauten dann sozusagen ihre eigene kühlende Umströmung schaffen. Das Prinzip ist bei Bauten des Menschen noch nicht richtig durchdacht worden – Anregungen genug für zukunftsorientierte Architekten.

Wintergärten bei Hochgebirgsschnecken

Jeder kennt heutzutage den Wintergarteneffekt. In der Übergangsjahreszeit heizt er sich angenehm auf, weil einfallende Sonnenstrahlen ihre Wärme abgeben und diese wegen Doppel- oder Dreifachverglasung (und anderen raffinierten Dingen, wie zum Beispiel Stickstoffüllung und Spezialbeschichtungen) nicht mehr so leicht entweichen kann. Im Sommer allerdings wird es ohne Beschattung unerträglich heiß, und man muß Zwangslüftungen vorsehen. H. Tributsch hat einmal beschrieben, wohin ihn das Nachdenken über Wintergärten geführt hat. »Da Schnecken typischerweise Häuser mit sich tragen, dachte ich mir, daß es einen Unterschied machen müßte, ob eine Schnecke im milden Tiefland oder im kalten Hochgebirge lebt. Ich konzentrierte mich infolgedessen auf die Hochgebirgsfauna und versuchte herauszufinden, wie die Häuser der Schnecken beschaffen sind, die im Reiche der Gletscher leben.«

Schnecken in der alpinen Gletscherregion, also auf etwa 3000 m Höhe besitzen Glashäuser. Deshalb spricht man auch von Glasschnecken. In ihrem »Glashaus« sammelt sich die Sonnenwärme wie in einem Wintergarten.

Ob die Photovoltaik mit großflächigen Elementen, die direkt Strom erzeugen, die ideale Zukunftslösung ist, sei dahingestellt. Im Moment kostet die Herstellung dieser hochreinen Siliziumzellen noch mehr Energie, als sie über ihre gesamte Lebensdauer an umgewandelter Solarenergie wieder einbringt.

Überraschenderweise fand sich, daß die Schnecken in den Gletscherregionen, also etwa auf 3000 m Höhe, »Glashäuser besitzen«. Man spricht dann auch von Glasschnecken; die Wissenschaftler nennen sie *Vitrinidae*. In ihrem »Glashaus« sammelt sich die Wärme wie in unseren Wintergärten. Man kann regelrecht von einer Wärmefalle sprechen. Damit können diese Schnecken noch aktiv sein, wenn es anderen Verwandten, die nicht durchscheinende Häuser besitzen, schon zu kalt ist. Die Durchschnittstemperatur in dieser Höhe liegt ganze 18°C niedriger als auf Meeresniveau!

Ob die Schneckenschalen mit ihrem komplizierten Aufbau aus Kalkkristallen und organischer Substanz wärmetechnische Eigenschaften besitzen wie die Spezialverglasung unserer Wintergärten, ist noch offen. Es würde sich rentieren, diese Frage genauer zu untersuchen.

Nutzung von Umweltkräften und unkonventionelle Wüstenarchitektur

Windnutzung zur Kühlung, Klimatisierung, Trocknung wird durch Versuch und Irrtum von alters her betrieben. Diese Techniken stellen,

wie gesagt, letztendlich eine indirekte Nutzung der Sonnenenergie dar. Zur Lüftung ihrer langgestreckten Versammlungsräume bauen die Kanaken auf Neukaledonien muschelförmige »Windfänger«, die sich nach Windkanaluntersuchungen als erstaunlich effektiv erwiesen haben. Der italienische Stararchitekt Renzo Piano hat sich intensiv mit der Architektur dieser Ureinwohner befaßt und ihre funktionellen Aspekte in den großen Museumskomplex und das Kulturzentrum Tjibaou in Nouméa miteingebracht, wo die Kultur der Kanaken dargestellt ist. Nicht nur eine schöne Verbeugung vor dieser in der Regel unterschätzten Zivilisation, sondern die Erkenntnis, daß es für diese tropischen Gebiete mit ihren schwierigen Lebensbedingungen keine bessere Architektur gibt als die, die sich im Versuch-Irrtum-Prozeß der »frühen technologischen Evolution« herauskristallisiert hat.

So erkennt man immer mehr, daß im Laufe der Besiedelungsgeschichte die Übertragung zentraleuropäischer Architekturformen auf die ganze Welt ein großer Fehler war. Man hätte vielmehr die ursprüngliche Architektur der einzelnen Regionen genauer studieren und ihre Prinzipien auf heutige Nutzungsmöglichkeiten abklopfen müssen – auch die Architektur der Tierbauten dieser Regionen.

Ein europäisches Backsteinhaus in die Sahara zu stellen wäre tödlich. In Südwest-Afrika gibt es Fensterpflanzen der Gattung *Fritia*, die, tief in die Erde eingezogen, in sehr lichtreichen und äußerst heißen Biotopen überleben können. Sie bilden keine Blätter auf der Sandoberfläche, die sowieso rasch verdorren würden, sondern formieren über eine Art »Glaskuppel« ein Lichtleitersystem. Das Licht wird nach innen in den Boden hineingeleitet und die Chlorophyllkörner, die die Photosynthese durchführen, sitzen in tieferen und damit kühleren Sandregionen und werden nicht vom direkten, sondern nur von diffus reflektiertem Licht erreicht. Der bereits zitierte Berliner Physiko-Chemiker H. Tributsch hat einen Vorschlag für ein »Wüstenhaus« gemacht, das auf der genauen Kenntnis dieser Fensterpflanzen beruht. Die Fensterpflanze ist kolbenähnlich gebaut, wie ein so genannter Winston-Kollektor. Sie trägt direkt oben ein lichttransparentes Fenster, darum heißt sie auch Fensterpflanze. Nur dieses Fenster wölbt sich über die Erdoberfläche. Das Kuppelfenster sorgt für eine Lichtsammlung, unabhängig vom Sonnenstand. Das in die Tiefe geleitete Licht wird photosynthetisch genutzt; die Wärmestrahlen heizen dagegen nur die großvolumigen, wasserhaltigen Fensterzellen auf, und Wärme wird rasch wieder abgestrahlt (Wasser-Wärmefilter).

Während sich unsere moderne Wüstenarchitektur dem Klima nur sehr wenig anpaßt und mit großen Kühlleistungen arbeiten muß, zeigt das Vorbild der Fensterpflanze, wie man klimatisch wüstenangepaßte Architektur optimieren könnte. Die Wohnhäuser sollten demnach in die Tiefe gebaut werden: »... überdeckt von einer Glaskuppel mit einem wärmeabsorbierenden Wasserfenster. Wie bei der Fensterpflanze sollte das Licht durch Streuung in die Tiefe geleitet werden, wo es Wohnräume, aber auch Gärten erreicht, die von der Kühle des Bodens profitieren.«

Auch die hier vorgestellten Beispiele zur direkten Nutzung der Solarenergie zeigen, daß sich die Natur zwar nicht kopieren läßt, daß sie aber entscheidende Impulse für das Weiterdenken geben kann. Damit tun sich Lösungswege auf, die ohne ihr unaufdringliches Vorbild überhaupt nicht, nicht so einfach oder nicht so rasch gefunden werden konnten.

Naturorientierte Lösungen sind häufig solche, die unserer Ökosphäre angemessener sind als naturferne technische Konzepte. »An die Bionik wird vielfach die Hoffnung geknüpft, daß sie per se umweltverträgliche Lösungen liefert«, so schreibt Bionik-Pionier Rechenberg. Und weiter: »Eine bionische Lösung ist nicht

Fensterpflanzen – hier der Gattung Fenestraria – leiten durch einen kuppelartigen, durchscheinenden Aufsatz Sonnenlicht nach innen. Hier wird die Sonne durch eine Lichtleiter-Beleuchtung simuliert. Die Pflanze glänzt von innen her. In mäßig heißem Klima wachsen diese Fensterpflanzen weiter aus dem Boden. Bei extremer Hitze und Trockenheit können sie sich aber auch stärker hineinziehen. Sie schauen im Extremfall nur mit ihrer durchscheinenden »Kuppel« aus dem Sandboden heraus. Kehrt man den Strahlengang um, indem man sie abschneidet und von unten beleuchtet, dann glänzt die Kuppel hell auf.

Wie der Berliner H. Tributsch vorschlägt, könnte man Wohnhäuser in der Sahara-Region ganz anders konstruieren, so ähnlich wie die Fensterpflanzen Fritia oder Fenestrana: Die Abbildung ist eine Originalskizze, die der vielgereiste Physikochemiker in der Sahara gemacht hat.

Garant für eine ökologische Lösung. Aber es besteht eine nicht geringe Chance, daß die biologienahe Lösung auch eine umweltverträgliche Lösung liefert.«

Treffender und präziser kann man es nicht ausdrücken. Bionik ist kein Allheilmittel – aber ohne sie vergibt man ungeahnte Chancen.

Die Photosynthese als Vorbild

Man kann es nicht oft genug wiederholen: Alles Leben auf dieser Erde wird von der Sonne unterhalten. Pflanzen, Tiere und Menschen leben letztendlich von der Energie dieses Sterns. Unsere Treibstoffe beruhen auf fossiler Biomasse. Kohle, Erdöl, Erdgas sind Relikte früher Photosynthese. Wenn wir alles aufgebraucht haben und Atomenergie oder Kernfusion nicht weiter nutzen wollen oder können, bleibt tatsächlich nur die Sonne und alles, was von ihr abhängt – Windenergie etwa –, wenn man von der Erdwärme und von der mondinduzierten Gezeitenenergie absieht.

Sonnenenergie hat aber zumindest einen sehr gravierenden Nachteil: Die flächenbezogene Energiedichte ist gering. In unseren Breiten kann man in günstigen Fällen mit 600 Watt pro Quadratmeter rechnen.

Angenommen, ein Auto hat eine Blech-Oberfläche von 4 m² und man könnte die Sonnenenergie mit einem Gesamtwirkungsgrad von 20 Prozent »abernten«: Vollständig mit Solarzellen bestückt, lieferte die Oberfläche dann ganze 480 Watt, halb soviel wie ein Heizlüfter auf kleinster Stufe. Damit kann man ein extrem hochgezüchtetes, superleichtes Versuchsauto antreiben. Solche Gebilde sind schon durch die australische Wüste gerollt – mit Antriebsleistungen unter 1 kW (und einem Wartungsteam im Lastwagen dahinter). Ein Kleinauto der Zukunft wird auch bei bester ökologischer Ausrichtung mindestens 20 kW brauchen, also mindestens eine 50fach höhere Leistung. Und wie kommt man aus diesem Dilemma heraus, wenn man die Solarenergie nutzen will? Durch Leistungswandlung.

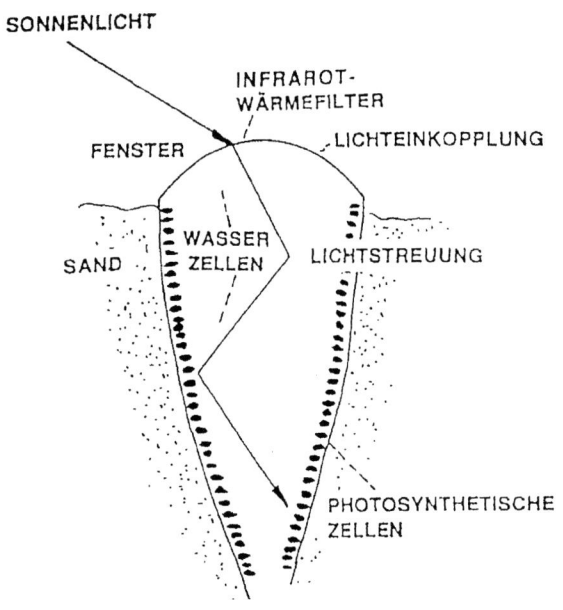
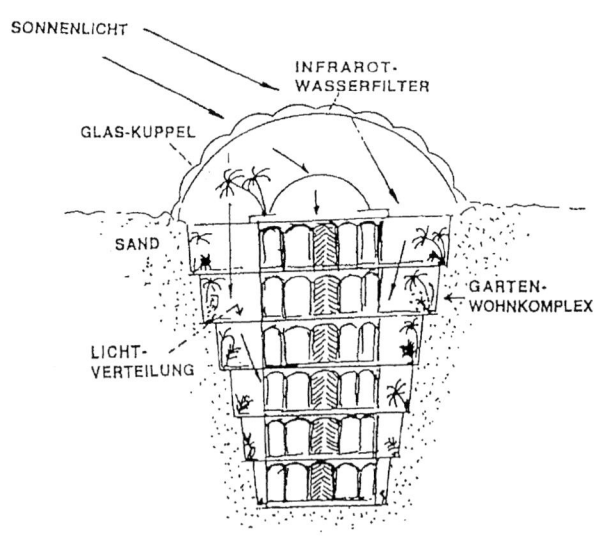

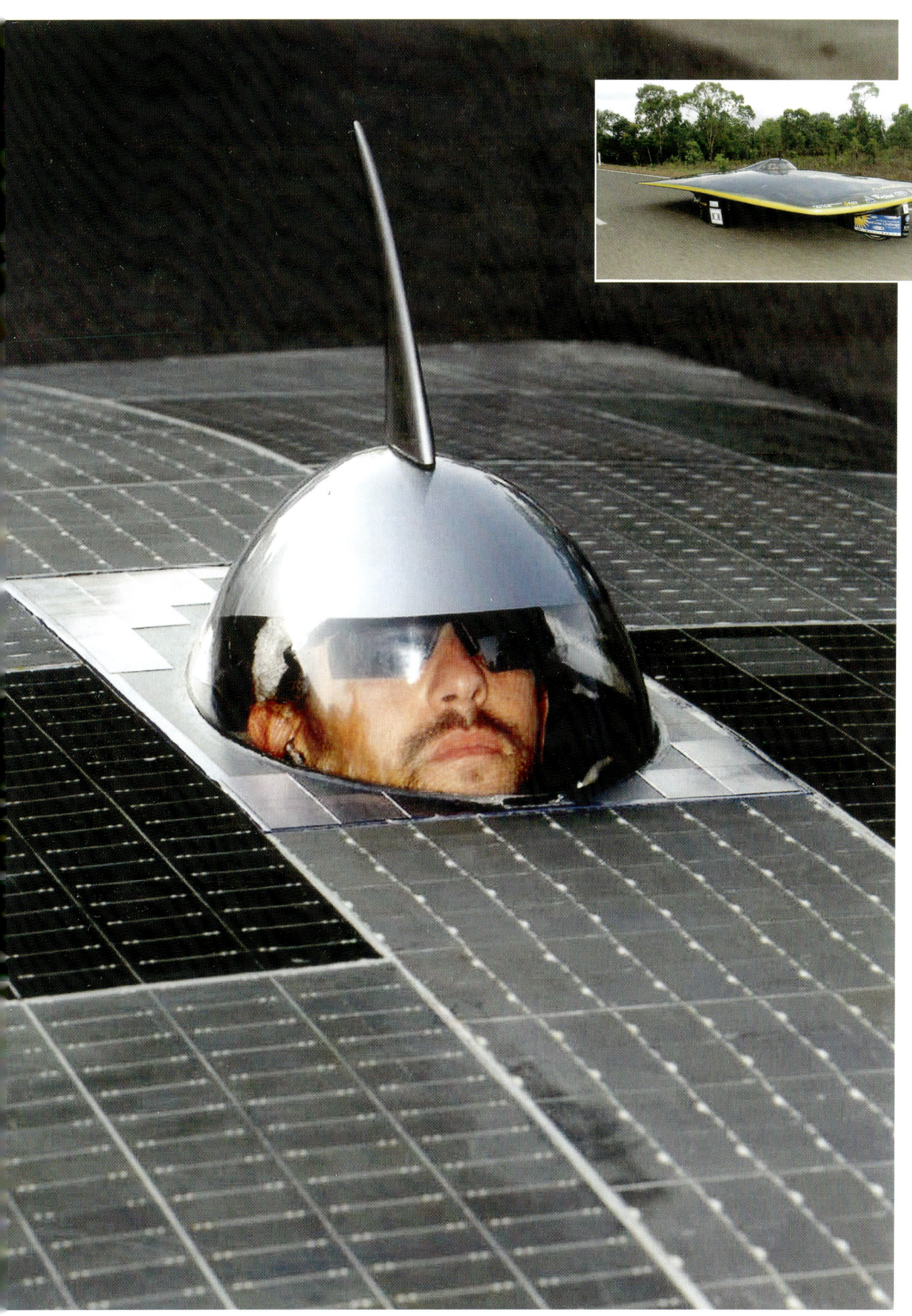

Liegend steuert Sean Broome sein sonnenbetriebenes Fahrzeug. Er nimmt für das amerikanische Solar Motion Team an einem Langstreckenrennen durch Australien teil. Solarautos wurden schon in zahlreichen Versionen hergestellt, allerdings nur in kleiner Stückzahl als Experimentalfahrzeuge.

Unter der Wirkung des Sonnenlichts verbindet der grüne Pflanzenfarbstoff Chlorophyll das Kohlendioxid aus der Luft mit Wasser zu Glukose. Gewissermaßen als Abfallprodukt wird bei diesem chemischen Prozeß Sauerstoff freigesetzt. Das Bild links unten zeigt einen 600fach vergrößerten Schnitt durch ein Blatt des Zinnkrauts, eine Pflanzenart aus der Familie der Schachtelhalme, die seit etwa 300 Millionen Jahren nahezu unverändert geblieben sind. Unter der stark verkieselten Epidermis erkennt man in einigen Blattzellen kugelförmige Chloroplasten, die Träger des grünen Blattfarbstoffes.

Leistung ist ja definiert als Arbeit oder Energie pro Zeit. Den Akku meiner Bohrmaschine kann ich mit kleiner Energie über mehrere Stunden aus dem Netz aufladen, vielleicht mit einer Ladeleistung von 20 W. Damit kann ich dann ein paar Minuten lang schwere Schrauben eindrehen, vielleicht mit einer Wellenleistung von 600 W. Der Akku wirkt als Leistungswandler. Energie wird dabei weder erzeugt noch verschleudert, das ginge physikalisch auch gar nicht. Sie wird in langer Zeit angespart (kleine Leistung) und dann – natürlich unter gewissen Wirkungsgrad-Verlusten – in kurzer Zeit wieder abgegeben (große Leistung). Für die Autos der Zukunft könnten Stahlflaschen mit komprimiertem Wasserstoff (solar erzeugt) die idealen Leistungswandler sein.

In großen Solarfarmen wird Wasserstoff erzeugt und in komprimiertem Zustand in Stahlflaschen abgefüllt. Mit diesen kann man dann alles mögliche tun, beispielsweise Auto fahren oder sogar Flugzeuge betreiben, wie Versuchsentwicklungen der letzten Zeit gezeigt haben. Und was hat das mit der Photosynthese zu tun?

Photosynthese – eine solide Wasserstofftechnologie

Die Photosynthese der grünen Pflanze sorgt letztlich dafür, daß aus dem Kohlendioxid der Luft und aus Wasser Zuckersubstanzen als Betriebs- und Reservestoffe aufgebaut werden (wobei Sauerstoff sozusagen als Abfallprodukt frei wird). Dieser Vorgang schluckt viel Energie, und diese Energie stammt aus der Sonnenstrahlung. Wir können also die einfache Gleichung formulieren:

$CO_2 + H_2O$ + Sonnenenergie
$\rightarrow$ energiereiche Zuckersubstanz + O_2

Nun wollen wir die Sonnenenergie gerade nicht zur Synthese von Zucker technologisch verwenden, sondern beispielsweise zur Bereitstellung von Wasserstoff. Mit welchen Mitteln kann man das bewerkstelligen?

Im Prinzip ganz einfach. Sonne erhitzt Wasser. Damit betreibt man eine Dampfmaschine. Diese treibt einen Elektromotor, mit dessen Strom man Wasser elektrolytisch zersetzt in Wasserstoff und Sauerstoff. Der Sauerstoff entweicht in die Atmosphäre, den Wasserstoff fängt man auf und komprimiert ihn in Gasflaschen. So weit, so gut; aber das System ist viel zu kompliziert und arbeitet mit sehr schlechtem Gesamtwirkungsgrad. Kaufmännisch kommt da nichts heraus. Und was sich nicht rechnet, wird industriell auch nicht gemacht.

Verfolgt man die verschlungenen Ketten der photosynthetischen Reaktionen – ihre Kompliziertheit läßt unsere liebenswürdige Summengleichung nicht im entferntesten ahnen –, so stellt man fest, daß auf diesen Reaktionswegen zwischendurch Wasserstoffionen und Elektronen frei und irgendwie herumtransportiert werden. Durch die energiereiche Sonnenstrahlung wird damit letztendlich tatsächlich Wasser zerlegt, und zwar in Wasserstoff, Sauerstoff und Elektronen. Der Sauerstoff wird frei, und der Wasserstoff wird auf chemisch nicht ganz einfache Weise mit dem Kohlendioxid zu Kohlenhydraten verkoppelt, die dann nur aus C-Atomen und O-Atomen (vom Kohlendioxid) und aus H-Atomen (vom Wasser) bestehen. Der daraus gebildete Einfachzucker, die Glukose, hat denn auch die Formel $C_6H_{12}O_6$.

Das Problem einer technologischen Nachahmung im Hinblick auf eine Wasserstofftechnologie besteht in folgendem: In der grünen Pflanze wird Wasserstoff nur in »ionisierter« Form frei, nämlich als H^+, und parallel dazu entstehen Elektronen. Wenn es gelänge, die Elektronen intern gleich wieder auf die Wasserstoffionen zu laden und zwei Wasserstoffe zu verknüpfen, hätte man H_2; das ist gasförmiger Wasserstoff. Diesen könnte man abfangen. Doch so leicht geht das nicht.

Zwei grüne Mondalgen (kleines Bild) und Blattzellen des Zinnkrauts. Auf beiden Fotos sind Chloroplasten zu erkennen.

Es gibt nicht nur das bekannte Blattgrün, wie beispielsweise in einem Farnwedel (oben). »Blaualgen« enthalten einen blaugrünen Farbstoff, der ihnen den Namen gegeben hat (unten).

Weltweit arbeitet eine ganze Reihe von Arbeitsgruppen fieberhaft an diesen Problemen. Wir haben sie reichlich verkürzt dargestellt, aber im Grunde den springenden Punkt erfaßt. Was ist das Ziel der technischen Entwicklung?

Im Idealfall hätten wir eine Folie, geimpft mit Stoffen, die nach Art des Chlorophylls die Sonnenstrahlung aufnehmen kann. Über weitere Stoffe, die die Folie enthält, laufen Übertragungsvorgänge ab. Dann entsteht auf der einen Seite der Folie Sauerstoff, der entweichen kann, auf der anderen Wasserstoff, der abgefangen und komprimiert wird. Dies müßte – eben wegen der geringen Energiedichte der Sonne – in großflächigen »Solarfarmen« geschehen, und für diese bieten sich natürlich die trockenheißen Regionen der Erde an. Modellrechnungen zeigen, daß man damit auch kaufmännisch den Gesamtenergiebedarf der jetzigen Menschheit decken könnte; sogar an Wasserstoffpipelines durch das Mittelmeer von Afrika nach Mitteleuropa wäre zu denken. Damit hätten die afrikanischen Entwicklungsregionen auch schlagartig eine neue globale Bedeutung.

Wir wollen uns hier ersparen, die Schritte genau nachzuzeichnen, die bereits eingeleitet wurden, und die Probleme aufzulisten, die noch zu lösen sind. Es ist eine der großen Herausforderungen, der sich die Menschheit gegenübersieht. Wenn wir nur einen Bruchteil der Gehirnkapazitäten und der Finanzen in die Lösung dieser Frage investieren, die wir in den letzten Weltkrieg gesteckt haben, würden wir diese Technologie beherrschbar machen und zur Reife bringen. Sie verstößt nicht gegen physikalische Naturgesetze und ist deshalb im Prinzip machbar. Der Teufel steckt allerdings im Detail. Mindestens 20 Jahre Forschungsarbeiten haben noch keine praktikable Lösung gebracht, aber eine Reihe von Wegen aufgezeigt, die erfolgversprechend sind. Wir müssen sie nur gehen. Das kostet Geld. Dieses Geld muß die Gesellschaft wohl oder übel aufbringen – wir haben keine andere Wahl.

Pionierarbeiten und Vorstellungen unserer Zeit

Pionierarbeiten, wie sie von früheren Forschern geleistet und beispielsweise von M. Grätzel und J. Wöhrle weitergeführt worden sind und wie sie weltweit an unterschiedlichen Stellen in starker gegenseitiger Konkurrenz parallel betrieben werden, müßten institutionell so gefördert werden wie früher bei uns die Atomenergie. Das heißt, sie müßten – wie das in Japan, leider nicht bei uns, üblich ist – mit einem massiven staatlich finanzierten Startaufwand in eine

Größenordnung katapultiert werden, die dann erfolgversprechend ist. Die Kurzsichtigkeit, mit der man gerade bei uns dieser Frage gegenübersteht, ist schlicht nicht nachvollziehbar. Natürlich beherrschen Energiekartells die Marktwirtschaft, aber es ist absehbar, daß unsere derzeitige Energietechnik keine Zukunftschancen hat. Alle anderen Alternativenergien, sei es Wasserkraft oder Gezeitenkraft, sei es Windkraft, sind zum Teil schon ausgereizt, zum Teil auch bei Idealnutzung zu gering.

Daran wird auch die Brennstoffzelle nichts ändern; denn die in deren Fusionsprozeß zusammenzuführenden Bestandteile müssen auch erst synthetisiert werden. An solarbetriebenen Wasserstoff-Farmen kommen wir selbst dann nicht vorbei. H. Tributsch meint dazu: »Eine ausgewogene solare Energienutzung ist nur über einen effizienten Brennstoffkreislauf gewährleistet. Die Natur betreibt im Prinzip eine solare Wasserstoffwirtschaft, allerdings mit der Einschränkung, daß Wasserstoff nicht als Gas umgesetzt, sondern an organische Moleküle gebunden wird. Diese werden durch die Fixierung von Kohlendioxid und unter Verwendung weiterer reichlich in der Umwelt vorhandener anorganischer Moleküle wie Wasser und Salze synthetisiert.

Die Natur liefert ein direktes Vorbild für die Machbarkeit der solaren Wasserstoffwirtschaft über die Spaltung von Wasser. Das Sonnenlicht wird über die Blätter als Solarzellen umgewandelt, und Wasserstoff wird über chemische Brennstoffe bereitgestellt.«

Die hier diskutierte photochemische Wasserspaltung läßt sich als künstliche oder artifizielle Photosynthese bezeichnen. Nach geeigneter Optimierung könnte diese artifizielle Photosynthese mit höheren Wirkungsgraden arbeiten als das natürliche Vorbild. Man braucht dazu Sonnenkraftwerke im großen Maßstab. Gelänge deren Entwicklung, so wäre damit der Energiebedarf der zukünftigen Menschheit zu befriedigen. Der Energiebedarf der Bundesrepublik Deutschland beispielsweise könnte theoretisch von einer Fläche von rund 220 x 220 Kilometer in der Sahara gedeckt werden. Probleme des Wasserstofftransports sind mittlerweile lösbar und auch kaufmännisch längst bedacht, manche auch schon technisch realisiert (H_2-Netz der Firma Hüls).

Es ist wenig bekannt, daß alle diese Aspekte ein Pionier der Wasserstofftechnologie – E. Justi

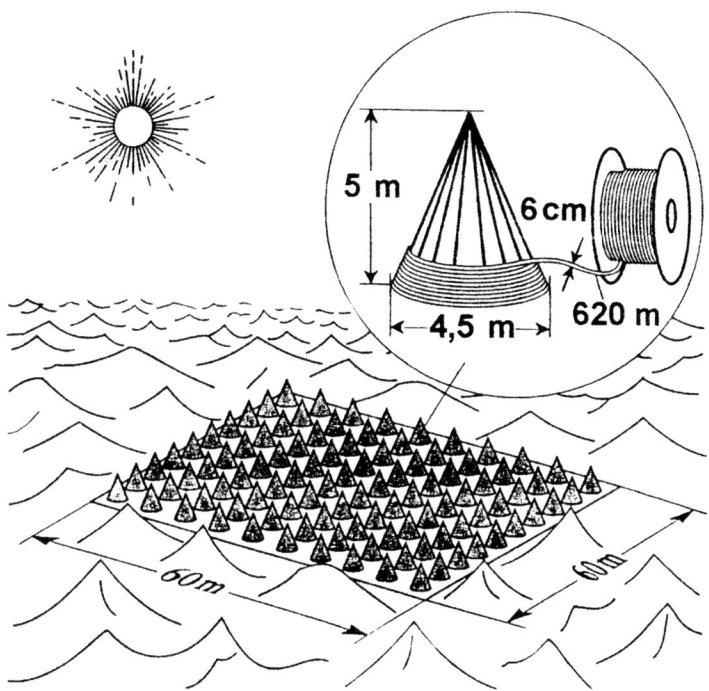

In den Wüstenregionen dieser Erde ist genügend Platz für Wasserstoff-Farmen. Die hier skizzierte Idee »ABRAS« wird auf der folgenden Seite beschrieben.

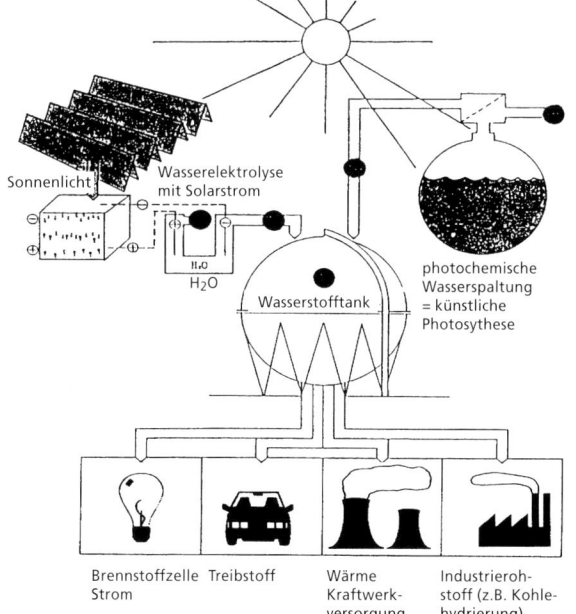

Nutzung der Sonnenenergie durch Wasserspaltung: Wasserstoff kann als Brennstoff für Automobile und Kraftwerke universell eingesetzt werden.

323

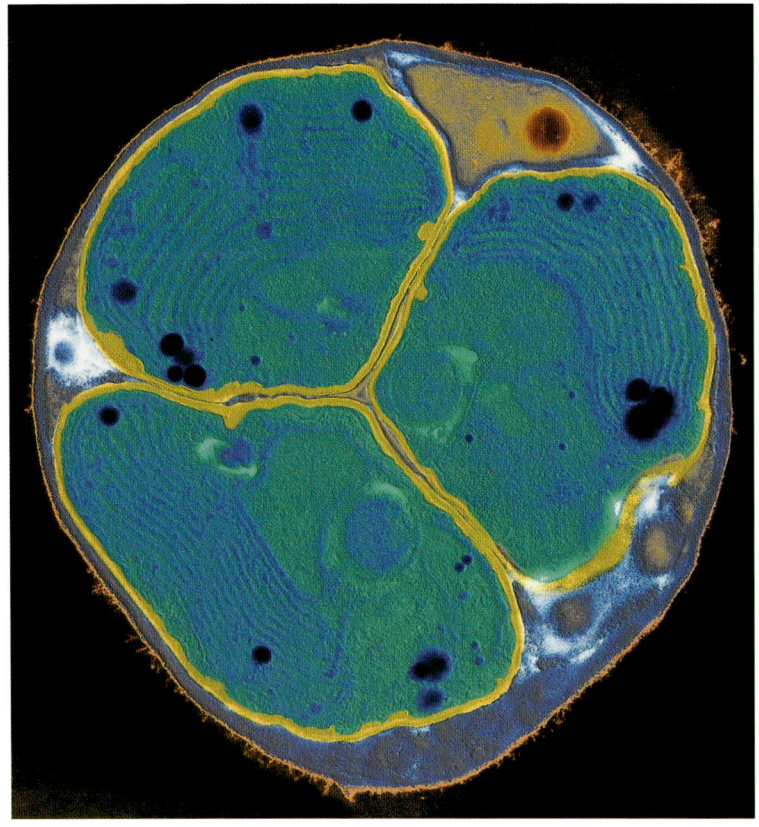

– schon vor Jahrzehnten im Detail ausgearbeitet und unermüdlich, aber erfolglos, vorgeschlagen hat. Ich erinnere mich an zahlreiche faszinierende Gespräche mit ihm bei unseren Treffen in der Akademie der Wissenschaften und der Literatur in Mainz.

Die Wasserzerlegung besitzt Vorteile: Bei der Verbrennung von Wasserstoff entsteht nur Wasser. Wasserstoff kann als Brennstoff für Automobile und Kraftwerke universell eingesetzt werden. Die Abbildung auf der Seite 323 unten zeigt dies nach Vorstellung eines Saarbrücker Pioniers der Sonnenenergienutzung durch Wasserspaltung, H. Dürr, der sich insbesondere um die chemischen Aspekte verdient gemacht hat.

ABRAS – ein interessanter Spezialweg

Nicht nur die höheren grünen Pflanzen sind in der Lage, eine »intermediäre Wasserstofftechnologie« mit ihrer Photosynthese zu betreiben. Manche Bakterien und manche Cyanobakterien (Blaualgen) können dies auch, wenn man sie zusammenarbeiten läßt. Der Berliner Bioniker I. Rechenberg hat dies als »Wasserstoffproduktion durch artifizielle Bakterien-Algen-Symbiose« (ABRAS) bezeichnet. Er hat nicht nur im Labor gezeigt, daß diese Grundüberlegungen zu machbaren Umsetzungen führen. Auch mit Feldforschungen in der Sahara hat er Umweltbedingungen getestet, unter denen ABRAS-Kraftwerke, wenn denn eine großtechnische Umsetzung erreichbar ist, arbeiten müßten.

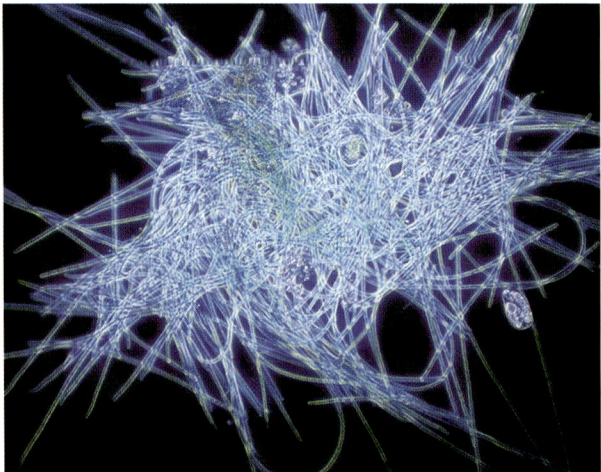

Auch Cyanobakterien oder »Blaualgen« sind in der Lage, mit ihrer Photosynthese eine Wasserstofftechnologie zu betreiben. Diese kräftig blaugrünen Bakterien leben in bis zu 80 °C warmem Salzwasser. Austrocknung und Kristallisation überstehen sie unbeschadet.

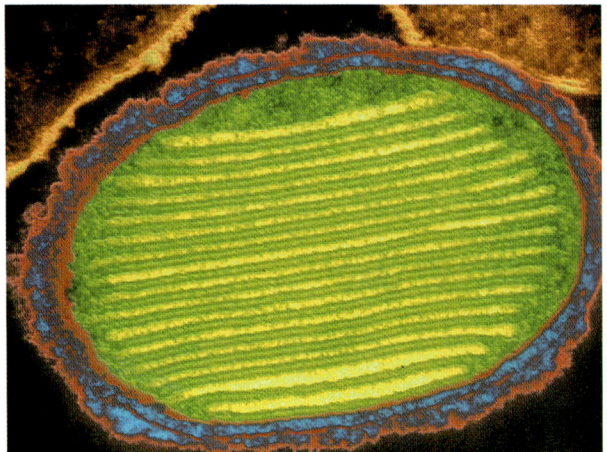

Die Idee dazu bekam er von manchen Cyanobakterien, wie man die Blaualgen heute nennt, zum Beispiel der Art *Nostoc muscorum*. Die wasserspaltende Photosynthese findet in den normalen Zellen dieser Alge statt. Ihre Produkte werden durch feine Kanäle in Spezialzellen (*Heterocysten*) transportiert, die unter dem Mikroskop schon durch ihre Größe auffallen. Dort wird Wasserstoff erzeugt, der allerdings gleich wieder zur Stickstoffbindung gebraucht wird. Könnte man dafür sorgen, daß kein Stickstoff vorhanden ist, so würde der Wasserstoff keinen Akzeptor finden und würde dann molekular freigesetzt werden. Genau das wünscht man sich ja. Die Idee von I. Rechenberg läuft nun wie folgt weiter: Er züchtet Purpurbakterien im Verbund mit Blaualgen. Benutzt man zur Zucht ein stickstofffreies Röhrensystem, so entsteht Sauerstoff und Wasserstoff nicht im selben Kompartiment; Knallgasbildung wird vermieden. Man hätte damit eine »biologische Elektrolysezelle«, die wirklich aus einem Rohr Sauerstoff, aus dem anderen Wasserstoff strömen ließe. Im Kleinmaßstab funktioniert diese Verbundtechnologie. In der Vision einer futuristischen photobiologischen Wasserstoff-Farm werden etwa 5 Meter hohe konusartige Gebilde aus gewickelten, durchsichtigen Schläuchen als Reaktoren benutzt (Heliomiten). Bei einem oberflächenbezogenen Wirkungsgrad von 4,3 Prozent und optimalen Licht- und Abstandsverhältnissen bräuchte man für eine 10-MW-Heliomitenfarm eine Fläche von 600 x 600 m mit 10 000 Heliomiten. Für Farmen dieser Art wäre im nördlichen Afrika genügend Platz.

Man sieht, daß menschlicher Geist nicht ruht. Es gibt auch unkonventionelle Ansätze. Man muß sie alle parallel untersuchen und vergleichen, wenn sich eine Idealtechnologie herauskristallisieren soll. Wir sind der sicheren Meinung, daß diese in 20 Jahren steht. Gerade auch eines der Grundprobleme der Sonnenenergienutzung – die Leistungswandlung – wird mit der solaren Wasserstofftechnologie beherrschbar werden. Das muß auch so sein, falls man fossile Treibstoffe nicht weiter verheizen und Atomkraft nicht weiter benutzen will. Wir haben dann keine Alternative. 80 Prozent unseres Energiebedarfs – im Minimum – wird aus dieser Technologie zu decken sein. Es sei denn, die Kernfusion macht ungeahnte Fortschritte. Darauf weist im Moment aber nichts hin. Und ungefährlich wäre diese Technologie auch nicht.

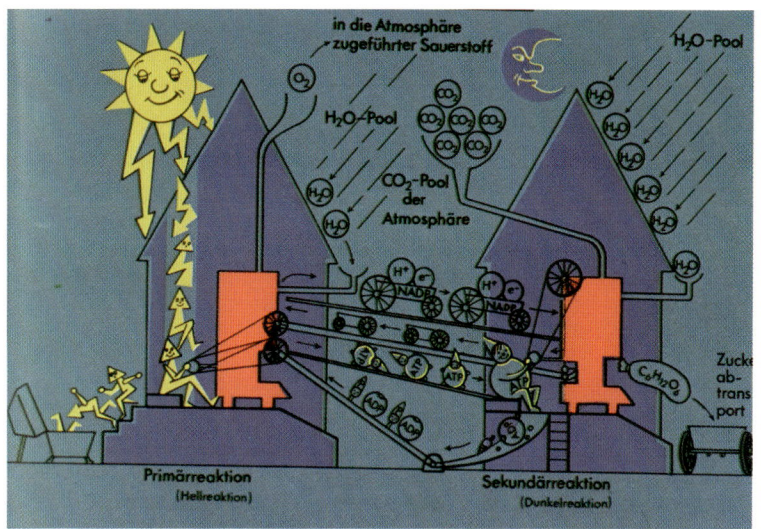

Die Photosynthese der grünen Pflanzen läuft zweistufig ab, hier dargestellt durch zwei miteinander verbundene Fabriken (oben). Technisch interessant ist nur die wasserstoffliefernde Primärreaktion.

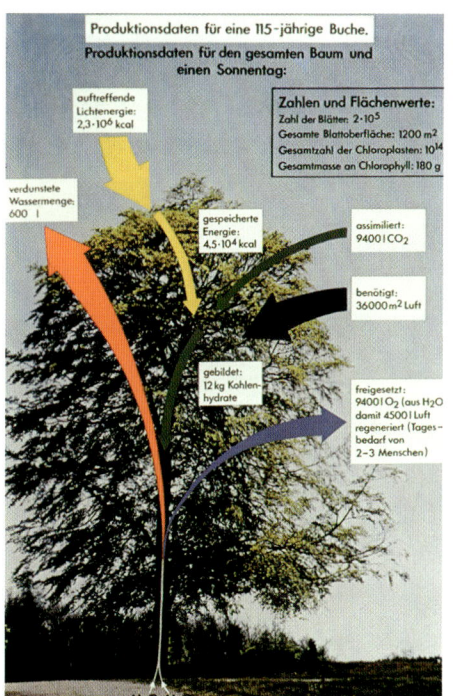

Die beeindruckende Produktionsleistung einer großen Buche stammt letztlich aus submikroskopisch kleinen Kraftwerken, wie die Ausschnittsbetrachtung zeigt (Mitte, unten): Blatt →Zellen →Blattgrünkorn →dessen Membran →Chlorophyllkomplexe.

Die Rückkehr der Heinzelmännchen

Das 21. Jahrhundert gehört den Robotern

Von der stählernen Klofrau bis zum putzenden Fassadenkletterer, vom chromblitzenden Operateur bis zum intelligenten Weltraumvehikel, vom digitalen Insektenzwerg bis zum riesenhaften Blechkoloß, der tonnenschwere Lasten bewegt – Roboter werden künftig zum Alltag des Menschen gehören. Maschinen, die sich wie Tiere und Pflanzen vermehren, werden am Ende ihre eigene Evolution vollziehen. Segen oder Fluch, das ist auch hier die Frage.

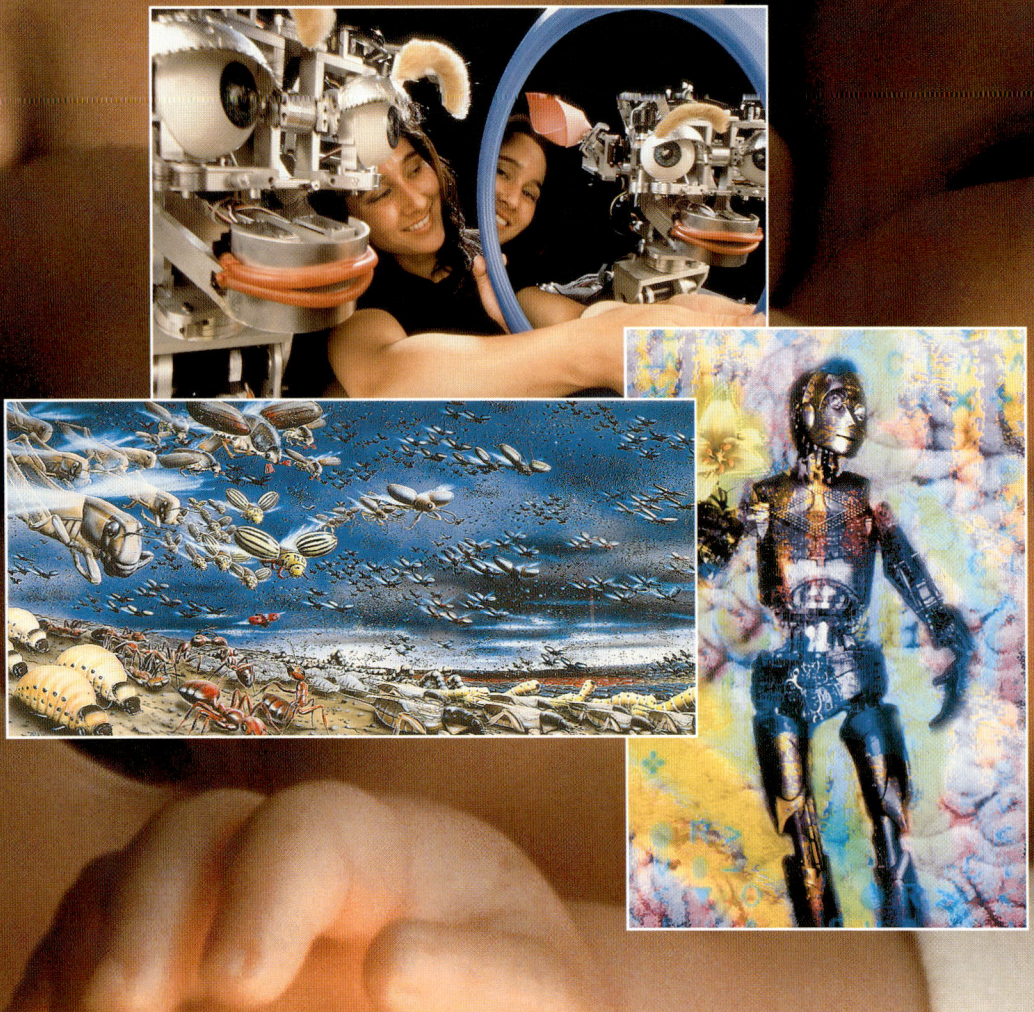

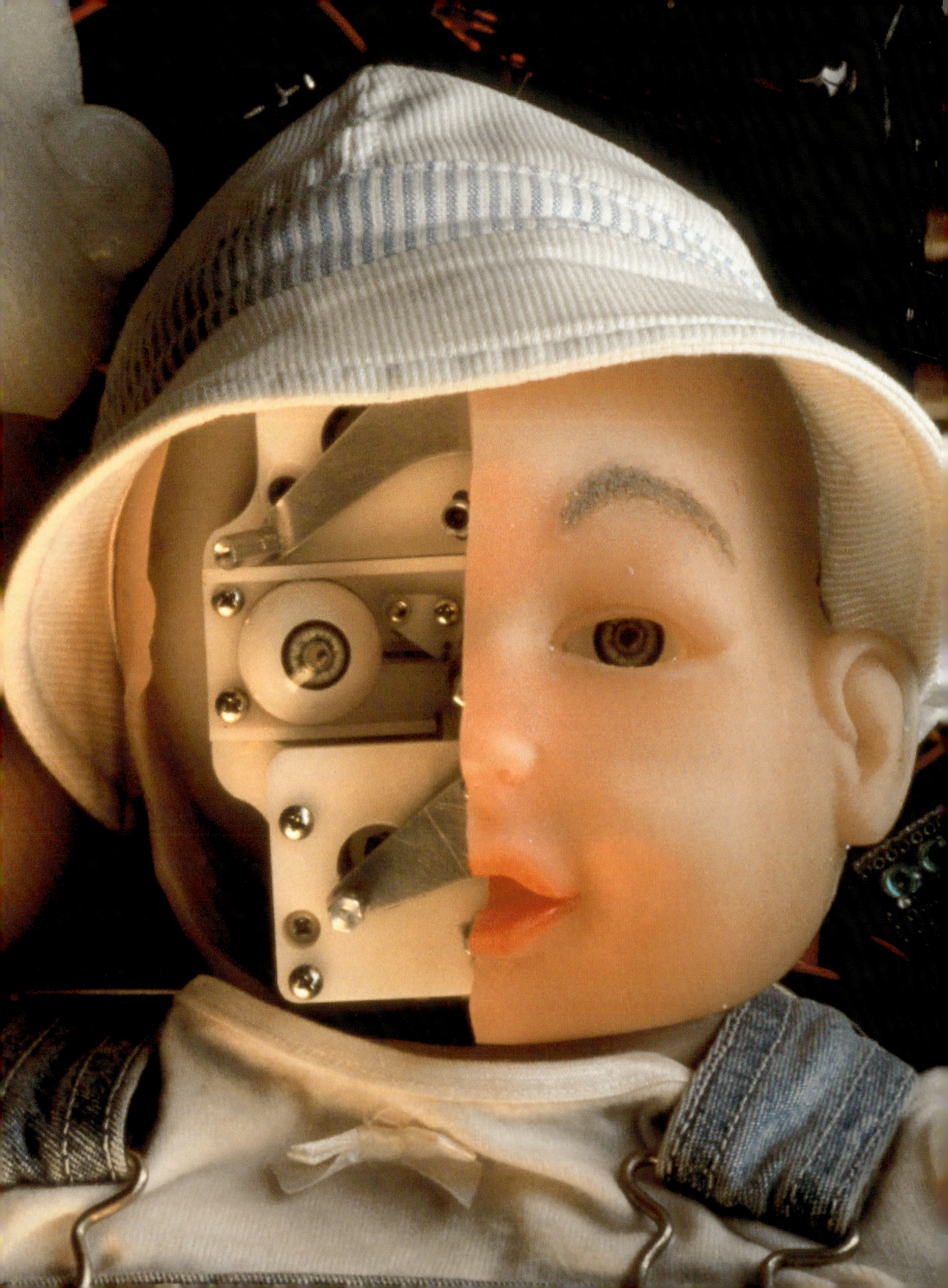

Kommt der Cyborg? Der »Kybernetische Organismus«? Manchmal hat man den Eindruck. Doch ist das Zusammenwirken von menschlichen Organen mit Maschinenorganen in der Gestalt eines Menschen nicht Ziel wissenschaftlicher Forschung, sosehr uns dies Filme wie »Star Wars« einreden wollen. Vielmehr geht es um technischen Organersatz. Auch dies findet allerdings nicht die ungeteilte Zustimmung in der Gesellschaft.

Künstliche Herzklappen gibt es schon, künstliche Herzen sind aber noch in weiter Ferne. Blutwäsche mit großen »Ersatznieren«, die in einer Klinik stehen, ist heute bei Patienten mit Nierenversagen gang und gäbe. Die Entwicklung einer »Miniaturniere«, die man einbauen kann, erscheint aber noch völlig illusorisch.

Viele Menschen finden das richtig. Wir denken aber, daß sich das in dem Moment ändert, ab dem man selbst Leidtragender ist. Wer sein Augenlicht verliert, wird mit größtem Interesse die zur Zeit weltweit forcierte Entwicklung »künstlicher Netzhäute« verfolgen. Wenn die Gehörknöchelchen ausfallen, die das Trommelfell mit dem ovalen Fenster des Mittelohrs verbinden, kann eines der bereits erhältlichen bionischen Mittelohrimplantate helfen, und wer damit sein Gehör zurückgewinnt, wird nichts dagegen haben, wenn man den Grundlagenforschern, Bionikern und Entwicklungsingenieuren ein Denkmal setzt.

Die Vielzahl der Implantate, die es heute schon gibt, und die Zahl derer, an denen gearbeitet wird, ist Legion. Die Prothetik ist längst ein eigenes Fachgebiet geworden. Man denke an das »künstliche Hüftgelenk«, die Oberschenkelprothese, bei der möglichst ein Anwachsen von Knochensubstanz an der Prothesenoberfläche erfolgen soll. Oder an Neuroprothesen, bei denen Neurone an Siliziumschaltkreisen anwachsen sollen. Für die letzteren hat sich der Begriff »Neurobionik« eingebürgert. Da Prothetik und Neurobionik eigene Fachgebiete sind, die bereits sehr gut dokumentiert sind, seien sie in diesem Buch zwar angesprochen, aber nicht näher behandelt.

Bleiben wir noch einen Moment beim Mittelohrimplantat. Es zeigt beispielhaft, wie rasch bionisches Arbeiten in eigenständige Entwicklungen der Ingenieure übergeht. Das, was herauskommt, hat dann mit dem natürlichen Vorbild möglicherweise die Funktionen gemeinsam, aber sicher nicht mehr die äußere Form. Worauf kommt es aber letztlich an? Die von den Schallwellen induzierte Schwingung des Trommelfells soll über ein Implantat genauso auf das Innenohr übertragen werden wie über die drei Gehörknöchelchen. Das muß nicht bedeuten, daß man diese drei Gehörknöchelchen – nämlich den Hammer, den Amboß, den Steigbügel – ganz genau nachbaut. Das würde gar nicht funktionieren. Man muß vielmehr ihre Kenngrößen, ihre Schwingungsdynamik, ihre Übertragungscharakteristiken und ihre Dämpfungen

Robotik und Mikrobionik nähern sich immer mehr an. In Japan werden Miniatur-Laufroboter entwickelt, die kaum größer sind als ein mittelgroßes Insekt. Wozu die eines Tages gut sein sollen, steht zwar noch in den Sternen, aber es gilt auch hier der allgemeine Satz: Wenn man einmal etwas entwickelt hat, wird sich schon eine Anwendung finden.

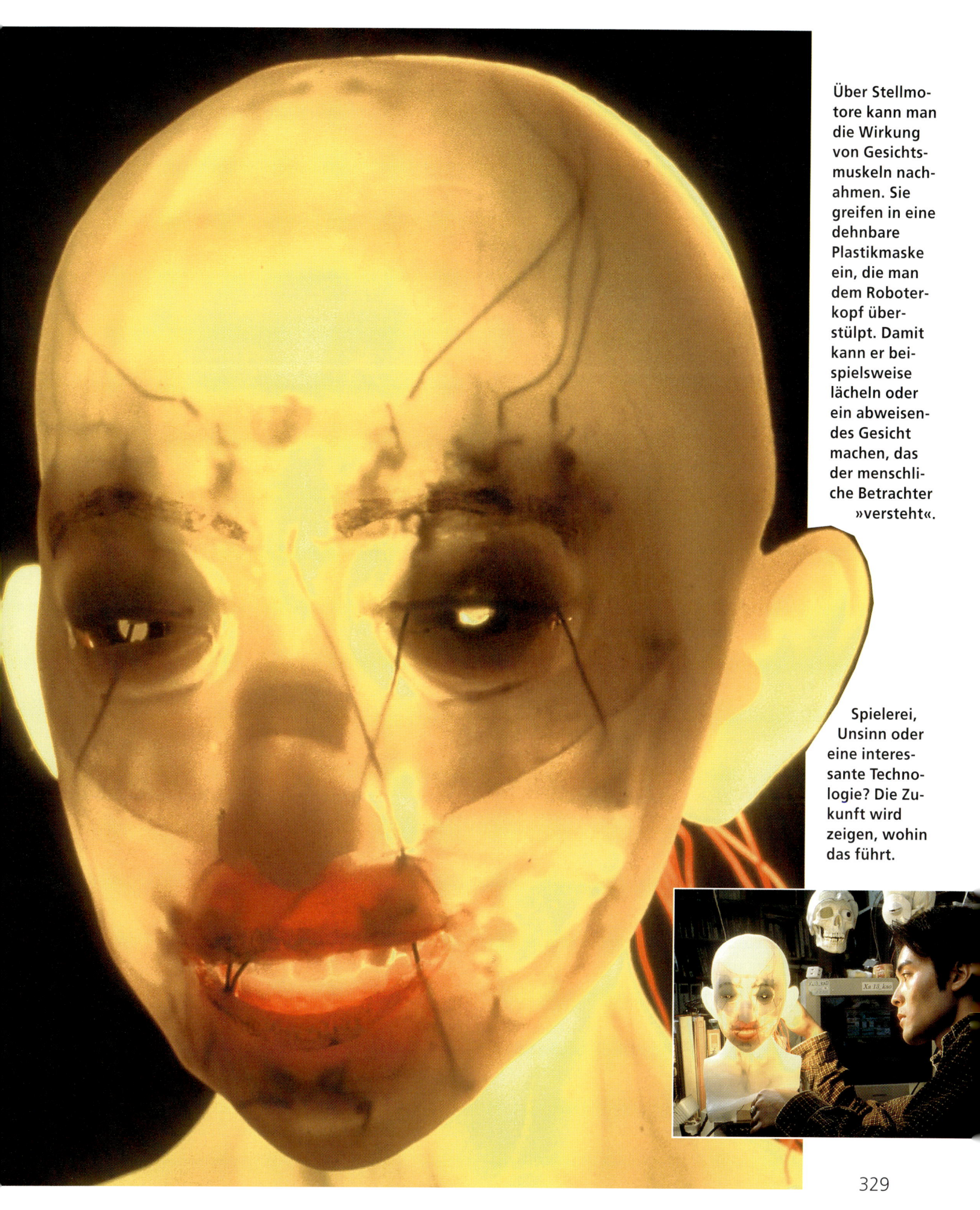

Über Stellmotore kann man die Wirkung von Gesichtsmuskeln nachahmen. Sie greifen in eine dehnbare Plastikmaske ein, die man dem Roboterkopf überstülpt. Damit kann er beispielsweise lächeln oder ein abweisendes Gesicht machen, das der menschliche Betrachter »versteht«.

Spielerei, Unsinn oder eine interessante Technologie? Die Zukunft wird zeigen, wohin das führt.

Miniaturmaschinen, die durch unsere Blutgefäße sausen und dort Arbeiten ausführen – ein Ziel, das allen Ernstes angepeilt wird. Selbst bei Miniatur-Fahrrobotern hat man heute aber noch die größten Schwierigkeiten. Wenn man bedenkt, daß die hochkomplizierte Mechanik für den Antrieb einer Bakteriengeißel eine »Molekularmaschine« ist, erscheinen solche Kleinstroboter immer noch riesig.

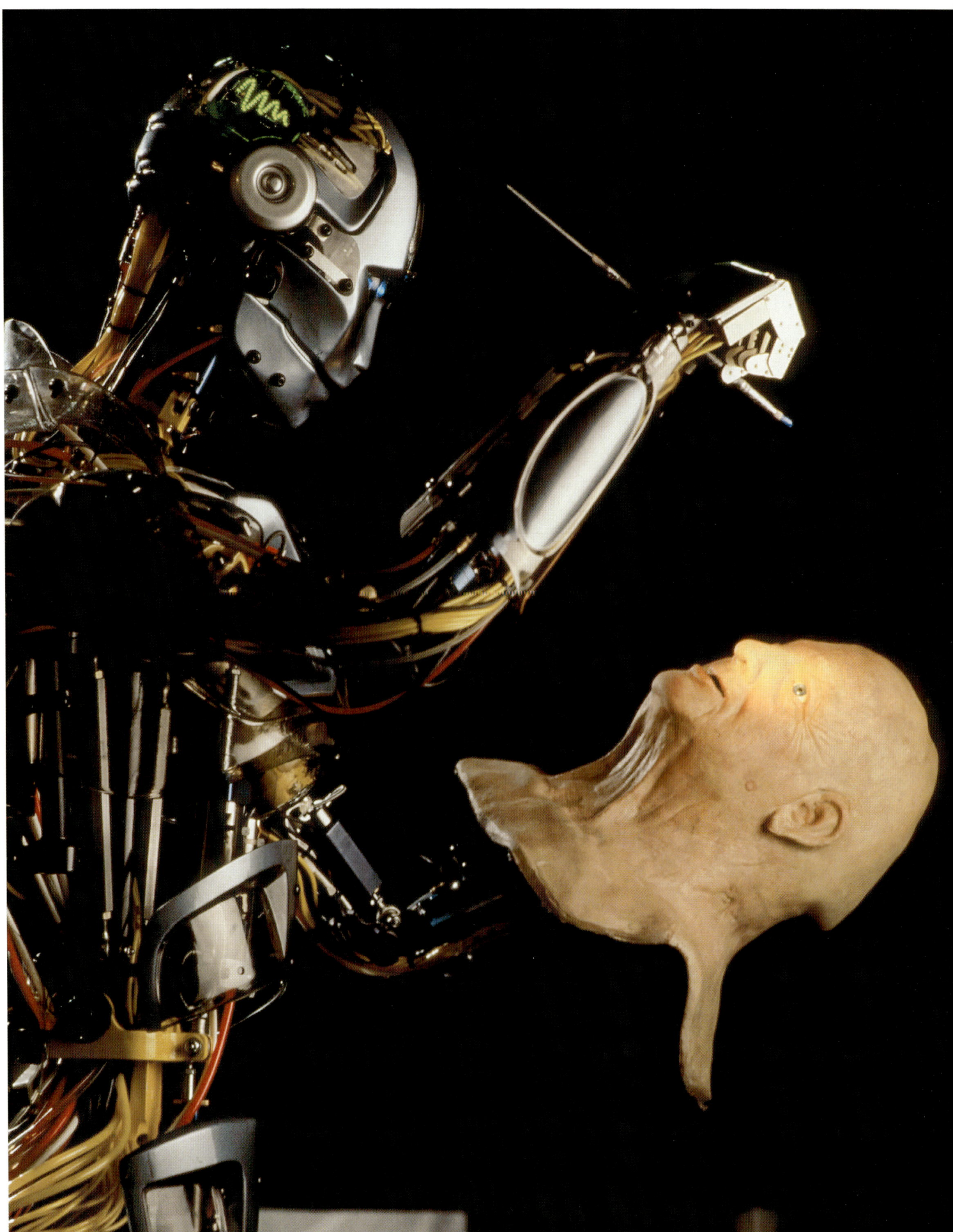

aufnehmen. Danach wird dann ein technisches Modell gebaut, das ins Mittelohr hineinpaßt, das man auf der einen Seite mit dem Trommelfell, auf der anderen Seite mit der Fenstermembran verbinden kann und das ähnliche Schwingungs- und Dämpfungseigenschaften wie die ursprüngliche knöcherne Brücke aufweist. Es wird aber nach technologischen, nicht nach biologischen Kriterien geformt. Somit sieht es ganz anders aus.

Ein bioanaloges Mittelohrimplantat

T. Wauro und F. Bartels, die beiden Bioniker und Entwicklungsingenieure haben eine solche Prothese entwickelt, deren Aussehen und Kleinheit das Vergleichsbild mit einem Streichholz zeigt. Sie wurde mit der LIGA-Technik, die in Karlsruhe entwickelt worden ist, »als ebenes Getriebe ausgeführt, wobei der Hammer über jeweils drei Federn mit dem Gestell und dem Amboß verbunden ist, so daß sich Hammer und Amboß um einen gemeinsamen imaginären Punkt drehen können« – so die Autoren. Das Gebilde kann denjenigen Frequenzbereich übertragen, in dem auch die knöcherne Kette arbeitet. Die Ohrenärzte sprechen vom Frequenzgang des Implantats, der dem Original ähnlich sein muß. Die Kette der drei Gehörknöchelchen weist aber noch andere Besonderheiten auf. Sie dient der dynamischen Schwingungsanpassung zwischen Luftschwingung im äußeren Gehörgang und Flüssigkeitsschwingung im Innenohr. Es gibt auch Mechanismen, die das Ohr vor Schallüberlastung schützen. All dies kann der technologische Mittelohrersatz auch. Ausgangspunkte waren die Kenngrößen des biologischen Originals. Endpunkt der Entwicklung ist eine Nachahmung dieser Kenngrößen – so gut es eben geht –, aber mit technisch angemessenen Strukturen und ebensolchen Funktionen. Bionik betreiben heißt eben: »analog umsetzen«. Es bedeutet nicht: »die Natur kopieren«!

Prothese oder Roboter?

Zweifellos ist das genannte Mittelohr-Implantat eine Prothese, eine »Gelenkprothese«. Man kann es aber auch als einen kleinen Roboter bezeichnen, der zwei Enden eines sonst getrennten Vorgangs verbindet. So, wie ein Industrieroboter einen Teil einer Fertigungsstraße mit einer anderen verbindet.

Stellt dieses Implantat nun eine Prothese oder einen Roboter dar? Roboter, wie wir sie uns vorstellen, sollten mit Gliedmaßen und Greifern Arbeiten verrichten. Industrieroboter tun genau das. Das Ohrimplantat ist, wenn man so will, auch ein kleiner Roboter, weil es in be-

Der Roboterdirigent auf der gegenüberliegenden Seite, ohne und mit »Mimikhülle«, wird den Gehörkranken weniger interessieren als diese robotische Miniaturentwicklung, die seine ausgefallenen Gehörnöchelchen ersetzt. Der Vergleich mit dem Streichholz ist wohl selbsterklärend.

Muskeln sind hochkomplexe, aber vom Standpunkt des Technikers aus gesehen geradezu schrecklich konstruierte Gebilde. Roboter lernen aber bereits, mit muskelähnlichen Antriebselementen zu arbeiten.

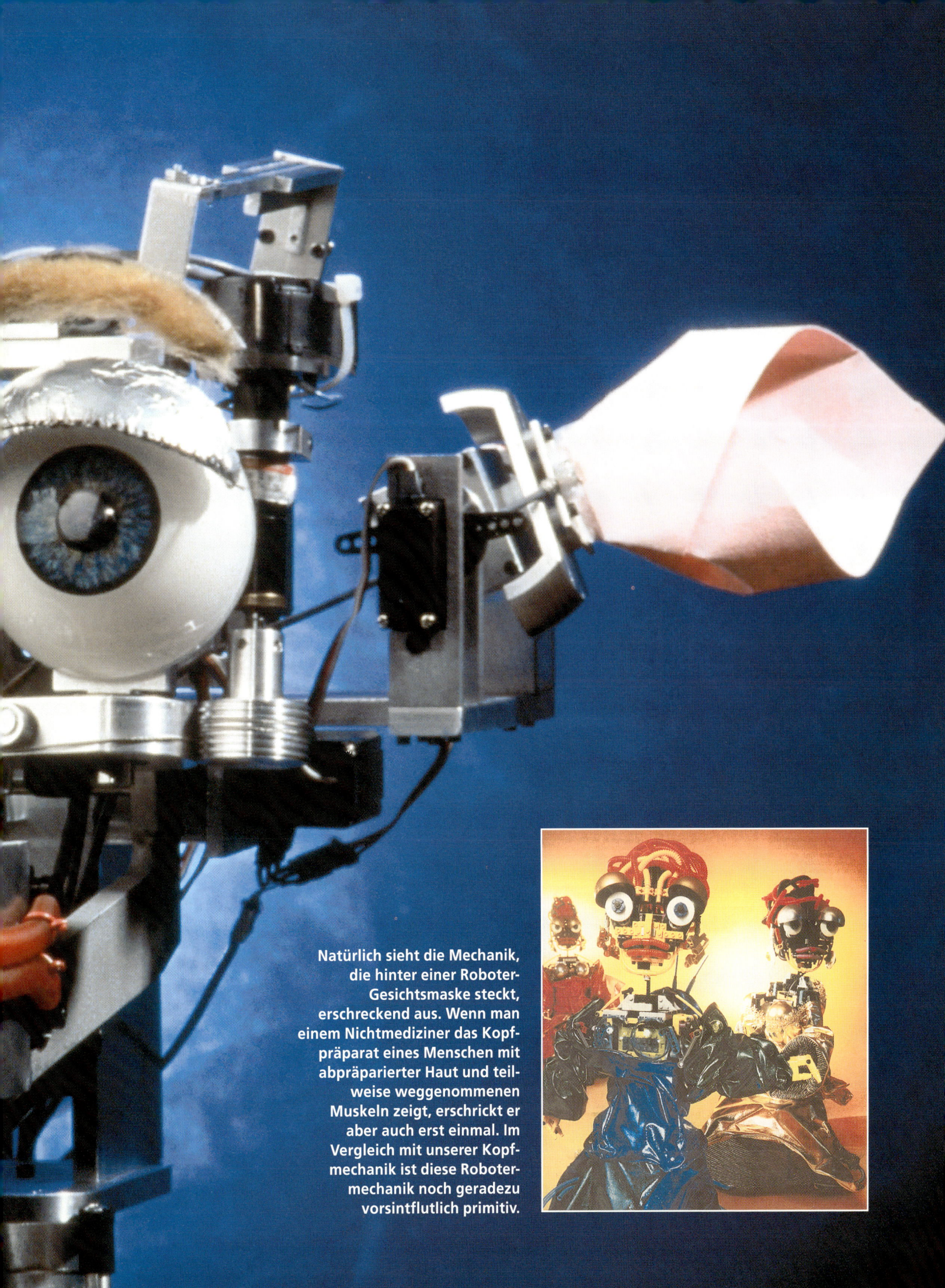

Natürlich sieht die Mechanik, die hinter einer Roboter-Gesichtsmaske steckt, erschreckend aus. Wenn man einem Nichtmediziner das Kopfpräparat eines Menschen mit abpräparierter Haut und teilweise weggenommenen Muskeln zeigt, erschrickt er aber auch erst einmal. Im Vergleich mit unserer Kopfmechanik ist diese Robotermechanik noch geradezu vorsintflutlich primitiv.

stimmter Weise »autonom« Schwingungen überträgt, also eine gewisse Energie, die übertragen werden muß. Dazu bedarf es einer physikalischen Leistung.

Industrieroboter sehen oft menschenähnlich (anthropoid) aus, haben Gliedmaßen, die aus »Oberarm«, »Unterarm«, »Handwurzel« etc. bestehen. Die Gelenke sind streng eingeschliffen und werden durch Stellmotore meist sehr hart abgestimmt. Das ist auch nötig, weil am Ende des Gelenkarms ein Greifer sitzt, der – unter Umständen millimetergenau – ein Paßteil erfassen, hochheben, weitertransportieren und irgendwo anders absetzen oder andrehen muß. Alles wird präzise programmiert, jeder einzelne Bewegungsbefehl muß exakt stimmen. Wer einmal in einem großen Automobilwerk eine Roboterstraße beobachtet hat, die ein Teil an ein anderes führt, vernietet oder verschweißt, bis am Ende beispielsweise die tragende Bodenplatte

Kleine Lauf- oder Fahrroboter, mit Solarzellen oder über elektrische Felder angetrieben, spazieren heute schon über strukturierte Oberflächen. Manche sehen aus wie Stabheuschrecken oder kleine Wanzen. Sie können sich auch schon in ihrem Umfeld orientieren.

Wenn wir von Robotern sprechen, denken wir zumeist an menschenähnliche Gebilde: »anthropoide Roboter«. Und irgendwie erschrecken sie uns, und das aus gutem Grund: Was ist, wenn sie außer Kontrolle geraten? Der Golem des Rabbi Löw war bereits ein warnendes Beispiel. Die zukünftige Bedeutung dieser außerordentlich faszinierenden Disziplin liegt darin, an vielen Stellen eine unauffällige, dienende Funktion einzunehmen.

eines Kraftfahrzeugs entstanden ist, wird aus dem Staunen nicht herauskommen. Dabei muß man bedenken, daß die gesamte Programmierung nur funktioniert, wenn keine allzu großen, also noch ausregelbaren, Störungen auftreten. Eine einzige kybernetisch nicht beherrschbare Störung legt die ganze Fertigungsstraße lahm.

Wie Bewegungsroboter arbeiten und wie sie arbeiten könnten

Auch unser Arm- oder Beinsystem kann man, technisch betrachtet, als »Bewegungsroboter« ansehen. Wir sind nur viel flexibler, reagieren auf jede ganz spezielle Störung rasch, und zwar so, daß das System seine Funktion behält.

Wenn ich ein Wasserglas ergreifen will, läuft in mir keineswegs ein Programm ab wie in einem Industrieroboter, das meine Fingerspitzen rasch und ohne jedes Wenn und Aber bis zum Glaskontakt führt. Das ginge nur, wenn das Glas immer an derselben Stelle stünde, relativ zu meinem Arm. Ich bewege vielmehr unter Nutzung mehrerer Knochenelemente (Glieder einer kinematischen Kette) und unter gezieltem Einsatz gar nicht so weniger Muskeln meine Hand erst einmal in die Nähe des Glases. Dazu brauche ich nicht so genau hinzusehen. Erst die letzten Zentimeter laufen unter Kontrolle durch das stereoskopische Sehen ab. Ich kann das Glas aber auch im Dunklen ertasten, wenn ich vorsichtig bin und ungefähr weiß, wo es steht. Die Endkontrolle läuft dann durch den Tastsinn ab. Wenn ich zwischendurch mal anstoße, an die Tischkante zum Beispiel, ist das nicht schlimm; die Hand federt zurück und wird neu positioniert. Ein Industrieroboter würde die Tischkante abschlagen oder seinen eigenen Arm zerstören, weil er eben nicht elastisch abfedert. Täte er das, könnte er ja nicht genau positionieren! Mit Nichtlinearitäten und Elastizitäten kommt die technische Robotik nicht zurecht, die Natur aber spielt souverän mit ihnen.

Unsere Aktoren, die Muskeln, sind, technisch gesehen, geradezu schreckliche Elemente. Sie bewegen sich nicht so präzise wie Stellmotoren. Sie arbeiten nichtlinear, ändern ihre physikalischen Eigenschaften unter Belastung, sind ermüdbar, arbeiten mit anderen, ähnlich »technisch unzulänglichen« Stellgliedern zusammen, und trotzdem schaffen sie Bewegungen, die funktionsangemessen, ja oft elegant sind, bis hin zum Ausdruckstanz! Aber bleiben wir bei einer strikten, physikalisch formulierbaren Problematik. Beispielsweise beim Ergreifen einer Schraube durch einen Industrieroboter, der seinen Arm so elegant bewegt (und so störungsunanfällig, wenn er irgendwo anstoßen sollte), wie wir unseren Arm beim Ergreifen eines Wasserglases führen.

Eigentlich ging die Entwicklung »anthropoider Roboter« von der Vorstellung aus, daß man das menschliche Bewegungssystem unterstützen sollte, wenn es darum geht, schwere Lasten zu heben und zu transportieren. So hat man in Amerika in den 60er Jahren Bewegungssysteme entwickelt, die man sich umschnallen kann, und die Arme, Beine und Wirbelsäule zusätzlich versteifen. Eines hieß »Exoskeleton«, ein anderes »Hardyman«. Ein damit ausgerüsteter Arbeiter konnte ohne weiteres ein halbe Tonne heben und positionieren. Der Weg ist dann aber verlassen worden, und zwar aus zwei Gründen. Zum einen ist es besser und praktischer, wenn schwere mechanische Arbeiten reine Roboter übernehmen und der Mensch nur noch überwacht und gegebenenfalls steuernd eingreift. Zum anderen sind die besten Roboter nicht solche, die das Vorbild »Mensch« oder Vorbild »Tier« geome-

Bei dem Küken, das hier ziemlich keck und einen Moment unbewegt steht, sind mindestens hundert Regelkreise aktiv, um genau diese Positur aufrechtzuerhalten – noch ein weiter Weg für die Roboterbauer.

Der Nutzen von Kletterrobotern, die sich mit Saugplatten außen an riesigen Gebäudeglasflächen entlangbewegen und diese reinigen, ist unmittelbar einzusehen. Sie ersetzen einen nicht ungefährlichen Arbeitsplatz. Solche Roboter müssen besonders sensibel voranschreiten. Vielleicht werden sie eines Tages mit den »nichtlinearen« Roboterarmen und -beinen ausgestattet, die sich zur Zeit in der Entwicklungsphase befinden.

trisch präzise nachahmen. Das wäre wieder unsinnige Naturkopie. Es sind vielmehr solche, die technologisch eigenständig auf bestimmte Ziele hin optimiert sind. Man kann das »Vorbild Natur« hierbei auf sehr elegante Weise einbringen und erhält damit Möglichkeiten, an die man bei rein technologischem Vorgehen gar nicht denkt – das zeigt die in den folgenden Abschnitten ausführlich geschilderte Lösung eines »bionischen Roboterarms«.

Ein bionischer Roboterarm

In der Saarbrücker Arbeitsgruppe des Verfassers hat B. Möhl jahrelang die Bewegung der Flügel und Beine von Heuschrecken studiert. Die Heuschreckenmuskeln zeichnen sich durch bestimmte Elastizitätseigenschaften aus. Danach hat er einen Roboterarm konstruiert und sich patentieren lassen, der antriebsmäßig mit solchen »muskelähnlichen Elastizitäten« arbeitet. Wenn dieser einen Gegenstand ergreifen soll, kommt er erst einmal ins Schwingen, eiert herum und saust an dem Gegenstand vorbei – weil er eben »Freiheitsgrade« hat, die kein Industrieroboter zuläßt. Wie löst die Natur diesen Nachteil? Sie tut es durch ein ausgeklügeltes neurales Steuer- und Regelsystem. Beispielsweise durch eine sogenannte Geschwindigkeitsrückführung. Damit können die Nichtlinearitäten ausgeregelt werden, und der Greifarm erfaßt – obwohl er zu Beginn der Bewegung genauso »ungefähr« losschießt wie unser eigener Arm – letztendlich präzise den zu erfassenden Gegenstand. Die Natur scheut sich eben nicht vor sehr komplexen Steuerungs- und Regelungsaufgaben. Nachdem es in den letzen Jahren schnell arbeitende und zudem sehr preiswerte Computerschaltkreise gibt, die diese Regelmechanismen übernehmen, kann man das natürliche Armsystem nachahmen. Bei diesem Möhlschen Roboterarm messen Rezeptoren in den Gelenken jede momentane Stellung der Einzelelemente zueinander. Durch Differenzierungsvorgänge werden auch die Geschwindigkeiten der Winkelbewegungen zueinander erfaßbar, und sie können von Tausendstelsekunde zu Tausendstelsekunde mit »Sollwerten« verglichen und gegebenenfalls sehr rasch und zügig nachgeregelt werden.

Die Stabheuschrecke ist das Labortier der Biologen, die mit Maschinenbauern zusammen sechsbeinige Laufroboter konstruieren. Warum das? Stabheuschrecken bewegen sich sehr langsam. Man kann mit ihnen wunderbar experimentieren. Die Übertragung ihrer grundlegenden Bewegungsmechanismen auf den unten gezeigten Laufroboter war ein Meilenstein in der Zusammenarbeit der Bielefelder Arbeitsgruppe um den Biologen Cruse und der Münchner Arbeitsgruppe um den Maschinenbauer Pfeiffer.

Vergleicht man einen solchen »voll geregelten« Roboterarm mit einem gleich großen technischen Roboter, so sieht man beim normalen Arbeiten praktisch keinen Unterschied. Passiert aber etwas Unvorhergesehenes, schlägt der technische Roboter das System kaputt. Der biologische stößt an, pendelt zurück, macht einen neuen Anlauf und arbeitet so »sicherheitsfreundlich«. Zur Zeit wird geprüft, inwieweit man solche Arme zur Führung von Abtastgeräten einsetzen kann. Solche Geräte nehmen zum Beispiel die Konturen von Autokarosserien auf. Man muß sie an der Autooberfläche entlangfahren, darf aber nicht zu hart drücken, sonst zerkratzen sie den Lack oder beulen gar die Oberfläche ein. Kleine Roboterarme, die ihren Anpreßdruck automatisch regulieren, so wie unsere Hand, die eine technische Kontur nachfährt, sind hier das Mittel der Wahl.

Was ist dabei nun bionisch? Typisch bionisch ist das Prinzip, eine Bewegung anfangs schnell und ungefähr losschießen zu lassen, diese unter Einsatz beträchtlichen Regelaufwands letztlich aber ebenso feinfühlig wie störungssicher enden zu lassen. Die Natur scheut sich nicht vor unkonventionellen Mechaniken. Sie kompensiert deren Nachteile aber durch eine relativ aufwendige kybernetische Steuerung und Regelung. Wenn die Schaltkreise erst einmal entwickelt sind, stöpselt man eben ein entsprechendes Kästchen mit den Schaltelementen ein.

Radfahrzeug und Laufmaschine

Ein Gutteil der Robotik-Forschung ging bisher in die Entwicklung von Laufmaschinen. Dabei ist das Rad doch eine so ideale Erfindung! Die Natur kennt es nicht, das hört man immer wieder bei Diskussionen. Eigentlich stimmt das nicht. In der Natur gibt es schon Rotation um eine Achse: Bei der Bakteriengeißel, also im Miniaturmaßstab. Sonst kennt die Natur aber keine Räder. Die technische Überlegenheit des Rades verliert schlagartig an Bedeutung, wenn man sich überlegt, daß zum Rad eigentlich die Straße gehört. In unwegsamem Gelände kann denn auch die Fortbewegung mit Beinen der mit Rädern deutlich überlegen sein. Das ist auch der Grund, warum es so viele Versuche gegeben hat, Laufmaschinen – insbesondere für bestimmte militärische Zwecke – zu entwickeln.

Spinnen sind hochinteressante »Bewegungsapparate«, denn im allgemeinen können sie die Beine nur in eine Richtung durch Muskelzug bewegen, für die andere brauchen sie einen hydraulischen Antrieb. In den Gelenkregionen sieht man, wie die Gelenkmembranen angeschwollen sind, Zeichen für einen inneren Überdruck. Hydraulischer Roboterantrieb wird heute schon mit großem Erfolg in der Technik eingesetzt.

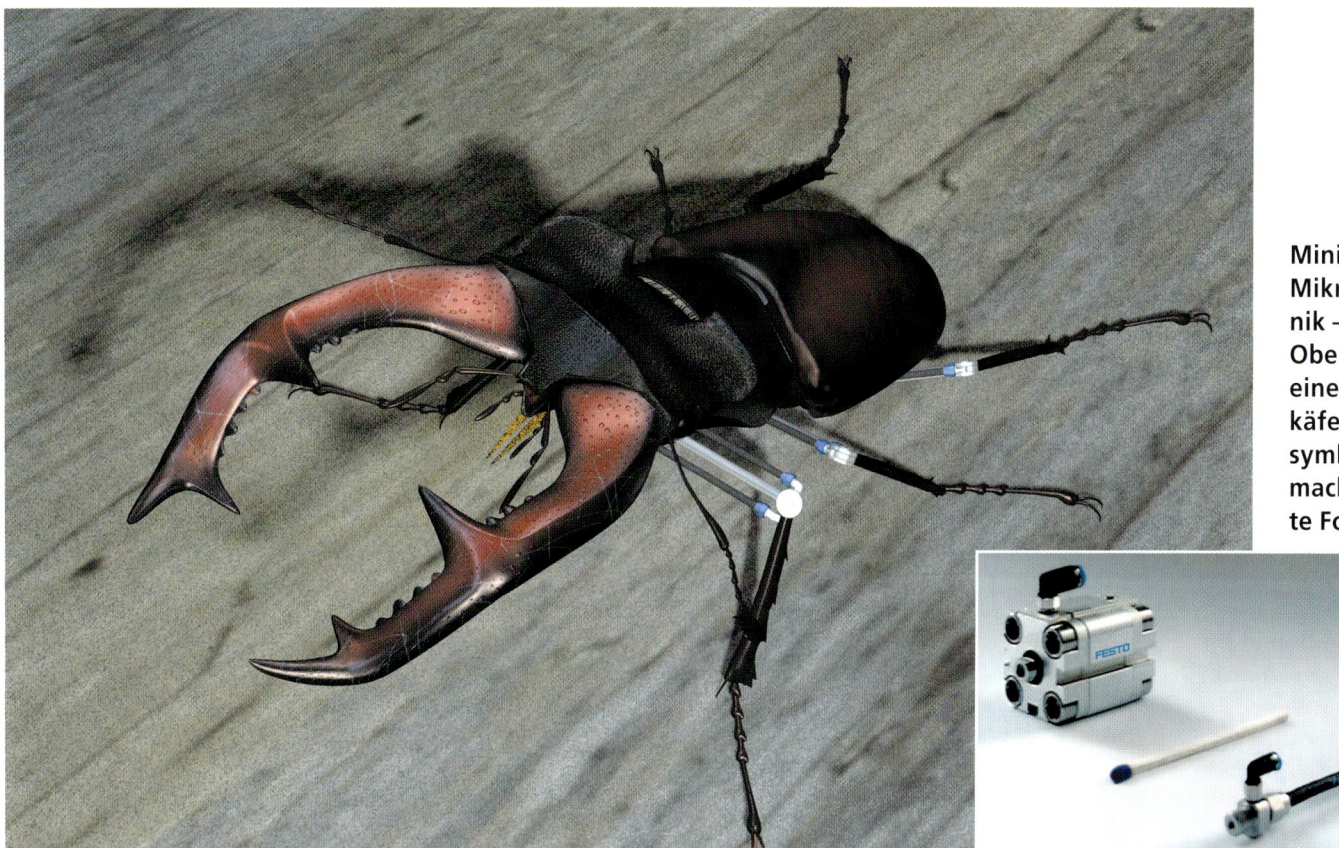

Mini- und Mikromechanik – hier am Oberschenkel eines Hirschkäferbeins symbolisiert – machen rasante Fortschritte.

Eine nach evolutionären Prinzipien entwickelte und inzwischen preisgekrönte Erfindung ist der »Fluidic Muscle« (kleines Bild) des High-Tech-Unternehmens Festo. Das flexible Gebilde ist um ein vielfaches leichter, schneller und zehnmal kräftiger als sämtliche Konkurrenten aus Metall.

Heute baut man »menschenähnliche« Roboter, die laufen und Treppen steigen können – ob das allerdings der Weisheit letzter Schluß ist, sei dahingestellt. Für Werbezwecke sind sie jedenfalls lustig. Laufroboter, die technisch nutzbar sind, werden aber ein ganz anderes Design aufweisen müssen. Vielleicht haben sie Ähnlichkeit mit Insekten. Man wird sie benutzen können zur Erkundung von Fehlstellen in Röhrensystemen, durch die sie kriechen, oder als Kletterroboter, die große Fensterflächen von außen reinigen, und für ähnliche Spezialzwecke.

Vorteile des Beins gegenüber dem Rad

Das Bein hat dem Rad gegenüber einige Vorteile. Die vier Hauptpunkte seien genannt:
1. Geländegängigkeit: Beine können über Hindernisse hinwegsteigen. Über Felsblöcke können Räder nicht so ohne weiteres rollen.
2. Steigvermögen: Bereits eine einfache Treppe bringt Rollstühle in Schwierigkeiten. Man sucht nach besseren Methoden.
3. Manövrierfähigkeit: Krabben können seitwärts laufen, Radfahrzeuge nicht so leicht seitwärts fahren. Beine können eben in alle Richtungen bewegt werden, Räder nicht.
4. Transportkosten: Da die Laufmaschinen keine Straßen brauchen, kann man sie energetisch günstiger anlegen als das System »rollendes Auto plus Straße«.

Laufmaschinen sind kein Allheilmittel. Für bestimmte Zwecke jedoch kann man sie durchaus einsetzen. Da sie konstruktiv aufwendiger sind als Radfahrzeuge, ergeben sich besondere Herausforderungen an den Ingenieur. Designhilfen aus der Natur können auch hier Anregungen geben.

Mit feinen Elektroden an bestimmten Stellen ihres Nervensystems, denen man von außen elektrische Impulse zuführen kann, lassen sich Schaben steuern.

Anregungen aus der Natur

Das Ziel wird stets eine Konstruktion mit genügender Abbiegbarkeit und Reichweite sein, ohne sonderlich aufwendige Kontrolle. Das Beinkonzept paßt in diesen Forderungskatalog. Beine sind meist drei- bis viergliedrig, besitzen eine entsprechende Zahl von Gelenken unterschiedlicher Freiheitsgrade.

Die Beinglieder müssen gegeneinander beweglich sein. Dazu braucht man Aktoren. Beim Tier sind das die Muskeln. In der Technik haben

Wenn Fliegen ihren Rüssel ausfahren, spielen Muskelantrieb und der Körperinnendruck zusammen. Es ist nicht Ziel, eine »Kunstfliege« zu entwickeln. Doch sollte man die Arbeitsteilung dieser beiden Prinzipien genau studieren.

sich neuerdings Aktoren herauskristallisiert, die auf verblüffend einfache, aber effiziente Weise mit Druckluft arbeiten. Die Firma Festo hat sie entwickelt.

Hydraulische Aktoren bei Spinnen

Spinnen haben Muskel-Aktoren, die die Beinglieder gegeneinander ziehen, sogenannte Adduktoren. Sie haben aber keine Gegenspieler, die das Bein strecken. Dafür fehlen Muskel-Adduktoren. Wenn Springspinnen blitzartig vorschnellen, um eine Fliege zu fangen (wobei sie einen Faden als »Sicherheitsleine« hinter sich her ziehen), tun sie das »hydraulisch«. Im hinte-

346

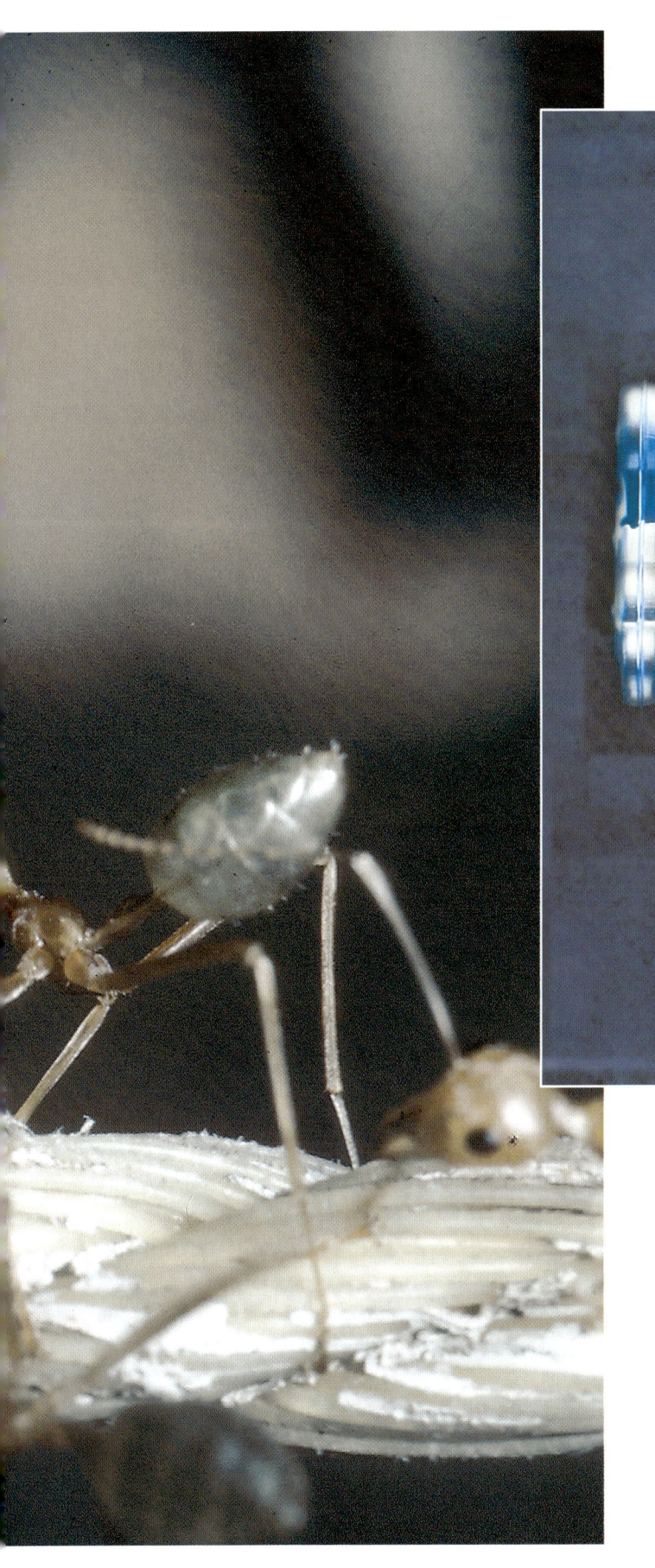

Es hat sich als überraschend schwierig erwiesen, Robotern beizubringen, auf Reize aus der Umgebung zu antworten bzw. gezielt mit ihr zusammenzuarbeiten. Beide Grundprobleme beherrschen biologische »Massenroboter« – die Ameisen – perfekt. Mit der Analyse von Insektengehirnen ist man in den letzten Jahren einen guten Schritt weitergekommen. Die Ansicht, daß Insekten reine Reflexmaschinen sind, mußte man fallenlassen.

In Insektenstaaten ist jedes Einzeltier in gewisser Weise autonom, aber doch dem Ganzen untergeordnet. Gesteuert und geregelt wird ein solcher Staat letztlich von der Königin. Wie schafft sie es, das Durcheinandergewühle zu einem organischen Ganzen zusammenzuhalten? Für Wirtschaftsprozesse darf man sich hier interessante Anregungen erwarten.

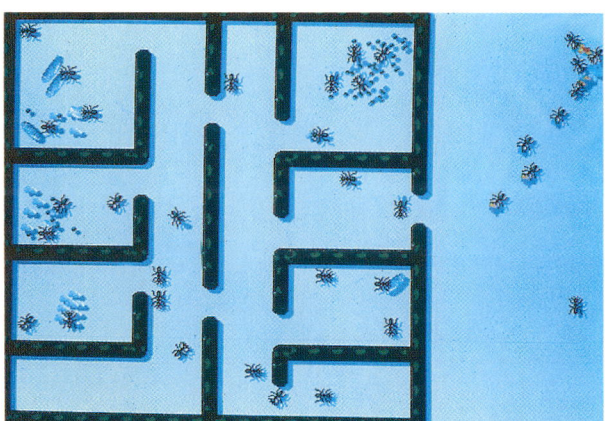

Im Labyrinthversuch lernen gängebewohnende Tiere, Ratten oder Schaben, rasch den Ausgang wiederzufinden. Ratten sind hier zehnmal lernfähiger als Schaben.

Wenn sich zwei Ameisen füttern, übertragen sie nicht nur Nahrung, sondern auch Informationen. Sie betrillern sich dabei mit den Fühlern, merken sich beispielsweise Duftstoffe und andere Daten. Ihre Kommunikationsstrategie ist hochentwickelt.

ren Körperteil erzeugen sie über Muskeln einen ziemlich hohen Druck, der sich schlagartig bis in die hohlen Beinrohre ausbreitet. Diese strecken sich, ähnlich einem schlaffen Luftballon in den man stoßartig kräftig hineinpustet. Das geht blitzschnell, innerhalb weniger tausendstel Sekunden! Was für ein phantastischer Antrieb!

Druck-Generatoren kann man technisch sehr effizient und sehr klein bauen. Für ein paar Mark lassen sich, wie jeder Autofahrer weiß, kleine Druckpumpen kaufen, die man über den Zigarettenanzünder an die Bordspannung legen kann. Damit läßt sich binnen einer Minute eine große Luftmatratze aufpumpen. Druckerzeugung ist also nicht das Problem. Daher kann man dem Aktortyp der Springspinnen – hydraulische oder pneumatische Apparaturen, die über kleine Druckpumpen angetrieben werden – in der Robotik ein große Zukunft prophezeien.

Wie Insekten laufen

Eine weitere Anregung aus der Natur kann man in der Robotik auch bei der Geschwindigkeitserhöhung einsetzen. Wie macht es denn ein Mensch, wenn er schneller gehen will? Zunächst erhöht er die Schrittfrequenz. Er macht in der Minute einfach mehr Schritte. Dann kommt die Erhöhung der Schrittamplitude dazu: Er macht längere Schritte und erreicht damit größere Schrittweiten. Ganz ähnlich machen es die Insekten. Es scheint sich um ein durchgehendes Prinzip zu handeln: zuerst Frequenzerhöhung, dann Amplitudenerhöhung.

Insekten laufen bei mittleren Geschwindigkeiten statisch sehr stabil. Jeweils mindestens drei Beine stützen den Körper, und der Schwerpunkt liegt immer etwa in der Mitte eines lagestabilen Dreiecks. So berühren beispielsweise die Spitzen des linken Vorderbeins, des rechten Mittelbeins und des linken Hinterbeins den Boden, während die drei anderen Beine vorschwingen, und das Ganze läuft dann spiegelbildlich ab. Man kann also von einem Doppel-Dreibein-Gang sprechen.

Die ersten insektenanalogen Laufmaschinen haben mit großem Vorteil dieses Gangsystem nachgeahmt. Beim ganz langsamen und ganz schnellen Lauf sind andere Koordinationen vorteilhafter, aber davon wollen wir hier nicht sprechen, das führte uns viel zu weit in Details der Materie hinein.

Konstruktive Umsetzung des Laufens

Es gibt heute bereits eine größere Zahl realisierter Konstruktionen, aber ganz neu ist die Grundidee nicht.

Erste Patente für Laufmaschinen sind schon sehr früh erteilt worden, etwa um die Jahrhundertwende. Dabei wurde auf die Beinmechanik besonderes Augenmerk gerichtet, während die Steuerungs- und Regelungsprobleme stark unterschätzt worden sind. Erst als man »Sinnesorgane« an den Beinenden anbrachte, die den Anpreßdruck und andere Parameter messen konnten, und als es Schaltungen gab, die diese Meßdaten sehr schnell »online« verrechnen und den anderen Beinen mitteilen konnten, kam man zu stabilen Laufmustern. Einer der ersten derartig funktionierenden Roboter stammt aus dem Jahr 1991. Mit 8 Kontrollen pro Bein und nicht weniger als 10 übergeordneten ahmte dieser sechsbeinige, etwa 1 kg schwere »Ghengis« erstmals im Detail das Regelungsprinzip laufender Insekten nach. Heute ist man schon viel weiter gekommen, und Spezialisten für Laufroboter prophezeien den Laufmaschinen eine große Zukunft, trotz des beachtlichen Konstruktions- und Steueraufwands: »Ein wesentlicher Nachteil ist die aufwendige Konstruktion und Steuerung. Hier ist jedoch damit zu rechnen, daß die moderne Rechnertechnologie diese Hürden bald überwinden hilft.« (R. Blickhan).

Ein insektenanaloger Laufroboter: die künstliche Stabheuschrecke

Ein überzeugendes Beispiel der Zusammenarbeit zwischen Technik und Biologie haben der Münchner Maschinenbauer F. Pfeiffer und der Bielefelder Kybernetiker H. Cruse vorgelegt. In der Mitte der 90er Jahre war das Konzept so überzeugend, daß es mit dem hochdotierten Hamburger Körber-Preis ausgezeichnet worden ist. Das hier kurz geschilderte Konzept hat sich freilich nicht über Nacht entwickelt und ist damit auch typisch für bionische Entwicklungsaufgaben. Die Untersuchungen im biologischen Bereich wurden vor etwa 20 Jahren begonnen, die technischen vor knapp 10 Jahren.

Das Bein der Stabheuschrecke und der Laufmaschine

Die Stabheuschrecke *Carausius morosus* trägt insektentypisch sechs Beine, die im Prinzip gleichartig aufgebaut sind. Die Abbildung zeigt Einzelheiten in der Benennung der Beinglieder und der Winkel, mit der sich die einzelnen Glieder gegeneinander verdrehen können. Die Stabheuschrecken-analoge Laufmaschine wurde nun so konstruiert, daß sie in der prinzipiellen Beingeometrie und Beinbewegung dem Stabheuschreckenbein nahekommt. Damit läuft die Bewegung im Prinzip wirklich ab wie an einem Insektenbein, und die Maschinenbauer haben bei der Arbeit festgestellt, daß im Vergleich mit mehreren Möglichkeiten das Insektenmodell die beste und steuertechnisch vernünftigste Variante darstellt.

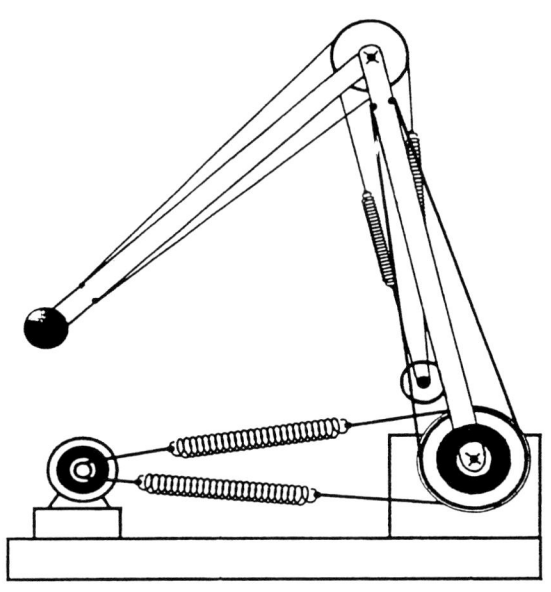

Modellentwurf nach Möhl für einen zweigliedrigen Robotterarm mit muskelanalogen Serienelastizitäten.

Aufbauend auf Kraftmessungen an den Beinen laufender Stabheuschrecken wurde ein Simulationsprogramm für die Dynamik von sechsbeinigen biologischen und technischen Laufkonfigurationen entwickelt. Hierbei hatte man viele Bewegungsgleichungen zu berücksichtigen, was ein Problem war. Die Gleichun-

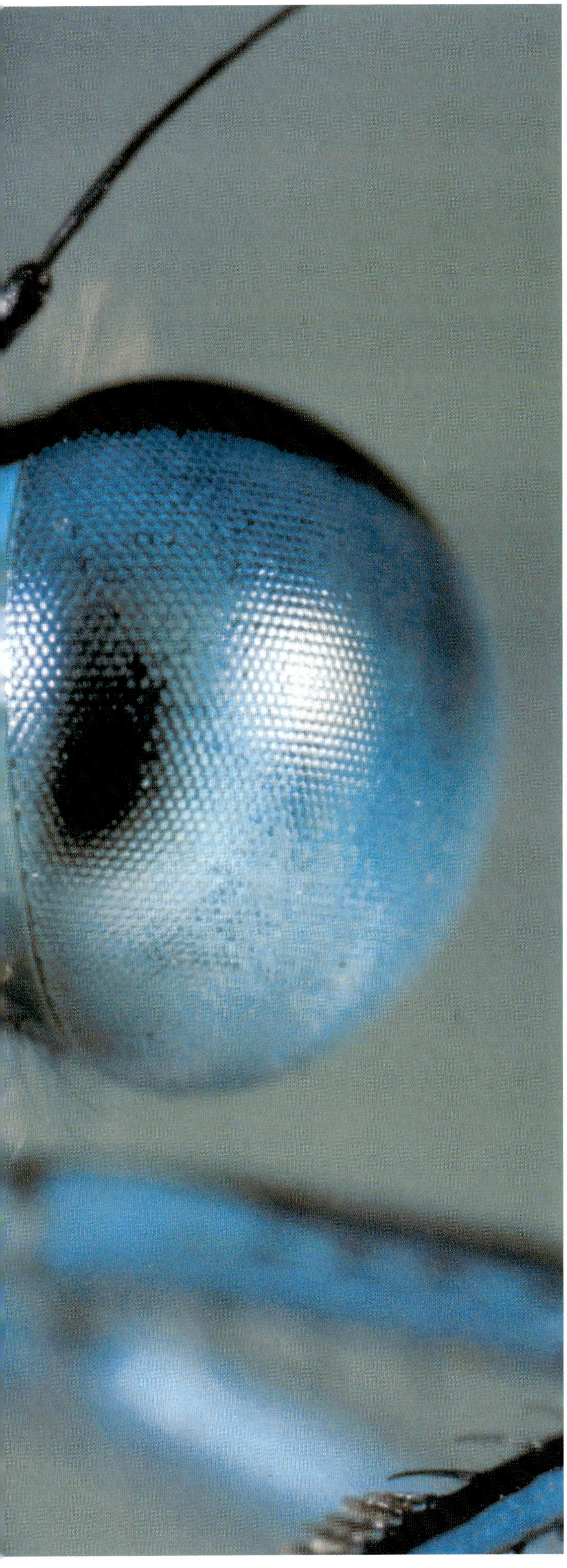

gen reichten nicht aus, denn man hatte es mit nicht weniger als 36 unbekannten Beinkräften zu tun, aber nur 24 Bewegungsgleichungen zur Berechnung zur Verfügung. Da mußte man sich einige Tricks einfallen lassen, die kybernetisch und maschinenbaulich zu einem idealen Antrieb geführt haben.

Auch das zeigt wieder, daß Bionik eine interdisziplinäre Wissenschaft ist. Kein Biologe wäre in der Lage gewesen, ein solches Bein zu konstruieren. Kein Maschinenbauer wäre darauf gekommen, so etwas überhaupt machen zu wollen – zu groß schienen die Schwierigkeiten. Die Natur zeigt, daß es im Prinzip geht. Also entwickelte und optimierte man so lange, bis das naturanaloge Bein fertig war. Das knapp meterlange Gehwerkzeug wiegt insgesamt nur etwa 3 kg und kann im Dauerbetrieb eine Masse von etwa 10 kg, im Kurzzeitbetrieb maximal 18 kg tragen. Das Tragfähigkeitsverhältnis beträgt also maximal 6 : 1, immerhin eine beacht-

Sensoren sind das A und O auch für jede Bewegungsregelung. Kletterroboter, die sich in Röhren bewegen, benutzen Tastsensoren an den Beinenden. »Flugroboter«, die fliegende Beute fangen, wie diese Kleinlibelle, benutzen weit auseinanderstehende Facettenaugen, die hervorragende Peilgeräte sind.

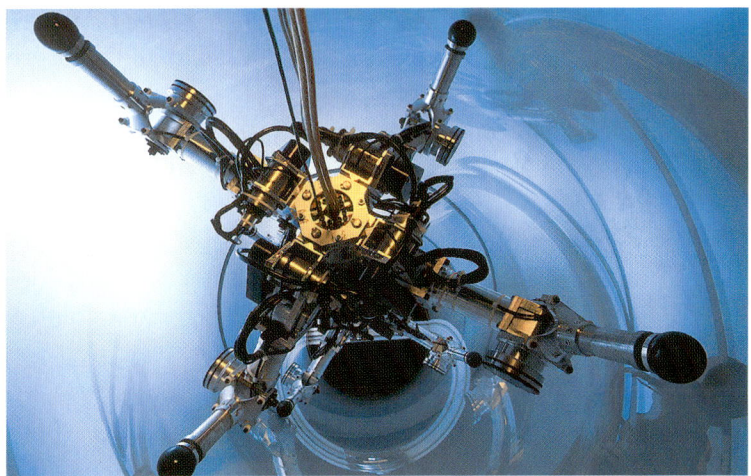

liche Leistung. Beim Insekt ist das Verhältnis wesentlich größer. Das liegt aber nicht so sehr an irgendwelchen Tricks der Natur, sondern schlicht an physikalischen Effekten der kleinen Dimensionen. Wäre die Ameise größer, wäre sie auch »relativ schwächer«.

Wenn der Sonnentau eine Buckelzirpe fängt, fließt ein stickstoffhaltiger Nahrungsstrom von der Zirpe zur Pflanze. Wofür aber hat dieses abenteuerlich aussehende Insekt seine Hörner und die seltsamen kugelförmigen Fortsätze? »Luxurierung in der Natur«, sagen manche Philosophen, oder: »Das Gebilde der Schöpfung möchte sich eben selbst darstellen«. Von den Ballons dieser Buckelzirpe kennt man zwar noch nicht die Funktion, daß sie damit aber etwas Sinnvolles anfängt, steht außer Zweifel – Anregung genug für neugierige Forschergenerationen der Zukunft.

Zur Laufregelung

Auch im Regelungskonzept, also im Zusammenspiel der sechs Beine zu einem übergeordneten Ganzen, hat sich das Vorbild Natur als das denkbar beste erwiesen. Man hat vielerlei Konzepte durchprobiert. Das Konzept, nach dem die Stabheuschrecke läuft, war letztlich unschlagbar. Es war deshalb vernünftig, daß man ihm auch in Details folgte. Die Steuerungseinrichtung arbeitet mit mehreren »hierarchischen Ebenen«, die sich gegenseitig beeinflussen. Jedes Bein informiert jedes andere Bein über seine momentane Stellung, und dann wird ganz demokratisch entschieden, was die anderen Beine machen. Insgesamt kommen sie sich mit dieser Steuertechnik so wenig wie möglich ins Gehege: typisch »Insektengang«, entwickelt in jahrmillionenlangen Evolutionsprozessen. Gibt es irgendeine Störung im Laufmuster, so wird diese schnell ausgeregelt, und das System stabilisiert sich wieder. Wenn beispielsweise ein Bein anstößt, laufen die anderen Beine nicht einfach weiter, sondern nehmen darauf Rücksicht und ändern ihre Koordination.

Die Anlehnung an das biologische Vorbild, die wir hier etwas ausführlicher geschildert haben, ist ein besonders schönes Beispiel dafür, was bionisches Arbeiten erreichen kann. Es beruht eben nicht auf sklavischem Kopieren, sondern auf der Übernahme bewährter Prinzipien.

Was wird die Zukunft bringen?

Wie wird es weitergehen? Kommen die menschenähnlichen Roboter oder doch eher die roboterähnlichen Menschen? Wird es eines Tages Maschinen-Menschen geben, die mit Vorstellungsvermögen ausgestattet sind?

Bereits im Jahre 1924, ein Jahr nach Herbert George Wells' Übermenschen-Roman, »Menschen, Göttern gleich«, ließ Alfred Döblin sein Buch »Meere, Berge und Giganten« erscheinen. Es war ein Science-fiction-Roman, der nicht auf die Frage »Was ist der Mensch« Antwort zu geben versucht, sondern auf die Frage: »Was wird aus dem Menschen? Was kommt nach ihm?« Döblin schildert die Zukunft unter der Herrschaft der Wissenschaftler, insbesondere der Biologen, und prägte die folgenden programmatischen Sätze: »Die Maschine muß den Menschen angreifen, sie muß den Menschen verändern ... Es gilt, den Menschen mittels der Maschine endgültig umzuformen ...«

Dieses Programm erinnert an jene Sichtweisen, die den Menschen nicht als Schlußpunkt der Evolution, sondern als das von allem Anfang an geplante Wesen sehen. Im Laufe seiner Entwicklung habe er immer mehr Primitiv-Tierisches aus sich entlassen, zuletzt jene affenartigen Züge, die soviel humanistisches Ärgernis erregten. Diese Vorstellung von einem anthropologischen Destillationsprozeß, die der Naturwissenschaftler freilich nicht teilen wird, trifft vermutlich mit der Döblinschen Vision einer erzieherischen Aufgabe der Maschinenzivilisation zusammen: den Menschen dadurch menschlicher und menschenhafter werden zu lassen, indem er niedere Funktionen seiner biologischen und geistigen Struktur auf »maschinelle Organismen« überträgt.

Norbert Wiener, der geistige Vater der Kybernetik, wagte später vor einem erschreckt aufhorchenden Publikum die Prophezeiung, daß die zukunftsträchtige Entwicklung der kybernetischen Maschinen eben erst beginne: nämlich die der »sich selbst produzierenden Automaten«, die Entwicklung von Maschinen also, die in der Lage sind, ihrem eigenen Ebenbilde getreu neue Maschinen zu erzeugen. In der kybernetischen Fachsprache spricht man zuweilen von einer »Maschinengenetik«. Das wäre dann die Übertragung dessen, was der Biologe die »identische Reduplikation« organischer Gebilde nennt, auf die Ebene der Maschine.

Evolutionsstrategien setzen auf's Zufallsprinzip

Die Natur bietet realistische und effiziente Optimierungs-Methoden

Wie funktioniert Evolution? Welche Strategien werden dabei angewandt? Was können wir aus dem Verständnis dieser Vorgänge lernen? Vieles deutet darauf hin, daß eine sinnvolle Übertragung biologischer Prinzipien auf technische, soziologische und organisatorische Bereiche zu Problemlösungen führen kann, an denen bislang selbst aufwendige mathematische Methoden gescheitert sind.

Wenn die biologische Evolution in einem sich selbst organisierenden Prozeß imstande war, aus toter Materie so komplexe Lebensformen wie Termiten und Delphine, Orchideen und Bäume, Elefanten und Falken, schließlich sogar Menschen mit Bewußtsein hervorzubringen, dann darf man davon ausgehen, daß diese Prinzipien auch zur Lösung technischer, wirtschaftlicher und sozialer Problemstellungen eingesetzt werden können, meint der Münchner Physiker und Wirtschaftswissenschaftler Paul Ablay. Was Pflanzen und Tiere, die ja alle der Evolution unterworfen waren, an technischen und organisatorischen Problemen auf perfekte Weise gelöst haben, das stellt alle Ingenieurs- und Management-Methoden in den Schatten. Viele seiner Kollegen sind eben dieser Meinung und arbeiten bereits erfolgreich mit evolutionsstrategischen Methoden. Pars par toto bleiben wir aber einmal bei seinen Ansätzen.

Ablay entwickelt Computersoftware für komplexe Planungs- und Steuerungsprobleme in Industrie und Wirtschaft. Dabei versucht er, die optimierenden Strategien der biologischen Evolution zur Problemlösung einzusetzen, und hat damit verblüffenden Erfolg. Selbst schwierigste Planungs- und Ablaufprobleme lassen sich mit einer bislang nicht erreichten Schnelligkeit und Effizienz lösen beziehungsweise optimieren.

Die Inspiration, Probleme nach dem Muster biologischer Prinzipien zu lösen, bekam der Softwarespezialist Mitte der siebziger Jahre durch Arbeiten des Berliner Hochschullehrers und Diplomingenieurs Ingo Rechenberg, der ab dem Jahre 1964 die Evolutionsstrategie entwickelt und zur Optimierung technischer Produkte eingesetzt hat.

Gleichwohl ist der Erfahrungsschatz der Natur bis heute nur sehr wenig angezapft worden. Man erkennt gerade erst, daß uns die Art, wie sich die phantastisch anmutenden Erfindungen der Natur entwickelt haben, eine vorzügliche Methodik an die Hand gibt zur Lösung der unterschiedlichsten technischen Probleme, vom Bau- und Verkehrswesen über die Luft- und Raumfahrt bis hin zur Medizin und zur Informationstechnologie.

Ingo Rechenberg optimierte an der Technischen Universität Berlin zahlreiche strömungstechnische Produkte durch eine genial einfache Imitation der Mutations- und Selektionsprinzipien der Natur: Tragflächen, Windräder, Vergaseransaugstutzen, Autofelgen oder auch Solarzellen ließen und lassen sich nach dem Vorbild

Es gab eine Zeit, da wurde der Mensch als »Krone der Schöpfung« bezeichnet. Der Biologe kann sich dazu nicht äußern. Er wird aber bestätigen, daß der Mensch das Wesen mit der komplexesten neuralen Verrechnungszentrale ist. War sie das Ziel der gesamten biologischen Evolution? Sicher nicht, denn die Evolution kennt kein Ziel. Eine Salpe oder eine Qualle ist so in ihre Umwelt eingenischt, daß sie ihre Art erhalten kann. Und im Grunde gilt dies für alle Lebewesen.

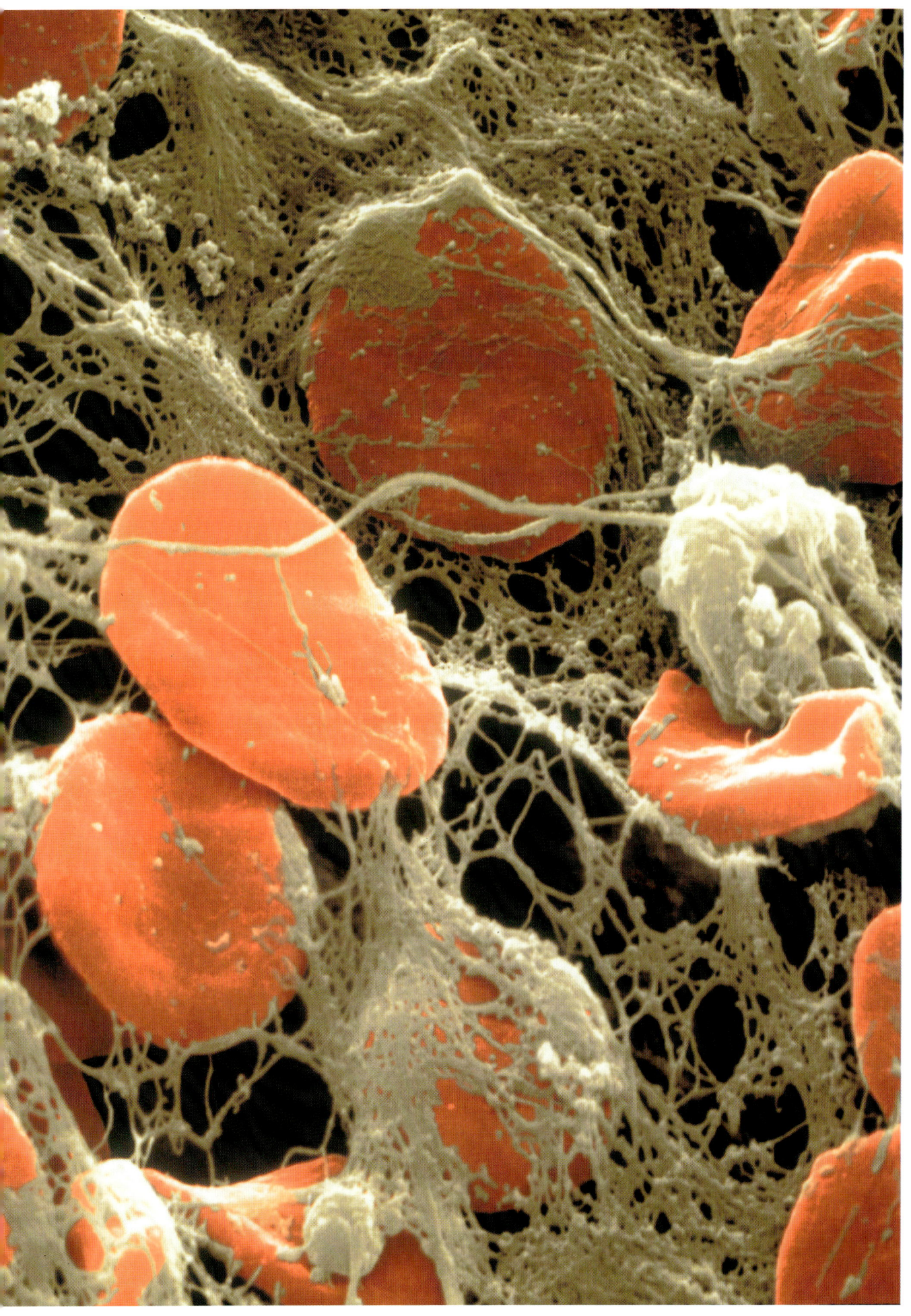

Wenn eine Wunde durch die Vorgänge der Blutgerinnung verschlossen wird, wenn sich in dem Gerinnsel Blutkörperchen fangen und dabei helfen, die Verletzung abzudichten, so ist das ebenfalls ein Prozeß, den die Evolution geschaffen hat. Gäbe es keine Blutgerinnung, könnte ein Säuger nicht überleben. Bei der kleinsten Verletzung würde er verbluten.

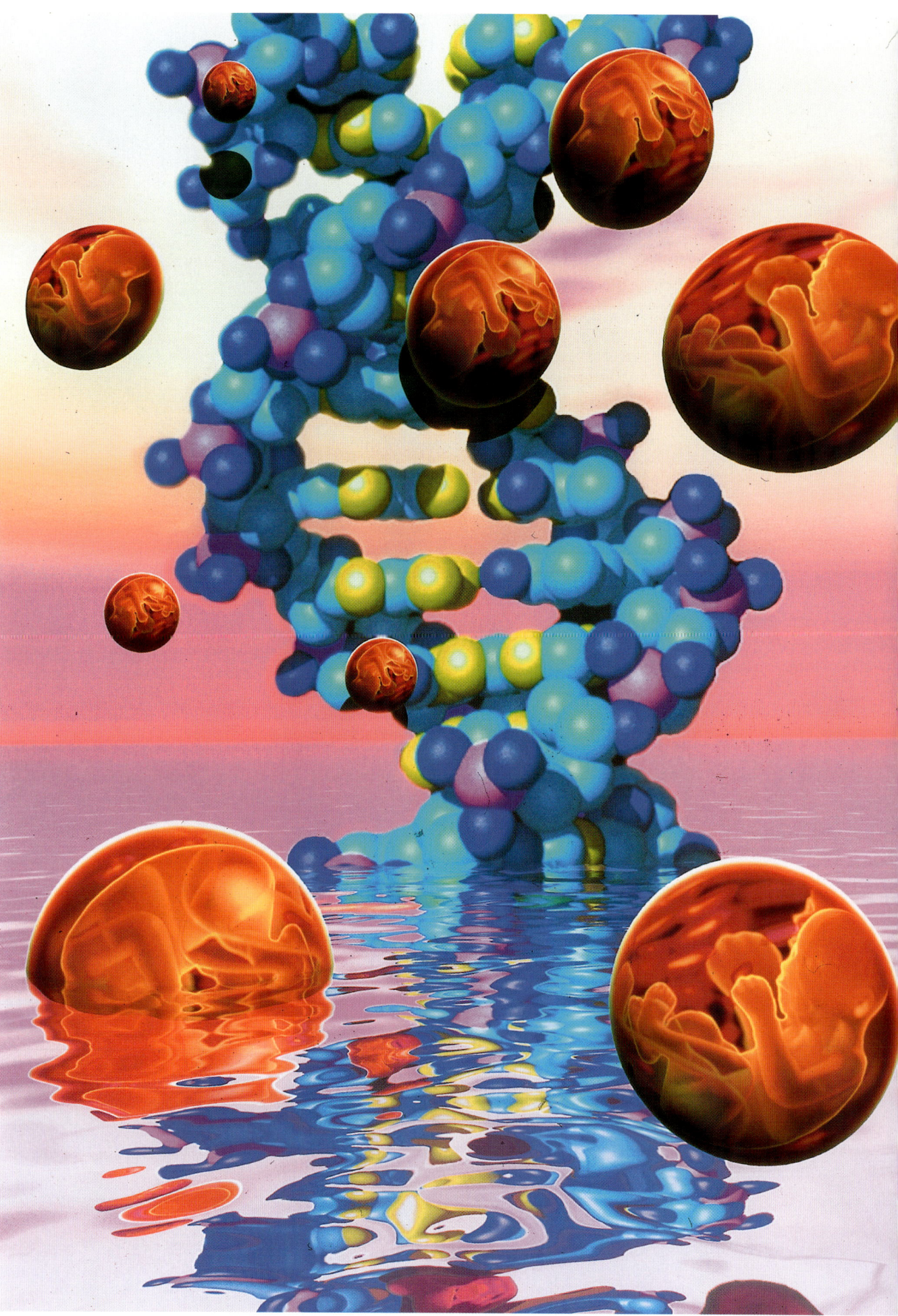

Aus der Ursuppe ragt das Modell eines DNS-Moleküls, in dem alle Information des Lebens verschlüsselt ist, auch diejenige, wie aus einer befruchteten Eizelle ein kleiner Mensch zu machen ist – vielleicht der komplexeste Vorgang, den die Evolution bisher geleistet hat. Wir verstehen in der Zwischenzeit die Mechanismen der Informationsspeicherung in diesen Ketten. Bald werden wir auch das Gesamtgenom des Menschen kennen. Wohin das führt, ist völlig offen. Hochkomplexe neurale Systeme, wie sie unsere Gehirne nun einmal darstellen, kommen irgendwann an einen Punkt, wo sie ihre eigene Entwicklung beeinflussen.

evolutionärer Prinzipien verbessern. Es hat den Anschein, als sei diese grundlegende Naturstrategie auch das universelle Prinzip für jegliche Art von Selbstorganisation. Zufallsgesteuerte Experimentieranordnungen können in vielen Fällen deutlich bessere Ergebnisse erbringen als noch so ausgeklügelte Lösungsverfahren der Mathematik. Insbesondere dann, wenn noch keine in sich geschlossene Theorie für die Lösung eines komplizierten Problems existiert. Auch ein noch so exakter mathematischer Ansatz kann dann nicht weiterführen. Die »unscharfe Strategie« der Evolution aber wohl.

Erstaunlicherweise wurde dieses Erfolgssystem der Natur trotz seiner grundlegenden Bedeutung in der Vergangenheit kaum von der Technik genutzt. Offensichtlich verleitete die vermeintliche Trägheit der biologischen Evolution zu dem Trugschluß, Biostrategien seien prinzipiell extrem zeitaufwendig und allein schon deshalb wenig effizient.

Wenn sich jedoch mit Evolutions-Methoden bei der Lösung komplexer Problemstellungen bessere Resultate – oder überhaupt erst Resultate – erzielen lassen, dann sollte es eigentlich möglich sein, diese Rezeptur natürlicher Verfahrenstechnik erfolgreich auch auf komplizierte Managementprobleme – beispielsweise bei der Planung des Personaleinsatzes oder der Maschinenbelegung – anzuwenden. Schließlich muß auch die Evolution in der Regel widrigste Situationen meistern, was sie in der Regel über kleine Veränderungen und Neukombinationen von Erbmaterial schafft.

Ähnliches gilt für zahlreiche betriebswirtschaftliche Fragestellungen: Wann sind welche Aktionen in Kombination mit anderen Aktivitäten auszuführen, um das beste ökonomische Ergebnis zu realisieren? Solche Überlegungen gehören in Wirtschaft und Industrie zum täglichen Brot des gestreßten Managers, insbesondere dann, wenn es um den besonders wichtigen Einsatz von Personal- und Maschinenressourcen, um schlankere Organisationsstrukturen und optimierte Materialflüsse geht.

Der Münchner Evolutionsstratege Ablay hat sich speziell mit solchen Problemen befaßt. Er überträgt innerbetriebliche Fragestellungen auf Computermodelle und läßt gewissermaßen über »evolutionäre Wettkämpfe« nach optimalen Lösungen suchen. Das Erfolgsgeheimnis der Ablay-Methode besteht vor allem darin, dass sie auf einen umfangreichen Fundus von »evolutionären Bausteinen« zurückgreifen und diese in überlegt gewählten Testreihen dem jeweiligen Problemtyp anpassen kann. Auf diese Weise konnte der Münchner beispielsweise die Disposition von Fertigungsstraßen in einem Auto-

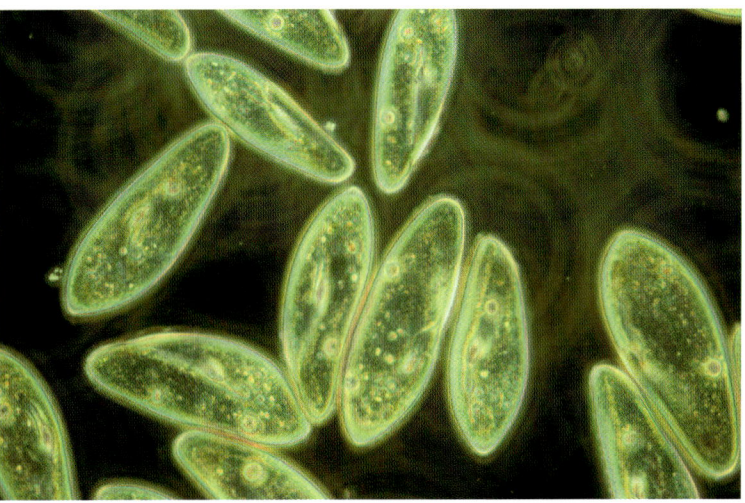

mobilwerk, den Personaleinsatz zur Reinigung von Eisenbahnzügen mit relativ kurzen Abstandzeiten oder etwa die Therapieplanung in Rehabilitationskliniken optimieren.

Einsatzmöglichkeiten für derartige evolutionäre Strategien bieten sich aber auch bei der Einsatzplanung des Außen- und Schichtdienstes, für das Crew-Management bei Fluggesellschaften, bei der Routenplanung für den Fahrzeugpark von Transportunternehmen, für die Durchsatzoptimierung bei Kraftwerken oder etwa im Zusammenhang mit dem Risiko-Management bei Finanzanlagen.

Diese Pantoffeltierchen sind Einzeller, vergleichsweise einfache Lebewesen. Sie haben in einer Zelle alles vereinigt was sie für ihr Überleben brauchen. Diese eine Zelle kann mehr als jede Körperzelle des Menschen.

Sind Pantoffeltierchen deshalb primitiv? Sie haben nur einen anderen Evolutionsweg beschritten und das vervollkommnet, was sich mit derart winzigen Lebewesen erreichen läßt.

Bei den großen Laubbäumen sind alle Blätter so angeordnet, daß sie ein Maximum an Sonnenlicht auffangen. Sie besitzen, wie viele andere Pflanzen auch, gewissermaßen eine Lichtnachlaufsteuerung – eine evolutionäre Leistung, die der technischen Nachahmung in vielen Bereichen würdig ist.

Die biologische Evolution, also die Gesamtentwicklung des Lebens auf unserer Erde, arbeitet letztlich mit dem Zufall. Sie bindet ihn aber in eine Strategie ein, die ganz anders arbeitet als ausgeklügelte mathematische Optimierungsverfahren. Dabei wäre es freilich naiv, anzunehmen, daß die Natur gewissermaßen im Ein-Schritt-Verfahren entwickeln kann, beispielsweise das menschliche Auge in einem einzigen Geniestreich aus linsenlosen Lochkamera-Vorstufen entstehen lassen könnte.

Zum besseren Verständnis des außergewöhnlichen Effizienzvorteils der Evolutionsstrategie gegenüber einem blinden Zufallswurf mag ein oft verwendetes Argument von Evolutionsgegnern dienen. Diese vertraten und vertreten den Standpunkt, daß die Chancen zur Höherentwicklung biologischer Systeme etwa mit der Aufgabe vergleichbar wäre, von einem Affen, der auf einer Schreibmaschine herumklimpert, zu erwarten, daß er durch blindes Draufloshämmern eines schönen Tages Shakespeares »Hamlet« zu Papier bringen könnte.

Wie groß die Chancen sind, daß dabei so etwas herauskommt, mag ein kleines Zahlenspiel verdeutlichen. Allein für das bekannte Zitat »To be or not to be: That is the question.« mit seinen 41 Anschlägen und den 32 Möglichkeiten je Anschlag (26 Buchstaben plus 6 Sonderzeichen) liegt die Wahrscheinlichkeit des richtigen Tippens bei 2×10^{-62}. Das ist eine so winzige Größe, daß sie sich vollständig unserer Vorstellung entzieht. Selbst wenn man davon ausginge, daß ein Affe eine Zeile in der Sekunde tippen könnte und dies bereits seit Beginn des Universums täte, (seit rund 15 Milliarden Jahren), so wären erst 5×10^{17} Zeilen getippt, und die Wahrscheinlichkeit, das Zitat richtig getippt zu haben, wäre noch immer unvorstellbar klein. Diese verschwindend geringe Wahrscheinlichkeit der blinden Zufallsmethode erklärt sich daraus, daß bei keiner der getippten Zeilen Erfahrungen des vorangegangenen Zeilensalats ausgewertet werden. Jede Zeile steht praktisch ohne Bezug zu den vorangegangenen.

Ganz anders die Evolutionsstrategie. Sie baut auf den vorangegangenen Ergebnissen auf: Jede größere Annäherung an die Zielzeile wird übernommen und als Basis für den nächsten Versuch benutzt, jede größere Abweichung verworfen (Selektion). Und beim Tippen jeder neuen Zeile wird die bisherige Bestzeile inklusive aller kleiner, zufälliger Änderungen (Mutationen) neu abgetippt.

Für beide Methoden lassen sich Computerprogramme schreiben, die im übrigen gar nicht so aufwendig sind. Deren Ausführungsergebnisse zeigen, daß die Evolutionsstrategie im Durchschnitt nur wenige hundert Schritte bis zum Erreichen des Zieltextes benötigt, während die Methode des herumtippenden Affen völlig indiskutabel hinterherhinkt.

Evolution heißt ganz allgemein »in kleinen Sprüngen fortschreitende Entwicklung«. Die Natur setzt dabei den Zufall ein. Sind wir demnach alle letzten Endes Zufallsprodukte?

Wie jeder weiß, können Lebewesen sich fortpflanzen. Sie machen im Grunde genommen nichts anderes als Kopien von sich selbst. Allerdings erfolgt dieser Kopiervorgang so gut wie nie mit absoluter Genauigkeit. Dies ist allerdings kein Fehler, den es zu vermeiden gilt, sondern grundlegendes Evolutionsprinzip. Es kommt völlig ungewollt, unvermeidlich immer wieder zu kleinen Kopierfehlern – oder sagen wir besser Abweichungen – im molekularen Bereich. Aber gerade durch diese Abweichungen finden Variation, Verschiedenheit und Vielfalt Eingang in biologische Systeme.

Unterschiedliche molekulare Merkmale führen auch zu unterschiedlichen Ausformungen und Fähigkeiten, positiven wie negativen, vorteilhaften wie unvorteilhaften. Doch wer urteilt darüber, ob etwas positiv oder negativ, vorteilhaft oder unvorteilhaft ist? Der Beurteiler und Auswähler ist die Selektion. Sie prüft, ob sich et-

Der Vergleich des Querschliffs durch einen Seeigelstachel und der Darstellung einer gotischen Fensterrosette mag oberflächlich sein. Er entbehrt jeder funktionellen Bedeutung. Oder vielleicht doch nicht? In jedem Fall hat man ein radiäres Strebensystem, daß durch konzentrische Elemente abgestützt ist. Beim Seeigelstachel baut sich hier ein räumliches Tragewerk auf, daß den langen Stachel biegestabil halten soll. Bei der Fensterrosette baut sich ein flächiges Tragewerk auf, das Winddruck standhalten muß.

was unter bestimmten Randbedingungen bewährt oder nicht. Aufgrund dieses Ausleseverfahrens setzen sich jene Arten am ehesten durch (und Durchsetzung heißt immer: erfolgreiche Fortpflanzung), die diesen Randbedingungen am besten angepaßt sind. Letztlich sieht es so aus, als ob hinter einer Kette von zufälligen Änderungen und gezielter Auswahl ein planvolles Geschehen steckte: Optimierung nach evolutionären Prinzipien. Es steht aber kein Plan dahinter, der das Endergebnis schon anpeilt oder vorwegnimmt.

Auslese bedeutet natürlich Wettbewerb, Konkurrenzkampf. Aber Konkurrenz belebt das Geschäft, auch bei der Entwicklung des Lebens. Denn Konkurrenz bedeutet Selektionsdruck, und Selektion im naturwissenschaftlichen Sinn wirkt evolutionsfördernd, »motivierend« und damit auch innovativ.

Optimieren nach dem Vorbild biologischer Systeme führt deshalb noch am ehesten zu naturorientierten Innovationen.

Alles ist im Fluß

Die Natur befindet sich in einem steten Wandel, und treffender als mit Heraklits »Panta rhei« – Alles ist im Fluß – kann man dies nicht beschreiben. Das einzig Stetige ist die Veränderung. Die biologische Evolution ist paläontologisch über Hunderte von Jahrmillionen nachweisbar, wenn man beispielsweise die Entwicklung von Tierstämmen verfolgt. Dutzende von Jahrmillionen waren nötig, bis sich aus den pudelgroßen Urpferdchen der Gattung *Eohippus* des ausgehenden Tertiär unsere heutigen Pferde der Gattung *Equus* entwickelt haben. Langsames oder schnelleres evolutives Sichfortentwickeln ist praktisch aber in jedem Zeitraum nachweisbar. Nur wenige Dutzend Jahre hat es gedauert, bis sich bei britischen Stand- und Zugvögeln bestimmte Verhaltenseigentümlichkeiten genetisch durchgesetzt haben. Und manche morphologischen Eigentümlichkeiten folgen tatsächlich dem Jahresablauf. So schnell geht das, wenn Generationen sehr rasch hintereinander folgen: Die Flügel der Fruchtfliegen (deren Generationsfolge knapp 10 Tage beträgt) sehen im Winter in mikroskopischen Einzelheiten anders aus als im Sommer; sie sind an die dann anderen strömungsmechanischen Eigentümlichkeiten des »Mediums Luft« angepaßt.

Bei einer technischen Entwicklung läßt sich Ausgangs- und Endpunkt festlegen, und das Entwicklungsziel wird in der Regel klar formuliert. Ganz anders bei der biologischen Evolution. Hier gibt es überhaupt keine Entwicklungsziele. Findet man solche, so sind sie immer von Menschen im nachhinein erkannt und benannt worden; »Ziele« sind sie deshalb noch lange nicht. Man kann die Entwicklung vom Urpferd zum heutigen Pferd gut verstehen: Die Tiere wurden immer größer, die Geschwindigkeiten damit auch, die Beine haben sich durch Verlust »unnötiger« Zehenstrahlen stark gestreckt, was als Anpassung an das Laufen in der Steppe auf

nicht zu weichem Untergrund zu verstehen ist. Es fällt schwer, sich vorzustellen, daß diese Entwicklung nicht als zielstrebiges »Anpassen an das Laufen im offenen Gelände« vor sich gegangen ist, sondern sich aus zufälligen Änderungen entwickelt hat. Und dennoch ist es so. Die Evolution verläuft ungerichtet und führt trotzdem zu geradezu phantastischen Konstruktionen und Verfahrensweisen. In entsprechender Weise hat die Einbeziehung des »Prinzips Zufall« zur technischen Methode der Evolutionsstrategie geführt, untrennbar verbunden mit dem Namen Ingo Rechenberg, Berlin. Von all den Facetten der Bionik, die in diesem Buch behandelt sind, ist die Evolutionsstrategie heute vielleicht die akzeptierteste und die einflußreichste, was die technische Umsetzung anbelangt. Ohne evolutionsstrategische Ansätze wird heute keine Brücke mehr gebaut und kein Flugzeug konstruiert. Ähnlich wichtig geworden sind Matthecks Verfahren, »technische Bauteile wachsen zu lassen wie Bäume«. Aber bleiben wir bei der Evolutionsstrategie.

Worin besteht das Typische eines solchen Ansatzes? Man kann es mit zwei Worten sagen. Evolutionsstrategisch kann man auch zu Lösungen kommen, wenn keine Theorie existiert, mit der man eine Lösung vorherberechnen kann. Die natürliche Evolution arbeitet nach genau diesem Prinzip. Da existiert auch kein Leitfaden, nach dem sich ein Organismus ändern kann oder soll. Es werden eben sehr viele Möglichkeiten durchgespielt. Und diejenigen, die sich bewähren, die werden dann beibehalten.

Wie arbeitet die Evolution?

Versuchen wir, die Prinzipien der biologischen Evolution auf einen kurzen Nenner zu bringen.

Bei einem Tier oder einer Pflanze sind alle Eigentümlichkeiten genetisch festgelegt, im Genom kodiert. Man spricht vom Genotyp. Das ist die Bauanweisung für einen Organismus. Sobald sich dieser – in der Regel aus der befruchteten Eizelle – entwickelt hat, spricht man von der äußeren Erscheinungsform oder vom Phänotyp. Wie der Genotyp die Bauanweisung für den Phänotyp ist, so ist der Phänotyp die Realisation des Genotyps. In der Technik wäre ein Genotyp die Summe aller Konstruktionszeichnungen und Bauanweisungen für eine Lokomotive, und der Phänotyp wäre dann die real existierende Lokomotive selbst.

Bei der sexuellen Fortpflanzung mischen sich die Erbanlagen der beiden Eltern, bereits dadurch, daß sie auf unterschiedlichen Chromosomen liegen und deren Kopien in einem sehr frühen Entwicklungsstadium auf unterschiedliche Zellen verteilt werden. Die Anlagen werden also ähnlich gemischt und verteilt wie die Karten in einem Kartenspiel. Man spricht hier von Rekombination.

Auf dem Weg dahin können nun – meist sehr kleine und in der Regel durchaus unauffällige – Änderungen im Erbgut erfolgen. Dafür gibt es vielerlei Möglichkeiten. Ihnen allen gemeinsam

Beide Elemente sind aber unglaublich schön. Widersprechen sich diese Sichtweisen? Wir denken: Nein. Der Biologe und der Ingenieur befassen sich unter anderem mit Biegemomenten und Feinbautechniken. Wenn die Wissenschaftler ihr Labor verlassen, werden sie sich wohl auch mit nichtnaturwissenschaftlichen Begriffen befassen, wie beispielsweise mit den Begriffen Schönheit oder Glauben.

Die Skizze zeigt Rechenbergs grundlegende Versuchsapparatur mit der »Gelenkplatte«. Diese besteht aus sechs Streifen, deren Einstellung zueinander über Winkelmesser ablesbar ist. Die Platte hängt vor der Düse eines Windkanals und wird angeströmt. Die Frage war, bei welcher Winkelkonfiguration sie den geringsten Widerstand hat.

ist, daß sie nicht vorhersagbar sind, rein zufällig auftreten, aber dann im Erbgut verankert bleiben. Man spricht von Mutationen.

Mutiertes Erbgut wird also durch die Rekombination aufgeteilt, und die Nachkommen sind dann in bezug auf die mutierten Merkmale leicht unterschiedlich ausgeprägt. Bei Essigfliegen, den Haustieren der Genetiker, können die Flügel ein wenig länger oder kürzer sein, die Augen ein wenig rötlicher oder heller, manche können Zuckersubstanz ganz besonders gut schmecken, andere schlechter, und so gibt es Tausende, wenn nicht Zehntausende von Einzelheiten, in denen sich die Tausende von Nachkommen, die ein Essigfliegenpärchen haben kann, unterscheiden. Sie alle werden versuchen, durchs Leben zu kommen und sich fortzupflanzen. Das wird ihnen aber unterschiedlich gut gelingen, je nachdem wie gut sich die Summe aller Eigenschaften, die eben eine Essigfliege ausmachen, in einem bestimmten Umfeld und somit auch in Konkurrenz zu den anderen Essigfliegen durchsetzt. Wenn, nachdem eine Essigfliegengeneration geschlüpft ist, das Wetter kalt werden sollte, werden all diejenigen Fliegen einen Vorteil haben, deren Flügel mit der dann geänderten kinematischen Zähigkeit der Luft besonders gut zurechtkommen. Wird das Wetter dagegen heiß, werden diejenigen Fliegen einen Vorteil haben und vermehrt zur Fortpflanzung kommen, deren Flügel »andersherum« angepaßt sind.

Die Natur konstruiert also nicht gezielt Lebewesen, die mit besonders heißem oder besonders kühlem Wetter zurechtkommen, sondern sie sorgt für viele Nachkommen, von denen immer einige mit allen nur denkbaren Umwelteigenschaften – und damit auch mit einer längerfristigen Abkühlung oder Erwärmung – besonders gut zurechtkommen können. Wird das Wetter über Monate und Jahre kühl, werden danach praktisch nur Essigfliegen vom Flügeltyp 1 übriggeblieben sein, die meisten anderen werden ausgestorben sein. Wird es längere Zeit heiß, werden praktisch alle Essigfliegen vom Flügeltyp 2 sein. Was letztlich der Fall sein wird, kann man nicht vorhersagen. Da spielt der Zufall hinein. Die Auswahl der »Bestangepaßten« nennt man Selektion.

Von der biologischen Evolution zur technischen Evolutionsstrategie

Die natürliche Evolution arbeitet mit dem Zufall. Sie sorgt für eine große Zahl kleiner genetischer Änderungen (Mutationen) im Genotyp, die sich im Phänotyp ausformen und durch die Rekombination auf unterschiedliche Individuen verteilen. Diese Selektion sorgt dafür, daß diejenigen Nachkommen, die in bezug auf das betrachtete Merkmal am besten an die jeweiligen Umweltbedingungen angepaßt sind, verstärkt zur Fortpflanzung kommen und sich damit letztlich durchsetzen (Selektion). Biologische Evolution kennt also kein Ziel. Sie hat aber auf alle nur denkbaren Umweltänderungen Anpassungen parat. Somit kann praktisch nichts passieren. Es gibt immer einen Ausweg. Daraus resultieren Anpassungen, auf die der ganz anders, näm-

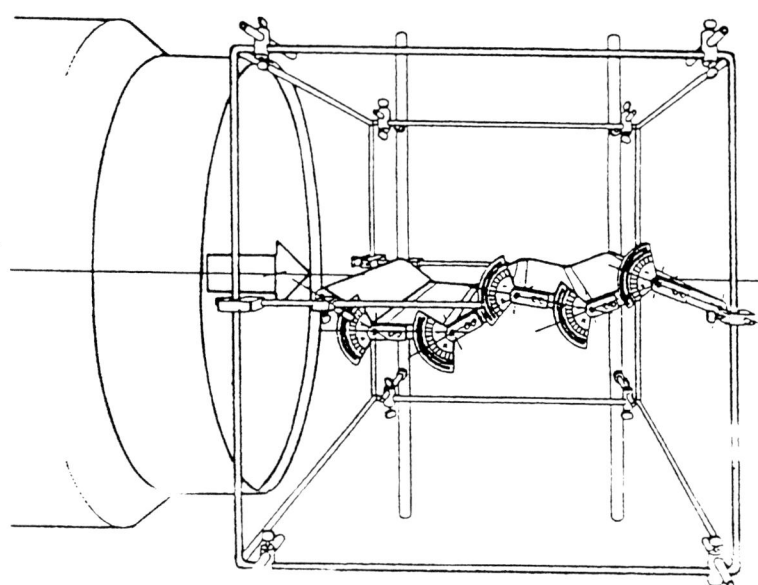

lich linear-logisch orientierte, nachdenkende Mensch so leicht nicht kommt.

Die Umsetzung dieser biologischen Prinzipien in eine technische Strategie, die Evolutionsstrategie, war wohl die bisher größte Leistung, die die Bionik hervorgebracht hat. Wir wollen das an drei Ansätzen zeigen, von denen die beiden ersten ganz klassisch sind, die Dinge dabei aber besonders klar beleuchten.

Beispiel 1:
Widerstand einer Gelenkplatte

Wenn man weiß, was herauskommt, und wenn man dann zeigen kann, daß letztlich das theoretisch Richtige herauskommt, ist das natürlich eine feine Sache. Damit wurden die ersten evolutionsstrategischen Ansätze getestet. Hält man eine flache Platte vor den Windkanal, so wird jeder einsehen, daß ihr Widerstand am geringsten ist, wenn sie von der Kante angeströmt wird. Wenn man sie dreht und dem Wind eine größere Fläche aussetzt, wird der Widerstand steigen. Die Platte wurde nun von I. Rechenberg und H.-P. Schwefel in einzelne Streifen aufgeteilt, die gegeneinander in beliebige Winkel gesetzt werden konnten: Es wurde eine Knickplatte oder Streifenplatte konstruiert.

Wenn alle Winkel 180° betragen und der gesamte Anstellwinkel der Platte gegen die Strömung 0° ist, so muß der Widerstand am geringsten sein. Nun wurden die Winkel zufällig bestimmt (Nachahmung der Mutation), damals, in den sechziger Jahren, richtiggehend mit Würfeln ausgewürfelt. Die gewürfelten und in einer Tabelle notierten Winkelzahlen (sie entsprechen dem Genotyp) wurden nun an der Gliederplatte eingestellt (aus dem Genotyp wurde der Phänotyp). Diese zufällig geknickte Platte wurde nun dem Windstrom ausgesetzt und ihr Widerstand wurde gemessen. War er größer als im vorhergehenden Fall (war die Kindergeneration also schlechter als die Elterngeneration), so wurde dieser Phänotyp verworfen, und man ging auf

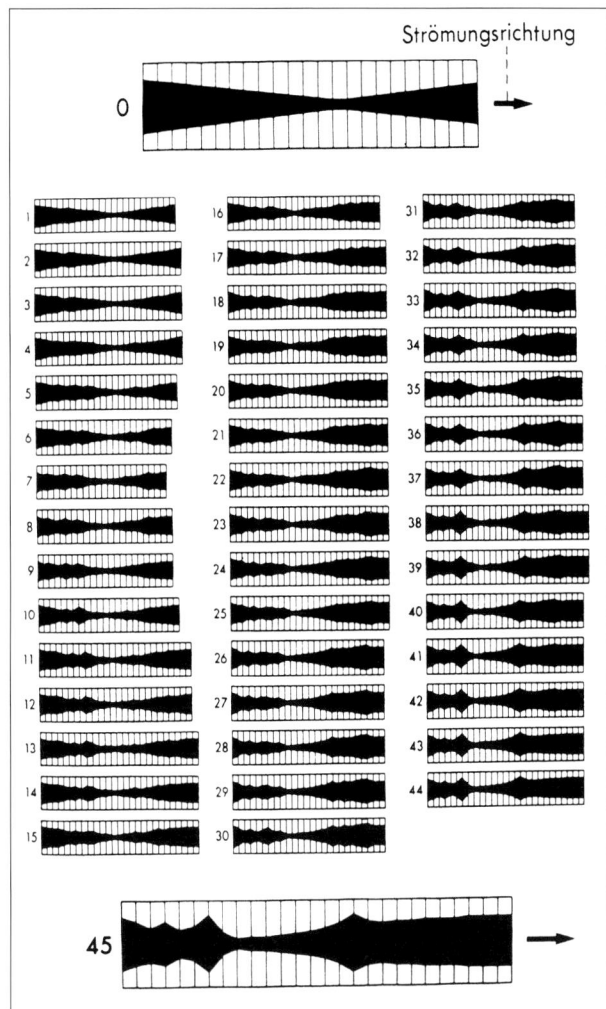

Oben ist eine (nach Art einer Venturi-Düse) einfache Düse abgebildet. Diese wurde in Scheiben geschnitten und zufällig verändert. Unten ist nach dem 45sten Versuch das Endergebnis abgebildet. Wie der Text ausführt, hatte diese Düse einen geradezu dramatisch besseren Wirkungsgrad. Beim Ausprobieren wurde aber nichts gerechnet. Eine Strategie, die den Zufall souverän mit einbaut, hat zu diesem Ergebnis geführt.

die Ausgangsgeneration zurück (die Eltern bekamen also neue Kinder). War er besser, so wurde er beibehalten, die Kinder wurden zu neuen Eltern, diese konnten sich weiter fortpflanzen und neue Kindergenerationen zeugen. Sie wurden wieder wie gehabt getestet (Nachahmung der Selektion). Die Kurve auf Seite 366 zeigt, wie in mehreren hundert aufeinander folgenden Experimenten der Widerstand langsam abnahm und schließlich ein Minimum erreichte. Aus der Theorie wußte man, wo dieses liegen mußte: bei der ebenen, unter 0° Anstellwinkel angeströmten Platte. Dies ist auch – im Rahmen der Meßgenauigkeit – der Fall. Damit wurde gezeigt, daß die der Natur entlehnte Evolutionsstrategie, die mit dem Zufall arbeitet, tatsächlich zum bestmöglichen Ergebnis führt.

Pollenkörner des Raps, jedes von ihnen ein Datenspeicher der Extraklasse, leistungsfähiger als der größte Computer (großes Bild rechts)

Kleine zufällige Änderungen: Das war auch das Grundprinzip bei der Mischung von Kaffeesorten. Wenn man nur dasjenige »zur Fortpflanzung« zulässt, das sich innerhalb gegebener Randbedingungen am besten bewährt, benutzt man eine machtvolles Optimierungs-Hilfsmittel.

Beispiel 2:
Optimierung des Wirkungsgrads einer Zwei-Phasen-Überschalldüse

Dieses Problem hatte Hans-Paul Schwefel, heute ein bekannter Evolutionsstratege, im Jahre 1968 im AEG-Forschungsinstitut Berlin bearbeitet. In Satelliten sollte nach dem sogenannten magnetohydrodynamischen Prinzip Strom erzeugt werden. Eine aufgeheizte Natriumschmelze wurde im Kreis herumtransportiert und durch eine Spule geschickt. In diese wurde eine Spannung induziert, so daß über einen Außenwiderstand ein Strom fließen konnte. Die Aufheizung sollte damals über ein kleines Kernkraftwerk erfolgen. Der Wirkungsgrad der verwendeten Venturidüse war aber außerordentlich schlecht. Theorien, sie bei komplexen Strömungen zu verbessern, gab es damals nicht. Was also tun? Schwefel hat die Düse in Scheiben geschnitten, die man beliebig kombinieren konnte. Nach einigen Dutzend Versuchen, die in der erwähnten Weise nach dem Prinzip der Evolutionsstrategie abliefen, kam man zu der Endform einer Düse, die seltsame Hohlräume und Knicke aufwies. Der Wirkungsgrad hatte sich aber um 40% verbessert. Niemand hätte so etwas vorhersehen können, denn damals konnte man eine gemischte Strömung aus Flüssigkeit und Gasblasen nicht rechnen. Durch kleine Änderungen (Mutationen) und wiederholte Auswahl der jeweils besten Düsenform (Selektion), die dann wieder leicht verändert und weitergeteilt wurde, kam man ohne jede Theorie auf die Optimalform. Heute kann man diese verstehen, aber immer noch nicht rechnen. Man kommt damit im Prinzip auf die gleiche Form, die seinerzeit die »Zufallsstrategie« gefunden hat.

Beispiel 3:
Optimale Kaffeemischung

Leider ist eine besonders wohlschmeckende Kaffeesorte auch besonders teuer. Das ist schlecht für die Kaffeeproduzenten, weil sie damit wenig Gewinn machen. Könnte man aus billigeren Kaffeesorten – sagen wir aus fünf solchen Sorten – eine Mischung zusammenmischen, die sich im Geschmack von der teuersten Sorte nicht unterscheidet, aber eben billiger ist, so wäre das von gewaltigem Vorteil für die Kaffeeindustrie. Aus fünf verschiedenen Vorratsbehältern hat man jeweils die gleiche Kaffeetassengröße gefüllt, mit jeweils leicht unterschiedlichen Anteilen der einzelnen billigen Kaffeesorten. Man hat dann getestet, ob die neue Sorte besser oder schlechter schmeckt als die vorhergehende. Wenn sie besser schmeckte, wurde diese Mischung weiter verändert, wenn nicht, wurde sie verworfen. Damit kam man auf eine ideale Mischung, die genauso schmeckte wie die teuerste Sorte, aber eben billiger war – mit rund 25% sogar viel billiger. Ein wunderbares Geschäft für die Kaffeeröster, und dagegen kann man wohl nichts sagen.

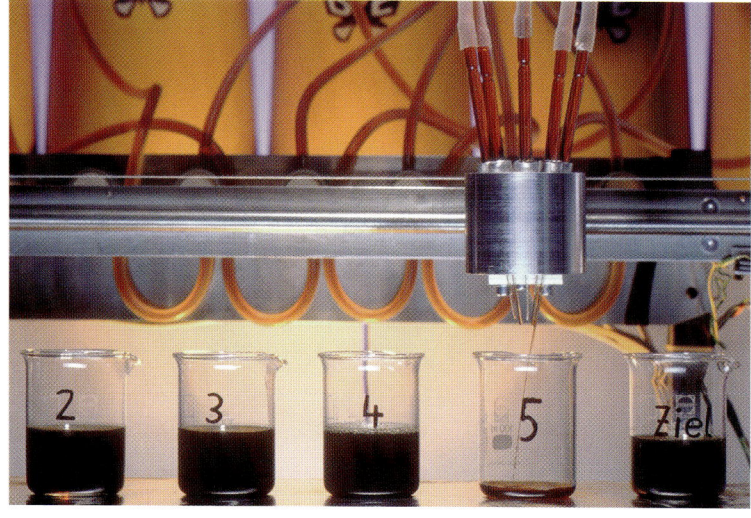

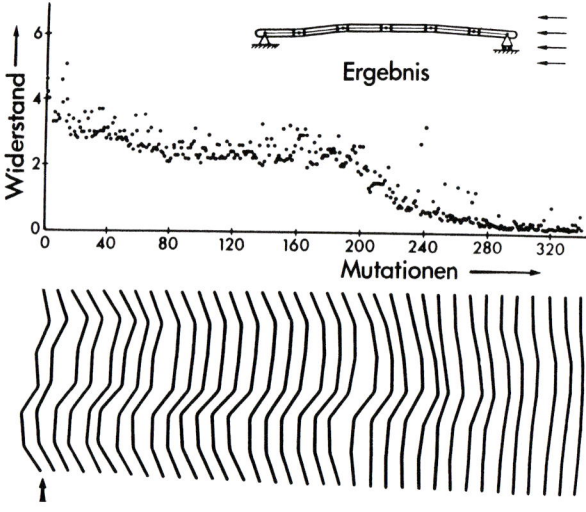

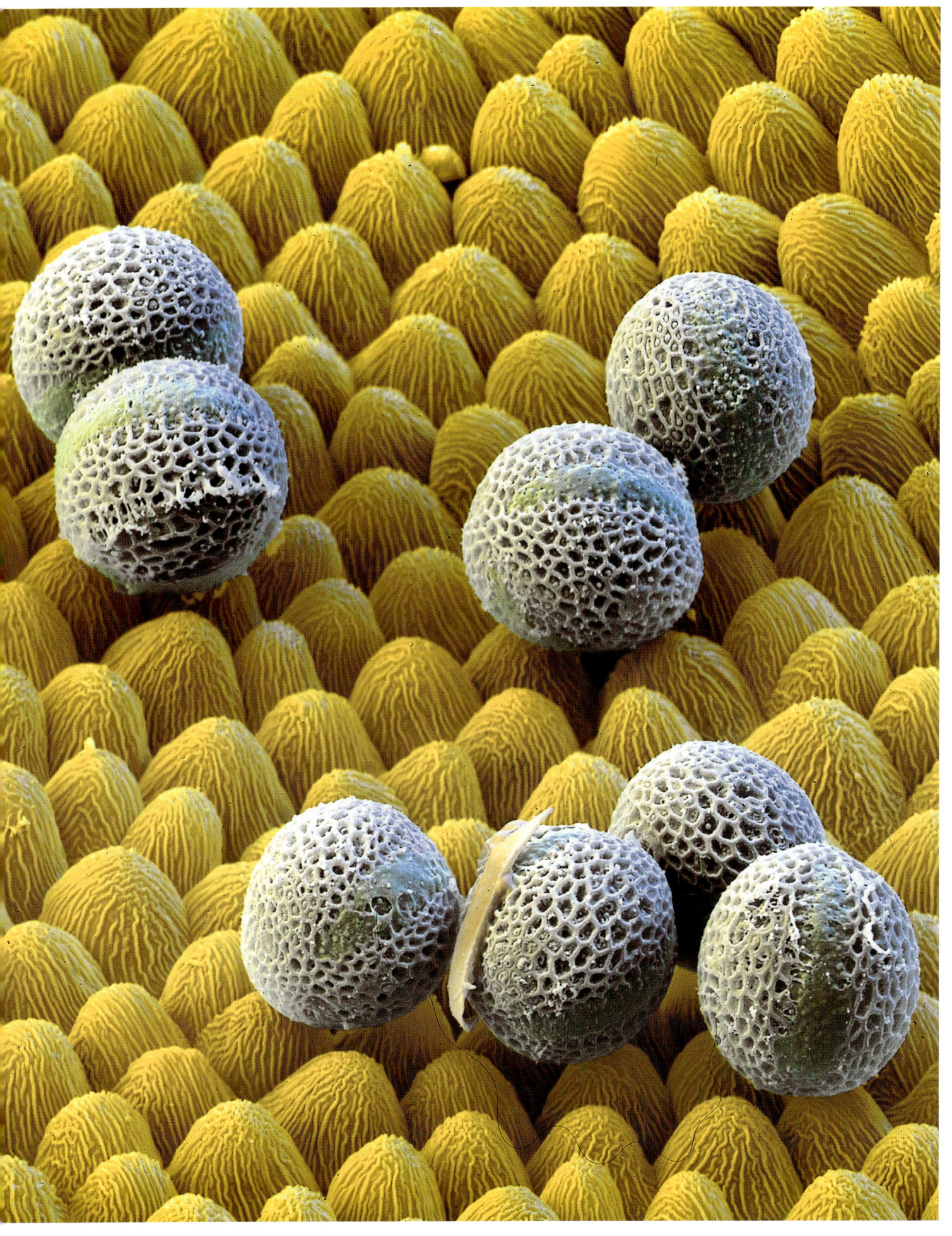

Das Erfolgssystem der Natur

Biostrategien und Wirtschaftssysteme

Nach drei Milliarden Jahren biologischer Evolution prüft der Mensch das Produktangebot aus der erdumspannenden Werkstatt der Natur. Was läßt sich von den evolutionären Hochtechnologien nutzbringend und betriebswirtschaftlich sinnvoll verwerten? Gedankenloses Abkupfern und plattes Kopieren führt zu nichts; aber für kreative Wissenschaftler- und Technikergehirne hält die Innovationsquelle der Natur eine Fülle wertvoller Ideen und Anregungen bereit.

In diesem Buch haben wir viele Beispiele dafür gegeben, wie bionische Ansätze in die Technik hineinwirken können, von der Verbesserung eines mechanischen Elements über solare Nutzungssysteme bis hin zu komplexen Verfahrensweisen.

Biostrategie – Summe bionischer Ansätze

Die »Biostrategie« orientiert sich an Vorbildern aus der belebten Welt. Sie geht davon aus, daß diese Vorbilder, die sich im Laufe von Jahrmillionen entwickelt und äußerst effizient gestaltet haben, beispielgebend sein können für die Planung zukünftiger zivilisatorischer Strukturen. Das mag vermessen oder gar blauäugig klingen. Eines ist jedoch sicher: Auf unserer Erde existieren eine Unzahl von Organismen, Mechanismen und Systemen – von Einzellern über Organe und Organismen bis zu Populationen, Ökosystemen und der gesamten Biosphäre –, die alle eines gemeinsam haben: Sie funktionieren.

Diese Aussage kann man als trivial erachten oder auch als großartige Erkenntnis ansehen. Jedes System funktioniert für sich, und alle funktionieren auch im wechselseitigen Zusammenspiel. Bisweilen seit Jahrtausenden, manchmal seit Jahrmillionen. Die Arten sind dem Zufalls-Auswahlmechanismus der Evolution unterworfen. Das bedeutet: Einerseits sind sie ihren derzeitigen Existenzbedingungen optimal angepaßt, andererseits waren sie vorher nicht so und werden auch nicht so bleiben. Man kann von einer »relativen zeitlichen Konstanz« sprechen.

Die relative Konstanz und das relative Funktionieren biologischer Systeme sind alles andere als selbstverständlich. Alle biologischen Formen und Funktionen sind äußerst komplex. Bereits die mikroskopisch kleine Zelle eines Urtierchens ist wesentlich komplizierter organisiert, als es die wahrhaft vielschichtigen wirtschaftlichen Querbeziehungen aller Industrienationen zusammengenommen sind!

Vor diesem Hintergrund verwundert es uns Zeitgenossen der Computerära, daß die ungeheuer vielfältigen physiologischen Vorgänge schon in einer winzigen Zelle normalerweise ohne erkennbare Fehlsteuerung perfekt zusammenspielen. Dagegen funktionieren die viel weniger komplexen Systeme des Menschen, etwa solche soziologischer oder volkswirtschaftlicher Art, im allgemeinen nicht besonders gut, manchmal überhaupt nicht. Sie führen häufig genug zu Katastrophen und Kriegen, Umweltzerstörung und Hungersnot.

Es ist deshalb sinnvoll, die Methoden zu studieren, mit deren Hilfe die belebte Welt ihre überaus komplizierten Querbeziehungen organisiert. Hierbei können die Biowissenschaften in all ihren Teildisziplinen die Richtung weisen. Zusammen mit technisch orientierten Disziplinen wie der Bionik liefern sie starke Werkzeuge.

Die belebte Welt hat Strategien der Steuerung und Regelung von Großsystemen entwickelt, die dem modernen Menschen Orientierungshilfen geben können. Sie können dazu beitragen, soziales und ökonomisches Zusammenspiel für technologische und wirtschaftliche Planung, für Umweltnutzung und – last not least – für politische Konfliktlösung zu gewährleisten.

An all diesen Problemen ist der Mensch bisher überwiegend gescheitert, obwohl sein Gehirn über eine neurale Schaltungskapazität verfügt, die von keinem anderen Lebewesen erreicht wird. Prinzipiell vergleichbare oder doch ähnliche Probleme stellen sich auch in der nichtmenschlichen belebten Welt. Doch ist es dort erstaunlicherweise gelungen, allen Anforderungen auf nicht immer »logische« Weise – weitgehend sogar aufgrund zufälliger Entwicklungen – gerecht zu werden. Wenn man die belebte Welt unter diesen Aspekten genauer beobachtet, werden Zusammenhänge erkennbar, die ganze Strategiekomplexe bilden.

Ich nenne die Summe all dieser natürlichen Verfahrensweisen »Biostrategie«. Biostrategie –

Bild vorhergehende Doppelseite: Die Waffen der Tiere und Pflanzen sind zwar effizient, aber nur im Ausnahmefall tödlich. Der Bombadierkäfer nimmt seine Gegner mit einer beißenden Lösung unter Feuer

das ist tatsächlich eine Überlebenschance für unsere Zivilisation, die keineswegs nur die ökologischen und technischen Bereiche einschließt, sondern auch die sozialen und kulturellen Komplexe umfaßt.

Alle ihre Vorschläge laufen darauf hinaus, Gleichgewichte herzustellen sowie komplizierten Systemen einen störungsarmen Ablauf zu garantieren. Das bedeutet mit anderen Worten: Ökonomische, ökologische und technologische Maßnahmen müssen sinnvoll aufeinander abgestimmt werden. Dafür sollten die Regelkreise in der Natur uns Denkanstöße geben.

Es ist bereits mehrfach betont worden, daß die Ziele bionischer Forschung und Praxis, die letztendlich in eine Biostrategie einmünden, nicht sklavisches Kopieren von Naturvorbildern bedeuten können. Vielmehr geht es darum, die raum-, energie- und materialsparenden Prinzipen natürlicher Verfahrensweisen mit Verstand, Phantasie und Flexibilität auf die Bedürfnisse unserer modernen Gesellschaft zu übertragen. Dazu gibt es Hilfestellungen aus der Menge der heutzutage bekannten biologischen Prinzipien. Wir nennen nur zwei derartige Prinzipien: Das Symbioseprinzip sowie Rezyklierungs- und Verbundtechnologien. Wichtig ist es, Aspekte wie Wachstum, Funktion und Organisation im Auge zu behalten.

Das Symbioseprinzip

Unter Symbiose versteht man das Zusammenwirken von Organismen zu ihrem gegenseitigen Nutzen. Vor etwa hundert Jahren hat der Botaniker Debrit diesen Begriff eingeführt. Heute kennt man eine Unzahl von Symbioseformen zwischen unterschiedlichsten Lebewesen: Pilz und Alge, die gemeinsam eine Flechte bilden – Seeanemone und Anemonenfisch – Einsiedlerkrebs und Seerose und so fort. Ein Beispiel: Die Hefezellen im Darmsystem des Brotkäfers schließen seine schwer verdauliche Nahrung auf, genießen aber gleichzeitig Schutz und können sich optimal vermehren, ein Vorteil für beide. Mikroorganismen im Darmsystem der Bruchkäfer schließen sogar Holzsubstanz auf, die der Käferorganismus alleine gar nicht nutzen könnte. Hier ist die Symbiose »obligatorisch«: Ohne sie geht es nicht. In der Technik findet man viele Analogiebeispiele.

Symbiosen sind auch biokybernetisch zu verstehen, da ihr wechselseitiges Zusammenspiel fein gesteuert und geregelt ist. Kein Partner vermehrt sich etwa so, daß er damit den anderen schadet. Ein gutes Beispiel für diese Balance

Die Blütenkerzen der Kastanie funktionieren wie eine Ampelanlage. Es gibt drei Sorten von Einzelblüten: Die einen sind in der Mitte gelb, einige orange, der Rest rot. Bienen und Hummeln fliegen bevorzugt auf die gelben, seltener auf die orangefarbenen und ganz selten auf die roten. Der Grund: Die gelben Blüten sind noch nicht bestäubt und produzieren Nektar, gewissermaßen das »Flugbenzin« Honig sammelnder Insekten. Nach der Bestäubung stellen die gelben Blüten die Nektarproduktion ein und verfärben sich orange, schließlich rot. Wenn also ein Insekt nicht auf die Farbe achtet, kann es leer ausgehen, wird sozusagen bestraft.

sind die Flechten, bei denen Pilze und Algen in ausgeglichenem gegenseitigem Verhältnis stehen oder sich auf ein derartiges Verhältnis einregeln, wenn einmal eine Störung eintritt, beispielsweise der Pilz zuviel Algenzellen aussaugt.

Es scheint fast überflüssig zu betonen, wie nützlich das Symbioseprinzip auch für die Volkswirtschaft wäre. Und dennoch ist davon bisher so gut wie kein Gebrauch gemacht worden. So sollten energieerzeugende und energieverarbeitende Systeme so nah wie möglich beieinanderliegen und ihr Produktions- bzw. Arbeitsvolumen aufeinander abstimmen. Derartige Systeme sind stabiler, das heißt weniger anfällig gegen Störungen beispielsweise durch Verkehrsbehinderungen. Ganz allgemein gilt: Monokulturen, wie immer man sie ansetzt, sollten zugunsten ineinander verzahnter Mischkulturen abgebaut werden. Fabriken sollten ihre Produkte nicht parallel, sondern in symbiotischer Vernetzung der Produktionsgänge herstellen, was die Preise für die Einzelerzeugnisse senken würde. Rohmaterialien, Erfahrungen, Hilfsmittel und Innovationen sollte kein Produktionszweig dem anderen aus Konkurrenzgründen vorenthalten. Mit Hilfe symbiotisch aufeinander abgestimmter Verfahren kann das Problem der Abfallerzeugung und Abfallbeseitigung durch das sattsam bekannte Prinzip der Rezyklierung weitgehend gelöst werden.

Rezyklierung und Verbundtechnologie

Die gigantomane und deshalb törichte Produktionsstrategie des Menschen ist in ihrer gegenwärtigen Form nicht aufrechtzuerhalten. Wir bauen mit gewaltigem Energieaufwand unwiederbringlich Rohstofflager ab, setzen sie, wiederum unter großem Aufwand an Energie, in Konsumgüter um, die dann auf immer größeren Abfallhalden landen. Eine unsinnigere Strategie ist nicht vorstellbar, und in der Natur findet man für diese Zerstörungstechnologie, ja Selbstzerstörungsform, nicht einmal andeutungsweise eine Entsprechung.

Im Gegenteil: In der Natur entsteht niemals Abfall. Die belebte Welt ist ein geschlossenes System. Was ein Organismus an Rückständen hinterläßt, wird von einem anderen Organismus verwertet und so wieder in den Kreislauf eingefügt. »Recycling« heißt dieser Vorgang bekanntlich im angelsächsischen Sprachgebrauch.

Die Rezyklierung ist eine Art Verbundtechnologie, die darauf beruht, daß »zwischenzeitlich« entstehende Abfälle zum Nutzen anderer Systeme weiter aufbereitet werden. Solche Strategien der Rezyklierung, der Verbundtechnologien, der Wiederverwertung, des Aufeinanderaufbauens, der konsequenten Vermeidung nicht mehr nutzbarer Abfälle findet man in der gesamten belebten Welt, in der großen Biosphäre genauso wie in einem winzigen Krümelchen Ackerboden.

Die Rezyklierungs-Verbundtechnologie der belebten Natur ist die einzige auf Dauer funktionierende, sich selbst erhaltende, die Umwelt nicht zerstörende Technologie. Sie ist gleichzeitig die einzige Technologie, die dem Menschen auf Dauer eine Chance gibt, zu überleben. Was ist das nun eigentlich, diese biologische Verbundtechnologie?

Man versteht darunter zweierlei. Einmal eine Art linearen Verbund: Populationen von Energieerzeugern, also Lebewesen, arbeiten zusammen. Was der eine als Abfallprodukt hinterläßt, verwertet der andere. Zum anderen sind solche linearen Abbauketten vernetzt und vermascht und durch Querbeziehungen zu einem sehr komplexen Ganzen verbunden. Dieses Gesamtnetz wird durch die gegenseitigen Abhängigkeiten der Partner biokybernetisch gesteuert und geregelt. Das geht keineswegs in einer linear-kausalen »Wenn-dann«-Abfolge, wie man es in der Schule lernt und wie es die Technik immer noch praktiziert. Man kann sich das am »Beispiel Waldrand« klarmachen.

Was lehrt uns der Waldrand?

Gibt es Naturvorbilder für komplexe Steuerungs- und Regelungsvorgänge in Technik und Wirtschaft? Um der Frage nachzugehen, kann man die Zahl der Elementarvorgänge abschätzen, die beispielsweise in einem Tier oder in einem Ökosystem ablaufen, und diese mit den entsprechenden Vorgängen einer Fabrikanlage oder eines vernetzten Industriekonzerns vergleichen. Damit kommt man rasch zu der Erkenntnis, daß nicht nur das oben genannte Urtierchen, sondern erst recht jede Fliege komplizierter ist als die gesamte deutsche Volkswirtschaft zusammengenommen!

Erst recht gilt das für Ökosysteme. Ein einfaches Ökosystem, das jeder kennt, ist der Waldrand. Aber kann man wirklich vom Waldrand für eine Betriebsorganisation lernen? Natürlich muß man zunächst einmal den Waldrand verstehen. Das Beziehungsgefüge ist so komplex, daß es mit unserem linear-mechanistischen Vorgehen gar nicht erfaßbar ist. Man muß also eine andere Vorgehensweise entwickeln; Frederik Vester spricht hierbei vom »vernetzten Denken« oder »unscharfem Denken«. Wenn man damit tatsächlich die Prinzipien der Organisationsstruktur des Waldrands erfassen kann, dann, sollte man diese Prinzipien auch versuchsweise auf Wirtschaftssysteme übertragen können.

In der Natur entsteht niemals Abfall. Die belebte Welt ist ein geschlossenes System. Was ein Organismus an Rückständen hinterläßt, wird von einem anderen verwertet und so wieder in den Kreislauf eingeführt – eine Verbundtechnologie par excellence.

373

Warum ist ein Waldrand eigentlich so kompliziert? Man kann sich mehrere Beziehungsebenen vorstellen, die auf komplexe Weise miteinander vermascht sind. Links stehen die »Primärproduzenten«, die biologisches Material produzieren, die Pflanzen. Die nächste Ebene nährt sich von diesen Pflanzen, die übernächste von Pflanzen und Tieren, und die letzte, rechts stehende, stellt sozusagen die Spitze der Biopyramide dar. Ökologen sprechen denn auch von einer Nahrungspyramide. Die Querbeziehungen in solchen vernetzten Feldern lassen sich auf drei Prinzipien zurückführen: positive, sowie negative Beziehungen, Rückkopplungsschleifen. Vor allem die letzteren sind von größter Bedeutung. Betrachten wir ein ganz einfaches Beziehungsgefüge von zwei oder drei Partnern.

Gabelschwanzraupen fressen Zitterpappelblätter. Sie schädigen somit die Zitterpappeln, und deshalb läuft eine negative Beziehung von den Raupen zu den Pappeln. Kohlmeisen fressen Gabelschwanzraupen. Entsprechend läuft eine negative Beziehung von den Meisen zu den Raupen.

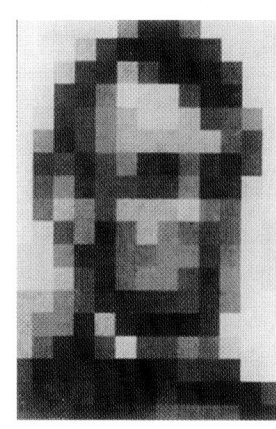

Das »unscharfe Hinschauen«, ein wenig verwandt mit den Verfahrensweisen der Fuzzy logic, läßt die einzelnen Pixel verschmelzen, dafür schält sich eine Struktur heraus: Abraham Lincoln.

Daraus folgt aber zwingend, daß Kohlmeisen für Zitterpappeln gut sind, denn wenn sie mehr Raupen fressen, wird die Pappel weniger geschädigt. Es gibt also eine positive Beziehung zwischen den Meisen und den Pappeln!

Am Waldrand gibt es Hunderte solcher Querbeziehungen, und sie sind alle miteinander vermascht. Dabei treten vielfach auch Rückkopplungen auf. Wenn die Gabelschwanzraupen beispielsweise zu stark überhand nehmen, setzen sie Beziehungsketten in Gang, die letztlich wieder für eine Abnahme der Raupenpopulation sorgen: Das Gefüge regelt sich selbst. Und da es eng vermascht ist, ist dieses System von Querbeziehungen, Nahrungsketten und Informationsübertragungen auch sehr stabil. Damit unterscheidet es sich von vielen technischen Systemen, die auch recht komplex sind, aber dabei störungsanfällig. Im Beziehungsbereich der menschlichen Technologie und Wirtschaft sind kleinere oder größere Störungen eigentlich eher die Regel als die Ausnahme. Wenn man nun die Prinzipien abstrahiert, die einen Waldrand so stabil machen, und auf Wirtschaftssysteme überträgt, könnte es sein, daß man diese Systeme stabiler machen kann. Aber wie kann man den Waldrand verstehen, wenn er sich aufgrund seiner Komplexität unserer linear orientierten Gedankenwelt entzieht?

Vom »unscharfen Hinsehen«

Frederik Vester gebraucht gerne das Bild des »unscharfen« aber »integrativen« Hinsehens. Man kann die Zusammenhänge zwar nicht präzise formulieren, erahnt sie aber doch wenigstens und kann entsprechend agieren. In diesem Zusammenhang wird das links gezeigte Bild gerne zitiert. Es besteht aus einer Matrix aus 19 x 12 quadratischen Grauflächen, deren Helligkeit von hellgrau bis tief dunkelgrau reicht. Man kann es beschreiben, indem man jeder Fläche eine Graustufe zuordnet und diese tabellarisch auflistet. Damit hat man aber das Wesen des Ganzen noch nicht erfaßt. Schaut man unscharf hin – etwa mit leicht geschlossenen Augen, die träumerisch in die Ferne blicken –, so erscheinen plötzlich Konturen. Auch wenn man das Bild mit sukzessiv unschärfer eingestellter Kamera fotografiert, erkennt man auf einmal, daß hier der Kopf einer zeitgeschichtlichen Persönlichkeit dargestellt ist: Abraham Lincoln. Das »unscharfe Hinschauen«, ein wenig verwandt mit den Verfahrensweisen der »fuzzy logic«, läßt also die Pixel verschmelzen, dafür schält sich eine Struktur heraus.

Zur Demonstration dieser Sichtweise bringt Vester ein Beispiel, die vernetzten Querbeziehungen unterschiedlicher Kriterien, die für eine Regionalplanung wichtig sind.

Beispiel Regionalplanung

»Unsere Umwelt ist sehr komplex geworden, gerade auch unsere technisch-zivilisatorische. Man denke sich aus einer Abbildung miteinander vernetzter Phänomene, die beispielsweise eine Reginalplanung beeinflussen, die Beziehungspfeile weg. Es bleibt ein Sachgebietskatalog aus der Regionalplanung, bestehend aus isolierten, unvernetzten Einzelbereichen. In ähnlicher Weise erscheinen uns alle Phänomene der Umwelt zunächst als existierend, und zwar nebeneinander existierend. Und so sehen auch die Türschilder in den entsprechenden Behörden aus. Dahinter sitzt dann jeweils ein Sachbearbeiter, der dafür kompetent ist und diese Kompetenz eifersüchtig gegen andere abschottet. Und deshalb glaubt er auch, daß nur er dieses Sachgebiet beurteilen kann. Er kann es aber am allerwenigsten. Denn in Wirklichkeit stehen die Dinge nicht für sich allein, sondern sie bilden ein Netz von Rückkopplungen und verschachtelten Regelkreisen.«

Worum geht es? Sicherlich nicht darum, den Erholungswert einer Region für sich zu beurteilen oder den Arbeitskräftebedarf einer Region für sich zu ermitteln. Letztlich geht es darum, das komplexe Zusammenspiel aller Parameter, die eine Regionalplanung ausmachen, auch mit all ihren vielfältigen positiven und negativen Einflußnahmen zu verstehen.

Erst aus dem Verständnis kann aber ein angemessenes Handeln erfolgen. Dies gelingt freilich nur, wenn man die systemische Funktion jeder einzelnen Komponente kennt und an jeder einzelnen anderen Komponente abspiegelt. Die eine kann ein Fühler sein, der einem anderen System Daten liefert, das seinerseits aber von einem dritten Systemteil voreingestellt wird und über einen vierten eine Rückkopplung über das erhält, was es letztlich bewirkt. Und so geht das immer weiter. Man hat keinerlei Chancen, das komplexe Zusammenspiel durch Verfolgung der Beziehungspfeile logisch-linear zu verstehen, noch nicht einmal bei einem so »einfachen« Problem wie bei einer begrenzten Regionalplanung.

Was also ist nötig?

Zunächst sollten folgende Maßnahmen durchgesetzt werden: Hinwendung zum qualitativen Wachstum anstelle des quantitativen, zu biokybernetisch orientierter Steuerung und Regelung des Produktflusses, bei der so wenig Abfall wie möglich entsteht. Industriezweige sollten verkoppelt werden, dadurch wird Transport, Energie und Zeit eingespart, nach dem Prinzip gekoppelter Energieketten in der belebten Welt. Das Symbioseprinzip sollte extensiv genutzt werden. Verbundtechnologien, stärkere Berücksichtigung der Funktion als Entwicklungsziel anstelle einer sinnlosen Überproduktion, Vermeidung zerstörerischen exponentiellen Wachstums sind weitere Punkte. Nötig ist ferner eine Änderung der Prioritäten und die konsequente Anwendung des Verursacherprinzips. Es muß schließlich zu einer Umverteilung der Lasten und Kosten der Produkte kommen, wobei die Erhaltung der Umwelt in einem lebens- und besiedlungsfähigen Zustand viel mehr Energie, Kosten und Arbeitsplätze verbrauchen bzw. schaffen wird, als das Produzieren selbst jemals möglich machen wird.

Biostrategie reicht weit in die Zukunft als Denkansatz einerseits, als Bündelung bionisch orientierter Aktivitäten andererseits. Und schließlich beinhaltet Biostrategie auch einen ethischen Ansatz, der der jüngeren Generation, die Schulen und Hochschulen besucht, mitgegeben werden soll.

Klingt das Ganze nicht etwas esoterisch? Kehren wir zurück zu einem praktischen Beispiel, das von F. Vester gegeben worden ist. Es handelt sich um ein biostrategisches Entwicklungskonzept für die Münchner Schlachthöfe.

Kann man von den Symbiose-Verhältnissen in der Natur für eine Betriebsorganisation etwas lernen? Wer die Prinzipien der komplexen Organisationsstruktur einer unbeschreiblichen Artenfülle in den Weltmeeren unter Anwendung der »Kunst, vernetzt zu denken« erfassen kann, wird vermutlich auch bei der Optimierung von Wirtschaftssystemen erfolreich sein.

Test für das Sensitivitätsmodell: Beispiel Schlachthof

Ausgehend von den Systemansätzen, die in dem Schlagwort »vernetztes Denken« zusammengefaßt sind, hat Vester ein praktikables Computermodell entwickelt, mit dem komplexe Systeme jeder Art zwar »unscharf«, dafür aber komplexitätsarm gemessen und eingeschätzt werden können. Besonders wichtig ist dieses Modell für die Beurteilung zukünftiger Entwicklungen von Großeinrichtungen, die von vielerlei, teils noch nicht in ihrer zukünftigen Bedeutung erfaßbaren Vorgängen beeinflußt werden. Wir haben die Problematik der vernetzten Querbeziehungen bereits beim Stichwort »Regionalplanung« angesprochen. An diesem weiteren von Vester gegebenen Beispiel – zur Großviehschlachtung in München – kann man ablesen, wohin derartige Ansätze führen können. Sie sind, wie gesagt, symptomatisch für komplexe und komplizierte Systeme.

Ein jedes derartige System wird von einer Vielzahl von Variablen beeinflußt. Man kann diese in ein übersichtliches zweidimensionales Schema bringen, und wer sich näher dafür interessiert, findet Details in Vesters »Sensitivitätsmodell«. Eines der damit bearbeiteten Probleme lief unter dem Stichwort »Großviehschlachtung München« und behandelte die Zukunft des Münchner Schlachthofs im Großmarktviertel. Die Großviehschlachtung kostet die Stadt jährlich 4 Millionen DM. Es war zu untersuchen, ob es günstiger ist, diese weiter zu gewähren oder den Zuschuß zum Teil oder zur Gänze einzustellen und den Großmarkt zu schließen oder zu privatisieren.

Eine Beurteilung der Problematik war nicht möglich ohne Einbeziehung von »Randaspekten«, die zum Teil weit von der Kernfrage entfernt lagen. Die Kernfrage ist mit Stichworten wie Kapazitätsauslastung, Investitionsbedarf und Konkurrenzsituation beschreibbar. Es spielten aber auch Aspekte der Akzeptanz herein, beispielsweise BSE-Angst, Hormonskandale, Tierschutzgesichtspunkte, die die Massentierhaltung kritisch betrachten lassen, Leid, das den Tieren bei Transporten zugefügt wird, Umweltbelastung und verändertes Verbraucherverhalten, das immer mehr von ausgeprägtem Fleischverzehr abkommt.

Dazu kamen Interessenskenngrößen von direkt oder indirekt betroffenen Gewerbebetrieben, Verbänden und Behörden.

Mit seiner Studiengruppe und unter Einsatz seines Sensitivitätsmodells hat der Autor, zusammen mit Beteiligten, Betroffenen und Interessenten ein Wirkungsgefüge erarbeitet. Daraus ging bereits bei oberflächlicher Betrachtung hervor, daß »die bloße Schließung« der Stadt wahrscheinlich weit höhere Folgekosten beschert hätte, als der bisherige Zuschuß ausmachte. Schließung war also nicht stimmig. Als nächstes wurden Privatisierungsmodelle erprobt. Bei einer Vollprivatisierung ergab sich kurzfristig ein Gewinn für die Stadt, langfristig aber »ein finanzielles Desaster«, weil steigende Sozialkosten, Verlust an Lebensqualität im Stadtviertel, Vernachlässigung des lokalen Gewerbes durch Fremdaufträge, Aufgabe des assoziierenden Viehmarkts, fehlende Herkunftsgarantie und vieles andere zu befürchten waren.

Durch Veränderung der Randbedingungen wurde schließlich ein Modell erarbeitet, das die genannten Aspekte stabilisiert (so auch die Stadtfinanzen). Es rät der Stadt zwar zum Verkauf, sie müsste aber in gewissem Rahmen kontrollierenden Einfluß behalten, der dann eine gewisse Bestandsgarantie abgäbe.

Vorhersagen dieser Art sind mit einem »strikten« Modell, das alle relevanten Parameter in all ihren Querbeziehungen numerisch behandelt schon deshalb nicht möglich, weil weder alle Parameter noch alle Querbeziehungen genügend bekannt und auch nicht eindeutig formulierbar sind. Im Gegensatz dazu verzichtet ein solches »bionisches Modell«, das vom Waldrand direkt hineinführt in praxisrelevante Fragen, von vornherein auf durchgehende Logik und bezieht statistische oder nur qualitativ formulierbare Beziehungen ein. Es entspricht damit genau der Art und Weise, wie wir mit dem Instrumentarium unserer Sinnesorgane unsere Umwelt sehen und uns in ihr orientieren und einrichten, bzw. dem »unscharfen« Hinschauen, das aus einem Pixeldiagramm den Abraham Lincoln hervorgezaubert hatte.

Die kybernetischen Grundaspekte, die typisch sind für dieses Modell, sind auch die Grundaspekte des Lebens. Sie sorgen dafür, daß wir in einer ursprünglich natürlichen Umwelt überhaupt existieren können. Abstrahieren wir sie nun, wie das im vorliegenden Modell getan worden ist, und wenden sie auf die vom Menschen veränderte Umwelt an, so bewähren sie sich wieder in einem sekundären Sinn: Sie erlauben uns nun in einer dem Menschen zuträglichen, »anthropogenen Umwelt« zu existieren. Und hat die kybernetische Grundausrichtung des »Organismus Mensch« ursprünglich dazu beigetragen, daß er sich bei der Interaktion mit der natürlichen Umwelt nicht selbst vernichtet, so trägt die Abstraktion dieser kybernetischen Grundeinrichtung nun dazu bei, daß der Mensch nicht die von ihm selbst veränderte und in Teilen neu geschaffene Umwelt vernichtet, denn eine Vernichtung der anthropogenen Umwelt vernichtet letztendlich auch den Organismus Mensch.

Wenn wir in Zukunft also mit der Komplexität umgehen wollen, wie sie uns die Natur zeigt und wie wir sie im Zusammenleben der Menschen immer weiter erhöhen, sollten wir unsere Angst vor dem Qualitativen abbauen. Es ist besser, komplexe Zusammenhänge in ihrer Art, ihren Chancen und Risiken einigermaßen unscharf zu erfühlen, als sie linear-logisch überhaupt nicht nachzeichnen zu können. Damit entwickelt sich vernetztes Denken zu einer »Überlebensstrategie«.

Biostrategie und betriebliche Praxis

Der Bioniker Udo Küppers hat sich weitergehende Gedanken darüber gemacht, wie diese Strategie in der Praxis aussehen könnte. Der Autor geht zunächst von »einfachen« wirtschaftlichen Beziehungsgefügen aus, wie sie die Eingeborenen dieser Erde vielfach entwickelt haben. Ausnahmslos bauen sie die Natur als nicht auszubeutenden, sondern zu schützenden Faktor ein. Sie bedienen sich zwar der Natur, zerstören sie dabei aber nicht, leben von nachhaltigen, naturnahen Strategien. Man sollte nicht sagen, daß das in einer hochtechnisierten Gesellschaft nicht möglich ist. Ganz im Gegenteil. Hubert Markl hat dies in ebenso schlagenden wie schlichten Aussagen als »Steinzeitmoral« formuliert. Die wichtigste heißt: Man darf nie mehr entnehmen, als sich regeneriert.

Der Regeneration kann man allerdings nachhelfen. Eben durch die Übertragung der Prinzipien, die für unser ökologisches Beispiel, den Waldrand, gelten.

Küppers bezieht in das wirtschaftliche Management Kenngrößen mit ein, die aus der Ökologie bekannt sind. Es sind die fünf folgenden Kriterien:

1. Eigenschaften: Systemvariable und Zustandsvariable.
2. Kräfte: Steuer- oder Führungskräfte.
3. Flüsse: Energie und Stofftransfer.
4. Wechselwirkungen: Interaktionen, die die gegenseitige Beeinflussung aufzeigen und regeln.
5. Rückkopplungsschleifen: Schleifen, bei denen eine Ausgangsgröße auf vorgeschaltete Komponenten zurückwirkt.

Es wird betont, daß die Natur dabei offensichtlich keine »Chefetagen« hat. Jedes einzelne Element in einem solchen natürlichen Maschenwerk sitzt auf einer anderen Hierarchiestufe und besitzt spezialisierte Eigenschaften. Und diese Einzelelemente arbeiten nicht isoliert, sondern in ausgewogener Wechselbeziehung mit anderen Elementen zusammen. Das geschieht in höchst ökonomischer Weise nach einem der wichtigsten Naturprinzipien: maximaler Ertrag bei minimalem Energieaufwand.

Das anzustrebende systemisch-bionische Organisationsmanagement basiert – im Gegensatz zum heute üblichen »linearen« Organisationsmanagement – auf Naturprinzipien. Es baut Aspekte ein, mit denen uns die Natur an Beispielen zeigt, »wie elegant Wachstum und Begrenzung, Quantität und Qualität, Individualismus und Gruppenverhalten, Räuber und Beute, Kooperation und Feindschaft sich durch evolutionäre Mechanismen in einem dynamischen Netzwerk weiterentwickeln können«.

Wenn man all diese Dinge in das Organisationsmanagement einbringt und das Unternehmen nicht für sich allein betrachtet, sondern das komplexe Wechselspiel mit seinem gesamten Umfeld mit einbezieht, dann ergibt sich wiederum ein Netzwerk. Auch dieses ist sehr komplex und vermascht. Wir wollen es hier nicht im Detail diskutieren, aber es ist dem Schema des Waldrands gar nicht so unähnlich. Und wie der Waldrand wenigstens über eine Vegetationsperiode »im Fließgleichgewicht« konstant bleibt und die unterschiedlichsten Störungen – auch etwa schwere Stürme – auszuregeln vermag, so würde auch ein derartiges betriebliches Netzwerk störungsunanfälliger laufen und weit weniger zur Selbstzerstörung neigen, als das heute immer noch der Fall ist. »Ein solches System wird dann am wirkungsvollsten sein, wenn lange Phasen der Produkt- bzw. Verfahrensstabilität unter der einseitig statischen Ausrichtung von Wertschöpfungsprozessen weitgehend vermieden werden.«

Bionisches Organisationsmanagement stützt sich somit auf das Naturvorbild und bezieht drei wesentliche Aspekte mit ein, nämlich Evolution, Komplexität und Wirtschaft.

Evolution steht für eine nachhaltige, adaptive unternehmerische Entwicklung nach dem Vorbild biologischer Mechanismen und Prinzipien.

Komplexität steht für eine unternehmerische Entwicklung nach Ordnungsmustern im Netzwerk rückgekoppelter Wirkungen.

Am interessantesten ist vielleicht die Definition, die sich dann nach Küppers für die Wirtschaft ergibt: Wirtschaft steht für eine qualitative, umweltökonomische Wertschöpfung.

Das ist nun wirklich eine Formulierung, auf die hinzuarbeiten sich lohnt. Wirtschaft ist nicht mehr gedankenloses Ressourcenverschwenden und energieintensives Produzieren von Produkten, für die mit großem Aufwand an Werbung ein scheinbarer Bedarf geschaffen wird. Wirtschaft wird vielmehr ein steter, der Umwelt und dem Menschen angepaßter Prozeß, der wirklich benötigte Werte schafft und sich qualitativ immer stärker differenziert und weiterformiert, ohne sich mit einer rein quantitativen Strategie selbst zugrunde zu richten. Wirtschaft ist damit zurückgeführt auf das »unbewußte« Wirtschaften der Eingeborenen, von dem bei dieser Überlegung zunächst ausgegangen worden ist. Es ist die Methode und die Summe aller strategischen Verfahren, mit denen eine Population denkender Wesen in einer begrenzten Umwelt auf Dauer existieren kann.

Wir wüßten niemanden, der einem solchen Wirtschaftsbegriff widersprechen könnte. Jeder Einspruch würde an der realen Existenz der natürlichen Vorbilder scheitern. Es ist eben in der Tat möglich, völlig abfallfrei zu wirtschaften. Die Natur macht es uns vor. Und sie ist unendlich komplexer als die Summe aller menschlichen Technologien und Wirtschaftsformen. Es ist ferner ohne Wenn und Aber möglich, mit Hilfe des Sonnenlichts den Energiebedarf der Menschheit restlos zu decken. Die Natur demonstriert es in jedem grünen Blatt; und wir haben gesehen, daß eine Wasserstofftechnologie naturgesetzlich und ökonomisch machbar ist. Und es sind eben auch die anderen Dinge möglich, die zu einer Wirtschaft in der angegebenen Definition führen und diese unterhalten. Es ist nicht Aufgabe des Bionikers, die politischen Voraussetzungen für eine derartige Wirtschaft zu schaffen. Es ist aber seine Aufgabe, darauf hinzuweisen, daß dies im Prinzip durchführbar ist. Vielleicht erzwingt pure Notwendigkeit ein derartiges strategisches Umdenken in einer sehr viel kürzeren Zeit, als wir uns das heute noch vorstellen können.

Den größten Nutzen könnten wir eines Tages vielleicht aus der Tatsache ziehen, daß die Natur mit Hilfe des Sonnenlichts ihre Energieprobleme wesentlich erfolgreicher gelöst hat als wir. Immerhin zeichnet sich inzwischen eine »Sonnen-Wende« ab. Es ist nicht ausgeschlossen, daß wir weltweit vor einer »strahlenden« Zukunft stehen, wenn wir in der Lage sind, den phantastischen Erfindungsreichtum lebender Systeme in tragfähige Unternehmenskonzepte umzusetzen.

Symbiose von Natur und Technik

Was Biologen und Ingenieure voneinander lernen können

Alle Lebewesen dieser Erde – Menschen, Tiere, Pflanzen – sind die kompliziertesten, mit größter Perfektion konstruierten und effektivsten Maschinen des bekannten Universums.
So gesehen wäre es wünschenswert, daß ein Ingenieurstudent in seiner Ausbildung auch einige Grundlagen der Biologie mitbekäme.
Wie aber können Biologen und Techniker künftig an einem Strang ziehen? In diesem Kapitel werden Überlegungen und Strategien einer Zusammenarbeit entwickelt und diskutiert.
Vermutlich wird spätestens dann der Leitspruch in der Eingangshalle eines großen US-Flugzeugkonzerns der Vergangenheit angehören.
Dort ist heute noch zu lesen: »Berechnungen unserer Ingenieure haben ergeben, daß die Hummel nicht fliegen kann.« Die Hummel auf unserem großen Bild hat davon offensichtlich keine Ahnung.

Wie können Biologen und Ingenieure in Zukunft an einem Strang ziehen? Ganz von alleine geht das nicht. Man muß Vorstellungen entwickeln, Strategien der Zusammenarbeit. Biologen und Ingenieure: beide sind gefordert

Über eines braucht man sich nicht mehr zu unterhalten: über die Tatsache, daß die Natur eine unendliche Fülle von realistischen Anregungen in die Technik einfließen lassen kann. Das hat sich in der Zwischenzeit herumgesprochen, und die Ingenieure wissen, daß die Natur auf dem Gebiet der Konstruktionen, der Verfahrensweisen und der Evolutionsprinzipien Höchsttechnologien entwickelt hat, die einen ungeheuren und unbestreitbaren Vorteil haben: Sie funktionieren nahezu reibungslos. Sie funktionieren auch im komplexesten Zusammenspiel vieler Einzelheiten. Für eine solche Einsicht muß man nicht mehr werben. Die technische Biologie hat eine große Zahl von Grundlagen aufgedeckt, und viele stehen für die praktische Umsetzung zur Verfügung.

Auf der anderen Seite hat aber auch die Biologie ausgesprochene Berührungsängste mit der Technik abgebaut. Biologische Fachwissenschaftler sind heute viel mehr als früher auch methodisch gerüstet, mit Ingenieuren zu kommunizieren. Und sie verspüren immer mehr die Notwendigkeit, dies auch zu tun. Sie sehen ein, daß man die Ergebnisse der Grundlagenforschung nicht in Elfenbeintürmen stapeln darf, wo sie niemandem nützen. Man muß sie – notfalls auch offensiv – in die Gesellschaft zurücktragen; und die richtigen Ansprechpartner sind hier eben technische Physiker, Entwicklungsingenieure, Techniker, also all diejenigen, die für eine technische Umsetzung und Entwicklung zuständig sind. Natürlich kann und wird der Biologe seine Patente entwickeln, und in diesem Buch wurden dafür auch viele Beispiele genannt. Die praktische Umsetzung ist dann aber immer noch Ingenieurssache.

Wie geht nun die Zusammenarbeit zwischen Biologen und Ingenieuren vor sich? Eine Faustregel läßt sich aufstellen: ganz sicher über das kleine Einmaleins der Ingenieurwissenschaften. Das ist der kleinste gemeinsame Nenner, auf dem sich Biologen und Ingenieure treffen können. Man kann vom Ingenieur nicht erwarten, daß er sich in die Sichtweise der Biologie eindenkt. Diejenigen, die die Natur erforschen, die Biologen also, müssen sich die Mühe machen, ihre Ergebnisse etwas zu abstrahieren und so darzustellen, daß der Ingenieur Feuer fängt. Eine erste Stufe dazu ist häufig das analoge Gegenüberstellen, die Analogieforschung, von der in diesem Buch ja schon die Rede war. Betrachten wir noch einmal ein solches Analogienpaar.

Ein Beispiel zur Analogieforschung und Vergleiche

Die Abbildung zeigt eine technische Kupplung, wie sie zwischen den Loren einer Feldbahn üblich ist oder zwischen ziehendem Kraftfahrzeug und Anhänger. Darunter steht eine biologische Kupplung, die Vorder- und Hinterflügel einer fliegenden Wanze verkoppelt. Es ergeben sich

Feldbahn-Kupplung

Wanzenflügel-Kupplung

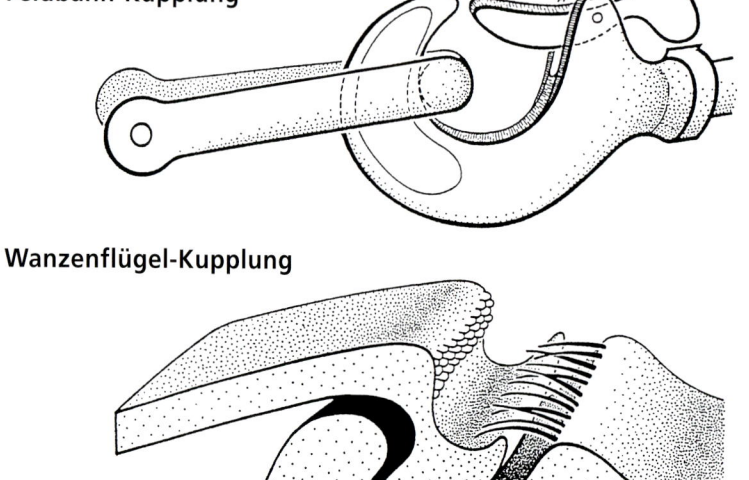

prinzipielle Übereinstimmungen in der Funktionsweise, beispielsweise das Prinzip des Kraftschlusses, das Prinzip der Zugsicherung über Sicherungsflügel und so fort.

Natürlich baut die Natur ihre mikroskopische Kupplung anders als der Techniker seine makroskopische Kupplung. Wenn es darum geht, Fragen der temporär kraftschlüssigen Verkoppelung zweier Einzelelemente im Mikromaßstab anzugeben, Fragen also, wie sie sich in der aufblühenden Mikrotechnologie zu Dutzenden stellen, ist es vermutlich sinnvoller, vom »Vorbild Natur« als von bekannten technischen Großausführungen auszugehen. Im vorliegenden Fall würde man im Sinne der Analogieforschung zunächst der weiterzuentwickelnden oder der einem mikroskopischen Maßstab anzupassenden technischen Kupplung die mikroskopische Kupplung der Natur gegenüberstellen.

In einem weiteren Schritt geht es darum, Vergleiche anzustellen. Wenn ein technisches System weiterentwickelt werden soll, wird zunächst sein Istzustand formuliert, dann erst wird ein Anforderungskatalog für die zukünftige Entwicklung aufgestellt. Wenn man ein biologisches System beschreibt, stellt man notwendigerweise den Istzustand des gegenwärtigen Evolutionsstandes dar. Man kann daraus einen detaillierten Beschreibungskatalog entwickeln.

Vergleiche, die Natur und Technik, – in der Praxis also die Biologen und Ingenieure – zusammenbringen, sind an zwei Stellen möglich: Man kann sie im Sinne eines Formvergleichs und eines Funktionsvergleichs durchführen.

Beim Formvergleich werden das technische und das biologische System – zunächst im Sinne einer analogen Betrachtung – einander gegenübergestellt und auf Ähnlichkeiten und Differenzen hin untersucht.

Beim Funktionsvergleich geht man schon einen Schritt weiter, hin zu der Herausarbeitung funktioneller Kenngrößen. Hier werden die Kataloge verglichen, nämlich der technische Anforderungskatalog für eine Weiterentwicklung und der biologische Deskriptionskatalog des Istzustands.

Häufig kann man lesen, daß sich aus dem Vergleich dann ein bionisches Produkt ergibt, das der Ingenieur entwickelt. Das stimmt aber nicht. Was sich aus den Vergleichen und darauf aufbauenden Querbeziehungen ergeben kann, ist nie ein bionisches Produkt – das gibt es gar nicht. Es handelt sich stets um technische Produkte. Diese können aber – und das ist das Wesentliche daran – mehr oder minder bionisch gestaltet sein.

Das kann man dem Endprodukt bisweilen deutlich ansehen – oder auch überhaupt nicht. Alle Zwischenstufen sind möglich. Letztlich kommt es aber gar nicht darauf an, daß man das »biologische Vorbild« im technischen Produkt noch erkennt. Es hat seine Schuldigkeit damit getan, daß es zur Entwicklung des neuen Produkts beigetragen hat, diese Entwicklung

Der Erfahrungsschatz der Natur ist noch keineswegs ausgeschöpft. Ganz im Gegenteil. Wir beginnen eben erst zu lernen, daß auch bei relativ unscheinbaren Lebewesen eine Super-Datenbank vorliegt, deren Informationen wir zur Lösung zahlreicher Probleme abrufen könnten. Die technische Auswertung dieses Datenschatzes wird in Zukunft viele Bereiche unseres Lebens nachhaltig beeinflussen.

Die Natur hat über Jahrmillionen Erfindung auf Erfindung getürmt. Deshalb erinnert der Erfinderwettstreit zwischen Mensch und Natur ein wenig an den Wettlauf zwischen dem Hasen und dem Igel.

womöglich angestoßen hat. Wie jeder Ingenieur bestätigen wird, sind die Wege vom Konstruktionsauftrag bis zum Endprodukt verschlungen, selten linear beziehungsweise geradlinig.

Wie kann die Zusammenarbeit in der Praxis vor sich gehen?

Biologische Analyse bedeutet letztendlich immer Grundlagenforschung. In unserem Fall also: technische Biologie. Diese kann allerdings problembezogen oder »zweckfrei« sein. Problembezogen ist sie dann, wenn sie von einer technischen Frage ausgeht oder von einem auftretenden Problem ausgelöst wird. Sie ist dann von vornherein auf eine Anwendung ausgerichtet, anwendungsorientiert. Sie kann aber auch »zunächst zweckfrei« ablaufen. Sie füllt dann einen Informationspool, aus dem sich der Techniker für seine Problemlösungen bedienen kann, wenn es nötig ist. Das klingt alles ganz einfach, tangiert aber sehr deutlich die Leitlinien und auch die Grenzen wissenschaftlichen Arbeitens und der Forschungsförderung.

»Zunächst zweckfreie« Forschung ist ja Grundlagenforschung par excellence. Es handelt sich damit um einen Zivilisations- bzw. Kulturauftrag. Das kann man dem Politiker und auch dem Wirtschaftler nicht oft genug sagen, und man sollte es als Grundlagenforscher mit einer gewissen Selbstsicherheit zum Ausdruck bringen. Es steht einer Zivilisation gut an, Symphonieorchester oder Opernbühnen zu unterhalten. Dies kostet Geld und bringt keinen unmittelbaren, ohne weiteres meßbaren Effekt. Mit der Grundlagenforschung verhält es sich ähnlich. Diese kostet viel Geld und es ist nicht gesagt, daß sie unmittelbar etwas bringt.

»Unbekanntes bekannt zu machen« – das ist einer der wichtigsten Kulturaufträge der Menschheit. Die Natur ist das riesige Feld des Unbekannten, das der Mensch beackert, wenn er sich über die Alltäglichkeiten hinwegsetzen will, die das unmittelbare physische Leben ausmachen. Grundlagenforschung gehört dazu. Und Grundlagenforschung ist immer »zunächst zweckfrei«, auch wenn sie teuer ist. Politikern und Wissenschaftlern ist dies schwerer verständlich zu machen als »problembezogene Grundlagenforschung«.

Letztere wird von vornherein einem Ziel untergeordnet, das sie erreichen kann oder auch nicht. Im allgemeinen werden Ziele, wenn sie nicht zu hochgesteckt sind oder wenn sie nicht unbedacht formuliert sind, auch erreicht. Das Geld amortisiert sich, das sieht dann der Geldgeber gerne. Dabei darf man aber nicht stehenbleiben. Es wäre nichts falscher als das, was sich allmählich an den Universitäten einbürgert: Erforscht wird nur das, was zur Zeit von der Indu-

strie verlangt, bezahlt und auch rasch umgesetzt wird. Das bedeutet nichts anderes als die Vernachlässigung der Grundlagenforschung. Man muß der Industrie vielmehr Vorschläge machen, womit sie sich befassen sollte, Vorschläge, die den Menschen und die Umwelt einbeziehen, wenn nicht in den Mittelpunkt stellen. Wer könnte das besser als derjenige, der sich mit der »Wissenschaft vom Leben« und mit dem unerschöpflichen Ideenreservoir der Natur befaßt – der Biologe also? Wenn die Industrie sieht, daß damit viel Geld zu verdienen ist – Bio- und Ökotechnologie zeigen, daß dem so ist –, wird sie die Ideen aufgreifen.

Grundlagenforschung ist zunächst zweckfrei

Sobald man als Biologe diese Zusammenhänge erfaßt, fällt einem auf, daß die »zunächst zweckfreie Grundlagenforschung« eine sehr starke Ähnlichkeit mit der biologischen Evolution hat. Die Evolution reagiert auch nicht erst mit der Vorstellung neuer, »besser angepaßter« biologischer Konstruktionen, wenn neuartige Umweltbedingungen dies erzwingen. Sie spielt vielmehr jeweils eine sehr große Anzahl von Möglichkeiten durch und verankert sie genetisch. Wenn sich die Umweltbedingungen ändern, ist meist eine genetische Information parat, die dann und gerade dann Entfaltungsvorteile hat. Sie kann sich somit selektiv durchsetzen und zu »besser angepaßten« biologischen Konstruktionen führen.

Genau das ist mit dem oben genannten »Informationspool« gemeint. Wenn ein technisches Problem vorgegeben ist und man Analogien aus der Natur gezielt erforscht und umsetzt, ist das durchaus richtig. Oft aber ändern sich die Dinge unvorhersehbar, das ist in einem komplexen System wie es eine Volkswirtschaft darstellt, eher die Regel als die Ausnahme, und bei einer globalen Vermaschung ist es ausnahmslos so.

Wenn man erst dann anfängt, etwas zu erforschen, in der Hoffnung eine auftretende Frage damit lösen zu können, ist es schon sehr spät, wenn nicht zu spät.

Man darf nicht vergessen, daß Grundlagenforschung Zeit braucht. Der berühmt gewordene Lotus-Effekt hat eine 20jährige Entwicklungszeit hinter sich, vom ersten tastenden Hinschauen bis zum Patent. Das kann man zweifellos beschleunigen, wenn die bionische Grundhaltung erst einmal Allgemeingut ist, aber hexen kann man immer noch nicht. Einige Jahre Grundlagenforschung sind einfach nötig. Da ist es besser, man findet einen großen Pool von Informationen aus der Natur vor, den man anzapfen kann, wenn er gebraucht wird. »Vorforschung« ist also wichtig, und das ist ja nichts anderes als die berühmte »zweckfreie Grundlagenforschung«. Der Unterschied liegt nur darin, daß die Ergebnisse systematisch gesammelt, aufbereitet und angeboten werden, anstatt in irgendeiner kleinen Zeitschrift, in irgendwelchen Kongreßberichten oder im Elfenbeinturm einer Bibliothek vor sich hin zu schlummern.

Grundlagenforschung ist praktisch notwendig

Die bisherigen Überlegungen waren zugegebenermaßen ein wenig allgemein, vielleicht sogar leicht philosophisch angehaucht. Die genannten Aspekte ergeben sich aber auch als praktische Notwendigkeiten. Wenn die Industrie eine Frage hat, die von bionischer Seite angegangen werden kann, wendet sie sich an eine geeignete Institution und vereinbart eine zeitlich terminierte Zweckforschung. Sie gibt also einen Forschungsauftrag. Das ist eine praktische Notwendigkeit, wenn es darum geht, Informationen des »Erkenntnisreservoirs Natur« zu nutzen. Dieses muß aber gefüllt sein, sonst bekommt man nicht einmal Anregungen für zweckbehaftetes Weitervorgehen. Auch das Anzapfen eines Ideenpools, so gefüllt er auch sein mag, ist eine bestimmte Kunst, die Kunst des Umgangs mit speziellen – in diesem Fall biologisch-technisch orientierten – Informationen. Die Spreu vom Weizen zu trennen, die Informationen erst einmal aus ihrem Dornröschendasein zu lösen und in bearbeitbarer Form in den Computer zu bekommen, das kostet viel Arbeit. In Saarbrücken arbeiten wir an einer solchen Datensammlung bionischer Aspekte, die wir weltweit zusammentragen und die Interessenten zur Verfügung steht. Wir beziehen uns dabei auf naturwissenschaftliche Grundlagenforschung, filtern sie allerdings, indem wir sie vor der Aufnahme in den Informationspool durch das Raster der technischen Biologie und der Bionik laufen lassen.

Grundlagenforschung – eine kulturelle Forderung

Naturwissenschaftlich-biologische Grundlagenforschung ist darüber hinaus eine zivilisatorische und kulturelle Forderung, die man erheben kann, ohne daß man dabei rot werden müßte. Es spielt keine Rolle, wenn sie Geld kostet. Sie bedarf des anwendungsorientierten Deckmäntelchens nicht. Eine Nation, die sich als Kulturnation bezeichnet, muß zweifellos einen Teil ihres Gesamteinkommens »zweckfrei« ausgeben, beispielsweise für Filmförderung, Buchpreise – oder eben auch bionische Grundlagenforschung. Die letztere kann dann eine sehr wesentliche Kittfunktion zwischen Technik und Biologie ausüben, wird sie in geeigneter Weise betrieben.

Wenn also Bionik eine Querschnittstechnologie, eine Art Kitt zwischen den Disziplinen darstellen oder ein Band werden kann, das diese umschlingt, wie soll sich dann die Zusammenarbeit gestalten?

Am Beginn der Entwicklung eines technischen Produkts steht immer die Konzeption, dann die Ausarbeitung des Form- und Funktionsprinzips, schließlich die Herstellung eines Nullmodells. Dieses entwickelt sich in vielerlei Änderungen zu einer Endausführung. Sie muß auf dem Markt verankert werden. Das gelingt meist nicht auf Anhieb, so daß weitere Modifikationen erforderlich werden. Die Endausführung wird immer an dem Prinzipmodell gespiegelt, leicht verändert und wieder dem Markt angeboten. Diese Methode ist ganz ähnlich wie in der biologischen Evolution das Versuch-Irrtum-Prinzip. Es läuft ein sogenannter »Iterationsprozeß eines einmal angestoßenen Vorgangs« ab.

Die Biologie kann im Sinne der Grundlagenforschung und eines speziellen Recherchenauftrags an der Entwicklung und Weiterentwicklung eines technischen Produkts Anteil nehmen. Die Informationen fließen einerseits an die Schnittstelle zwischen Konzeption und Prinzipmodell, andererseits, in der Weiterentwicklung, in die Iterationsschleife der Marktverankerung. Somit kann Bionik nicht nur bei der Prinzipentwicklung, sondern – was mindestens ebenso wesentlich erscheint – bei der Detailänderung und Anpassung mithelfen.

Insbesondere die Marktakzeptanz wird in Zukunft sehr stark davon abhängen, ob ein Gerät oder eine Verfahrensweise naturverträglich sind, ob sie den Menschen und seine Umwelt stärker einbeziehen, als das bisher der Fall war. Dies wird von Waschmitteln bis zu Autos, von Klebstoffen bis zu biochemischen Verfahrensweisen bei der Herstellung unzähliger Produkte so sein. Woher kann man die Sicherheit nehmen, daß es so kommen wird? Ein Blick auf die Entwicklung in den letzten Jahrzehnten zeigt es.

Technik – Design – Umweltverträglichkeit

In den 60er und 70er Jahren war das »Prinzip Technik« vorherrschend. Man hat Autos, Waschmaschinen und Fernseher nach technischen Gesichtspunkten gekauft. Der Käufer hat versucht, zu verstehen, was technisch dahinter-

---

Wie um alles in der Welt macht die Natur das alles? Viel Forschungs- und Entwicklungsarbeit, Zeit und Geld hätten wir uns vermutlich sparen können, wenn man schon viel früher die Problemlösungen bei biologischen Systemen studiert hätte. Diese Schwäne sind manchmal einen ganzen Tag lang im eiskalten Wasser – und halten trotzdem immer eine gleichbleibende Körpertemperatur.

steckt, was damals noch nicht schwierig war. (Vom Preisaspekt wollen wir einmal absehen.)

In den 80er und 90er Jahren trat dann der Designaspekt in den Vordergrund. Es gab kaum mehr schlechte Autos, Waschmaschinen und Fernseher, sie wurden technisch immer ähnlicher, oft zusammengestellt aus Einzelteilen, die von irgendeiner Spezialfabrik auf diesem Globus stammen und sich in Geräten der unterschiedlichsten Firmen wiederfanden. Da kam es auf das äußere Erscheinungsbild, die Bedienungsfreundlichkeit und ähnliches an. Also waren Designkriterien ausschlaggebend.

Im neuen Jahrtausend, das wird sich zeigen, geht es um Aspekte, die man mit der Frage umschreiben kann: Wie wenig beeinflußt das Produkt die Umwelt? Ökologisches, umweltorientiertes und damit menschenbezogenes Denken hat in den letzten Jahren einen Aufschwung genommen, der kaum größer sein könnte.

Autos, Waschmaschinen und Fernseher sind technisch sehr ähnlich; es gibt keine schlechten Geräte mehr, und sie sind so kompliziert geworden, daß man sie sowieso nicht mehr versteht. Das äußere Erscheinungsbild paßt sich der Zeitmode an, auch die Formen werden immer ähnlicher. Wenn man vom Preisaspekt absieht, wird der umweltbewußte Käufer dasjenige Produkt bevorzugen, von dem er überzeugt ist, daß bei seiner Herstellung, während seiner Benutzungszeit und schließlich bei seiner Entsorgung und Rezyklierung alles nur Erdenkliche getan wird, daß das Produkt umweltfreundlich ist. Im Grunde ist das eine bionische Sichtweise. Wir sind vollkommen davon überzeugt, daß sie den Markt der Zukunft bestimmen wird.

Natürlich wird es immer Autos geben, die groß, schnell, teuer und benzinschluckend sind. In einer freien Gesellschaft muß alles zugelassen sein, was technisch möglich ist und den Mit-

menschen nicht unmittelbar Schaden zufügt. Darauf kommt es aber gar nicht an. Worauf es ankommt, ist die große Menge an »Durchschnittsgeräten«, die von »Durchschnittsverbrauchern« gekauft und benutzt werden.

Früher war es möglich, daß jemand ein Fähnlein um sich herumscharte, dem Nachbarn die Fehde erklärte, ihn totschlug und seine Burg in Besitz nahm. Das war gang und gäbe. Irgendwann haben sich die Sitten geändert. Vor noch nicht allzu langer Zeit konnte man Leopardenmäntel auf Partys bewundern. Heute trägt keine Frau öffentlich einen Pelz, weil »die Gesellschaft« das nicht mehr toleriert. Autos kauft man immer noch, weil sie gefallen. In Zukunft wird man aber sich und anderen Rechenschaft ablegen müssen, ob man über den Punkt der Umweltverträglichkeit genügend nachgedacht hat und im Hinblick darauf wirklich die beste Wahl getroffen hat.

Wer als Autohersteller, Waschmaschinenproduzent und Fernsehbauer diese Tendenzen richtig erkannt und seine Produkte zumindest in der Schublade so entwickelt hat, daß sie dann rasch umsetzbar sind, wird Erfolg haben. Natürlich kann auch die Ökologie irgendwo zwischen Mode und bewußter Einflußnahme angesiedelt sein, letztlich ist der Standpunkt aber nicht so wichtig. Ökologisch-nachhaltige Kriterien werden vorherrschen, und die Überlebenssituation wird so kritisch werden, daß jeder einsieht, daß diese Kriterien wichtig sind.

Und was hat das alles mit Bionik zu tun? Die Zusammenhänge liegen auf der Hand. Bionische Kenntnisse und Erkenntnisse werden in allernächster Zeit für die Marktverankerung fast ebenso wichtig werden wie die technologischen Grundkonzepte, vor allem auch deshalb, weil der Käufer seine Marktbeherrschung rigoros ausspielen wird. Clevere Unternehmen haben sich bereits darauf eingestellt. Und Wirtschaft ist immer clever, sie lebt davon und sie überlebt dadurch, daß sie die Tendenzen der nahen Zukunft vorausahnt. Heute, im Zeitalter der Globalisierung, mehr denn je. Diese Sichtweisen bekommen aber von den meisten Politikern und Verbandsvorständen erst zögerlich die nötige Unterstützung. Grund genug, gerade hier offensiv zu werben. Und dieses Buch will nicht nur bildlich und textlich informieren, sondern auch unverblümt für eine gute Sache werben. So wie das die an der Universität Saarbrücken ansässige »Gesellschaft für Technische Biologie und Bionik« mit ihren Publikationen, Rundschreiben und Kongressen tut, die jedermann offenstehen.

Eine technische Sicht der Bionik

Bionik wurde bisher mehr von biologischer Seite als Angebot an die Technik entwickelt denn von technischer Seite als Forderung an die Biologie. B. Hill ist einer der wenigen Vertreter aus den technischen Disziplinen, die sich darüber Gedanken gemacht haben, wie bionisches Arbeiten in technische Problemlösungsstrategie einfließen kann. Der Laie stellt sich vor, daß der Ingenieur sich in eine stille Ecke setzt, ein weißes Blatt Papier vor sich, und dann anfängt zu konstruieren. Wie alles im Ingenieurbereich ist aber auch der Konstruktionsprozeß stark formalisiert. Vorgehensweisen der technischen Lösungsfindung sind in VDI-Richtlinien niedergelegt. Nach der Vorstellung von Hill gibt es fünf Aspekte, bei denen Bionik im Vergleich zu den traditionellen Vorgehensweisen technisches Konstruieren beeinflussen kann:

➤ »Die Komplexität der Betrachtung technischer Entwicklungsprozesse wird erweitert. Um diese Komplexität handhabbar zu machen, werden Orientierungsmodelle zur Überwindung von Denkbarrieren konzipiert.
➤ Die Aufgaben- bzw. Zielbestimmung nimmt größeren Raum ein. Biostrategische Orientierungsmittel in Form von Katalogen zu Gesetzmäßigkeiten der biologischen Evolution werden

In vielen Bereichen ist der technologische Vorsprung biologischer Systeme immens. Ein einziges Insekt, wie beispielsweise hier die Stubenfliege, ist komplexer als die gesamte deutsche Volkswirtschaft – ein technisches Wunderwerk, entstanden durch unendlich viele kleine Optimierungsschritte der Evolution. Wir brauchen uns nur zu bedienen und uns Anregungen zu holen für eigenständiges Gestalten.

zur Ableitung technischer Teilaufgaben zur Verfügung gestellt.

➤ Es geht nicht darum, möglichst viele Lösungsvarianten zu erzeugen, um dann nur eine bzw. nur wenige davon zu verwenden, sondern die funktionalen Anforderungen an die zu entwickelnde technische Lösung werden soweit zugespitzt, daß dadurch Widersprüche erkennbar werden, die bei der Lösungsfindung durch Nutzung der obengenannten Kataloge zu erfinderischen Strukturansätzen führen können.

➤ Neben der funktionsorientierten wird die widerspruchsorientierte Betrachtung in die Strategie einbezogen, die es ermöglicht, die »treffende« Entwicklungsaufgabe beziehungsweise Suchfrage zu formulieren und Lösungen mit hoher Effizienz anzustreben.

➤ Für die Gewinnung von Lösungsansätzen sind verschiedene Analogieklassen als Katalogblätter zur Auslösung von Assoziationen geeignet. Die Lösungsfindung ist strukturierter.«

Die Modelle zur Lösungsfindung, die der Autor vorschlägt, entsprechen im großen und ganzen den in diesem Buch skizzierten Vorstellungen und Überlegungen. Auch Hill ist der Meinung, daß es auf ein systematisches Zusammenstellen biologischer Strukturen ankommt, entweder als »reale Datenblätter« oder als computergespeicherte Katalogblätter. Dabei sind Stoff, Energie und Information die drei Grundaspekte, auf denen aufgebaut werden muß. Auf allen drei Ebenen können »Katalogblätter der Natur« eingebracht werden:

»Der Konstrukteur erhält so einen schnellen Überblick über mögliche Prinzipien und den ihnen zugrundeliegenden Repräsentanten und kann die für das vorliegende Problem geeigneten Strukturen auswählen. Durch die Verwendung dieser Assoziationskataloge haben Nutzer aller Fachgebiete technischer Richtungen ein reiches Arsenal analoger Lösungsmöglichkeiten für konstruktive Probleme zur Auswahl. Sie sind für den Konstrukteur eine strategische und lösungsgenerierende Hilfe.«

All das sind Hilfsmittel, die zur Zeit an verschiedenen Stellen entwickelt werden und zu einem vermaschten Bioniknetzwerk führen, das dem Ingenieur sozusagen als parallele Informationsquelle vorliegt und von ihm jederzeit angezapft werden kann. Ein solches Netzwerk wird zur Zeit von Institutionen in Bonn, Berlin, Karlsruhe, Ilmenau und der Saarbrücker Einrichtung vorbereitet. Andere werden sich dazugesellen, und der Weg führt in eine internationale Kooperation. Damit ist der Schritt getan vom Elfenbeinturm in die Praxis, von der biologischen Grundlagenforschung »zurück in die Technik«.

Ein Werkzeug und eine Lebenshaltung

Bionik arbeitet mit umweltverträglichen Höchsttechnologien

Wissenschaft und Technik wissen heute, daß die Natur im Hinblick auf Konstruktionen, Organisationsstrategien und Verfahrensweisen Höchsttechnologien entwickelt hat. Das von der Bionik geschaffene Werkzeug wird künftig eine Feinabstimmung gegenüber Natur und Umwelt möglich machen. Vor allem naturorientierte Innovationen zur Energie- und Materialeinsparung werden künftig die Grundlage einer neuen Ethik sein.

Wird Bionik hier nicht etwas zu wichtig genommen? Sie stellt ja schließlich keine Religion dar und keinen Religionsersatz. Beim Nachdenken über diese Fragen fällt mit immer Agatha Christie ein. Es ist bekanntlich unmöglich, von Agatha Christie nicht gefesselt zu werden.

Bionik kommt bei jungen Leuten an

Wenn man die gespannten Gesichter der jungen Ingenieure betrachtet, denen man von bionischen Konstruktionen in der Natur erzählt, hat man das sichere Gefühl, daß diese Informationen sich verankern und verselbständigen werden. Wir sprachen von den 10 Grundgesetzen für ökologisches Konstruieren, die ich etwas provozierend als »Die 10 Gebote bionischen Designs« bezeichnet habe. Gerade der junge Ingenieur, auf den es in der Zukunft ankommt, der sich mit bionischem Design befaßt hat, wird davon nicht mehr loskommen. Es ist unmöglich, daß die Lehre von der Bionik nicht Spuren in der geistigen Grundeinstellung und im konstruktiven Vorgehen des zukünftigen Ingenieurs, Naturwissenschaftlers, Technikers, Wirtschaftlers und Politikers hinterläßt.

Was meint das Schlagwort »Lebenshaltung«? Ein Wasserbauer, der über das Mäandrieren von Flußbetten nachgedacht hat, gekoppelt mit der Hochwasserbindung und den ökologischen Konsequenzen einer solchen Flußlandschaft, wird sich in Zukunft nicht so leicht mißbrauchen lassen, Flüsse in gerade Betonbetten zu zwängen.

Diese Überlegungen führen sehr rasch zu ethischen Aspekten. Die Bionik ist damit auch eine Lebenshaltung, die sich ethischen Leitlinien unterwirft. Voraussetzung ist natürlich immer die Einsicht. Einsichten kommen im vorliegenden Fall aus dem Naturstudium.

Vertieftes Wissen über die belebte Welt kann eine bestimmte Lebenshaltung bewirken und die »konstruktive Grundhaltung« beeinflussen.

Einsichten kommen nicht von selbst

Derartige Einsichten aber kommen nicht von selbst. Ausbildung muß lehren, das konstruktive und systemerhaltende Potential der belebten Welt zur Kenntnis zu nehmen, aufzuschlüsseln und transparent zu machen.

Einsichten setzen sich auch nicht von selbst konstruktiv um. Dazu bedarf es einer Grundorientierung der Wirtschaft. Diese Grundorientierung der Wirtschaft muß politischen Randbedingungen und Zielsetzungen folgen.

Politische Randbedingungen und Zielsetzungen sind aber nur akzeptabel, wenn sie im Einklang mit ethischen Leitlinien im Sinne einer neuen Moral stehen. Das ist die gebotene Forderung an eine Zukunft, in der wir alle überleben können.

Es geht also gar nicht ausschließlich und gar nicht so sehr um Konstruktion, Naturwissenschaften und Wirtschaft, wenn wir weiterkommen wollen. Vielmehr muß Ethik an der Basis des Systems stehen. Sie darf eben nicht als nachträgliches Mäntelchen umgehängt werden.

Pragmatisch gefordert sind also diejenigen Institutionen und Menschen, die über solche Grundfragen nachdenken. Sie müssen stärker zur Kenntnis genommen werden, und es muß ihnen auch stärkerer gesellschaftspolitischer Einfluß verschafft werden. Nicht im Sinne eines altertümelnden »Zurück zur Autorität«, sondern im Sinne einer geduldigen Überzeugungsarbeit, die den Bildungsweg des jungen Menschen begleitet und dabei ethische Grundaspekte an den Anfang stellt.

Bionik ist ein Werkzeug – nicht mehr, aber auch nicht weniger

In diesem Buch wurden viele Beispiele gebracht, die sich wie ein Mosaik zu einem Bild zusammenfügen. Bionik wird hier als ein Werkzeug dargestellt. Es ist sehr wichtig, daß dies recht

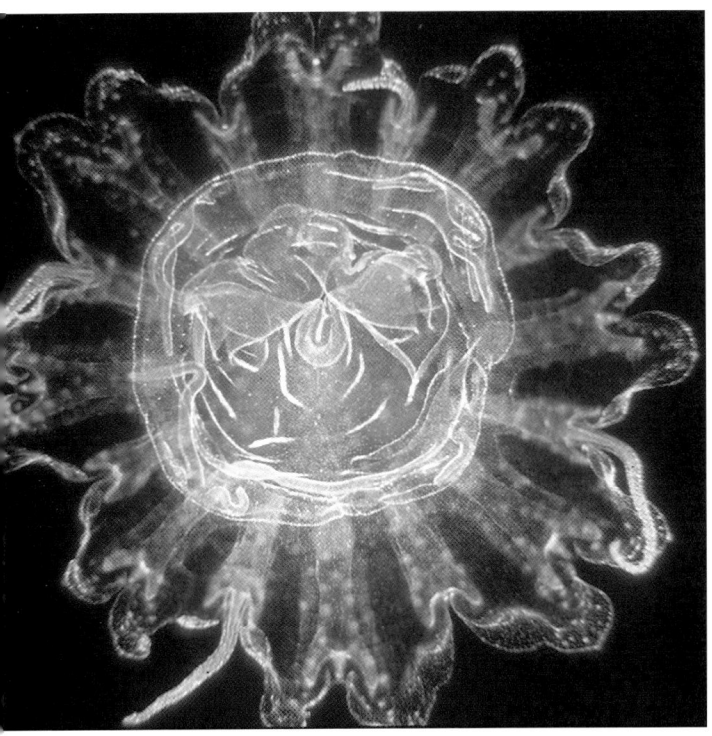

Was kann man von Bionik erwarten?

Biologie und Technik sind nicht aufeinander bezogen. In der Vergangenheit waren keine oder kaum Querverbindungen erkennbar. Die technische Vorgehensweise ging von einem Problem aus, das es zu bearbeiten und zu einer technischen Lösung zu führen galt – technische Problemlösung nach den Regeln der Ingenieurwissenschaften.

Mögliches zukünftiges Vorgehen fordert eine neue Realität, neue Querbeziehungen, die diese beiden scheinbar getrennten Welten immer besser aneinanderkoppeln.

Die Welt der Technik kann helfen, die Welt der Natur besser zu verstehen, zu erforschen und zu beschreiben (Aspekte der Technischen Biologie). Der Biologe zerlegt die Natur in Teilsysteme, die es zu verstehen gilt. Technisches Know-how kann hier in vielerlei Hinsicht ganz ausgezeichnet Hilfe leisten. Wer sie nicht annimmt, begeht eine Todsünde der naturwissenschaftlichen Forschung: nämlich den bewußten Wissensverzicht.

Die konstruktive Welt der Technik wird sich durch die Biologie nicht ändern. Nach wie vor dürfen Probleme nach den Regeln der ingenieurwissenschaftlichen Problemlösungsstrategien bearbeitet und einer Lösung zugeführt werden. Ergebnisse biologischer Forschung können aber über die Bionik dort eingebracht werden, wo es um technische Problembearbeitung geht.

Das Endprodukt wird stets ein technisches bleiben. Es gibt keine bionischen Produkte. Das Endprodukt kann aber bionisch beeinflußt oder mitgestaltet sein.

Dies kann sich auf kleine Facetten beschränken, so daß rasch vergessen wird, daß die Natur Pate gestanden hat. Auf der anderen Seite kann das Einbringen eines bionischen Know-how aber auch die Gesellschaft verändern und Ansätze für eine Überlebensstrategie der Menschheit geben. Als die drei allerwichtigsten Forde-

Die Evolution arbeitet häufig viel raffinierter als die meisten Optimierungsverfahren. Nach F. Vester wäre die Natur längst bankrott, wenn sie nicht den Grundregeln überlebensfähiger Systeme folgen würde. Auch bei der Energieerzeugung haben biologische Systeme eine millionenmal längere Erprobungs- und Garantiezeit hinter sich als unsere Volkswirtschaften insgesamt.

verstanden wird. Um die Grundthesen nochmals zusammenzufassen:

➤ Bionik ist keine Heilslehre und keine Naturkopie.
➤ Bionik ist ein Werkzeug, das benutzt werden kann, aber nicht benutzt werden muß.
➤ Bionik ist kein allgemeiner Problemlöser, aber fallweise ein hervorragendes Hilfsmittel.

Bionik favorisiert Höchsttechnologien – insbesondere solche, die Mensch und Umwelt auf verträgliche und nachhaltige Weise wirklich dienen. Das schließt »Low-Tech« dort, wo anwendbar und sinnvoll, natürlich nicht aus. Gemeint ist nicht ein schwärmerisches »Zurück zur Natur« im Sinne von Rousseau. Vielmehr geht es um ein geduldiges Bemühen, die drei Facetten »Mensch«, »Technik« und »Umwelt« zu einem möglichst nur positiv vernetzten Beziehungsgefüge zusammenzufassen.

Tausend Dinge sind mit einzubeziehen. Bionik betreiben bedeutet also auch geduldiges Erforschen, Vernetzen, Einflußnehmen und Weiterentwickeln.

Bei der Suche nach technologischen Spitzenleistungen im Bereich lebender Systeme gibt es täglich neue Erfolgsmeldungen. Der große Lauschangriff der Bionik auf die technischen Schatzkammern der Natur aber hat gerade erst begonnen.

rungen stehen die Nutzung der Sonnenenergie (»künstliche Photosynthese und Wasserstofftechnologie«), das »Prinzip der totalen Rezyklierung« und die »Verfahren des komplexen, umweltorientierten Managements« im Vordergrund.

Wie sieht das der Verein Deutscher Ingenieure (VDI)?

Es gibt technische Standesorganisationen, beispielsweise den Verein Deutscher Ingenieure, VDI. Wie steht der VDI zur Bionik?

Auf einer VDI-Tagung über »Technologie-Analyse Bionik« im Rahmen der Reihe »Analyse und Bewertung zukünftiger Technologien« wurden diese Sichtweisen zwischen Ingenieuren und Biologen diskutiert. Danach sieht auch der VDI die Bionik als Bindeglied zwischen der Biologie (mit ihrer technikorientierten Facette der technischen Biologie) und der Technik. Er erkennt, daß sowohl Biologie als auch Bionik und Technik von den klassischen Wissenschaften, insbesondere der Physik, der Chemie und den Ingenieurwissenschaften leben oder doch zumindest angeregt werden. Die technische Vorgehensweise gliedert der VDI auf in Analyse, Bewertung, Umsetzung und Anwendung. An der Schnittstelle zwischen Bewertung und Umsetzung sieht er die besten Möglichkeiten für ein Einbringen von »Vorschlägen aus der Natur« über das Medium der Bionik.

Zwischen Ingenieuren und Biologen sind demnach die Berührungspunkte klar, die Terrains, aber auch die Grenzen abgesteckt. Beide können nun parallel arbeiten. Wie steht es nun aber um die eingeforderte »neue Moral als Basis allen Handelns«?

Eine ethische Grundhaltung bildet die Basis

Selbstredend beschränkt sich auch der VDI als natur- und ingenieurwissenschaftlich orientierte Organisation auf Gesichtspunkte, die naturwissenschaftlich faßbar sind. Ethik gehört nicht eigentlich zu dieser naturwissenschaftlichen Sichtweise. Ohne Ethik geht es aber nicht. Das heißt: Bionik ist nicht nur eine naturwissenschaftlich orientierte und fächerintegrierende Disziplin und Sichtweise, sondern auch ein Anliegen, das den Menschen in seinem gesamten Sosein tangiert, sie führt zur Besinnung auf ethische Prinzipien und impliziert ganz sicher eine Lebenshaltung.

Wir brauchen letztlich keine neue Ethik im Sinne einer neuen Lehre sittlicher Prinzipien – es reicht die alte europäische Ethik. Aber wir brauchen eine neue Moral. Moral ist »keine These,

keine Lehre, sondern die Gesamtmenge der sittlichen Normen, deren kategorischer Geltungsanspruch von den Menschen einer Gesellschaft eingesehen und als für ihr Alltagsleben bestimmend angenommen ist«. Dies hat der Saarbrücker Philosoph M. Müller sehr klar formuliert. Das Naturstudium und die bionische Rückübertragung der Erkenntnisse in eine sich weiterentwickelnde – und gerade durch diese Rückübertragung sich positiv verändernde – Technik kann uns entscheidend helfen, die moralischen Grundlagen für ein »zukunftsadaptives Verhalten« zu legen.

Bionik fordert meist die Einbeziehung des Nicht-Naturwissenschaftlichen, des Emotionalen, des Ethischen. Aber nicht im Sinne der schwärmerischen Sichtweise eines »anything goes«. Genau das ist nicht gemeint. Die naturwissenschaftlichen Eigengesetzlichkeiten werden nicht angetastet, nur präzisiert und fachübergreifend verflochten. Die Einbeziehung nicht-naturwissenschaftlicher Aspekte im Sinne einer »Lebensganzheit« wird aber eingefordert.

Auch und gerade das Nachdenken über Bionik in all ihren Facetten führt zu der Schlußfolgerung, daß der ethische Imperativ »Unterwerfen wir uns einer neuen Moral« an der Basis stehen muß. Ethisches Verständnis führt aber rasch zu den grundlegenden Problemen der Menschen. Gelingt es nicht, die ungehinderte Vermehrung der Menschheit mit Methoden zu verhindern, die ebenso ethisch akzeptabel wie pragmatisch einsetzbar sind, werden alle noch so gut gemeinten Überlegungen zum Scheitern verurteilt sein. Wenn wir es schaffen, in den zukünftigen Jahrzehnten die Menschheit auf eine noch umweltverträgliche Obergrenze festzulegen, und wenn sich politische Verfahren herausbilden, die dieses Ziel auch durchsetzbar erscheinen lassen, nur dann wird auch das Werkzeug »Bionik« ein Baustein für eine »Biostrategie als Überlebensstrategie« sein können.

Mensch, Umwelt und Technik sind drei Facetten, die sich nicht zum großen Ganzen zusammenschließen. Einfach deshalb, weil die in den Gehirnen der Menschen entwickelte Technik explodiert. Man muß sie deshalb einbinden in ein großes gemeinsames Konzept, das durch ein starkes Band zusammengehalten wird. Die explosive Kraft der Technik muß gebändigt werden, und zwar so, daß sie ihr ungeheures Potential auf eine Überlebensstrategie für Mensch und Umwelt ausrichtet, sonst werden wir auf Dauer nicht überleben können. Die Bionik ist keine Heilslehre, die das Überleben garantiert. Sie ist aber, auf einen kurzen Nenner gebracht, ein Überlebenswerkzeug.

Die Realität ist immer noch das Auseinanderdriften von Mensch, Umwelt und Technik. Der Begriff »Bionik« ist ein Schlagwort für eine bessere zukünftige Zuordnung dieser Facetten, für eine Vision also. Die heutige Realität wird bald Geschichte sein. Aber wir sind ganz sicher, daß die Vision von heute morgen schon Realität ist.

Ziel der Bionik ist die Übertragung von Problemlösungen der Natur in den Bereich der Technik, um die in Jahrmillionen entwickelten und optimierten Erfindungen der Natur zu nutzen. Die Suche nach weiteren Spitzenleistungen ist in vollem Gang.

Literatur

Angegeben sind neben einigen Klassikern im wesentlichen Bücher zum Thema, in denen weiterführende Literatur zu finden ist. Originalarbeiten sind nur angegeben, wenn sie im Text zitiert sind. Die BIONA-report-Bände sind Mitteilungen der Gesellschaft für Technische Biologie und Bionik (Infos über die Gesellschaft, die jedem offensteht, über das Generalsekretariat, Herrn Knut Braun, Tel. ++49-681-302-3205, Fax: ++49-682-302-6651, email: gtbb@mx.uni-saarland.de). Sie enthalten unter anderem die Berichte der von der Gesellschaft veranstalteten Kongresse und Symposien. Falls im Buchhandel nicht vorrätig, können sie vom Generalsekretariat vermittelt werden.

BIONA-report 1 (1983): Ed.: Nachtigall, W., *Physiologie und Biophysik des Insektenfluges – Atmung, Stoffwechsel, Flügelbewegung*, 135 Seiten, ISBN 3-437-20300-2.
BIONA-report 2 (1983): Ed.: Nachtigall, W., *Physiologie und Biophysik des Insektenfluges – Neuro-, Sinnes- und Muskelphysiologie*, 137 Seiten, ISBN 3-437-20301-0.
BIONA-report 3 (1985): Ed.: Nachtigall, W., *Bird flight / Vogelflug*, 509 S., ISBN 3-437-20330-4.
BIONA-report 4 (1986): Ed.: Laudien, H., *Temperature Relations in Animals and Man*, 234 S, ISBN 3-437-20357-6.
BIONA-report 5 (1986): Ed.: Nachtigall, W., *Bat flight / Fledermausflug*, 235 S., ISBN 3-437-20372-X.
BIONA-report 6 (1988): Ed.: Nachtigall, W., *The Flying Honeybee – Aspects of Energetics / Die fliegende Honigbiene – Aspekte der Energetik*, 151 S., ISBN 3-437-20434-3.
BIONA-report 7 (1990): Eds.: Kallenborn, H., Wisser, A., Nachtigall, W., *3-D SEM-Attas of Insect Morphology – VOL 1: Heteroptera*, 164 S., ISBN 3-437-20467-X.
BIONA-report 8 (1992): Ed.: Nachtigall, W., *Technische Biologie und Bionik 1*, 1. Bionik-Kongreß Wiesbaden 1992, 168 S, ISBN 3-437-30696-0.
BIONA-report 9 (1995): Ed.: Nachtigall, W., *Technische Biologie und Bionik 2*, 2. Bionik-Kongreß, Saarbrücken 1994, 182 S., ISBN 3-437-30808-4.
BIONA-report 10 (1996): Eds.: Nachtigall, W., Wisser, A., *Technische Biologie und Bionik 3*, 3. Bionik-Kongress, Mannheim 1996, 215 S., ISBN 3-437-25178-3.
BIONA-report 11 (1997): Eds.: Wisser, A., Bilo, D., Kesel, A.B., Möhl, B., *Lokomotion in Fluiden*, 387 S., ISBN 3-437-25378-6.
BIONA-report 12 (1998): Eds.: Nachtigall, W., Wisser, A., *Technische Biologie und Bionik 4*, 4. Bionik-Kongreß, München 1998, 336 S., ISBN 3-437-25708-0
BIONA-report 13 (1998): Eds.: Blickhan, R., Wisser, A., Nachtigall, W., *Motion Systems, Proceedings,* Jena 1997, 272 S., ISBN 3-437-25709-9.
BIONA-report 14 (2000): Eds.: Wisser, A., Nachtigall, W., *III: Biomechanic Workshop of the Studygroup Morphology (DZG), II Workshop of Biological composed Materials and Systems, IV Workshop of the Society of Technical Biology and Bionics, Proceedings*, Saarbrücken 1999, 215 S., ISBN 3-9807335-0-5.

Buchpublikationen von W. Nachtigall (Auswahl)

Gläserne Schwingen. Aus einer Werkstatt biophysikalischer Forschung. 1969, Moos, München
Biotechnik. 1971, Quelle & Meyer, Heidelberg
Phantasie der Schöpfung. Faszinierende Entdeckungen der Biologie und Biotechnik. 1974, Hoffmann & Campe, Hamburg
Funktionen des Lebens. Physiologie und Bioenergetik von Mensch, Tier und Pflanze. 1977, Hoffmann & Campe, Hamburg
Biostrategie. Eine Überlebenschance für unsere Zivilisation. 1983, Hoffmann & Campe, Hamburg
Erfinderin Natur. Konstruktionen der belebten Welt. 1984, Rasch und Röhring, Hamburg, Zürich
Warum die Vögel fliegen. 1985, Rasch und Röhring, Hamburg, Zürich
Konstruktionen. Biologie und Technik. 1986, VDI-Verlag, Düsseldorf
La nature réinventée. 1987, Plon, Paris
Vogelflug und Vogelzug. 1987, Rasch und Röhring, Hamburg, Zürich
Vorbild Natur. Bionik – Design für funktionelles Gestalten, 1997, Springer, Berlin etc.
Bionik. Grundlagen und Beispiele für Ingenieure und Naturwissenschaftler., 1998, Springer, Berlin etc.
Biomechanik. Grundlagen, Beispiele, Übungen. 2000, Vieweg, Wiesbaden
Technische Biologie. 2001, In Vorbereitung

Weitere Publikationen über bionische Themen

Autrum, H. (1943): Über kleinste Reize bei Sinnesorganen. Biol. Zentralblatt 63, S. 209–236
Bahadori, M.M. (1978): Passive cooling systems in Iranian architecture. Scientific American, February 1978, S. 144–154
Bannasch, R. (1996): Widerstandsarme Strömungskörper – Optimalformen nach Patenten der Natur. In: W. Nachtigall (Hg.): BIONA-report 10, S. 51–176
Bappert, R. et al. (eds.) (1986): Bionik. Zukunfts-Technik lernt von der Natur. Ausstellung des Landesmuseums für Technik und Arbeit, Mannheim
Barthlott, W., Neinhuis, C. (1997): Purity of the sacred lotus or escape form contamination in biological surfaces. Planta 202, S. 1–8
Bartmann, S. (2000): Comeback für »neue« Oldies – Historischer Flugzeughau Fürstenwalde. In: Fliegermagazin 9/2000, S. 6–11
Bechert, D.W., Bruse, M., Hage, W., Meyer, R. (2000): Fluid mechanics of biological surfaces and their technological application. Naturwiss.
Bechert, D.W., Reif, W.E. (1985): On the drag reduction of shark skin. AIAA-85-0546 report. AIAA conference, March, S. 12–14, Boulder
Benyus, J.M. (1997): Biomimicry. Innovation inspired by nature. Morrow
Biesel, W., Butz, H. und Nachtigall, W. (1985): Einsatz spezieller Verfahren der Windkanaltechnik zur Untersuchung des freien Gleitflugs von Vögeln. In: Nachtigall, W. (ed): BIONA-report 3, Akad. D. Wiss. U. d. Lit., Mainz: G. Fischer, Stuttgart, New York, S. 109–122
Bilo, D. (1971): Flugbiophysik von Kleinvögeln. I Kinematik und Aerodynamik des Flügelschlags beim Haussperling (Passer domesticus). Z. Vergl. Physiol. 71, S. 382–454
Bilo, D. (1997): Flugregelung. In: Wisser, A., Bilo, D., Kesel, A., Möhl, B. (eds.): BIONA-report 11, Akad. d. Wiss. u. d. Lit., Mainz: Fischer, Stuttgart, Jena, New York, S. 243–283
Bilo, D., Nachtigall, W. (1980): A simple method to determine drag coefficients in aquatic animals. J. Exp. Biol. 87, S. 357–359
Blickhan, R. (1992): Bionische Perspektiven der aquatischen und terrestrischen Lokomotion. In: W. Nachtigall (Hg.): BIONA-report 8, S. 135–154
Coineau, Y., Kresling, B. (1987): Les inventions de la nature et la bionique. Hachette, Paris
Cruse, H. et al. (1996): Coordination in a six-legged walking system. Simple solutions to complex problems by exploitation of physical properties. In: Pattie Maes et al. (Eds.): From animals to animates 4, MIT Press, S. 84–93
Di Bartolo, C. (1996): Methodology of bionik design for innovation design. In: Nachtigall, W., Wisser, A. (eds): Technische Biologie und Bio-

nik 3. 3. BIONIK-Kongreß Mannheim 1996, BIONA-report 10, S. 23–31, Fischer, Stuttgart etc.
Dylla, K., Krätzner, G. (1977): Das biologische Gleichgewicht. Quelle und Meyer, Heidelberg
Etrich, I. (o.J.): Memoiren des Flugpioniers Dr. Ing. h.c. Igo Etrich, Waldheim-Eberle, Wien
Francé, R. (1929): Die Pflanze als Erfinder. Stuttgart
Gibbs-Smith, C.H. (1962): Sir George Cayley's aeronautics. Science Museum, London
Gießler, A. (1939): Biotechnik. Quelle & Meyer, Leipzig
Grätzel, M. (1994): Entwicklung neuartiger Solarzellen auf der Grundlage Farbstoff-sensibilisierter nanokristalliner Halbleiterfilme. Forschungsbericht ETH Lausanne
Greguss, F. (1988): Patente der Natur: Technische Systeme in der Tierwelt. Biologische Systeme als Modelle für die Technik. Heidelberg, Wiesbaden
Harzheim, L., Graf, G. (o.J.): Anwendung des CAO- und SKO-Verfahrens in der Automobilindustrie. Bericht der Adam Opel AG
Herdy, M. (1998): Evolutionsstrategie mit subjektiver Selektion: Geschmacksoptimaler Kaffee und kostenoptimale Farbmischungen. In: Proceedings des Fraunhofer IPA/IAO-Technologieforum
Hertel, H. (1963): Biologie und Technik. Struktur, Form, Bewegung. Krausskopff, Mainz
Herzog, T. (1992): Bauten/Buildings 1978–1992. Ein Werkbericht. G. Hatje, Stuttgart
Hill, B. (1997): Innovationsquelle Natur – Naturorientierte Innovationsquelle für Entwickler, Konstrukteure und Designer. Shaker Verlag, Aachen.
Hill, B. (1998): Naturorientiertes Lernen. 2. überarb. u. erw. Auflage, Shaker Verlag, Aachen.
Kesel, A. (1995): Bionik – Lernen von der Natur für eine Technik der Zukunft (Beispiel: Libellenflügel). In: Nachtigall, W. (ed.): BIONA-report 9, Akad. d. Wiss. u. d. Lit., Mainz: Fischer Stuttgart, Jena, New York
Koch, U., Färbert, P. (1996): Ein Biosensor-System zur Messung von extrem geringen Duftstoffkonzentrationen in der Atmosphäre. In: BIONA-report 10, S. 61–72
Koenig-Fachsenfeld, R. (1951): Aerodynamik des Kraftfahrzeugs. Umschau, Frankfurt
Kresling, B. (1992): Folded structures in nature-lessons in design. In: Proc. Int. Symp. Natürliche Konstruktionen Stuttgart 1991, Part 2, S. 155–161. Publ. SFB 230, Stuttgart
Küppers, U. (1998): Bionik des Verpackungsmanagements und der Verpackung. In: v. Gleich (ed.) Bionik. Teubner, Stuttgart
Küppers, U. (2000a): Bioanaloge Klebesysteme – Ein aufkommender Zweig bionischer Materialforschung. In: BIONA-report 14, S. 114–128
Küppers, U. (2000b): Bionik des Organisationsmanagements – Bionik – Natur als Vorbild. In: iomanagement, NR. 6, S. 22–31
Küppers, U., Aruffo-Alonso, Cr. (1995): Verpackungsbionik: Umweltökonomische Optimierung technischer Verpackungen. In: Nachtigall, W. (ed.): Technische Biologie und Bionik 2. 2. BIONIK-Kongreß Saarbrücken 1994, BIONA-report 9, S. 171–175. Fischer, Stuttgart etc.
Lebedew, J.S. (1983): Architektur und Bionik. VEB-Verlag für Bauweisen, Berlin
Leonardo da Vinci (1505): Sul volo degli uccelli. Firence
Lilienthal, O. (1989): Der Vogelflug als Grundlage der Fliegekunst. Berlin
Lüscher, M. (1955): Der Sauerstoffverbrauch bei Termiten und die Ventilation des Nestes bei Macrotermes nataliensis (Haviland). Acta Tropica 12, S. 289–307
Maguerre, H. (1991): Bionik – Von der Natur lernen. Berlin, München
Märkel, K., Gorny, P. (1973): Zur Funktionellen Anatomie der Seeigelzähne. Z. Morph. Tiere 75, S. 223–242

Mattheck, C. (1992): Design in der Natur. Der Baum als Lehrmeister. Rombach, Freiburg
Mattheck, C., Breloer, H. (1993): Handbuch der Schadenskunde von Bäumen. Rombach, Freiburg.
Mirtsch, F. (1997): Wölbstrukturierte Materialien – Einsatzmöglichkeiten im Fahrzeugbau. In: Jahresfachtagung Automobilwerkstoffe. Mai, Bad Nauheim
Möhl, B. (1996): Bewegungssteuerung in der Biologie als Vorbild für technische Anwendungen. In: W. Nachtigall, W. (ed.): BIONA-report 10, Akad. d. Wiss. u. d. Lit., Mainz: Fischer, Stuttgart, Jena, New York, S. 33–46
Möhl, B. (1997): Ein elastisch angetriebener Roboterarm. In: W. Nachtigall, A. Wisser (Hg.): Rundschreiben der Gesellschaft für Technische Biologie und Bionik, Nr. 22
Möhl, B. (1998): Elastic components in movement sytems. In: Blickhan, R., Wisser, A.,. Nachtigall, W. (eds.): BIONA-report 13, Akad. d. Wiss. u. d. Lit., Mainz: Fischer, Stuttgart, Jena, Lübeck, Ulm, S. 162–163
Möhl, B. und Zarnack, W. (1975): Flugsteuerung der Wanderheuschrecke durch Verschiebung der Muskelaktivität. Naturwissenschaften, 62, 441
Müller, P. (1972): Sandwichstrukturen der Schädelkapsel verschiedener Vögel. IL 4, S. 40–51
Nachtigall, W. (1966): Die Kinematik der Schlagflügelbewegungen von Dipteren. Methodische und analytische Grundlagen zur Biophysik des nsektenflugs. Z. Vergl. Physiol. 52, S. 155–211
Nachtigall, W. (1967): Aerodynamische Messungen am Tragflügelsystem segelnder Schmetterlinge. Z. Vergl. Physiol. 54, S. 210–231
Nachtigall, W. (1975): Vogelflügel und Gleitflug. Einführung in die aerodynamische Betrachtungsweise des Flügels. J. f. Ornith. 116, Heft 1, S. 1–38
Nachtigall, W. und Kempf, B. (1971): Vergleichende Untersuchungen zur flugbiologischen Funktion des Daumenfittichs (Alula spuria) bei Vögeln. I. Der Daumenfittich als Hochauftriebserzeuger. Z. Vergl. Physiol. 71,
S. 326–341
Nachtigall, W., Kage, M. (1980): Faszination des Lebendigen. Eine fotografische Entdeckungsreise durch den Mikrokosmos. Herder, Freiburg
Nachtigall, W. (1986): Flug. Kapitel in »Bewegungsphysiologie«, Hb. Zool. IV, Arthropoda; Insecta, de Gruyter, Berlin
Nachtigall, W., Wisser, C.-M. und Wisser, A. (1986): Pflanzenbiomechanik. (Schwerpunkt Gräser), Konzepte SFB 230, Heft 24
Nachtigall, W., Nagel, R. (1988): Im Reich der Tausendstel-Sekunde. Faszination des Insektenflugs. Gerstenberg, Hildesheim
Nachtigall, W., Warnke, U. (1992): Bionik: Lernen von der Natur. Eine Ausstellung. In: Verband für Bionik (ed.) Die kleine Einführung in die Bionik, S. 5–103
Nachtigall, W., Schönbeck, Ch. (Hg) (1994): Technik und Natur. VDI-Verlag, Düsseldorf
Neumann, D. (1993): Bionik. Technologieanalyse. Hg.: VDI-Technologiezentrum Physikalische Technologien. Düsseldorf
Otto, F. (1988a): Gestaltwerdung. Zur Formentstehung in der Natur, Technik und Baukunst. Köln
Otto, F. (1994): Der Pneu als formbildendes Prinzip. In: Nachtigall, W., Schönbeck, Ch. (Hg.): Technik und Natur, Düsseldorf
Penzlin, H. (1991): Tierphysiologie. 5. Aufl., Fischer, Jena
Pflugfelder, O. (1968): Eine »moderne« Konstruktion: Leichtbauweise bei Stacheln von Säugetieren. Mikrokosmos, S. 193–196
Rechenberg, I. (1973): Evolutionsstrategie – Optimierung technischer Systeme nach Prinzipien der biologischen Evolution. Fromann-Holzboog, Problemata 15. Folgeband: Evolutionsstrategie 94. Werkstatt-Bionik und Evolutionstechnik. Band 1. Fromann-Holzboog, Stuttgart (1994)

Rechenberg, I. (1986): Konzentrator-Windturbine; Deutsches Patentamt Nr. DE 36007644 A1, 5.3.1986

Rechenberg, I. (1994): Evolutionsstrategie, 94, Stuttgart

Rechenberg, I. (1994): Photobiologische Wasserstoffproduktion in der Sahara. Fromann-Holzboog, Stuttgart

Rechenberg, I. (o.J.): Entwicklung, Bau und Betrieb einer neuartigen Windkraftanlage mit Wirbelschrauben-Konzentrator, Projekt »Berwian«. Statusberichte für die Jahre 1988 und 1990 zum Forschungsvorhaben 0328412B des Bundesministeriums für Forschung und Technologie. Berlin

Reif, W. E. (1981): Oberflächenstrukturen und -skulpturen bei schnell schwimmenden Wirbeltieren. In: Reif, W. E. (ed.). Paläontologische Kursbücher Bd. 1, Funktionsmorphologie, S. 141–157

Schneider, D. (o.J.): Die Arbeitsweise von Sinnesorganen im Vergleich mit technischen Meßgeräten. Arbeitsgem. Nordrhein-Westfalen

Schwefel, H.-P. (1981): Numerical Optimization of Computer Models. In: Wiley & Sons (eds), Chichester

Stache, M., Bannasch, R. (1998): Bionische Tragflügelenden zur Minimierung des induzierten Widerstandes. In: W. Nachtigall: BIONA-report 12

Tributsch, H. (1976): Wie das Leben leben lernte. Physikalische Technik in der Natur. Deutsche Verlagsanstalt, Stuttgart

Tributsch, H., Goslowsky, H., Küppers u. Wetzel H. (1990): Light collection and solar sensing through the polar bear pelt. Solar Energy Materials 21, S. 219–236

v. Frisch, K. (1974): Tiere als Baumeister. Ullstein, Berlin

Verband für Bionik (1992): (Hg.): Eine kleine Einführung in die Bionik. Bionik – Biologie und Technik: Die Natur zeigt perfekte Lösungen. Saarbrücken

Vester, F. (1972): Design für eine Umwelt der Überlebensform. 60/IV

Vester, F. (1999): Die Kunst vernetzt zu denken. Ideen und Werkzeuge für einen neuen Umgang mit Komplexität. DVA, Stuttgart

Vogel, S. (1967): Flight in Drosophila III. J. Exp. Biol. 46, S. 431–443

Vogel, S. (1978): Organisms that capture currents. Scientific American 239 (2), S. 128–129

Vogel, S. (2000): Von Grashalmen und Hochhäusern – Mechanische Schöpfungen in Natur und Technik. Wiley-VCH, Weinheim, New York et al.

Vogt, K. (1977): Raypath and reflection mechanisms. In: Crayfish Eyes. Z. Naturforschung 32 c, S. 466–468

Vogt, K. (1980): Die Spiegeloptik des Flußkrebsauges. J. Comp. Physiol. A, S. 1–19

von Gleich (1998): Arnim (Hg.): Bionik: Ökologische Technik nach dem Vorbild Natur? Stuttgart

Wauro, F., Bartels, F. (1997): Der Übergang vom biologischen zum technischen Gelenk am Beispiel des schwingungsfähigen Mittelohrimplantats. Proc. 1. Int. Conf. on Motion Systems, Jena, Sept. S. 29–30, 1997, S. 98–99

Willis, D. (1997): Der Delphin im Schiffsbug. Wie Natur die Technik inspiriert. Birkheuser, Basel

Zerbst, E. W. (1987): Bionik. Biologische Funktionsprinzipen und ihre technischen Anwendungen. Stuttgart

Zwierlein, E. (ed) (1993): Natur als Vorbild. Was können wir von der Natur zur Lösung unserer Probleme lernen? Philosophisches Forum Universität Kaiserslautern, Band 4, Schulz-Kirchner

Bildnachweis

Schutzumschlag-Titel: Manfred Danegger (großes Bild) Image Bank (kleines Bild); Seite 1: Bild der Wissenschaft; Seite 2: Gerhard Schulz; Seite 4/5 (Inhalt): Lennart Nilsson/Mosaik Verlag, Nuridsany & Pérennou/OKAPIA (2), Manfred P. Kage (3), H&D Zielske/Bilderberg, Heiner Müller-Elsner/FOCUS, Merlin D. Tuttle, Kodak-Archiv, Ingo Arndt(OKAPIA), W. Nachtigall (2), Peter Menzel/FOCUS, SIEMENS-Forum, Reinhard-Foto; Seite 6/7: Miachael Dunning/ImageBank; Seite 8/9: R. König; European Space Agency (Science Photo Library/FOCUS; Seite 10/11: Carl Sams II/P. Arnold Inc./OKAPIA; Nuridsany & Pérennou/OKAPIA; Seite 12/13: Stephen Dalton/NHPH; »eye of science« O. Meckes, N. Ottawa; Seite 14/15: R. König; W. Nachtigall; Seite 16/17: Dan Mc-Coy/Rainbow/OKAPIA; Manfred P. Kage; Seite 18/19: »eye of science« O. Meckes, N. Ottawa (2); Seite 20/21: W. Nachtigall; Kjell B. Sandved; Seite 22/23: Manfred P. Kage/OKAPIA; Ken Eward/ NAS/OKAPIA; Seite 24/25: W. Nachtigall; Franz Krahmer; Seite 26/27: Dan McCoy/Rainbow/OKAPIA; Pablo Galan/OKAPIA; Seite 28/29: Franco Bonnard/BIOS/OKAPIA; Fritz Pölking/P. Arnold Inc./OKAPIA; Seite 30/31: »eye of sciene« O. Meckes, N. Ottawa; Frank Hecker/OKAPIA; Seite 32/33: »eye of sciene« O. Meckes, N. Ottawa; R. Harding; Seite 34/35: Franz Krahmer; Klaus Moll/OKAPIA; Seite 36/37: Roland Birke/OKAPIA; Lennart Nilsson/ Mosaik Verlag; Seite 38/39: R. König; Carsten Peter; Seite 40/41: Frank Krahmer; W. Nachtigall; Seite 42/43: W. Nachtigall (2); Seite 44/45: W. Nachtigall; Günther Schumann; Seite 46/47: Dr. Jeremy Burgess/Science Photo Library/ FOCUS; Manfred P. Kage/OKAPIA; Seite 48/49: Nuridsany & Pérennou/OKAPIA; Seite 50/51: »eye of science« O. Meckes, N. Ottawa; Seite 52/53: »eye of science« O. Meckes, N. Ottawa; Seite 54/55: ImageBank; Manfred Danegger; Seite 56/57: W. Nachtigall (5); Seite 58/59: W. Nachtigall (2); Fritz Rauschenbach; Frank Krahmer; Nuridsany & Pérennou/OKAPIA (2); Seite 60/61: Nuridsany & Pérennou/OKAPIA; Sikorsky Inc. (4); Seite 62/63: Horst Niesters; W. Nachtigall (2); Seite 64/65: TimeLife (4); W. Nachtigall (4); Bruce Coleman; Seite 66/67: Dr. Frieder Sauer; W. Nachtigall; Seite 68/69: Dieter Kuhn (2); W. Nachtigall; Steve Krongard/ImageBank; Seite 70/71: Richard Day/OKAPIA; W. Scheithauer/ OKAPIA; Seite 72/73: Fritz Rauschenbach; Nuridsany & Pérennou/OKAPIA; W. Nachtigall; Seite 74/75: Musée Carnavalet, Paris; U. Baatz/Focus-Magazin; Fritz Rauschenbach; Peter Ginter/Bilderberg; Seite 76/77: »eye of science« O. Meckes, N. Ottawa (2); Seite 78/79: Manfred Danegger; Dieter Schlimmer; Seite 80/81: CargoLifter; Wolfgang Volz/Bilderberg (2); Seite 82/83: Guido Alberto/ImageBank; W. Nachtigall (2); Seite 84/85: Frank Krahmer; W. Nachtigall (4); Seite 86/87: Franco Bonnard/OKAPIA – Fritz Rauschenbach; Lufthansa; Seite 88/89: Fritz Rauschenbach (3); Henry H. Holdsworth/Wildlife/OKAPIA; Seite 90/91: Chris A. Milton/ImageBank; Dieter Kuhn (2); Seite 92/93: Armando F. Jenik/ImageBank; »eye of scinence« O. Meckes, N. Ottawa; W. Nachtigall (2); Seite 94/95: W. Nachtigall; »eye of science« O. Meckes, N. Ottawa; Richard Green; Seite 96/97: Mark Buscail/ImageBank; Peter Grumann/ImageBank (3); Seite 98/99: Erik Simonsen/ImageBank (2); F. Reginato/ImageBank; Seite 100/101: Heiner Müller-Elsner/FOCUS (2); ZEFA; FESTO; Seite 102/103: Erik Simonsen/ImageBank; Heiner Müller-Elsner/FOCUS; OKAPIA; Seite 104/105: Frank Seifert/ImageBank; Manfred P. Kage; Seite 106/107: Grant V. Faint/ImageBank; Peter Menzel/FOCUS; Seite 108/109: Pete Turner/ImageBank; H & D. Zielske/Bilderberg; Seite 110/111: H & D. Zielske/Bilderberg (2); Frank Seifert/ImageBank; Seite 112/113: W. Nachtigall (4); Seite 114/115: W. Nachtigall (4); B & H. Kunz/OKAPIA; Seite 116/117: W. Nachtigall (2); Eberhard Grames/Bilderberg; Seite 118/119: FESTO (4); Seite 120/121: IL, Stuttgart (2); FESTO (2); Seite 122/123: Dr. Jeremy Burgess/Science Photo Library/FOCUS; Seite 124/125: W. Nachtigall (3); aus »Frank Lloyd Wrights ungebaute

Architektur«, Bruce Brooks Pfeiffer/DVA (2); Seite 126/127: Manfred P. Kage; M. Witt; Seite 128/129: Frank Krahmer; ImageBank; Seite 130/131: Georg Fischer/Bilderberg; Jörg Hempel/Bilderberg (2); Seite 132/133: Georg Fischer/Bilderberg; Jörg Hempel/Bilderberg; Sergio Duarte/ImageBank; Seite 134/135: Romilly Lockyer/ImageBank; W. Nachtigall; R. König; Seite 136/137: ImageBank; Seite 138/139: IL, Stuttgart; Ingenhoven, Overdiek & Partner (2); Seite 140/141: Ingenhoven, Overdiek & Partner (4); Seite 142/143: W. Nachtigall (2); Günther Schumann; Seite 144/145: W. Nachtigall (3); F. Ontanon Nunez/ImageBank; Seite 146/147: Gary S. Chapman/ImageBank; Manfred Pforr; Seite 148/149: ImageBank (2); Robert Gigler; Seite 150/151: W. Nachtigall (2); ZEFA-Reichelt, G.P.; Seite 152/153: Dietmar Nill; W. Nachtigall (3); Seite 154/155: Stephen Dalton/NHPH; Grafik: McNeese; Nuridsany & Pérennou/OKAPIA; Seite 156/157: Manfred P. Kage; Seite 158/159: »eye of science« O. Meckes, N. Ottawa (3); Seite 160/161: »eye of science« O. Meckes, N. Ottawa (3); Roland Birke/OKAPIA; Seite 162/163: Fritz Rauschenbach; Laukel; Frank Krahmer; Seite 164/165: Lennart Nilsson/Mosaik Verlag; Jürgen Niermann; Jürgen Freund/OKAPIA; Seite 166/167: »eye of science« O. Meckes, N. Ottawa (3); Nick Nicholson/ImageBank; Seite 168/169: FESTO (2); Grant V. Faint; Dr. Frieder Sauer; Seite 170/171: W. Nachtigall; M. Fodgen; DASA; Seite 172/173: FESTO (2); aus »Kunstformen der Natur«, Ernst Haeckel (2); Seite 174/175: Nuridsany & Pérennou/OKAPIA; Frank Krahmer; W. Nachtigall; Seite 176/177: R. König; Thomas Horlebein; W. Nachtigall (2); Seite 178/179: Jürgen Berger; MPI, Science Photo Library/FOCUS; W. Nachtigall (2); Nuridsany & Pérennou/OKAPIA; Seite 180/181: W. Nachtigall (2); aus »Kunstformen der Natur«; Seite 182/183: aus »Kunstformen der Natur«, Ernst Haeckel (3); Seite 184/185: Manfred P. Kage; aus »Kunstformen der Natur« (4); Seite 186/187: aus »Kunstformen der Natur« (2); Seite 188/189: Kjell B. Sandved (alle Fotos); Seite 190/191: Tui de Roy/OKAPIA; Walter Schmitz/Bilderberg; Agentur FOCUS; Seite 192/193: W. Nachtigall; Armin Maywald; Seite 194/195: Francois Gohier/OKAPIA; W. Nachtigall (2); Seite 196/197: W. Nachtigall (2); Heiner Müller-Elsner/FOCUS (3); Seite 198/199: Agentur FOCUS; Alfa Romeo; BMW; Honda; VW; Porsche; Audi; Ford; Jaguar; Opel; Mercedes (von oben links); Seite 200/201: ZEFA-Bell; Seite 202/203: Nuridsany & Pérennou/OKAPIA; Merlin D. Tuttle; Dr. Frieder Sauer; ZEFA-Frink (großes Foto); Seite 204/205: Fritz Rauschenbach (2); W. Nachtigall; Gross; Seite 208/209: M. Sasse/DAS FOTOARCHIV; F. Lanting/ZEFA-Minden; ZEFA-Allofs; Seite 210/211: Thomas Horlebein; W. Nachtigall (2); Seite 212/213: »eye of science« O. Meckes, N. Ottawa (2); W. Nachtigall; Seite 214/215: W. Nachtigall (2); »eye of science O. Meckes, N. Ottawa; Seite 216/217: »eye of science« O. Meckes, N. Ottawa; Seite 218/219: W. Nachtigall (alle Fotos); Seite 220/221: W. Nachtigall (alle Fotos); Seite 222/223: W. Nachtigall (alle Fotos); Seite 224/225: »eye of science« O. Meckes, N. Ottawa (2); Seite 226/227: »eye of science« O. Meckes, N. Ottawa, W. Nachtigall; Seite 228/229: Dr. Frieder Sauer; KODAK; Seite 230/231: W. Nachtigall; Zillmann; Seite 232/233: Kathie Atkinson/OSF/OKAPIA; Manfred P. Kage; Dr. Frieder Sauer; Seite 234/235: W. Nachtigall; Dr. Jeremy Burgess/Science Photo Library/FOCUS; Seite 236/237: W. Nachtigall (3); Seite 238/239: W. Nachtigall (alle Abbildungen); Seite 240/241: W. Nachtigall (alle Fotos); Seite 242/243: W. Nachtigall (alle Abbildungen); Seite 244/245: W. Nachtigall (alle Abbildungen); Seite 246/247: Roland Günter/OKAPIA; W. Nachtigall (2); Dr. Frieder Sauer (3); Seite 248/249: W. Nachtigall (alle Abbildungen); Seite 250/251: H. Tributsch (2); Manfred P. Kage; Seite 252/253: W. Nachtigall (alle Fotos); Seite 254/255: Nuridsany & Pérennou/OKAPIA; W. Nachtigall (2); Seite 256/257: Manfred P. Kage/OKAPIA; W. Nachtigall (3); Seite 258/259: Nuridsany & Pérennou/OKAPIA; »eye of science« O. Meckes, N. Ottawa (5); Seite 260/261: »eye of science« O. Meckes, N. Ottawa, Manfred P. Kage (2); Hans Spindler; Seite 262/263: Nuridsany & Pérennou/OKAPIA (3); Seite 264/265: Jürgen Karpinski (3); NASA/Science Photo Library/FOCUS; Nuridsany & Pérennou/OKAPIA; Seite 266/267: Nuridsany & Pérennou/OKAPIA (2); Anton Klein; W. Nachtigall; André Bärtschi (2); Seite 268/269: Manfred P. Kage (4); Seite 270/271: Carl Sams II/P. Arnold Inc./OKAPIA; Dr. Frieder Sauer (2); Jürgen Niermann; Seite 272/273: Frank Krahmer; IL Stuttgart; Seite 274/275: Manfred P. Kage; aus »Kunstformen der Natur«; Seite 276/277: W. Nachtigall (alle Abbildungen); Seite 278/279: Manfred P. und Christina Kage; W. Nachtigall (4 kleine Abbildungen); Seite 280/281: W. Nachtigall (alle Abbildungen); Seite 282/283: Manfred P. Kage (3); Seite 284/285: Klaus Hilgert/OKAPIA; David Wrobel/OKAPIA; Seite 286/287: Frank Krahmer; W. Nachtigall; Seite 288/289: GEO-Magazin (2); W. Barthlott; W. Nachtigall; Seite 290/291: Reinhard-Fotos (3); Seite 292/293: W. Barthlott (5); Heiner Müller-Elsner/FOCUS; Seite 294/295: »eye of science« O. Meckes, N. Ottawa; Seite 296/297: W. Nachtigall; Thomas Horlebein; Seite 298/299: »eye of science« O. Meckes, N. Ottawa; Seite 300/301: ZEFA-Myers; Michael & Patricia Fogden; W. Nachtigall; Seite 302/303: W. Nachtigall (2); Frank Krahmer; Seite 304/305: W. Nachtigall; Dr. Frieder Sauer; Seite 306/307: »eye of science« O. Meckes, N. Ottawa; Alan Root/OKAPIA; W. Nachtigall; Seite 308/309: W. Nachtigall; J. L. Klein & M. L. Hubert/OKAPIA; Seite 310/311: W. Nachtigall (3); Seite 312/313: Klein & Hubert/BIOS/OKAPIA; Fritz Pölking/OKAPIA; W. Nachtigall; Seite 314/315: W. Nachtigall; Peter Ginter/Bilderberg; Seite 316/317: W. NACHTIGALL (2); Seite 318/319: H. Tributsch (2); AP (2); Seite 320/321: Frank Krahmer; »eye of science« O. Meckes, N. Ottawa. Manfred P. Kage; Seite 322/323: Frank Krahmer; Dr. Frieder Sauer; W. Nachtigall (2); Seite 324/325: »eye of science« O. Meckes, N. Ottawa (2); Roland Birke/OKAPIA; W. Nachtigall (3); Seite 326/327: Peter Menzel/FOCUS (2); ImageBank; Seite 328/329: Peter Menzel/FOCUS (3); Seite 330/331: Julian Baum/Science Photo Library/FOCUS; Hank Morgan/Science Photo Library/FOCUS; »eye of science« O. Meckes, N. Ottawa; Seite 332/333: Peter Menzel/FOCUS; W. Nachtigall (2); Seite 334/335: Peter Menzel/FOCUS; LEGO; Seite 336/337: Peter Menzel/FOCUS; W. Nachtigall; George Steinmetz/FOCUS; Seite 338/339: Peter Menzel/FOCUS; Zack Burris Inc./OKAPIA; Seite 340/341: Peter Ginter/FOCUS; M. Sasse/DAS FOTOARCHIV: Frank Krahmer; Seite 342/343: Herbert Kehrer/OKAPIA; W. Nachtigall; FESTO (2); Seite 344/345: Pagnotta da Fonseca/FOCUS; Nuridsany & Pérennou/OKAPIA; Illustration von John Kelly, Philip Whitfield und Obin in »Techno-Zoo«, Gerstenberg Verlag; Seite 346/347: R. König; Peter Menzel/FOCUS; Daniel Arsenault/ImageBank; C. van der Lande/ImageBank; Seite 348/349: Philippe Plailly/Science Photo Library/FOCUS; Nuridsany & Pérennou/OKAPIA; W. Nachtigall; Seite 350/351: Nuridsany & Pérennou/OKAPIA; Agentur FOCUS; Seite 352/353: Kjell B. Sandved; Seite 354/355: Reinhard-Foto (2); SPIEGEL-Archiv; Seite 356/357: Sinclair Stammers/Science Photo Library/FOCUS; »eye of science« O. Meckes, N. Ottawa; Seite 358/359: Victor Habbick Visions/Science Photo Library/FOCUS; Dr. Frieder Sauer; Seite 360/361: Frank Krahmer; Seite 362/363: W. Nachtigall; Seite 364/365: W. Nachtigall (2); Seite 366/367: Heiner Müller-Elsner/FOCUS; »eye of science« O. Meckes, N. Ottawa; Seite 368/369: S. Shriver; Kjell B. Sandved; Dr. Frieder Sauer; Seite 370/371: J.-L. Klein & M.-L. Hubert/OKAPIA; Seite 372/373: Günther Schumann; Seite 374/375: F. Vester; Seite 376/377: Fred Bavendam/BIOS/OKAPIA; Seite 378/379: Frank Krahmer; Seite 380/381: Fritz Rauschenbach; Hubert Kranemann/OKAPIA; Seite 382/383: W. Nachtigall (2); Fritz Rauschenbach; Seite 384/385: Günther Helm; Seite 386/387: Frank Krahmer; Seite 388/389: Nuridsany & Pérennou/OKAPIA; Seite 390/391: Frank Krahmer; ZEFA-Rauschenbach; Kiefner/Maywald; Seite 392/393: OKAPIA; Seite 394/395: Jeff Hunter/Image Bank; H. G. Laukel

Impressum

Die Deutsche Bibliothek – CIP-Einheitsaufnahme
Ein Titeldatensatz für diese Publikation ist bei der
Deutschen Bibliothek erhältlich

© 2000 Deutsche Verlags-Anstalt, Stuttgart/München
Alle Rechte vorbehalten
Grafische Gestaltung und Satz:
BuchHaus Robert Gigler GmbH, München
Umschlaggestaltung:
Heinz Kraxenberger, München
Lithografie: SIGNdeSIGN, Mainburg
Druck und Bindung: MohnMedia, Gütersloh

ISBN 3-421-05801-6

Auflösung von Seite 49.
Die Abbildung auf Seite 49 stellt eine Tagpfauenaugen-Puppe dar.
Näheres auf S. 265
Die Abbildung auf Seite 51 zeigt Haischuppen. Näheres auf S. 92
Die Abbildung auf Seite 53 demonstriert den Feinbau einer
Schmetterlingsschuppe. Näheres auf S. 95